Marlies W. Fröse
Astrid Szebel-Habig
(Hrsg.)

Mixed Leadership: Mit Frauen in die Führung!

W0052691

॥ Haupt

Marlies W. Fröse
Astrid Szebel-Habig
(Hrsg.)

Mixed Leadership: Mit Frauen in die Führung!

Haupt Verlag
Bern · Stuttgart · Wien

In Zusammenarbeit mit der

HEG-HSW

Hochschule für Wirtschaft Freiburg (Schweiz)

Lucerne University of
Applied Sciences and Arts

HOCHSCHULE
LUZERN

Soziale Arbeit

Bibliografische Information der Deutschen Nationalbibliothek

Die Deutsche Nationalbibliothek verzeichnet diese Publikation in der
Deutschen Nationalbibliografie; detaillierte bibliografische Daten sind
im Internet über http://dnb.d-nb.de abrufbar.

ISBN 978-3-258-07518-1

Umschlaggestaltung: René Tschirren
Satz: Die Werkstatt, Göttingen
Printed in Germany

www.haupt.ch

Inhaltsverzeichnis

Prof. Dr. Rita Süssmuth

Vorwort

Das vorliegende Buch schlägt ein neues und spannendes Kapitel zur Zusammenarbeit von Frauen und Männern als Führungskräfte auf. Im Vordergrund steht dabei das Modell des „Mixed Leadership", das sich als Chance für eine menschlichere, innovativere und gleichzeitig produktivere Arbeitswelt für Mann und Frau auf Augenhöhe begreift. So wird der Nachweis erbracht, dass beide Geschlechter über komplementäre Eigenschaften verfügen, die sich wunderbar ergänzen können. Untermauert wird diese „Win–Win" Situation von aktuellen Studien, die nachweisen, dass ein Frauenanteil von mindestens 30 Prozent in den wichtigsten Entscheidungsgremien (Vorstand, Aufsichtsrat) zu einer höheren Leistung der Organisation als Ganzes führt. Diese Erkenntnis sollte sich nach Auffassung der beiden Herausgeberinnen in einem Menschenbild niederschlagen, das Frau und Mann in ihren Anlagen als unterschiedlich und gleichwertig betrachtet.

Erfahrungen machen deutlich, dass eine Nichtberücksichtigung weiblicher Interessen der Gesellschaft nachhaltig schadet. So kann angenommen werden, dass das Problem des demografischen Wandels als auch die derzeitige Wirtschaftskrise darauf zurück zu führen, dass Frauen zu wenig in den politisch-gesellschaftlichen als auch wirtschaftliche Entscheidungen involviert waren. Auch die hervorragend ausgebildeten Frauen werden weiterhin bewusst oder unbewusst in ihren Gestaltungsmöglichkeiten von den Machtpositionen unserer Gesellschaft fern gehalten. Sie verdienen eine besondere Förderung und Aufmerksamkeit bei ihrem Vorhaben, beruflichen Erfolg mit Familie in Einklang bringen zu wollen.

Dieses Buch möchte durch positive Beispiele und nachdenklich stimmende Analysen aus der Berufs- und Privatwelt Frauen und Entscheidungsträger dazu ermutigen neue Schritte zu gehen. Vorbilder finden wir schon in Europa, wo eine hohe Beteiligung von Frauen im Management mit einer deutlich höheren Geburtenrate als in Deutschland korreliert. Privatunternehmen geben Einblick in ihre Frauenförderprogramme, von denen sie sich die Vorteile des „Mixed Leadership" Modells wie eine größere Zukunftsfähigkeit versprechen.

In Deutschland befindet sich aufgrund unserer Historie die berufliche Gleichstellung von Mann und Frau noch in einer Entwicklungsphase. Nach wie vor dominiert ein tradiertes Frauenbild, das Frauen häufig nur dann in Führungspositionen zulässt, wenn diese „bessere Männer" geworden sind. Nicht selten wird der schlechter qualifizierte Mann der besser qualifizierten Frau vorgezogen, weil er in der Führungsrolle etabliert ist.

Meiner Meinung nach muss sich dies in den jetzigen Umbruchzeiten ändern, auch wenn das männliche Geschlecht nicht ohne weiteres auf seine bisherigen Machtpositionen freiwillig verzichten wird. Deswegen könnte ein gesetzlich gesicherter Frauenanteil in den maßgeblichen Entscheidungspositionen wie im Vorstand und in den Aufsichtsräten hilfreich sein, um die notwendige Trendwende in unserer Gesellschaft auszulösen.

Dieses Buch zeigt wissenschaftlich als auch anhand von beeindruckenden Praxisbeispielen auf, dass von Frauen keine Bedrohung ausgeht, sondern es sich für Männer lohnt, Frauen zu fördern und in die Entscheidungsgremien auf allen gesellschaftlichen wie auch wirtschaftlichen Ebenen zu integrieren.

Marlies W. Fröse und Astrid Szebel-Habig

Neue Wege gehen!

Mixed Leadership: Ein Buch für couragierte Verantwortliche in Wirtschaft, Wissenschaft, Kirche und Gesellschaft, die eine gerechtere Welt mit Frauen in Führungspositionen wollen. Wir wissen: Frauen sind heute exzellent qualifiziert und generieren handfeste Vorteile für Unternehmen und Organisationen, in denen sie Entscheidungsträgerinnen sind. Dennoch werden sie benachteiligt. Die bewusste und unbewusste Exklusion von Frauen verspielt Chancen und eine notwendige Erneuerung. Diese Tatsache widerspricht jeder ökonomischen und gesellschaftlichen Vernunft und vernachlässigt grundlegende Werte wie Fairness und Gerechtigkeit. In diesen Zeiten werden Menschen gebraucht, die über die bisherigen Grenzen hinausschauen und den Mut haben, neue Wege in allen wirtschaftlichen und gesellschaftlichen Bereichen zu gehen. Für die anstehenden und notwendigen Transformationsprozesse sind Frauen und Männer gleichermaßen notwendig – unbedingt!

Unser Buch stellt Ihnen einen neuen theoretischen Ansatz zum Thema Mixed Leadership vor. Wir haben wissenschaftliche und praktische Erkenntnisse und Erfahrungen ausgewiesener Autorinnen und Autoren eingeholt. In die Zukunft weisende Beiträge verdeutlichen Ihnen neue Perspektiven und Sichtweisen, auch in allen ihren Widersprüchlichkeiten. Wir laden Sie ein, neue gemeinsame Wege in die Zukunft zu gehen, Männer und Frauen – Frauen und Männer.

Im ersten Teil unseres Buches **Wissenschaft: Vergangenheit – Gegenwart – Zukunft** präsentieren wir den aktuellen Forschungsstand:
Marlies W. Fröse bietet in ihrem Beitrag *Mixed Leadership: Presencing Gender in Organisations* eine umfassende Betrachtung an. Fünf Thesen diskutiert sie systematisch: Zu erwartende Transformationen im Kontext Mixed Leadership. Interdisziplinäre und transdisziplinäre Forschungsergebnisse werden zusammengeführt. Erklärungsansätze der recht zögerlichen Adaption von Mixed Leadership werden herauskristallisiert, weil diese für ein künftiges Gelingen erforderlich sein werden.

Astrid Szebel-Habig erläutert in ihrem Beitrag *Mixed Leadership: eine Nutzen-Kosten-Betrachtung* die signifikanten Veränderungen struktureller Rahmenbedingungen unserer Gesellschaft als wichtige Signale einer künftig stärkeren Positionierung von Frauen in Führungspositionen. Wissenschaftliche Studien zu weiblichem Führungsverhalten belegen, auf welche Weise Unternehmen und Organisationen von Mixed Leadership profitieren werden.

Désirée H. Ladwig und Michel E. Domsch beschäftigen sich in ihrem Beitrag mit dem *Zuwachs weiblicher Positionsmacht durch Qualitäts- und Prozessmanagement*. Ihr Beitrag nennt wichtige Maßnahmen, wie Qualitäts- und Prozessmanagement mehr Frauen in den Führungsbereich bringen kann und sie mehr Positionsmacht erringen können.

Sonja Bischoff geht der Frage nach: *Werden in Zukunft mehr Frauen als bisher in die Top-Positionen gelangen*? Welche Faktoren behindern die Karriere von Frauen und welche fördern sie? Differenzierte Blicke in die derzeitige Realität relativieren die Aussage, dass ein neuer Typ von Frauen Macht in der Wirtschaft übernehmen wird.

Bettina Daser und Rolf Haubl geben einen Einblick in ihre Studien zur *Nachfolge in Familienunternehmen*. Sie gehen den Gründen nach, warum Töchter von Unternehmern mit gleicher oder sogar besserer Qualifikation häufig nicht als erste Wahl bei einem Generationenwechsel gelten. Kriterien für eine erhöhte Chancengleichheit bei der Nachfolgeplanung werden entwickelt, sodass in Zukunft das Potential von Töchtern in Familienunternehmen besser genutzt werden kann.

Daniela Rastetter und Christiane Jüngling setzen sich in ihrem Beitrag: *Machtpolitik oder Männerbünde?* mit den Widerständen gegenüber einer gleichberechtigten Integration von Frauen im Management auseinander. Männerbündnisse dienen männlicher Vergemeinschaftung, um Frauen von Machtpositionen fernzuhalten. Soziale Kompetenzen weiblicher Führungskräfte können gegenüber männlichen Abwehrstrategien sehr hilfreich sein.

Annemarie Bauer und Katharina Gröning betrachten *Geschlechterkonflikte und Geschlechterkonstruktionen von Frauen in Führungspositionen aus der Perspektive der Supervision*. Die heutigen Arbeitsbedingungen in Organisationen werden kritisch analysiert und insbesondere die Zunahme der Anforderungen an weibliche Führungskräfte anhand von drei Erfahrungsberichten problematisiert.

Cornelia Edding rät in ihrem Beitrag *Die gute Herrschaft – Führungsfrauen und ihr Bild der Organisation* zu einer gesellschaftsrelevanten Sichtweise von Führungskräften in Organisationen, damit Frauen ihre „guten" Interessen mit dem Einsatz persönlicher Macht besser durchsetzen können.

Susanne Flath präsentiert ausgewählte Ergebnisse ihrer Interviews mit sechs Frauen in herausragenden Führungspositionen in Deutschland. Die Studie *Biografische Wege von Frauen in Führungspositionen* deckt trotz des individuellen Werdegangs jeder Einzelnen viele Gemeinsamkeiten auf, die zu einem Gruppenbild zusammengefügt werden.

Der zweite Teil stellt die **Erfahrungen und Erkenntnisse aus Gesellschaft und Wirtschaft** in den Mittelpunkt:

Ellen Ueberschär vermittelt in ihrem Beitrag *Frauen in der Führung der Kirche – das Unmögliche ist möglich* einen lebendigen und ungewohnten Einblick in die Führungsstrukturen der Evangelischen Kirche, die sich nicht vom gesamtgesellschaftlichen Trend unterscheiden. Es werden insbesondere die Problematiken des Pfarrerberufs für Frauen aufgezeigt und Maßnahmen zur Gleichstellung vorgeschlagen.

Hanna Zapp reflektiert in ihrem Beitrag *Frauen in Führungspositionen der Kirche: Erfahrungen, Thesen, Themen zum Mitdenken, Querdenken und Weiterdenken* die verschiedenen Aspekte einer gendersensiblen Wahrnehmung von Frauen- und Männerrollen unter dem Aspekt des Machterwerbs und -erhalts in einer Organisation und definiert Geschlechtergerechtigkeit als ein wichtiges Zukunftsthema der Kirche.

Eva-Maria Roer, die Initiatorin des *Total E-Quality Prädikats,* wird als *rebellische Unternehmerin* und ungewöhnliche Frau in einem Interview portraitiert. Mit ihrer Firma DT & Shop GmbH, einem Versandunternehmen für dentaltechnische Produkte, lebt sie die Chancengleichheit von Frauen in der Berufs- und Arbeitswelt selbst vor.

Elke Benning-Rohnke und Achim Rohnke befinden sich beide in bedeutenden Führungspositionen. Sie berichten in dem Interview *Moderne Partnerschaft und Führungsverständnis,* wie sie es schafften ihre Karrieren mit dem Anspruch auf ein glückliches Familienleben zu verbinden. Ihre beiden Söhne kommen nicht zu kurz! Der Schlüssel zum Erfolg: Gleichberechtigte Partnerschaft und ein ausgewogenes Zeitmanagement für die Familie.

René Mägli stellt seit zehn Jahren in seiner Firma MSC Agency AG Basel, der zweitgrößten Container-Frachtreederei der Welt, nur noch Frauen ein. In seinem Beitrag *Warum Frauen erfolgreich Führungspositionen besetzen. Erfahrungen und Erkenntnisse aus der Praxis* nennt er die Gründe für seine ungewöhnliche Einstellungspolitik.

Monika Schulz-Strelow und Jutta von Falkenhausen geben in ihrem Aufsatz *Mehr Frauen in die Aufsichtsräte* die aktuelle und rechtliche Situation der weiblichen Präsenz in den Kontrollorganen deutscher und europäischer Unternehmen wieder. Die Initiative *FidAR – Frauen in die Aufsichtsräte e.V.* wie auch die Gremienarbeit zweier erfolgreicher Aufsichtsrätinnen werden praxisnah vorgestellt.

Thomas Barann und Petra Dick geben anhand des Projektes Frauen im Management einen fundierten Einblick in die *Karriereförderung für Frauen im Gothaer Konzern*. Anhand von drei Teilprojekten: Rekrutierung und Entwicklung, Mentoring Programm und Vereinbarkeit von Beruf und Familie soll die Bindung qualifizierter Mitarbeiter/innen und die Managementnachfolge sichergestellt werden.

Monika Rühl betrachtet die personalpolitischen Herausforderungen von Diversity Management in Krisenzeiten. In ihrem Beitrag *Konjunkturabhängigkeit für Etablierung, Entwicklung oder Reduzierung von Chancengleichheit* verdeutlicht sie die Möglichkeit, dass Frauen und Männer zusammen eine lebenswerte Gesellschaft – in der Familie, in der Kommune und im Arbeitsleben realisieren können.

Simone Siebeke vermittelt Karrieretipps: *PVCM – Die praxisnahe Erfolgsformel*. Sie nennt als wesentliche Karriere-Voraussetzungen: Performance (P), Visibility (V), Communication (C) und Mindset (M).

Heiner Thorborg stellt in seinem Aufsatz *Frauen in Deutschland: Wo bleibt die neue CEO Generation?* seine Initiative *Generation CEO* vor; Ziel ist, mehr Frauen in DAX-Vorstände zu bringen.

Eric Strutz und Barbara David reflektieren in ihrem Beitrag *Chancengleichheit als Chance des Unternehmens begreifen* die bisherige Entwicklung des Frauenbildes bei der Commerzbank. Die aktuellen Fördermaßnahmen wie das Frauennetzwerk „Courage", Cross-Mentoring-Programm und Kinderbetreuungsmöglichkeiten sollen zu einem kooperativen Miteinander von Mann und Frau sowie zu einer besseren Vereinbarkeit von Familie und Beruf führen.

Florian Schleicher analysiert in seinem Beitrag *Frauen in Führungspositionen aus Sicht der Firma Hoppenstedt* mittels der Hoppenstedt Firmendatenbank den Anteil von Frauen in Führungspositionen. Unternehmensgröße, Unternehmensart, Region, Funktion und Branche, Alter und akademische Abschlüsse werden untersucht.

Gertraude Krell diskutiert im letzten Beitrag *Zum Schluss: Gleichstellungspolitische Impressionen* die Gemeinsamkeiten und Unterschiede der beiden Konzepte Diversity Management (DiM) und Gender Mainstreaming (GM) und ihre mögliche Relationen zueinander. Jede Organisation muss über einen Balance-Akt zwischen Anordnung und Aushandlung von Maßnahmen zu diesen beiden Konzepten darüber befinden, wie ernst sie es mit gleichstellungspolitischen Zielen meint.

Die Herausgeberinnen intendieren, den am Thema Interessierten ein weitgespanntes – sicher noch nicht vollständiges – Themenfeld vorzuführen, denn Mixed Leadership ist keine einfache Unternehmung. Unterschiedliche Inhalte können „umarmt und umfasst" (lat. complectare) werden. Wir laden Sie zu einer Komplexitätserweiterung ein, die möglicherweise zu Komplexitätserleichterung führt.

Unser besonderer Dank gilt den Autorinnen und Autoren für ihre engagierten und hervorragenden Beiträge. Sie vermitteln viele neue Erkenntnisse und Erfahrungen. Ohne sie alle wäre das Buch nicht zustande gekommen.

Danken möchten wir aber auch noch anderen Menschen, die dieses Buch ermöglicht haben. Auf Susanne Flath, unsere Organisatorin (und Autorin) konnten wir uns immer verlassen. Zuverlässig und professionell gestaltete sie mit uns diese Produktion. Martina Noltemeier (Journalistin und professionelle Public-Relations-Beraterin) übernahm routiniert und souverän die notwendigen Korrekturen. Auch ihr gilt unser Dank.

Finanzielle Unterstützung erhielten wir vom Forschungszentrum der Evangelischen Fachhochschule Darmstadt, der Hochschule Fribourg (Prof. Dr. Lucien Wuillemin), der Hochschule Luzern (Prof. Dr. Herbert Bürgisser) sowie der Landeskonferenz der Frauenbeauftragten Bayern (LaKof). Danke!

Danken möchten wir auch Matthias Haupt und Claudine Farine vom Haupt Verlag für die zuverlässige, reibungslose und hochengagierte Zusammenarbeit. Matthias Haupt hat dieses Buch ermöglicht – ihm gilt deshalb unser besonderer Dank.

Abschließend möchten wir uns auch bei unseren Partnern und Freundinnen und Freunden bedanken, die unser Buchprojekt immer wieder mit Geduld und Zuspruch, mit Diskussionen sowie Anmerkungen unterstützt haben.

Darmstadt, den 29. Juli 2009

Marlies W. Fröse und Astrid Szebel-Habig

Marlies W. Fröse

Mixed Leadership – Presencing Gender in Organisations

1 Einleitung

„Gegeben scheint uns überhaupt nur: die Erde, um eine Stelle zu gewähren, an der wir im Universum unsere Zelte aufschlagen könnten (also der Raum); das Leben als die Spanne für unser Verweilen (also die Zeit); und die *Vernunft,* um erst uns zu leiten, uns hier für eine Weile häuslich einzurichten, und dann, wenn das Wohnen endlich besorgt ist, im Verwundern zu enden, dass überhaupt so etwas wie Erde, Universum, Leben und Mensch existieren. Mehr *Zweck* dürfte aus der ganzen Veranstaltung beim besten Wissen nicht herauszulesen sein."[1]

Frauen gemeinsam mit Männern in die Führung für eine gerechtere und bessere Welt – das ist das Konzept meines Beitrages Mixed Leadership.[2] Im ersten Moment mag die Überschrift irritierend wirken, denn es werden englischsprachige Begriffe, für die es keine adäquate Übersetzung gibt, für einen deutschen Text verwendet. Der Titel lässt auch Komplexität erahnen, die gewollt ist. *Mixed Leadership:* Es geht um professionelle Zusammenarbeit von Frauen und Männern in Organisationen.

Mixed Leadership bedeutet: Gleicher Machtzugang von Frauen und Männern zu den wichtigsten Schlüsselpositionen in unserer Gesellschaft und Organisationen nach dem Gebot der Fairness. Es geht um gleichberechtigte Teilhabe an Ressourcen, an Gestaltung und Entscheidung, um Auflösung der geschlechterstereotypen Rollenerwartungen, um eine mögliche Gestaltung

---

1 Arendt, Hannah (2002:130). Hannah Arendt hat diese Gedanken am 9. September 1951 in ihrem Denk-Tagebuch zum Thema „Gegeben sein" formuliert.
2 Mein Dank gilt insbesondere den Kommentatorinnen, die mich beim Schreiben dieses Beitrages unterstützt haben: Prof. Dr. Alexa Köhler-Offierski (Darmstadt), Prof. Dr. Astrid Szebel-Habig (Aschaffenburg), Dr. Carola Möller (Köln) sowie Martina Noltemeier (Darmstadt).

von Struktur und Kultur, die frei von Geschlechterstereotypen ist und um eine ausgeglichene Verteilung von Belastungen sowie um eine geschlechtergerechte Verteilung der öffentlichen Mittel und der staatlichen Leistungen (Gender Budgeting).

Wissenschaftlich existiert der Begriff „Mixed Leadership" bislang in der deutschen Betriebswirtschaftslehre nicht. Nur einige wenige Wissenschaftlerinnen, wie Gertraude Krell (1998/2008/2009) oder Sonja Bischoff (2005), haben sich mit dieser Thematik Frauen und Führung beschäftigt.[3] In der Praxis findet sich der Begriff seit einigen Jahren in Management-Trainings oder in Organisationen wie dem EWMD[4], die sich mit der Gleichstellung von Männern und Frauen in Unternehmen auseinandersetzen. Mixed Leadership ist aber auch ein Thema im Feld des Managing Diversity, vorwiegend im internationalen Kontext angesiedelt, das seit einigen Jahren zu einem Thema sowohl in deutschen Unternehmen als auch in der Wissenschaft geworden ist. Dabei muss konstatiert werden: Der Geschlechter-Diskurs wird zunehmend unter dem Diversity-Diskurs in Deutschland angesiedelt.[5] Der Begriff Leadership selbst ist in Deutschland wenig verankert, obwohl wir im englisch-amerikanischen Kontext auf mehr als dreißig Jahre wissenschaftlicher Diskurse hierzu zurückblicken können.[6] Dort ist der Unterschied zwischen Management und Leadership klar definiert, denn Leadership ist mehr als Management.

Und auch der nächste Begriff ist in Deutschland noch recht unbekannt.[7] Presencing beinhaltet die Vergegenwärtigung einer „höchstmöglichen" Zukunft, so Otto C. Scharmer (2007/2009b) vom Massachusetts Institute of Technology, Sloan School of Management in Cambridge (USA). Presencing setzt sich aus den Wörtern „presence", Gegenwart und „sensing", hineinspüren, zusammen. Es geht um die Verbindung für die höchsten Zukunftsmöglichkeiten. Diese gilt es zu vergegenwärtigen, um sie in die Welt zu bringen, so Scharmer. Es bezeichnet diesen Moment als Essenz des kreativen und unternehmerischen Handelns: Das Neue soll erspürt werden, um es dann zu realisieren. Das Geschlechterverhältnis wird zwar von ihm nicht thematisiert, aber diese Vergegenwärtigung sollte von Männern und Frauen gemeinsam gestaltet werden.

---

3   Vgl. auch Peters, Sybille, und Norbert Bensel (2000).
4   European Women´s Management Development International Network
5   Vgl. Fröse, Marlies W. (2006a)
6   Vgl. dazu Fröse, Marlies W. (2009: 226 ff.); Eurich, Johannes, und Alexander Brink (2009) oder Zeitschrift für Wirtschafts- und Unternehmensethik (2006).
7   Frühe Veröffentlichungen: Trigon Heft 2/02, 1/04 und 2/09. Siehe Webseite: www.trigon.at.

Die Kategorie Gender ist bekannt und seit mehr als dreißig Jahren eingeführt. Aufgrund dieser gender- und frauenbezogenen Diskussionen in Wissenschaft und Praxis haben bereits vielfältige Veränderungen für Chancengleichheit und Geschlechtergerechtigkeit stattgefunden; allerdings immer noch unzureichend. So ist die Macht- und Ressourcenverteilung zwischen den Geschlechtern noch kaum ein Thema. Im Vergleich zu früheren Zeiten hat es einen beeindruckenden Wandel gegeben. Eine Vielzahl von Untersuchungen und Forschungsprojekten zur Geschlechterdebatte und zu Gender sowie zum Diskurs über Frauen in Führungspositionen wurden realisiert.[8] Den Frauenbewegungen ist hier unser Dank auszusprechen. In der Wissenschaft hat sich der Anteil der weiblichen Studierenden und Professorinnen eindeutig zum Positiven entwickelt. Der Anteil der weiblichen Abgeordneten in der Politik unterscheidet sich je nach Partei. Im mittleren Management haben wir bereits hervorragend qualifizierte Frauen. Allerdings: Auf der Top-Führungsebene finden sich jedoch immer noch zu wenige Frauen. Durch die berühmte Glasdecke gelangen Frauen kaum (Wirth 2001). Und auch die Umsetzung von frauenfördernden Maßnahmen ist nach wie vor schwierig und wenig förderlich für die Entwicklung neuer geschlechterdemokratischer Organisationsstrukturen zwischen Männern und Frauen.

Das Thema bleibt also!

In meinem Beitrag werde ich das Thema in fünf Thesen behandeln. Diese werden mehr weiterführende Forschungsfragen als Antworten aufwerfen. Sie ermöglichen jedoch ein Heraustreten und eine Weiterentwicklung aus den bisherigen Diskussionen. Eine kausale lineare Antwort wird es nicht geben. Dafür werden verschiedene Facetten aus den unterschiedlichen interdisziplinären und transdisziplinären Forschungen zusammengeführt. Ziel ist es, mögliche Erklärungsansätze für die zögerliche Adaption von geschlechterbezogenen Veränderungen in den Organisationen und in der Gesellschaft herauszukristallisieren sowie die gesellschaftlichen Zusammenhänge, die für ein gelungenes Mixed Leadership erforderlich sind, darzustellen. Zu dieser Reise über die zu erwartenden gesellschaftlichen und wirtschaftlichen Transformationen hin zum Alltagsgeschäft des Mixed Leadership möchte ich einladen.

---

8   Vgl. ausführliche Literaturliste in Fröse, Marlies W. und Maria Rumpf (2004).

2   Fünf Thesen

2.1   These: Mixed Leadership hat eine bedeutende Chance im transformationalen Prozess.

Mit einigen grundsätzlichen Überlegungen möchte ich beginnen. Wir leben in einer sich transformierenden Welt, die auch das Geschlechterverhältnis in den Organisationen gründlich verändern wird.

Mixed Leadership ist ein Teil grundlegender gesellschaftlicher Veränderungsprozesse, die nicht nur in den Organisationen stattfinden werden. Im Sinne einer komplexen Betrachtungsweise ist es unerlässlich, diese gesellschaftlichen Transformationsprozesse differenzierter zu betrachten. Weltweit stehen Veränderungen an. Diese können ein Ansatzpunkt für die Förderung des Mixed Leadership sein. Denn gegenwärtig werden Konflikte und institutionelles Versagen auf allen Ebenen sichtbar, so Otto Scharmer (2009b: 108). Die Krisen werden uns weiter begleiten. Und gleichzeitig sind Krisen auch Möglichkeiten des Neubeginns und der Veränderung. Wir haben eine global agierende Weltwirtschaft, in der jedoch fast eine Milliarde Menschen hungern und in der an die drei Milliarden Menschen in Armut leben. Zum Beispiel: Wenige finanzielle Ressourcen werden für eine nachhaltige und zukunftsfähige Nahrungsmittelproduktion verwendet. Stattdessen wird von großen Konzernen weiterhin Junk-Food produziert mit den entsprechenden gesundheitlichen Folgen für Körper, Geist und Seele. Die Bruchlinien bei den sozialen Problemen (Kluft zwischen Arm und Reich)[9] oder bei den ökologischen Problemen (Konflikt zwischen Natur und Mensch) sowie den spirituellen Problemen (Konflikt zwischen Zivilisation und Kosmologie) werden zunehmen. Wir wissen: Die existentiell wichtigen Ressourcen wie Öl und Wasser sind endlich. Also muss es darum gehen, Nachhaltigkeit und Zukunftsfähigkeit in den Mittelpunkt künftiger Aktivitäten zu stellen.

Zu erwartende Revolutionen im Transformationsprozess
Otto Scharmer (2009b: 99), einer der gegenwärtig sehr weit denkenden Wissenschaftler, geht in seiner Argumentation noch weiter und stellt die Behauptung auf: Wir werden zukünftig mit drei globalen Revolutionen konfrontiert sein. Revolution wird als Veränderung, plötzlicher Wandel und Neuerung verstanden. Nicht gemeint ist der gewaltsame politische Umsturz. Die Koor-

---

9   Vgl. dazu Bourdieu (1997/2005).

dinaten der sozialen, politischen, wirtschaftlichen und kulturellen Welt müssen also neu definiert werden.[10]

Erstens also werden wir mit einer *ökonomisch-ökologischen Revolution* konfrontiert werden. Diese wird das Entstehen einer neuen Ökonomie zur Folge haben. Weiterführende Ansätze gibt es, ob bei Heiner Flassbeck[11], Georg Franck[12], bei André Gorz[13], Friederike Habermann[14] oder Niconar Perlas[15].

Neue wissenschaftliche wie auch politische Auseinandersetzungen mit Gesellschaft und Wirtschaft sind unumgänglich, denn Kapitalismus, Sexismus, Rassismus und andere Herrschaftsverhältnisse erscheinen bislang als unverbunden in den gängigen Analysen. Diese müssen in einem neuen Kontext zusammengestellt werden. Folgende Fragen könnten daraus resultieren: Wäre es nicht hilfreich, sich verstärkt mit der *subjektfundierten Hegemonietheorie* zu beschäftigen, einem Ansatz, aufbauend auf Antonio Gramscis Hegemoniebegriff[16] und in Erweiterung durch postmarxistische, postfeministische und postkoloniale Ansätze, der von der Verwobenheit aller Herrschaftsformen ausgeht? Sowohl Identitäten als auch der gesellschaftliche Kontext können nicht unabhängig voneinander analysiert werden. Solche Überlegungen könnten logischerweise auch auf die Globalisierung und deren Auswirkungen erweitert werden. Wir wissen: „The crisis of our time is not about a financial bankruptcy. It is an intellectual bankruptcy", so Otto Scharmer in einem unveröffentlichten Vortrag (2009a). Und weiter: „Just as the crumbling of the Berlin Wall in 1989 marked the collapse of a single side intellectual approach to economics and society called socialism, we can see the current tumbling of financial institutions as marking the end of another single sided intellectual approach to economics and society called market fundamentalism."[17]

Nach dem Merkantilismus (18. Jahrhundert), dem extremen Marktkapitalismus (19. Jahrhundert) und dem Stakeholder Kapitalismus (20. Jahrhundert) ist für das 21. Jahrhundert ein anderes Bewusstsein in Richtung „Global-

---

10 Vgl. Scharmer, Otto C. (2009a): The Blind Spot of Economic Thought: Seven Acupuncture Points for Shifting Capitalism 2.0 to 3.0. Paper prepared for presentation at: Roundtable on Transforming Capitalism to Create a Regenerative Economy. 8-9th of June 2009. Draft, unpublished.

11 Vgl. Flassbeck, Heiner (2009).

12 Vgl. Franck, Georg (2007).

13 Vgl. Gorz, André (2009).

14 Vgl. Habermann, Friederike (2008/2009).

15 Vgl. Perlas, Nicanor (2000).

16 Vgl. dazu ausführlich in Habermann, Friederike (2008: 43).

17 Vgl. Scharmer, Otto C. (2008). Unpublished Paper: Transforming Capitalism: Mapping the Space of Today's Societal Leadership Action. Entnommen http://www.ottoscharmer.com/docs/-articles/2008_TransformingCapitalism.pdf (Stand: 15.2.2009).

ly Aware Ecosystem Economy"[18] unerlässlich. Dafür brauchen wir neue Orte, Universitäten, Schulen und lernende Infrastrukturen, die die direkte Demokratie verstärken, weg vom systemzentrierten Denken hin zu einem human ausgerichteten Lebensverständnis.

Neue Wirtschaftsmodelle zu entwerfen, die nicht vom Stereotyp des weißen, männlichen Bürgers ausgehen, sondern Identitäten einer Moderne diskutieren würden, sind die künftigen Herausforderungen. Trotz Wirtschaftskrise und kontroverser Debatten über den Manager im Allgemeinen ist der Homo Oeconomicus immer noch das hegemoniale Leitbild. Habermanns Studien (2008/2009) leisten dazu einen theoretisch fundierten Beitrag, der gebührende Aufmerksamkeit verdient, da die theoretische mit der praktischen Mikroebene verknüpft werden müssen. Die Realität ist jedoch immer noch eine andere: Weiterhin geht man davon aus, dass der Konsum unsere Welt verbessert. Der kapitalistische Profitwahn wird nicht infrage gestellt.[19]

Es bedarf anderer kollektiver und ethischer Ansätze für grundsätzliche gesellschaftliche und wirtschaftliche Veränderungen. Die Finanz-, Wirtschafts- und Arbeitsmarktkrisen weltweit weisen bereits darauf hin. Tatsächlich versuchen immer mehr Menschen, miteinander einen Teil ihres Alltagsbedarfs zu produzieren und zu nutzen – als Geben und Nehmen, oft ohne Geld oder Zeit aufzurechnen. Solche Initiativen bilden kollektive Räume – seien es geographische oder virtuelle Netzwerke. Jedoch sind diese keine glücklichen Inseln der Seligen, sondern gegenhegemoniale Kontexte, in denen ein anderes Leben und Wirtschaften erprobt wird. Habermann zeigt Handlungsansätze aus dem Bereich des alltäglich Notwendigen (Lebensmittel, Wohnen, Kleidung, Gebrauchsgegenstände, Bildung usw.) jenseits kapitalistischer Verwertungslogik auf. Diese werden theoretisch gut reflektiert, wobei sie wertkritische Überlegungen ebenso einbezieht wie feministische. Und damit sind wir auch wieder beim Geschlechterverhältnis, denn in allen Gesellschaften leben Männer und Frauen. Habermann (2008) geht noch weiter, denn neue Denk- und Handlungshorizonte entstehen nur im Zusammenspiel von verändertem materiell-ökonomischen Alltag und sich verändernden Identitäten. Das würde dann auch bedeuten, eine Veränderung von Strukturen und die Veränderung von Menschen bedingen und ermöglichen sich gegenseitig. Interessante und lebendige nachhaltige theoretische Debatten können angeregt werden. Sie sind notwendig, so Habermann (2008: 295): „Ob sie es wollen und wissen oder

---

18 Ebd.
19 Der Finanzexperte Roman Eberle (Verdi) klagt unter anderem die Drückermethoden am Bankschalter an. Vgl. dazu vom 24.6.2009: http://www.azonline.de/aktuelles/wirtschaft/-1075584_ Angst_und_Druck_am_Bankschalter.html.

nicht: Alle Menschen auf der ganzen Erde sind heute in gewissem Maße die Erben Marxs. … wir alle (sind) Erben von Adam Smith und John Locke. Es sei hinzugefügt: Alle nach uns sind Erben von uns. What we do matters."

Also: Zwanzig Jahre nach dem Zusammenbruch des real existierenden Sozialismus ist es wieder Zeit, dass wir über den Kapitalismus und seine extremen Auswirkungen (Turbokapitalismus) reden und darüber nachdenken, wie eine sozial- und menschengerechte Ökonomie verbunden sein könnte mit einem hohen Anspruch an Ökologie. Denn wir alle brauchen diese Erde, so auch Hannah Arendt in dem Eingangszitat, mit Männern und Frauen.

Zweitens werden nach Scharmer diese Veränderungen eine *sozial-relationale Revolution* zur Folge haben. Diese wird das Entstehen einer zunehmenden Netzwerkgesellschaft fördern. Und das könnten Strukturen sein, in denen Frauen sich engagierter einbringen könnten. Bereits jetzt schon hat sich die ethnozentristische Globalisierung über das digitale Netz Verständigungsmöglichkeiten geschaffen. Diese Netzwerkgesellschaften müssen sich jedoch auch mit der zunehmenden gesellschaftlichen Aufteilung der ausgegrenzten Eingegrenzten bzw. der eingegrenzten Ausgegrenzten im Sinne von Bourdieu und mit der zunehmenden möglichen Entsolidarisierung demokratischer Grundstrukturen und ihren Folgen beschäftigen.[20]

Mit einer dritten Revolution werden wir laut Scharmer in allen Ländern der Welt ebenfalls konfrontiert sein. Diese wird von ihm als *kulturell-spirituelle Revolution* bezeichnet und wird das Entstehen eines neuen Bewusstseins unterstützen.[21] Ethische Fragen wie auch die Religionen können dafür Ausgangspunkte sein.

Eine vierte Revolution muss meiner Ansicht nach hinzugefügt werden: Die *geschlechtergerechte Revolution*, die das Entstehen eines neues Geschlechterverständnisses und -verhältnisses in den Mittelpunkt stellt. Diese möglichen Revolutionen brauchen gleichberechtigte und gleichgeachtete Männer und Frauen.

Mit diesem tiefgreifenden Kulturwandel wird unterschiedlich umgegangen. Paul Ray (2004: 4) untersuchte beispielsweise die Lebensgewohnheiten von über 100.000 Amerikanern. Er geht davon aus, dass die „Cultural Creativs" (26 Prozent – in den USA/ für Europa 30-35 Prozent) die Bevölkerungsgruppe mit dem höchsten Wachstum und Veränderungspotenzial sind, da darin die Wertvorstellungen (Einfachheit, Nachhaltigkeit, Spiritualität, soziales Bewusstsein) im Mittelpunkt der Auseinandersetzungen stehen, die eher an

---

20 Vgl. Heitmeyer, Wilhelm (Hrsg.), 2009.
21 Vgl. Scharmer, Otto C. (2008/2009).

weibliche Werte erinnern. Daneben stehen die „Traditionalists" und die „Modernists", die am Althergebrachten festhalten wollen oder Veränderungen nur begrüßen, wenn es sich finanziell lohnt.[22]

Nur marginal werden in all den vorliegenden Analysen die Kategorien Gender und Diversity benannt. Wer hätte gedacht, so Scharmer, dass die Berliner Mauer verschwinden würde. Und wenn wir von einer höchst möglichen Zukunft ausgehen, die in uns und in den Organisationen und in der Gesellschaft vorhanden ist, so ist es unsere Aufgabe, diese in die Gegenwart zu holen. Scharmer's zentraler Gedanke ist: „Wie sich eine Situation entwickelt, hängt davon ab, wie man an sie herangeht, d.h. von der eigenen Aufmerksamkeit und Achtsamkeit." Von der Zukunft her führen bedeutet für ihn, Potenziale und Zukunftschancen zu erkennen und im Hinblick auf aktuelle Aufgaben zu erschließen. „Presencing" – aus „presence" (Anwesenheit) und „sensing" (spüren) – nennt Scharmer diese Fertigkeit zur Entwicklung. Drei Fragen werden uns beschäftigen; sie betreffen unsere Kulturen und Zivilisationen, so Scharmer (2009b: 105 f.):

- „Wie können wir eine gerechtere globale Ökonomie aufbauen, die die Bedürfnisse aller Lebewesen, der zukünftigen Generationen und der Natur berücksichtigt und deckt?"
- „Wie können wir Demokratie stärken und unsere politischen Institutionen so weiterentwickeln, dass lokale und globale Entscheidungsprozesse eine stärkere Selbstverantwortung und Eigengestaltung anregen und unterstützen?"
- „Wie können wir die Grundlagen unserer Zivilisation so erneuern, dass jeder seine höchste Zukunftsmöglichkeit situativ erspüren und praktisch verfolgen und realisieren kann?"

Um diese Entwicklungen zu unterstützen, bedarf es äußerer und gelebter Strukturen und Systeme, aber auch Quellorte, in denen neue Handlungen hervorgebracht werden können.[23] Auf die Geschlechterfragen bezogen, bedeutet dies, dass diese auf der individuellen Mikro-, organisationalen Meso- wie auch auf der gesellschaftlichen Makroebene thematisiert werden müssen. Dies geschieht zu wenig. Und damit komme ich zur zweiten These.

---

22 Vgl. Ray and Anderson (2004: 4) in: Scharmer, Otto C. (2009: 103).
23 Vgl. Scharmer, Otto C. (2009: 106 ff.).

2.2 These: Mixed Leadership – Wir müssen uns weiter mit der Kategorie Gender beschäftigen.

Obwohl heutzutage vieles theoretisch in einen neuen Diskurs gestellt worden ist, scheint die Veränderung des Geschlechterverhältnisses schwieriger und komplexer zu sein, als vielfach angenommen. Es stehen sich nach wie vor handfeste Interessen gegenüber, wie etwa Macht-, Ressourcen- und Prestigeverlust sowie der Verlust des Erwerbsarbeitsplatzes. Dies spiegelt sich folgerichtig im Funktionieren von Organisationen und Unternehmen wider. Welche Relevanz spielt Gender dabei? Und was ist Gender?

Das Begriffspaar Sex und Gender ist seit mehr als 35 Jahren ein fester Bestandteil in den Sozialwissenschaften. Während Sex das biologische Geschlecht bezeichnet, beschreibt Gender das sozial konstituierte Geschlecht, die gesellschaftlich definierte Geschlechtlichkeit, welche Frauen und Männern jeweils konträre Verhaltensmuster verbindlich zu- und vorschreibt. Diese Unterscheidung zwischen Sex und Gender ist insofern unabdingbar, da die soziale Geschlechteridentität nicht zwangsläufig mit dem biologischen Geschlecht übereinstimmen muss. Diese ist ein Resultat gesellschaftlicher Zuschreibungen und informeller Lernprozesse. Gender wird deshalb als eine umfassende Kategorie zur Beschreibung des Geschlechterverhältnisses verstanden, welche die dichotome Typisierung von weiblichen und männlichen Eigenschaften, Merkmalen, Verhaltensweisen oder Orientierungen umfasst, die im historischen Kontext entstanden sind. Dabei hat sich die zweigeschlechtliche Polarisierung in das kollektive Bewusstsein eingegraben, mehr als wir vermutlich gedacht haben. Bei Männern und Frauen! Zur Erinnerung: Es sind gerade erst einmal 90 Jahre vergangen, seitdem Frauen in Deutschland das Wahlrecht und das Recht zu studieren erhalten haben, dass Frauen Zugang zur öffentlichen, politischen und wissenschaftlichen, vorwiegend männlich definierten und dominierten Sphäre erhalten haben. Es sind also auch unsere Eltern und Großeltern, die die vorab skizzierten geschlechterspezifischen Bilder und Zuweisungen internalisiert, tradiert und an uns weitergegeben haben.

Bereits Anfang der 1950er Jahre ist die Alltagstheorie der Zweigeschlechtlichkeit von Simone de Beauvoir durch ihre einfache und pointierte Feststellung gezielt angezweifelt worden: „Man kommt nicht als Frau zur Welt – man wird es".[24] Wenn es jedoch diese naturhaft notwendige Zuschreibung nicht gibt, sondern nur die verschiedenen kulturellen Konstruktionen, müssen

---

24 Beauvoir, Simone de (1949: 269/ 1976: 265).

wir allerdings „bei der Analyse dieser kulturellen Konstruktion der Zwei-
Geschlechtlichkeit in unterschiedlichen Gesellschaften und vordringlich in
unserer eigenen davon ausgehen, dass die Beziehungen zwischen biologischen und kulturellen Prozessen komplexer und vor allem reflexiver sind, als
in der Sex/Gender-Trennung und Parallelisierung zunächst angenommen.“[25]
Somit ist das Geschlechterverhältnis ein aktiver kultureller Prozess und kann
als „doing gender“ beschrieben werden. Holly Devor (1989) versucht, sich der
Komplexität der sozialen Konstruktion von doing gender durch die Dekonstruktion verschiedener Ebenen zu nähern, indem die individuelle Mikroebene
und die gesellschaftliche Makroebene zueinander in Beziehung „Gendered
Individuals in Gendered Societies“ gesetzt werden (vgl. Abb. 1).[26]

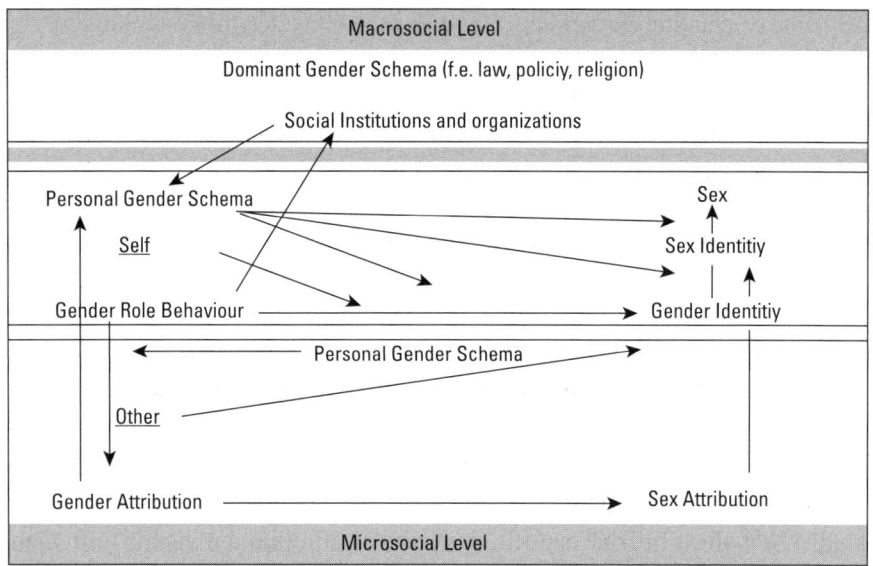

Abb. 1: The Social Creation of Gender (in einzelnen Aspekten durch die
Autorin geändert)

Dieser Ansatz ermöglicht eine differenzierte Analyse kultureller Unterschiede in den Konzeptualisierungen von Weiblichkeit und Männlichkeit. Gender
Relation und Gender Identity sind nicht allgemeingültig. Sie unterscheiden
sich von Kultur zu Kultur. Sie sind dynamisch und veränderbar, denn jede
Gesellschaft hat ihre eigenen Auffassungen über Gleichheit oder Ungleichheit

25 Gildemeister, Regine, und Angelika Wetterer (1992: 211).
26 Vgl. Devor, Holly (1989: 68).

der Geschlechter.[27] Dieser dekonstruktivistische Diskurs war in den 1990er Jahren selbstverständlicher als in der Gegenwart. Mittlerweile drängt sich sogar der Eindruck auf, dass durch die Diversity-Debatten das Gender-Thema wieder in den Hintergrund gedrängt wird, beziehungsweise differenztheoretische, biologische Tendenzen wieder stärker sichtbar werden.

Zu vermuten ist, dass die zunehmende Welt-, Wirtschafts-, Arbeitsmarkt- und Finanzmarktkrise die selbstverständliche Einbeziehung von Frauen zum einen zurückdrängt. Konnten wir in den 1980er und 1990er Jahren davon ausgehen, dass Frauen in den Erwerbsarbeitmarkt Einzug halten konnten – gerade das mittlere Management profitierte davon –, so ist jetzt wahrzunehmen, dass eine Remaskulinisierung, also eine erneute Vermännlichung gesellschaftlicher Bereiche stattfindet. Zum anderen könnten diese Krisen jedoch den Transformationsprozess in Richtung Mixed Leadership unterstützen.

„Die Last der Tradition", so lautete im Jahr 1990 ein Artikel von Brigitta Gold, mündete in die Aussage: Denn „mit den Rollenvorschriften für die Geschlechter stellen wir das ganze System infrage, in dem wir leben. Damit stellen wir auch die gesellschaftliche Machtfrage aufs Neue."[28] Und damit komme ich zu meiner dritten These, die davon ausgeht, dass vielfältige Veränderungen bereits stattgefunden haben, jedoch weitere anstehen.

2.3   These: Mixed Leadership – Wir haben schon viel erreicht und stehen doch noch am Anfang.

Umfangreiches und geschlechterdifferenziertes Zahlenmaterial über das Geschlechterverhältnis auf allen Ebenen liegt vor; von der Ebene der Beschäftigungsraten, der Erwerbslosigkeit, der Führungsfunktionen bis hin zum Gender Paygap. Die aktuellen Zahlen für Deutschland bewegen sich im unteren Mittelfeld europäischer Untersuchungen. Laut des Global Gender Gap Reports 2008[29] liegt Deutschland im globalen Ranking auf Platz 11 (von 130 Ländern), bezogen auf die ökonomische Partizipation und die Chancen für Frauen auf Platz 45, bezogen auf die Lohngleichheit auf Platz 103, bezogen auf den Bildungsabschluss auf Platz 49, Gesundheit auf Platz 57 und bezogen auf die politische Teilhabe auf Platz 16. Die Lohndifferenz in Deutschland liegt

---

27 Vgl. Literaturliste in Fröse (2004); Untersuchungen von Geert Hofstede (1980/1997).
28 In: Psychologie Heute (1990: 55-59).
29 Der Global Gender Gap Report ist ein vom World Economic Forum erstellter Bericht. Dieser analysiert die Gleichstellung der Geschlechter. http://www.weforum.org/pdf/-gendergap/report2007.pdf.

bei 23 Prozent. Wobei konstatiert werden muss: Die aktuellen Zahlen haben sich im Vergleich zum Jahr 2008 zu den Untersuchungen aus den Jahren 2006 (Platz 5) und 2007 (Platz 7) verschlechtert. Auffällig ist: In einigen Ländern sieht die Beteiligung von Frauen auf der Führungsebene anders aus: Philippinen (50 Prozent), Brasilien (42 Prozent), Thailand (39 Prozent).[30] Selbst die geschlechtersegregierten islamischen Gesellschaften, wie etwa Iran oder Türkei, weisen um die 50 Prozent auf.

Eine Vielzahl von positiven Veränderungen können wir in Deutschland verzeichnen. Wissenschaftliche geschlechterspezifische Analysen von Organisationen und Unternehmen liegen vor. Frauenquoten sind auf etlichen Ebenen eingeführt oder werden zumindest diskutiert. Frauenbeauftragte wirken in Verwaltungen, Firmen, Kommunen, Ministerien und Universitäten. Frauen verfügen über hervorragende Qualifikationen. Selbst ihre emotionale und soziale Intelligenz wird in jüngster Zeit als wichtige Berufsqualifikation anerkannt und wird nicht mehr nur auf Frauen reduziert.[31] Eines der ersten deutschsprachigen Bücher, das sich mit dem Thema „Frauen und Karriere – Der Weg zur Spitze in einer männerbestimmten Arbeitswelt" beschäftigte, ging im Jahr 1978 noch der Frage nach, ob Frauen weniger intelligent seien, ob Frauen überhaupt über Führungsqualitäten verfügten, oder ob es Frauen wirklich an Sachlichkeit oder Organisationstalent mangelte, weil sie zu emotional seien. Bei den gegenwärtigen gesellschaftlichen Veränderungen ist die Analyse des Geschlechterverhältnisses in Organisationen selbstverständlicher gewonnen. Möglicherweise stehen wir an einem Wendepunkt, eine Zeit, in dem das bisherige Geschlechterverhältnis nachhaltig verändert werden könnte. Bei all den Entwicklungen in den letzten dreißig Jahren muss jedoch angemerkt werden, dass es die berühmten „Gender Troubles" weiterhin in Organisationen gibt.[32]

Praxisbezogene Handbücher, wie die Publikation von Doris Doblhofer und Zita Küng (2008)[33] zum Gender Mainstreaming, ermöglichen Organisationen, Unternehmen und Institutionen Einblicke in Wege, wie Geschlechtergerechtigkeit in den Unternehmen implementiert werden kann. An diesen können sich Führungskräfte, Unternehmerinnen und Unternehmer orientieren.

---

30 Vgl. Shepard, Molly D., Jane K. Stimmler and Peter J. Deam (2009: 12).
31 Vgl. Golemann, Daniel (1997/2006); Girgerenzer, Gerd (2008).
32 Vgl. Pasero, Ursula, und Christine Weinbach (Hg.), 2003.
33 Vgl. Doblhofer, Doris, Küng, Zita (2009). Die zentralen Handlungsfelder des Gender Mainstreaming sind die geschlechterbezogene Datenanalyse, Produkte und Dienstleistungen, Recruitment, Personalentwicklung, Work-Life-Balance, partnerschaftliche Zusammenarbeit, Institutionalisierung, Gender Budget, Unternehmenskultur und Öffentlichkeitsarbeit.

2.3.1 Forschungsfelder

Heute können wir fünf Forschungsfelder identifizieren, die sich auf der analytischen Ebene mit den Themen „Frauen, Führung und Management" beschäftigen[34]: Erstens finden wir zahlreiche Untersuchungen in der *Geschlechterforschung*. Diese erforscht durchgängig Bereiche der Mikro-, Meso- und Makroebenen der Soziologie; von den elementaren sozialen Interaktionen bis hin zu gesellschaftstheoretischen Aspekten wie den Ursachen und dem Wandel sozialer Ungleichheit.[35] Ziele der Forschungen sind: Abbau von Benachteiligung (Diskriminierung), die gleichberechtigte Teilhabe an Entscheidungsprozessen (Partizipation) sowie die selbstbestimmte Lebensgestaltung beider Geschlechter, unabhängig von tradierten Rollenmustern (Selbstbestimmung) und dem kulturellem Kontext. Zweitens liefert mittlerweile die *Organisationsforschung* ebenfalls Ergebnisse.[36] Drittens: Die *klassische Managementforschung* allerdings befasst sich nur unzureichend mit diesen Erfordernissen. Positiv hervorzuheben sind: Gender und Betriebswirtschaftlehre (Krell 2002), Bischoff (2005) zu Frauen und Führung oder Neuberger (2002), der sich explizit mit den feministischen Erkenntnissen zum Thema Führen und Leiten beschäftigt hat oder Volmerg u.a. (1995). Ein Lehrstuhl jedoch zum Thema Gender und Führung fehlt. Viertens gibt es eine bislang wenig rezipierte *Männer Managementforschung,* die recht weiterführend ist, da dort das hegemoniale männliche Herrschaftssystem thematisiert wird.[37] Collison und Hearn (1994) haben beispielsweise fünf typische Praktiken von Männlichkeit und Management wie ‚Authoritarianism, Entrepreneurism, Informalism, Careerism, Paternalism' herausgearbeitet. Und fünftens haben wir eine fundierte *Frauenförderung,* heute subsumiert und weiterentwickelt in der Gender Mainstreaming Debatte. Weitestgehend fehlt die Zusammenführung der interdisziplinären und transdisziplinären Erkenntnisse, um ein differenzierteres Management und Leadership-Konzept entwickeln zu können.

Somit kann konstatiert werden: Die Kategorie „Geschlecht" hat Eingang in eine breite gesellschaftspolitische und wissenschaftliche Diskussion gefunden. Eigentlich sieht alles doch recht gut aus!?

---

34 Diese Aufteilung wurde beschrieben in Fröse, Marlies W. (2004).
35 Vgl. Ostner, Ilona (2002).
36 Vgl. Fröse, Marlies (2004); Weber, Susanne (1997), Riebe, u.a. (2000).
37 Vgl. Collison, D.L., and J. Hearn (1994); Connell, R.W. (1995a/1995b); Höying, Stephan, und Ralf Puchert (1998); Lange, Ralf (1998/1999).

2.3.2 Die Realität ist noch reichlich verbesserungswürdig.

Doch die Realität sieht nicht so aus, wie wir es uns gewünscht haben. Stattdessen werden immer noch die alten Fragen gestellt: „Muss Frau ein Mann
sein, um Karriere zu machen? Und warum gelingt es Frauen immer noch
nicht, auf der berühmten Karriereleiter anzukommen wie ihre männlichen
Kollegen? Und warum begünstigen wirtschaftlich schwierige Zeiten wie die
gegenwärtige Wirtschafts-, Finanz- und Arbeitsmarktkrise das Festhalten an
alten Rollenmustern und binden Frauen wieder mehr an Heim und Herd?",
so Gertraud Oberzaucher.[38] Zwischen wissenschaftlichen Analysen und poli-
tischem Handeln klafft immer noch ein tiefer Graben.

Auch im Jahr 2009 muss die Hans Böckler Stiftung feststellen: Frauen
sind in Deutschlands Vorstandsetagen und Aufsichtsräten weiterhin die Aus-
nahme. Ohne die Arbeitnehmermitbestimmung in den Kontrollgremien und
Chefetagen der 160 untersuchten Unternehmen der Börsensegmente DAX,
MDAX, SDAX und TecDAX wäre der Frauenanteil vermutlich noch geringer.
Rund drei Prozent Frauen arbeiten in den Führungsetagen der börsennotier-
ten Unternehmen.[39] Die „wichtigsten Entscheidungspositionen sind fest in
Männerhand", so das Bundesministerium für Familien, Senioren, Frauen und
Jugend (2008).

Vergleichbare Ergebnisse stellt ebenfalls das European Women's Management Development International Network (EWMD) in einer umfassenden
Untersuchung fest: „Die umsatzstärksten Top-200-Unternehmen im deutschsprachigen Raum verzichten auf weibliche Kompetenz und damit auf Ertrag."
Dabei wissen wir aus dem gesellschaftlichen Diskurs: „Es gibt so viele Studien,
die belegen, das *Mixed Leadership*-Firmen unternehmerisch deutlich erfolgreicher arbeiten. Aber an der Spitze bewegt sich nichts!", so die EWMD-Initi-
atorin Gabriele Hantschel, Services Managerin IBM Deutschland GmbH und
Vorstandsvorsitzende der Helga-Stödter-Stiftung. Enormes Potenzial wird
vergeudet.

Dies bestätigen die Untersuchungen der Unternehmensberatung McKinsey und der internationalen Nicht-Regierungsorganisation Catalyst[40]: Mixed

---

38 Gertraude Oberzaucher vom FEMtechn-Kompetenzzentrum anlässlich des 21. FEMtech-Netz-
    werktreffens Recherche im Netz: 20.4.2009 im Tech Gate Vienna.
39 Vgl. Untersuchungen der Hans Böckler Stiftung (http://www.boeckler.de/-32006_95294.html
    vom 15. Mai 2009) und das Bundesministerium für Familie, Senioren, Frauen und Jugend
    (2008): Führungskräfte-Monitor 2001-2006. Forschungsreihe Band 7. Berlin: Nomos Verlag.
40 Vgl. Ergebnisse von Catalyst in http://www.catalyst.org/publication/215/women-in-manage-
    ment-global-comparison oder in den Berichten von McKinsey (2007/2008).

Leadership-Organisationen sind wesentlich erfolgreicher – bis hin zur höheren Umsatzrendite und auch zu einer größeren Innovationskraft (so die London School of Economics). Nicole Meissner weist darauf hin: An Frauen mangelt es nicht. „Die Vernachlässigung der Potenziale und Talente hochqualifizierter Frauen ist eine Verschwendung von Bildungskapital, die sich Deutschland nicht mehr länger leisten kann.“[41]

Also: Es hat sich wenig verbessert, da es keinen signifikanten Zuwachs an weiblichen Führungskräften in den Jahren 2001 – 2006 gab. Und je höher die Karriereleiter ist, umso dünner wird die Luft für die Frauen, so Gertraude Krell (2009) und „dass sich Ungleichheiten so hartnäckig halten, führt Krell nach Auswertung zahlreicher Studien vor allem auf Vorurteile und diskriminierende Praktiken männlicher Entscheider zurück.“[42]

Ein möglicher Ansatzpunkt für Veränderungen könnte die herrschende homosoziale Reproduktion sein: Männliche Chief Executive Officer (CEOs) suchen männliche Führungskräfte aus, die ihnen ähnlich sind. Krell (2009:16) fordert deshalb deutlich gesetzliche Vorgaben, da die Schaltzentralen unserer Wirtschaft weiterhin fest in Männerhand sind. Das Glasdeckenphänomen gibt es.

Logischerweise stellt sich dann die Frage: Welche Möglichkeiten haben wir, um in den Boy's Club hineinzukommen, beziehungsweise diesen aufzubrechen? In „Breaking into the Boy's Club: 8 Ways for Women to Get Ahead in Business“ gehen die Autor/innen wie Molly Dickinson Shepard, Jane K. Stimmler und Peter J. Dean (2009) den Stärken und Schwächen sowie den gegenseitigen Vorurteilen von Frauen und Männern nach. Ausgangspunkt ihrer Argumentation ist die biologische Grundannahme der Differenz; das weibliche und männliche Gehirn funktioniere eben anders „see, hear, intuit, cognize, and send differently due to different brain sensitivities“.[43] Ihre Schlüsse: Frauen müssten ihre Stimmen trainieren, da diese zu hoch seien. Sie müssten gezielter beziehungsfähig werden, da es eben nicht nur um Qualifikation oder Kompetenzen gehen würde. Dabei ist die biologistische Grundannahme nicht unproblematisch, da diese die gleichstellungsbezogenen und dekonstruktivischen Erkenntnisse der letzten dreißig Jahre aufheben würde.

Ein organisationales Thema fällt bei all diesen Untersuchungen heraus: Sexuelle Belästigung von Frauen in Unternehmen. Auch Mixed Leadership

---

41 Präsidentin von EWMD International und Global Head Legal Technical Operations von Sandoz International GmbH.

42 Krell, Gertraude (2009), siehe Download: www.boeckler.de/32006_95294.html; 12.5.2009.

43 Shepard, Molly D. et al. (2009: 5). Sie beziehen sich auf die Studie von Louann Brizendine (2006).

muss damit umgehen. Wie Meschkutat und Holzbecher ausführlich darstellen, gibt es kaum einen gegen Frauen gerichteten Bereich, der so durch Vorannahmen geprägt ist, wie die sexualisierte Belästigung und Gewalt am Arbeitsplatz.[44] 72 Prozent von 4.200 befragten Frauen gaben in einer bundesweit angelegten Untersuchung an, dass sie am Arbeitsplatz belästigt worden seien: Von anzüglichen Bemerkungen über Figur und Privatleben, unerwünschten Einladungen, Po-Kneifen, Klapsen, pornografischen Bildern, an die Brust fassen bis hin zu beruflichen Nachteilen bei „Verweigerung". Drei Prozent der Frauen wurden zu sexuellen Handlungen genötigt.

2.3.3 Wie geht es weiter mit…?

Umso mehr müssen wir heute im Sinne von Philipp Reemtsa die Frage stellen: Wie weiter mit…? Was haben wir von Freud, Habermas, Arendt und anderen gelernt?[45] Diese Frage stellt sich auch noch zu Beginn des 21. Jahrhunderts. Ich formuliere die Frage um: Wie geht es weiter mit den Frauen? Wie geht es weiter mit den Männern in den Organisationen und Unternehmen? Warum führt Gender immer noch zu Irritationen? Und damit komme ich zu meiner vierten These.

2.4 These: Mixed Leadership – Gender führt immer noch zu Irritationen.
Ist Deutschland noch zu demokratieunerfahren?
Sieben mögliche Antworten.

An dieser Stelle sei ein sicherlich recht ungewöhnliches Beispiel aus Uganda angeführt: Im Jahr 1992 betreute ich eine Weltfrauen-Gesundheitskonferenz im Rahmen eines Monitoring in Uganda. Interessant war die praktische Durchführung mit mehr als dreitausend Frauen und auch einigen Männern. Während in Deutschland Frauenkonferenzen von Frauen für Frauen organisiert werden und finanzielle Mittel kaum zur Verfügung stehen, präsentierte sich dort folgendes Bild: Die Frauen waren die Gastgeberinnen. Die gesamte Organisation und die Durchführung der Tagung übernahmen aber ugandi-

---

44 Vgl. Meschkutat und Holzbecher (2001).
45 Vgl. Hamburger Institut für Sozialforschung (2008).

sche Männer: Väter, Brüder, Söhne und Freunde. Männer waren stolz auf ihre Frauen. Warum taten sie es? Ein Vertreter des UNHCR sagte dazu: „I love women, my sister, my wife, my daughter, my collegues, that's why we support women." Unsere deutsche Realität sieht anders aus. Solche Selbstverständlichkeiten lassen sich nicht finden.

Unser Grundgesetz sagt kurz und bündig: Frauen und Männer sind gleichberechtigt! Am 23. Mai 2009 wurde das 60jährige Bestehen dieses Gesetzes gewürdigt. Jedoch ist die Demokratie nicht per se vorhanden. Auch nach 60 Jahren muss diese immer wieder erarbeitet und bearbeitet werden.[46] So schreibt Brigitte Zypries: „Das Grundgesetz ist dafür eine hervorragende Grundlage. Eine neue Verfassung brauchen wir nicht, aber ihre Regeln müssen auf der Höhe der Zeit bleiben, und wir müssen sie nutzen, um allen Menschen ein Leben in Freiheit und Wohlstand zu ermöglichen. Gerade in diesen wirtschaftlich so schwierigen Zeiten sollten wir nicht vergessen: Eine gerechte Wirtschafts- und Sozialordnung ist nicht nur ein Gebot des Grundgesetzes, sondern auch die Bedingung seines weiteren Erfolges."[47] Viele Gesetzesänderungen haben Modernisierungsschübe der letzten Jahre bewirkt, auch bezogen auf die Geschlechter und die derzeit vorhandenen Lebensformen. Heute ist eine alleinerziehende Mutter kein Objekt der Empörung mehr. Auch wird unter Familie weitaus mehr verstanden als in der Adenauer-Ära.[48] Und auch die Ziele der Gleichstellung sind laut Europäischer Kommission klar definiert: Alle Menschen können ihre persönlichen Fähigkeiten frei entwickeln. Sie können freie Entscheidungen treffen, ohne durch strikte geschlechterbezogene Rollen eingeschränkt zu werden. Unterschiedliche Verhaltensweisen, Ziele und Bedürfnisse von Frauen und Männern werden in gleicher Weise berücksichtigt, anerkannt und gefördert. Dies gilt folgerichtig ebenfalls für Mixed Leadership. Deutschland ist bezogen auf die Chancengleichheit im mittleren Feld der Chancengleichheit positioniert. Unweigerlich stellt sich die Frage: Warum? Ist Deutschland zu demokratieunerfahren? Dazu werde ich sieben mögliche Antworten für weitere Diskussionen anbieten:

Eine erste mögliche Antwort: geringe Demokratieerfahrungen zwischen den Geschlechtern
Eine der Ursachen dafür mag in der fehlenden Demokratieerfahrung insbesondere unserer deutschen Gesellschaft liegen, so Margarete Mitscherlich

---

46 Siehe Sonderbeilage der FAZ, Nr. 117, B 5 in der FAZ vom 22.5.2009.
47 Ebd.
48 Ebd.

auf einer Tagung im Dezember 2006 in Frankfurt[49]: Könnte es sein, dass die deutsche Gesellschaft bei allen Demokratiebemühungen noch unzureichend über Demokratieerfahrungen auch im Geschlechterverhältnis verfügt? Während etliche unserer europäischen Länder bereits langjährige derartige Erfahrungen besitzen, wie etwa Frankreich und England aber auch die Vereinigten Staaten, so finden sich die ersten zögerlichen Demokratieansätze erst in der Weimarer Zeit (1919 – 1933) und dann nach Gründung der Bundesrepublik. Mit den 1968ern vollzog sich ein gesellschaftliches Aufbegehren – der berühmte Tomatenwurf, das Startsignal auch für die zweite Welle der Frauenbewegung. Das würde dann bedeuten: Geschlechterdemokratische Veränderungen werden erst seit ungefähr eineinhalb Generationen experimentell erprobt; eine kurze Zeit für grundlegende Veränderungen. Kann dies der Grund sein, dass Männer, oder genauer: männliche Führungskräfte, Frauen nach wie vor eher als Ehefrau, Mutter, Geliebte oder als Sekretärin sehen? Und die Frauen? Einerseits stößt diese Annahme auch auf Resonanz bei Frauen. Andererseits haben Frauen sich über dreißig Jahre emanzipiert und sind natürlich auf der Suche noch neuen Rollenbildern. Zu fragen ist: Fehlt unter Umständen dem männlichen Geschlecht dieser Entwicklungsschritt?

Eine zweite mögliche Antwort: Neue Vorbilder und Lebensmodelle fehlen
Die Arbeits- und Lebensbedingungen von Führungs-Frauen sind in anderen Ländern anders, manches Mal auch klarer und selbstverständlicher. Aber es sind nicht nur die Rahmenbedingungen der Vereinbarkeit von Familie und Beruf, auch der zwischenmenschliche Umgang scheint unkomplizierter. In dem Interview mit Elke Benning-Rohnke und Achim Rohnke wird ersichtlich, dass die Lebens- und Arbeitsbedingungen zum Beispiel in Kanada familienfreundlicher sind als in Deutschland. Selbst das Bundesministerium für Familie, Senioren, Frauen und Jugend (2009: 151) muss in seinem Bericht konstatieren: „Generell ist davon auszugehen, dass auf tradierten Rollenauffassungen beruhende Zuschreibungen von Eigenschaften der Geschlechter (Stereotype) bremsend auf die Karrierechancen von Frauen wirken". Zu klären wäre: Will man das Gewohnte tatsächlich aufgeben? Man hatte sich gut eingerichtet. Wie aber wollen Frauen und Männer künftig leben?

---

49 FrauenMachtKarriere (Titel der 4. Tagung), durchgeführt am 1. Dezember 2006 in Frankfurt, ausgerichtet vom Frauenreferat der Industrie- und Handelskammer Frankfurt und der Evangelischen Akademie Arnoldshain.

Es hat Emanzipationsprozesse gegeben. Manches Mal drängt sich aber der Eindruck auf: Frauen hängen immer noch an den tradierten Familienbildern. Es fehlt an der klaren und selbstverständlichen Verantwortungsübernahme für neue Rollen bei beiden Geschlechtern. Beide sind hinsichtlich ihrer Rollen verunsichert. Neue Vorbilder auch für Mixed Leadership fehlen insbesondere in Deutschland. Deutlich wird dies bei der Diskussion um die „Rabenmütter". Der Begriff ist abwertend. Er bezeichnet eine Mutter, die ihr Kind vernachlässigt, beziehungsweise sich nicht um das Kind kümmern will, da andere Interessen, wie der Beruf, im Vordergrund stehen. Das Wort findet sich nur in der deutschen Sprache und hat seine Wurzeln im Nationalsozialismus. Noch bis heute haben viele berufstätige Mütter dieses Phänomen internalisiert. Der Rabenmutter-Argumentation folgend, müssten viele Kinder der Welt unzureichend erzogen und gebildet worden sein! Also bedarf es hier einer radikalen Blickveränderung: Berufstätige Frauen sind keine Rabenmütter! Und auch Männer, die sich um ihre Kinder wirklich kümmern, sind keine „Softies" oder „Versager"!

Eine dritte mögliche Antwort: individuelle Rollenverunsicherungen
Diese Annahme drängt sich auf, wie folgende Artikel von verschiedenen Autoren im aktuellen Cicero (Juli 2009) zeigen: „Das schwächelnde Geschlecht[50]", „Gefährdete Männer[51]" und „Wo bleibt der Männerprotest[52]". Und Hanne Seemann (2009a/2009b) geht in ihrem Beitrag „Die Zeitbombe Mann" noch weiter: Gedemütigte Männer ohne Aufgaben seien ein hochgefährliches Gewaltpotential für die Gesellschaft.[53] Ohnmacht, Hilflosigkeit, Angst, Passivität und Mitläufertum wären weit gefährlicher als Macht, Kampf oder Überlegenheit, so ihr Resümee. Das männliche Geschlecht wird mit Rollenverunsicherungen konfrontiert. Als Hinweise dafür können zum einen die Diskussionen zur verstärkten Integration und Förderung von Jungen im Kontext von Schule und Bildung gelten.[54] Die Auseinandersetzung um Männlichkeit ist in den populären Medien angekommen. Historisch gesehen wissen wir: Je formalisierter die Arbeit, umso exklusiver war diese den Männern vor-

---

50 Vgl. Gruner, Paul-Hermann (2009: 110).
51 Vgl. Luy, Marc (2009:111).
52 Vgl. Hurrelmann, Klaus (2009: 112).
53 Vgl. Seemann, Hanne (2009a:113); siehe auch Seemann, Hanne (2009b.).
54 URL zur Zitation: http://hsozkult.geschichte.hu-berlin.de/tagungsberichte/id=2610. Siehe ausführlich die Ergebnisse zur sechsten Fachtagung des Arbeitskreises für interdisziplinäre Männer- und Geschlechterforschung – Kultur-, Geschichts- und Sozialwissenschaften (AIM Gender), die vom 02.04.-04.04.2009 in Stuttgart zu dem Thema „Männlichkeit und Arbeit – Männlichkeit ohne Arbeit" stattgefunden hat. Für das Jahr 2010 ist dort die Tagung mit dem Titel: Männer und Gefühle / Männlichkeiten und Emotionen geplant.

behalten, bemerkt Dinges.[55] Bislang orientierte sich das geregelte, lebenslange Normalarbeitsverhältnis am Modell des Haupt- und Familienernährers. Der gegenwärtig stattfindende Strukturwandel, also der Übergang von der Industriegesellschaft mit seiner institutionalisierten hegemonialen Männlichkeit hin zur Informationsgesellschaft, verändere Lebens- und Arbeitsverhältnisse der Männer, so Meuser.[56] Diese Veränderungen führen zu Rollenunsicherheiten und Rollenverunsicherungen beim männlichen Geschlecht und zwischen den Geschlechtern. Verstärkt wird dies durch die Auflösung der normalen Arbeitsverhältnisses seit den 1980er Jahren.[57] Die normale Erwerbsbiographie existiert nicht mehr. Die Flexibilisierung von Arbeitszeiten und Arbeitsmodellen führt zum „modernen Arbeitskraft-Unternehmer" (AKU), wie Voss (1998) dies deklariert hat.[58] Hain geht noch weiter. Sein Schluss: Männer konstituieren sich vorwiegend durch die Arbeit.[59] Diese Eindimensionalität des männlichen Lebens- und Arbeitsentwurfes ist der Gradmesser für Erfolg. Das Resümee bleibt: Der zentrale Bezugspunkt für männliche Lebensentwürfe und Identitätskonstruktionen bildet die Erwerbsarbeit, so Scholz, denn der „Zählebigkeit industriegesellschaftlicher Männlichkeitskonstruktionen liege eine strukturelle und kulturell-symbolische Verknüpfung von Männlichkeit mit Erwerbsarbeit zugrunde". Diese Erosionen führen allerdings zu Verunsicherungen. Von einer Krise der Männlichkeit kann jedoch nicht gesprochen werden, sondern eher von einer Rollenverunsicherung auf unterschiedlichen Ebenen. Auch die Erkenntnisse aus dem Diversity Management deuten darauf hin. Denn die Ebenen der persönlichen Unterschiede sind komplex. Auf der primären finden sich Sozialisierung, Alter, Gender, Rasse, Ethnizität, kulturelle Werte, sexuelle Orientierung, Behinderungen und Talente; auf der sekundären Ebene: Erfahrungen mit der Kultur, Familienstand, Ausbildung, geographische Herkunft, Identitäten, Glaube, Selbstkompetenz, Fachkompetenz, berufliche Erfahrungen, Arbeitssituation, Interessen und Motivatoren; und auf der tertiären: Statussymbole, Aussehen, Kleidung, Weiterbildung, Konsumverhalten, Sozialverhalten, problemlösendes Denken und Handeln, Kooperations- und Kommunikationsstil sowie der Habitus. Die gleichen Dimensionen könnten für die Geschlechterbilder als Analyseraster ebenfalls herangezogen werden. Von daher – Veränderungen sind komplex!

---

55 Inwieweit diese Annahme richtig ist, müsste nochmal überprüft werden, da die unbezahlten und deregulierten Erwerbsarbeitsverhältnisse vorwiegend von Frauen ausgeführt werden.
56 Siehe: http.//hsozkult.geschichte.hu-berlin.de/tagungsberichte/id=2610 vom 18.5.2009.
57 Ebd.
58 Vgl. Voss, Günther (1998).
59 Siehe: http.//hsozkult.geschichte.hu-berlin.de/tagungsberichte/id=2610 vom 18.5.2009.

Eine vierte mögliche Antwort:
organisationale Rollenverunsicherungen auf allen Ebenen

Nicht nur die individuelle Verunsicherung des männlichen Rollenbildes findet statt, sondern diese führt auch zu einer institutionellen Verunsicherung.[60] Die homosozialen Berufswelten (Polizei, Militär, Wirtschaft, Technik und insbesondere Universitäten und Hochschulen u.a.) erleben eine radikale Veränderung durch Frauen und reißen Männer aus den strukturell gewohnten Zirkeln heraus. Obwohl heutzutage vieles theoretisch bereits selbstverständlich zu sein scheint, ist die Veränderung des Geschlechterverhältnisses im Sinne eines Mixed Leadership für den organisationalen Kontext schwieriger und komplexer, als angenommen. Denn es existieren handfeste Interessen: Macht-, Ressourcen- und Prestigeerhalt um jeden Preis! Und dies spiegelt sich auch im Funktionieren von Unternehmen und Organisationen wider. Die Angst vor dem Verlust des Arbeitsplatzes spielt eine bedeutende Rolle. Zudem werden ökonomische Ungerechtigkeiten sichtbar. Bislang führen traditionell Regelungen und Mechanismen in Organisationen und Unternehmen dazu, dass für Männer der Zugang zu Machtpositionen und einflussreichen Arbeitsstellen wesentlich leichter ist als für Frauen – je nach Unternehmenskultur.[61] Bemerkenswerterweise funktionieren derartig geschlechterbezogene Vorurteile in Organisationen häufig in gleichem Maße wie die Organisationsrealität im Alltag geschaffen und aufrechterhalten wird, so Morgan (1997), einer der wenigen geschlechtersensibilisierten Manager-Forscher, der in seinen Veröffentlichungen explizit auf diese Zusammenhänge hinweist. Das einseitige Ungleichgewicht zu Lasten der Frauen in Organisationen wird von ihm als eine eindeutige Machtquelle der Männer identifiziert. Er benennt den Zusammenhang zwischen geschlechtsbezogenen Klischeevorstellungen und herkömmlichen Organisationsprinzipien und weist auf die Gemeinsamkeiten zwischen männlichen Klischees und den Wertvorstellungen hin, von denen Organisationen in hohem Maße bestimmt sind. Organisationen werden – wie Männer (und von Männern!) – dazu angehalten, rational, analytisch, strategisch, entscheidungsorientiert, unnachgiebig und aggressiv vorzugehen. Dies spiegelt sich auch in der Traditionsgeschichte der Managementtheorien wider.[62]

---

60 Unterschiedlichkeiten auf der organisationalen Ebene: Geschichte, Eigentumsverhältnisse, Grundprinzipien, Werte, Normen, Schichtzugehörigkeit, Markterfahrungen und Statussymbole.
61 Ob Clan-Kultur (menschliche Beziehungen), Hierarchie-Kultur (Gleichgewicht), Marktkultur (Outputmaximierung) oder Ad hoc-Kultur (Expansion und Transformation)
62 Vgl. Morgan, Gareth (1997). Glasl, Friedrich (1993).

Frauen, die versuchen, auch diese männlich tradierten Werte zu vertreten, durchbrechen in den Augen der männlichen wie auch weiblichen Kolleg/innen die herkömmlichen Rollenklischees auf eine Weise, die sie der Kritik beider Seiten ausliefert, weil sie beispielsweise zu selbstbewusst sind oder gar versuchen, als Frau eine typische Männerrolle auszufüllen.

Geschlechterbezogene Vorurteile sind in der Sprache, den Ritualen, den Mythen, Geschichten und anderen Formen symbolischen Ausdrucks anzutreffen, die die Organisationskulturen prägen. Dabei dienen ganz allgemeine alltägliche Rituale zur Inklusion oder Exklusion. Manchmal werden sie auch extra zu diesem Zweck praktiziert. Die damit provozierten Schwierigkeiten können so gravierend sein, dass die bewussten oder unbewussten Strategien dem Althergebrachten Vorschub leisten.

Ob die Geschlechtszugehörigkeit nun als ein Faktor beim Aufbau von Machtbeziehungen wahrgenommen wird oder nicht: Die Entscheidung für eine bestimmte Strategie im Umgang mit der Geschlechtszugehörigkeit oder eine bestimmte Präferenz hat Auswirkungen auf Macht und Einfluss innerhalb einer Organisation, so auch Baecker, da es den Normal- bzw. Regelfall von Organisationen nicht gibt.[63] Er ist einer der wenigen deutschen Soziologen, der sich im Rahmen der Wiederentdeckung der Organisation als Soziales System explizit mit der Frage nach Organisation und Geschlecht beschäftigt hat.

Organisationen sind nicht nur betriebswirtschaftlich zu deuten, sondern auch soziologisch und psychologisch. Die Wiederentdeckung der Organisation als Soziales System – so auch Barbara Czarniawska-Joerges (1993) – weist darauf hin, dass drei Themenfelder in den vergangenen Jahren an Bedeutung gewonnen haben: a.) die Umstellung des Grundgedankens von der Rationalität der Betriebswirtschaft und der Führungslehre in Richtung Motivation und der Bedeutung der Inhalte der eigenen Arbeit sowie der Interaktion der Mitarbeitenden untereinander; b.) die Entdeckung der Idee der eigenen Unternehmenskultur sowie c.) die Bedeutung von Lernen und Wissen in Organisationen und Unternehmen. Hinzufügen möchte ich noch eine weiteres Themenfeld: d.) Wie Führung sich selbst verändern muss. Bislang wurde Führung immer positiv konnotiert. Und der Optimismus in der Wirtschaft bildete dafür die grundlegende Prämisse.

Dabei hat ein unreflektiertes Führungsverständnis ebenfalls seine Auswirkungen auf den Umgang mit den Geschlechtern. Zurückhaltend resümiert Baecker (2003: 110): „Von der Ablehnung der Frau als Verletzung aller guten

---

63 Vgl. Baecker, Dirk (1999 / 2003).

Sitten bis zur Erkenntnis, dass nicht die Frau, sondern die sie ablehnenden (weil begehrenden und in diesem Begehren ihr bereits vorhandenes wechselseitiges homosexuelles Begehren wiedererkennenden und fürchtenden) Männer das Problem sind, ist es in aller Regel ein weiter Weg. Wenn sich die Einsicht durchsetzt, dass das Management einer Organisation ein komplexer Rechenvorgang der Vernetzung unterschiedlicher Systeme (Körper, Individuum, Funktionssystem, Gesellschaft …) ist, (…) kann man der Geschlechterproblematik einen geradezu katalytischen, aber auch einen hohen diagnostischen Wert im aktuellen organisationalen Wandel und seiner Analyse beimessen." Zu klären wäre dann folgerichtig, welche Bedeutung hat das „wechselseitige männliche homosexuelle Begehren" für den organisationalen Prozess?

Eine fünfte mögliche Antwort:
Elitenauswahl im Management ist männlich
Von Michael Hartmann wird die These vertreten, dass die „Globalisierung der Wirtschaft letztlich zur Verstärkung der Elitebildung im Management führt und die ohnehin schon vorhandene hohe Exklusivität und Selektivität" (der Männer) eher verstärkt als mildert. Folgt man dieser Argumentation, so ist davon auszugehen, dass zukünftig eine verstärkte Remaskulinisierung und auch Retaylorisierung, insbesondere auf der Führungs- wie auch auf der mittleren Ebene, programmiert ist. Vor dem Hintergrund eines engen Arbeitsmarktes, der zunehmenden Erwerbslosigkeit auch im mittleren Segment sowie des seit Jahren begonnenen Umbaus und Abbaus des Sozialstaates ist sogar mit einer Verschärfung einer eher homosozialen Auswahl zu rechnen, zu Lasten der Frauen. Stephan Höying (1998) verwendete dafür den Begriff der interessensgeleiteten Nichtwahrnehmung.

Eine sechste mögliche Antwort:
Irritationen im Umgang zwischen Frauen und Männern[64]
Nachfolgende diskussionswürdige Hypothesen, wie Frauen sich im Geschlechterverhältnis möglicherweise positionieren können, ergaben sich in einem Gespräch Mitte Juni 2009 mit der seit Jahren ausgewiesenen Supervisorin Kersti Weiß. *Erstens*: Wenn Frauen in Institutionen gefördert werden, geschieht dies vorwiegend mit Unterstützung älterer Führungskräfte, in der

---

64 Nachfolgende Hypothesen sind in einem Gespräch (Juni 2009) mit Kersti Weiß, Diplom Psychologin, approbierte Psychodramatherapeutin, Supervisorin, Studienleiterin für Supervision im Zentrum für Organisationsentwicklung und Supervision der EKHN entstanden.

Regel also Männer, die auffallend älter sind und Töchter haben. Sie nehmen eher die Position des Vaters ein, der seine kluge Tochter fördert. Er selbst steht nicht mehr in Konkurrenz, kann also großzügig sein.[65] Frauen müssen dieses „väterliche" Verhalten im eigenen Interesse respektieren. *Zweitens:* Frauen und gleichaltrige oder jüngere Männer bekämpfen sich. Weibliche Kompetenz (Fach- und auch Sozialkompetenz) wirkt bedrohlich, oder diese wird für die eigenen männlichen Interessen nutzbar gemacht. Eine Einbeziehung der Frauen und ihrer positiven Ergebnisse erfolgt nicht. Frauen werden links liegen gelassen. Frage: Stellen Frauen ihr Wissen und ihre Erfahrungen Männern zu schnell zur Verfügung, zu ihren Lasten? Bereits 1977 nahm Rosabeth Moss Kanter noch an, dass eine 15-prozentige Integration von Frauen in Organisationen erste Veränderungen bewirken könne. Doch selbst bei einem Frauenanteil von 40 Prozent sei eine Integration von Frauen noch nicht gewährleistet. Gerade bei Werten von 12-48 Prozent werden die Geschlechterpolaritäten, Konflikte, Unsicherheiten und Desintegrationen besonders deutlich. Jutta Allmendinger und Richard Hackmann (1994) gehen deshalb davon aus: Erst bei einem Frauenanteil von mindestens 50 Prozent bestünde eine reale Geschlechterparität, die sich durch gegenseitigen Respekt und der Akzeptanz von Unterschieden auszeichnet, jedoch mit weniger individueller Sicherheit und höherer Flexibilität verbunden ist. Daraus ist logischerweise zu folgern: Die Frauenquote bleibt trotz kontroverser Diskussion immer noch ein wichtiges gesellschaftsrelevantes Instrument. *Drittens:* Frauen neigen zur Selbstentwertung. Wenn sie dieses nicht für sich verarbeiten und einen entsprechenden selbstreflexiven Umgang damit erworben haben, können sie andere Frauen kaum fördern. Frauen halten dann andere Frauen klein. Das wünschenswerte Affidamento-Prinzip hat hier leider seine Wirkung vertan.[66] *Viertens:* Wenn Frauen diese in der Sozialisation angelegte Selbstentwertung verarbeitet haben, können wir feststellen, dass diese Frauen sehr gut andere Frauen fördern können. *Fünftens:* Wenn Frauen gleichstark sind, so trauen sie sich doch oftmals nicht, konstruktiv miteinander zu konkurrieren. Der reflektierte Umgang mit konstruktiver Konkurrenz und Verschiedenheit würde jedoch Frauennetzwerke untereinander weitaus mehr stärken und könnte ein positives Frauen-Rollenbild wirksam fördern.

---

65   Vgl. dazu auch Volmerg, Birgit (1995).
66   Vgl. Libreria delle donne di Milano (1984).

Eine siebte mögliche Antwort: Mixed Leadership – bitte ohne Pathologien in der Führung, ansonsten haben Frauen kein Interesse?!

Mit einem Zitat möchte ich beginnen: „Einige der erfolgreichsten Führer in der Geschichte sind Neurotiker, Geisteskranke und Epileptiker gewesen; waren humorlos, engstirnig, ungerecht und despotisch. Es gab religiöse Führer, die an Schuldgefühlen, politische Führer, die an Größenwahnsinn und Militärdiktatoren, die an Verfolgungswahn krankten. Sollte man einwenden, dass wir es mit der Industrie zu tun haben, (…) wäre mit Leichtigkeit nachzuweisen, dass auch große Industriekapitäne vielfach der von den Psychologen empfohlenen Eigenschaften ermangelten; Männer wie Ford (…): keineswegs ein Musterbeispiel an Tugend oder innerer Gesundheit."[67] Bereits 1983 stellten McCall und Lombardo fest: Führungskräfte scheitern zunehmend, da sie oft unsensibel gegenüber anderen Menschen sind; einschüchternd, scharf, tyrannisch, kalt, distanziert, arrogant, Vertrauen nicht würdigend, nur an die nächste Stelle denkend (überehrgeizig) und in politische Spiele verwickelt, eine Neigung zum Übermanagen haben, nicht delegieren und kein Team bilden können, unfähig sind, neue Mitarbeiter zu gewinnen oder gar strategisch zu denken.[68] Und auch neuere Untersuchungen bestätigen diese Entwicklung.[69] Der Narzissmus und andere Pathologien werden jedoch in der Wirtschaft (BWL, VWL, Management) negiert! Bislang wurde dieses Feld weder solide untersucht noch in den Kontext von Führung und Leitung gestellt.[70] Pathologien von Wirtschaftsführern werden tabuisiert, weitgehend verdrängt und verleugnet. Erst in dem letzten Jahrzehnt beginnt die psychologische Forschung das Phänomen Leadership auch mit seinen negativen Seiten zu diskutieren. Wobei nach Kernberg et al. (2000: 101) anzumerken ist: „Die Charakterpathologien von Führungspersonen, die für Institutionen die größte Gefahr bergen, sind vermutlich die narzisstischen Persönlichkeitsmerkmale." Und Grundwald (2006: 6) geht noch weiter in seiner Analyse: „Nach Erkenntnissen des Bundeskriminalamts werden rund ein Drittel aller Wirtschaftsdelikte von Mitgliedern des Topmanagements begangen." Inwieweit Pathologien vorliegen, wird nicht benannt.

Haben Führungskräfte heute zu viel Macht? Warum entscheiden sie häufig völlig irrational? Leben diese Führungskräfte zu isoliert?, fragt Khurana (2002a/2002b). Babiak (2007) spricht von „Schlangen in Nadelstreifen". Mittlerweile weisen Untersuchungen auf eine Zunahme psychopathischer Füh-

---

67 Brown, J.A.C (1956: 132).
68 Vgl. McCall/Lombardo (1983a/b).
69 Vgl. Dammann G. (2007/2009); Babiak P., und R. D. Hare (2007).
70 Ausnahmen finden sich u.a. in der klinischen Psychologie; siehe auch Kernberg, O.F. (2000).

rungskräfte hin (dissoziale Persönlichkeitsstörungen), die dennoch hervorragende Selbstvermarkter sind, aber unberechenbar in ihren Handlungen und die oftmals ihre Unternehmen in den Abgrund führen. Logische Folge: Hire and fire. Die Halbwertzeiten von Führungskräften liegen mittlerweile nur noch bei vier Monaten. Dies fand Harvard in einer Untersuchung von Managern der 500 Top-USA-Unternehmen heraus.[71] Die Zahlen für Deutschland liegen noch bei 4,7 Jahren. Tendenz: Weiter abwärts.[72]

Auch deswegen bedarf es im Sinne von Mixed Leadership eine neue Ausrichtung der Ausbildung und Qualifizierung von Führungskräften. Dies soll in der fünften These weiter thematisiert werden.

2.5 These: Mixed Leadership ist mehr als Management[73]

Mixed Leadership ist nicht nur ein Instrument, sondern es bedarf einer grundlegenden gesellschaftlichen Veränderung, „gendered Organizations", in denen die „Frage nach geschlechtsrelativen oder geschlechtsbestimmten Kommunikationsmustern, Verhaltenscodices, kulturellen Stilen und Strukturen in Organisationen als Konkretisierung geschlechtsspezifischer Muster" selbstverständlich sind.[74]

Wie eingangs schon festgehalten: In Deutschland wird Leadership in der Regel immer noch als fachorientiertes Managementwissen verstanden, als ginge es darum, nur die richtigen Führungsmethoden und Führungswerkzeuge zu beherrschen und sich gut zu organisieren. Wir wissen jedoch: Die klassischen Management-Instrumente der Führung reichen nicht mehr aus. Rein technokratisches betriebswirtschaftliches Wissen löst heute nicht mehr die anstehenden gesellschaftlichen und organisatorischen Probleme von Führung und Leitung in Organisationen. Auch psychische und physische Belastungen am Arbeitsplatz sowie die zunehmenden Existenzunsicherheiten und Ängste der Menschen innerhalb von Organisationen nehmen radikal zu.[75] Oft geraten Führungskräfte mit dieser Komplexität an ihre Grenzen. Es braucht

---

71 Vgl. Nohria, Nitin, Joyce, William und Robertson, Bruce (2003).
72 Vgl. Dammann (2007). Auch Booz & Company (2009) sind mit ihren Studien seit 1975 Experten für Fluktuation von Führungskräften im Top Management. Die neueste Studie (FAZ Nr. 109 vom 12. Mai 09, S. 16), weist darauf hin: In Deutschland, Österreich und Schweiz haben 17 % der Vorstandschefs gewechselt, ein Jahr zuvor waren es noch knapp 20 %!
73 Vgl. Fröse, Marlies W. (2009).
74 Vgl. Wolf, Michael (2002:12).
75 Vgl. Fröse, Marlies W., u.a. (2006b: 4 ff.).

neue Leadership-Qualitäten = Mixed Leadership. Dabei muss zwischen drei Diskursen unterschieden werden:

2.5.1 Wissenschaftlicher Diskurs zu (Mixed) Leadership

Der wissenschaftliche Diskurs schlägt sich in einer Fülle von publizierten Theorien, Modellen und Begrifflichkeiten nieder, die sich jedoch selten auf eine realistische Praxis beziehen. Eck geht sogar so weit zu konstatieren: In den einhundert Jahren Führungsforschung haben wir zwar eine relativ große Vielstimmigkeit, aber was Führung auszeichnet, wie Führung funktioniert und wie diese sich reproduziert, darüber gibt es keinen Konsens.[76] Ich kann diesem Ergebnis zustimmen. Einig sind sich die Autorinnen und Autoren mehr oder weniger darin, dass „das Verhältnis der Management- bzw. Führungsliteratur zur Wirtschaft und der herrschenden Wirtschaftsordnung komplex ist und trotz aller angestrebten Wissenschaftlichkeit eher ideologisch beeinflusst ist, als wissenschaftlich".[77]

Warren Bennis (1989) macht die klassische Dichotomie von Management und Leadership sichtbar: „Managers do the things right, leaders do the right things."

Management	Leadership
Verwalten	Innovieren
Erhalten	Entwickeln
Imitieren	Kreieren
Sind Kopien	Sind Originale
Akzeptieren den Status quo	Fordern den Status quo heraus
Fokussieren sich auf Systeme	Fokussieren sich auf Menschen
Verlassen sich auf Kontrolle	Setzen auf Vertrauen
Sind auf kurzfristige Erfolge aus	Denken langfristig
Fragen nach wie und wann	Fragen nach was und warum
Sind rational und kontrolliert	Sind begeistert und begeisternd
Haben die Bilanz im Auge	Haben die Vision im Herzen
Machen Dinge richtig	Machen die richtigen Dinge

Abb. 2: Management und Leadership[78]

---

76   Vgl. Eck, C.D. (2007: 10).
77   Eck, C.D. (2007: 10).
78   Vgl. Neuberger, Oswald (2002: 49).

Zur Leadership-Debatte kommen noch die Diskurse über Führungstheorien, wie etwa über die Eigenschaftstheorien (Charisma-Forschung u.a.). Diese sind eine Sammelbezeichnung für alle Ansätze, die der Persönlichkeit des oder der Führenden ausschlaggebende Bedeutung beimessen. Man geht davon aus: Es gibt Eigenschaften, die man finden und objektiv messen kann. Doch: Wie viele Eigenschaften gibt es denn eigentlich? Bereits in den Untersuchungen von Allport und Odbert (1930er Jahre) fanden sich an die 18.000 Begriffe.[79] Heute wird die Zahl mit 450.000 Begriffen angegeben. Und helfen uns diese Eigenschaften tatsächlich weiter? Und wie sieht es mit den geschlechterbezogenen Eigenschaften aus? Kritiker wie Kompa (2000) gehen davon aus, dass der Diskurs über Führungs-Eigenschaften eher Privilegien sichert und bestehende Verhältnisse gegen Veränderungen schützen soll. Diese Überlegungen können im Kontext der neuen Elite-Diskussionen ebenfalls in Betracht gezogen werden (Hartmann 2002). Es gibt Zusammenhänge zwischen Führung und Eigenschaften, Unterschiede zwischen Geführten und Führenden, aber die Zusammenhänge sind bisher noch nicht konkreter herausgearbeitet worden.

Die biologisch angelegten Geschlechterdifferenzen treten gegenwärtig wieder in den Vordergrund (McKinsey/Catalyst). Würde das dann unter Umständen bedeuten: Männer sind die besseren Manager und Frauen sind die besseren Leader? "The gap may seem small but they are statistically significant and reflect a genuine difference of behavior between man and women."[80] Wenn von Schlüsselqualifikationen im Verhalten von Führungskräften in Organisationen ausgegangen wird, so stellt McKinsey in seiner zweiten Studie fest: "Women apply more for people development, expectation and rewards and role model; Women apply slightly more for inspiration and participative decision making; Women and men apply equally for intellectual stimulation and efficient communication; Men apply more for individualistic decision making, control and corrective action".[81] Zudem verbessern diese Leadership-Qualifikationen unternehmerisches Handeln auf allen organisationalen Ebenen: Während die männlichen Führungskräfte die externe Orientierung sowie die Koordination und Controlling im Blick haben, wenden sich weibliche Führungskräfte verstärkt dem Unternehmen in seiner Gesamtheit zu (Accountability, Leadership Team, Work Environment and Values, Direction and Motivation). Die Innovation steht bei beiden Geschlechtern gleichermaßen im Mittelpunkt. Von daher konstatiert McKinsey folgerichtig: Die zukunftsfä-

---

79 Vgl. Allport, G. und Odbert H. (1936: 211); siehe auch Neuberger (2002: 229).
80 McKinsey (2008: 6 f.).
81 Ebd. (2008: 6 f.).

higen Leadership-Qualifikationen bringen Frauen mit. McKinsey formuliert die gesellschaftsrelevante Frage: "Female Leadership is the response for the need of the future?" – ohne Frauen wird künftig nichts gehen.

Und was würde dann passieren: Männer und Frauen wären mit einem geschlechterdemokratischen Sozialisationsverständnis erzogen und gebildet worden? Die Ergebnisse würden anders aussehen! Dies zeigen etliche ethnologische und anthropologische Studien.

2.5.2 Kulturspezifischer, gesellschaftlicher Diskurs zu (Mixed) Leadership

Zweifelsohne existiert ein kulturspezifischer, gesellschaftlicher Diskurs zum Thema Leadership. In diesem Bereich wird wenig geforscht. Dieser ist höchst ambivalent. Idealisierung, Heroisierung und Personalisierung sind an der Tagesordnung. In den Management-Zeitschriften werden beispielsweise fast nur männliche Führungskräfte präsentiert.[82] So konstatiert Eck (2007: 11): Es existiert „eine erstaunliche Naivität des gebildeten Publikums bezüglich der real existierenden gesellschaftlichen, politischen und wirtschaftlichen Verhältnisse". Die Ökonomie befindet sich in einer Glaubwürdigkeitskrise. Florian Schleicher geht sogar weiter: „Womit die Aussage sicher zulässig ist, dass die Finanzkrise überwiegend von Männern verursacht wurde, da nur wenige Frauen in den Führungsebenen von Finanzunternehmen anzutreffen sind."[83] Frauen sind (auf der Top-Ebene) nur wenig sichtbar, vielleicht zum Glück? So auch der Artikel von Hermann Droske mit dem Titel: „Hochmut kommt vor dem Phall. Die Wirtschaftskrise ist vor allem eine Krise der Männer. Im Ernst: Wäre Frauen der ganze Mist auch passiert?"[84]

2.5.3 Diskurs der Praxis zum Leadership

Leadership soll Organisationen zu Höchstleistungen führen. Dazu gibt es die vielfältigsten, sich stetig veränderten Instrumente und Managementmoden. Leadership wird gefordert und ein Mangel an Leadership, insbesondere bei den unteren Führungsebenen, beklagt. Die Folge ist: Überall werden

---

82 Vgl. Fröse, Marlies W. (2004: 63).
83 Siehe Beitrag in diesem Buch.
84 Vgl. den Beitrag von Hermann Droske: http//sz-magazin.sueddeutsche.de/drucken/text/-28502. Heft 11, 2009 (Stand 20. Juni 2009).

Management-Trainings angeboten. Zwischen Leadership und Management wird dabei aber nicht unterschieden. In einer Harvard-Untersuchung über einen Zeitraum von zwanzig Jahren wurde festgestellt: Es gibt nicht das einzelne Instrument, das zum Erfolg führt. Bedeutsam sind oft ganz „schlichte" Grundlagen: Kommunikation, Transparenz und Offenheit sowie klare Strukturen und Vertrauen.[85]

2.5.4 Mixed Leadership – eine notwendige und neue Führungsqualität

In den skizzierten drei Diskursen spiegeln sich implizit und explizit Denktraditionen wider. Im Folgenden soll es um die Beschreibung von Mixed Leadership als neuer Führungsqualität gehen, die für Männer und Frauen gleichermaßen in Transformationsprozessen erforderlich und unterstützenswert sind. Was brauchen wir an weiteren Führungsqualifikationen? Bedeutsam ist dabei: Mixed Leadership-Qualifikationen kann man nicht allein als Ergebnis eines Ausbildungsganges oder Trainings erwerben, bei dem gezielt Managementkompetenz und Fachwissen angeboten werden. Leadership kann nur flankierend in der Lehre und im Prozess reflexiver Professionalisierung entwickelt werden, in der konkreten Auseinandersetzung mit wissenschaftlichem und praxisbezogenem Wissen. (Mixed) Leadership ist ein ständiger Prozess, der gelebt werden muss in weiteren Erkenntnis- und Wissensebenen.[86]

2.5.4.1 Mixed Leadership: Wissen über „Metafähigkeiten"[87]
Erfolgreiche und anerkannte Führungskräfte zeichnen sich neben der Fachkompetenz durch das Beherrschen sogenannter Metafähigkeiten aus. Die heuristische Fähigkeit beinhaltet, Problemlösungsverfahren zu beherrschen, um neuartige Situationen zu bewältigen. Im Sinne der Anforderungen an Leadership wäre aus meiner Sicht ebenfalls die hermeneutische Kompetenz erforderlich, die das Denken im weiteren Sinne eröffnet, um überhaupt Probleme aus verschiedenen Perspektiven betrachten zu können. Wenn man sich eine Situation anschaut, sind viele Interpretationen denkbar, die plausibel erklären können, wie die Dinge zusammenhängen, sodass das Selbst Sinn darin finden kann. Die interpersonale Fähigkeit beinhaltet die Beherrschung

---

85 Vgl. Nohria, Nitin, et al (2003).
86 Formen der Vermittlung: Coaching, Beratung, Supervision, Mentoring oder Intervision.
87 Die Metafähigkeiten wurden bereits von Stahl / Hinterhuber (2000: 424) beschrieben und meinerseits erweitert und kommentiert.

einer Vielfalt kommunikativer Mittel sowie die Fähigkeit, neue soziale Kontakte zu knüpfen. Auch ein entwickeltes Einfühlungsvermögen wäre hilfreich. Des Weiteren wird die reflexive Fähigkeit genannt. Darunter wird verstanden, sich trotz zeitlicher Engpässe aus dem Strom der täglichen Aktivitäten auszuklinken, Ergebnisse zu hinterfragen, über Vergangenes nachzudenken und daraus Schlüsse für die Zukunft zu ziehen. Die interpretative Fähigkeit zieht anerkannte Umweltdeutungen in Zweifel und beschäftigt sich mit der Schaffung der Ordnung über den Weg der Unordnung. Eingefahrene Denkmodelle können aufgebrochen werden durch kreative Dialogformen.[88] Der Zweifel als Methode kann auch im Vordergrund stehen, denn es gibt weder die perfekte Führungskraft noch ein perfektes Management. Hinzu kommen dann noch inszenatorische Fähigkeiten. Hier geht es darum, sich auszudrücken und Sachverhalte darstellen zu können, um andere von eigenen Plänen und Ideen zu überzeugen. Die Überlegungen von Kets de Fries und Florent Treacy (1998, 2002) gehen noch weiter: Es gibt Metabedürfnisse – bewusst und unbewusst –, die vermittelt werden sollen:

*   *Gemeinschaftsbedürfnis:* Förderung von Gemeinschaftstugenden wie gegenseitige Unterstützung, Respekt und Zusammenarbeit.
*   *Freude*: Freude am Tun und Entdecken von Neuem, auch wie andere arbeiten und die Dinge tun, macht Menschen kreativ und produktiv.
*   *Sinn*: Sich als Teil eines größeren Ganzen wertvoll zu erleben.

Dafür bedarf es solcher Führungskräfte – Frauen und Männer, die diese Metabedürfnisse selbst haben und auch sichtbar ausleben wollen, so die beiden Autoren.

2.5.4.2 Mixed Leadership: Wissen über Personal Governance

Die Überlegungen von Fredy Hausammann zum Personal Governance können ein Anhaltspunkt für Rollenveränderungen im Geschlechterverhältnis sein, auch wenn er das explizit nicht thematisiert. Es solle verstärkt um eine reflektierte Selbsteinschätzung und Selbstüberprüfung gehen, um ein ethisches Management zu forcieren: „Personal Governance ist eine bewusste, strategische und operativ/situative Selbststeuerung und permanente persönliche Weiterentwicklung unter Berücksichtigung der reflektierten individuellen Bedürfnisse, Fähigkeiten und Präferenzen sowie unter Berücksichtigung des privaten und beruflichen Umfeldes. Die Personal Governance ist auf ein Lebensprojekt ausgerichtet, das auf einer ausgewogenen Berücksichtigung

---

88   Vgl. Brodbeck, Karl-Heinz (1999).

von privaten und beruflichen Zielen basiert und gesellschaftspolitische Interessen integriert."[89] Ergo: Es geht um die Entwicklung der persönlichen und professionellen Identität; das Wissen um das eigene Selbstbild, um das Bild von Anderen, um die eigene Biographie, das Wissen um den Umgang mit den eigenen Rollendilemmata in der Führung und Leitung sowie das Wissen um die eigenen und organisationalen sowie gesellschaftlichen Visionen. Und dabei nimmt die Fähigkeit des Zuhörens, die Integration von Emotionalität und die Intuition, eine bedeutsame Rolle ein, die zu erforderlichen (Mixed) Leadership-Qualifikationen gehören.

2.5.7 Wissen um Bilder von Männern, Frauen, Menschen und Organisationen

Ferner verlangt Mixed Leadership ein Wissen über Bilder von Männern, Frauen, Menschen und Organisationen. Betrachte ich beispielsweise die Organisation als Maschine, in der die Rädchen (die Mitarbeitenden) ständig erneuert werden können?[90] Verstehe ich die Organisation als Gehirn, welches sich autopoetisch selbst erneuert? Deute ich die Organisation als Kultur- und Politikinstitution, als Hologramm, als Garten? In meinen Veranstaltungen, die sich mit Organisationstheorien und Organisationsbildern beschäftigen, stellt sich oft heraus: Führungskräfte haben die Maschinenmetapher internalisiert. Dies erstaunt nicht, da der Taylorismus und Fordismus das gesamte Wirtschaftsleben im vergangenen Jahrhundert stark geprägt haben. Auch bezogen auf das verinnerlichte Menschenbild und letztlich auch auf das Geschlechterbild können wir die Fragen stellen: Welches Menschenbild trägt der Direktor eines Altenwohnstiftes, einer Werkstatt für behinderte Menschen, die Leiterin eines Frauenhauses, der Direktor einer Bank oder eines Bauunternehmens mit sich und in sich? Und welche Auswirkungen haben diese Bilder dann auf die Unternehmenskultur und auch auf Führungskulturen überhaupt?

Oechsler (2000: 378) hat die Bilder über Menschen bereits pointiert zusammengefasst und die dazugehörenden Konsequenzen für die Organisation definiert: Der *rationale* Mensch ist in erster Linie durch monetäre Anreize motiviert, ist passiv und wird von der Organisation manipuliert und kontrolliert. Der *soziale* Mensch ist in erster Linie durch soziale Bedürfnisse motiviert; als Folge der Sinnentleerung von Arbeit wird in sozialen Beziehungen

---

89   Vgl. Hausammann, F. (2007: 22 ff.).
90   Vgl. Morgan, Gareth (1997).

am Arbeitsplatz Ersatzbefriedigung gesucht. Der sich *selbstverwirklichende* Mensch strebt nach Autonomie und bevorzugt Selbstmotivation und Selbstkontrolle. Der *komplexe* Mensch ist äußerst wandlungsfähig und die Dringlichkeit seiner Bedürfnisse unterliegt stetigem Wandel, er ist lernfähig und erwirbt neue Motivationen. Und wie könnte denn ein erweitertes, komplexes Menschenbild aussehen? Dieses komplexe Menschenbild sollte die Integration von ethischen Werten, Gerechtigkeit, das gleichwertig Andere, Authentizität und Transformation umfassen.

Zusätzlich könnte das Wissen über Menschen- und Organisationsbilder systematisch erweitert werden bis hin zu einer Philosophie des Weltbürgertums, um die Vielfalt der Kulturen und der dort lebenden Menschen zu begreifen, wie es Kwame Anthony Appiah (2007) erst jüngst formuliert hat: „Nicht Konsens ist für den Weltbürger notwendig, sondern der Glaube an die Gemeinsamkeit des Menschseins in einer Welt von Fremden." Dies würde die selbstverständliche Integration des Diversity- und Gender Management-Diskurses beinhalten mit dem Ziel einer menschen- und frauengerechten sowie demokratischen Gesellschaft.[91] Ergo: Es geht also nicht nur um Menschenbilder, sondern auch um Geschlechterbilder. Denn welche Bilder haben wir von Männern und Frauen in den jeweiligen Kulturen?

Die Heranziehung der interdisziplinären und transdisziplinären Erkenntnisse aus dem Managing Diversity und dem Gender Mainstreaming sind hilfreich. Beide beinhalten wissenschaftlich zwei nicht zu unterschätzende Zugänge: Zum einen verfügen sie über „Instrumente" und deren theoretische Wurzeln in den jeweiligen wissenschaftlichen Disziplinen. Zum anderen können beide als ein handlungsbezogenes Instrument in den Organisationen und Unternehmen angewendet werden. Jedoch besteht bei beiden Konzepten theoretisch wie auch handlungsbezogen die Gefahr der Vereinnahmung und Negierung: Durch das Gender Mainstreaming kann die Diversität und Pluralität in Organisationen und Unternehmen möglicherweise negiert werden, und durch das Managing Diversity kann die Geschlechterfrage vollständig in der Pluralität untergehen. Um dem entgegenzuwirken, ist eine interkulturelle und geschlechterbezogene Sensibilisierung in den Unternehmens- und Organisationskulturen, aber auch im gesellschaftlichen Kontext erforderlich, um angemessene Handlungsstrategien zu entwickeln. Wie sagte schon André Laurant: „Manager who readily accept that the cuisine, the literature, the music and the art of other countries run parallel to one another, must also learn to accept

---

91 Vgl. Fröse, Marlies W. (2006a); Becker, Manfred, und Alina Seidel (2006); Bergemann, Niels, und Andreas L.J. Sourisseaux (2003); Bennett, M.J. (1993).

that the art of management differs in other countries."[92] Denn „viel zu oft haben wir gelernt, andere Kulturen, die Lebens- und Arbeitsbedingungen von Frauen und Männern aus anderen Ländern immer in Bezug zu unserer eigenen Gesellschaft zu sehen, anstatt andere Kulturen als gleichwertig zu akzeptieren. Sie haben einen eigenen Stellenwert. Sie haben eine eigene Geschichte. Das gleichwertig Andere zu akzeptieren, erfordert unsererseits ein Hinsehen, einen geschärften Blick für Kultur-, Schicht und Geschlechtsspezifisches, setzt aber auch einen Blick für das Individuelle voraus.", so Helga Egner (1984). Gleichwohl die beiden Zitate vordergründig die kulturelle Differenz hervorheben, sind diese auch auf die Geschlechterdifferenz zu übertragen. Deshalb müssen Veränderungen auf unterschiedlichsten kulturellen Ebenen stattfinden und zusammengeführt werden. Mixed Leadership bedarf dort einer neuen Akzeptanz. Als ein Schlüssel für ein verändertes Geschlechterverhältnis im Mixed Leadership ist die Analyse des asymmetrischen Geschlechterverhältnisses deshalb unabdingbar. Sie ist Voraussetzung für jeglichen gleichberechtigten und gleichwertigen Entwicklungs-, Veränderungs- und Innovationsprozess. Doing Gender muss daher ein zentraler Bestandteil in den Analysen zu Organisationen sein – und muss auch gewollt sein.

3 Fazit

„Um Menschen zu führen, gehe hinter ihnen", so der berühmte Satz von Laotse. Die beschriebenen Überlegungen zu den verschiedenen Wissensebenen für ein neues Mixed Leadership-Verständnis gehen zum Teil von einem individualisierten Verständnis von Führung und Leitung in Organisationen aus. Die Binnenstruktur von Unternehmungen steht dabei im Vordergrund. Im Sinne des kulturspezifischen, gesellschaftlichen und geschlechterbezogenen Diskurses müssen aber auch politische und gesellschaftliche Kenntnisse über Situationen vermittelt werden, in denen die männlichen und weiblichen Führungskräfte agieren müssen. Konflikte, Spannungsfelder und Krisen sind nicht alleine durch eine verbesserte Führung beziehungsweise eine verbesserte Personal Identity zu gestalten. Es gibt ein Innen und Außen, im Menschen, in den Männern und Frauen in den Organisationen und in der Gesellschaft – auch im Verständnis von Führung und Leitung. Zukünftig wird Mixed Leadership in Deutschland einen hohen Stellenwert bekommen. Die

---

92   André Laurant (1997 :1) in : Schneider, Susan C., Jean-Louis Barsoux.

wirtschaftlichen Entwicklungen fordern dies heraus. Ziel sollte es deshalb sein, die eigenen Lernprozesse zu reflektieren und die gewonnenen Selbsterkenntnisse sowohl für die persönliche als auch für die berufliche und die gesellschaftliche Entwicklung zu nutzen. Dabei geht es nicht um die „Schaffung eines guten Menschen", sondern um die Möglichkeit, in diesen komplexen gesellschaftlichen und wirtschaftlichen Verhältnissen verantwortungsvoll, authentisch und integer handeln zu können – für Männer und Frauen.

Frauen und Männer haben gegenwärtig eine Vielzahl von Möglichkeiten, Leben und Arbeiten zu gestalten. Dies war zu anderen Zeiten, in anderen Jahrhunderten und auch in anderen Ländern nicht so ohne Weiteres möglich. Für beide Geschlechter bedeutet das: Für die stattfindenden Transformationsprozesse müssen wir mit den Brüchen und Zweifeln und auch den noch fehlenden Antworten umgehen und experimentieren.[93] Es geht um das Presencing, um die Vergegenwärtigung von Mixed Leadership in Organisation und Gesellschaft. Unsere Sozialisationsinstanzen wie Bildung, Erziehung, Kindergarten, Schule oder Ausbildung müssen Frauen und Männer verstärkt ermutigen, neue eigene Wege zu gehen.

Mixed Leadership ist unverzichtbar. Es ist eine gemeinsame Erfindung im organisationalen Prozess von Unternehmen und in der Praxis des Alltags. Es benötigt ein stabiles Beziehungsverhältnis. Es ist lokal und auch eine Inszenierung. Es ist stark und ambivalent zugleich. Und auch wenn wir immer noch die Frage stellen können: *How can we train leaders if we don't know what leadership is?* wie Barker es bereits 1997 mit Recht formulierte, meine ich, dass es Lösungsansätze gibt. Denn Organisationen sind trotz ihrer scheinbaren Inanspruchnahme durch Fakten, Zahlen, Objektivität, Konkretheit, Verantwortlichkeit in Wahrheit voll von Subjektivität, Abstraktion, Rätseln, Erfindung und Willkür. Die transformative Zukunft könnte so aussehen: Tómasdóttir, die früher eine leitende Position in der isländischen Handelskammer hatte, konstatiert heute für ihr Unternehmen: „Wir haben fünf weibliche Grundwerte. Erstens Risikobewusstsein: Wir werden in nichts investieren, was wir nicht verstehen. Zweitens wollen wir Kapital nur investieren, wenn nicht nur wirtschaftlicher Gewinn herauskommt, sondern auch positive gesellschaftliche und ökologische Effekte. Drittens entscheiden wir auch emotional: Wir investieren nur in Unternehmen, deren Betriebskultur uns behagt. Viertens: Wir wollen Klartext reden, weil wir davon überzeugt sind, dass die Wirtschaft eine verständliche Sprache sprechen sollte. Und fünftens wollen wir dazu bei-

---

93 Erforderlich wird dies bereits aufgrund des neuen Ehescheidungsrechts. Frauen müssen eine Berufstätigkeit anzustreben.

tragen, dass Frauen wirtschaftlich unabhängiger werden, weil es durch wirtschaftliche Unabhängigkeit leichter ist, so werden zu können, wie man sein will."[94]

Und das Eingangszitat bedenkend, tragen wir alle – Frauen und Männer – eine persönliche und politische Verantwortung im Sinne von Hannah Arendt, unsere Welt sorgsam und gerecht zu gestalten. Und dieser Transformationsprozess verlangt eine neue Führungskultur – Mixed Leadership. Sichtbarmachung und Vergegenwärtigung von Geschlecht in Organisationen und Gesellschaft, also Presencing Gender in Organisation. Dabei geht es um die Förderung von Führung und Persönlichkeit, von Personwerdung als Mensch, als Subjekt mit seiner Identität, in der Organisation und im gesellschaftlichen Kontext. Es geht um die Ermöglichung der Auseinandersetzung. Dieser transformationale Prozess sollte unterstützt werden: „What makes the difference, if we don't do it?"[95] Und in meinem Worten: What makes the difference, if we don't do it with women!

94 Vgl. Beitrag von Hermann Droske: http//sz-magazin.sueddeutsche.de/drucken/text/28502. Heft 11, 2009 (Stand 20. Juni 2009).
95 Eck (2007: 33).

Literaturverzeichnis:

Acker, Joan, Van Houten, Donald R. (1992): Differential Recruitment and Control: The Sex Structuring of Organizations. 15-30. In: Mills / Tancred (Ed.): Gendering Organizational Analysis. London.

Appiah, K.A. (2007): Der Kosmopolit. Philosophie des Weltbürgertums. München: C.H. Beck.

Arendt, Hannah (2002): Denktagebuch. 1950-1973. Erster Band. München: Piper Verlag.

Allmendinger, Jutta, und Hackman, Richard (1994): Akzeptanz oder Abwehr? Die Integration von Frauen in professionellen Organisationen. In: Kölner Zeitschrift für Soziologie und Sozialpsychologie. Jg. 46, Heft 2.

Allport, G. und Odbert H. (1936): Trait-Names. A Psycho-Lexical Study. Psychological Monographs. Whole No. 47/211.

Babiak, Paul, und Robert D. Hare (2007): Menschenschinder oder Manager. Psychopathen bei der Arbeit. München.

Baecker, Dirk (1999): Organisation als System. Frankfurt am Main: Suhrkamp.

Baecker, Dirk (2003): Organisation und Management. Frankfurt am Main: Suhrkamp.

Barker, R. A. (1997): How can we train leadership, if we do not know what leadership is? 343-362. In: Human Relations No. 50 (4).

Beauvoir, Simone de (1949/1976): Das andere Geschlecht. Sitte und Sexus der Frau. Hamburg: Reinbek.

Becker, Manfred, und Alina Seidel (Hg.) 2006: Diversity Management. Unternehmens- und Personalpolitik der Vielfalt. Stuttgart: Schäffer-Poeschel Verlag.

Bergemann, Niels, und Andreas L.J. Sourisseaux (Hg.) 2003: Interkulturelles Management. 3. Auflage. Berlin: Springer Verlag.

Bennett, M.J. (1993): Towards ethnorelativism: A development model of intercultural sensitivity. In: M. Paige (Ed.): Education for the intercultural experiences. Yarmouth, ME. Intercultural Press.

Bennis, Warren (1989): On Becoming a Leader. Reading u.a. (Addison Welsley). Deutsch, erschienen 1990: Führen lernen. Frankfurt am Main.

Bennis, Warren (2001): The Future of Leadership. San Francisco.

Bischoff, Sonja (2005): Wer führt in (die) Zukunft? Männer und Frauen in Führungspositionen der Wirtschaft in Deutschland – die 4. Studie. Hg.: Deutsche Gesellschaft für Personalführung. Bielefeld: Bertelsmann Verlag.

Bourdieu, Pierre (1997): Das Elend der Welt. Zeugnisse und Diagnosen alltäglichen Leidens an der Gesellschaft. Konstanz: Èdition discours.

Bourdieu, Pierre (2005): Die männliche Herrschaft. Frankfurt am Main: Suhrkamp Verlag.

Brizendine, Louann (2006): The Female Brain. Morgan Road / Broadway Books.

Brodbeck, Karl-Heinz (1999): Entscheidung zur Kreativität. Darmstadt: Primus Verlag.

Brown, J.A.C. (1956): Psychologie der industriellen Leistung. Reinbeck.

Bundesministerium für Familie, Senioren, Frauen und Jugend (2008): Führungskräfte-Monitor 2001-2006. Forschungsreihe Band 7. Berlin: Nomos Verlag.

Catalyst Bottom Line Report (2007): Companies with More Women Board Directors Experience Higher Financial Performance. Download unter: www.catalystwomen.org/pressroom/press_bottom_line_2.shtml.

Collison, D.L., und J. Hearn (1994): Naming men as men: implications for work, organizations and management. In Gender, Work and Organization. No. 1/1.

Connell, R.W. (1995a): Neue Richtungen für Geschlechtertheorie, Männlichkeitsforschung und Geschlechterpolitik. 61- 84. In: Armbruster u.a. (Hg): Neue Horizonte? Opladen.

Connell, R.W. (1995b): Masculinities. Cambridge.

Czarniawska-Joerges, Barbara (1993): The Three-Dimensional Organization. A Constructivist View. Lund.

Dammann, Gerhard (2007): Narzissten, Egomanen, Psychopathen in der Führungsetage. Fallbeispiele und Lösungswege für ein wirksames Management. Bern: Haupt Verlag.

Dammann, Gerhard (2009): Narzissmus und Führung. 61-91. In: Eurich, Johannes, und Alexander Brink (Hg.): Leadership in sozialen Organisationen. Wiesbaden: Verlag Sozialwissenschaft.

Devor, Holly (1989): Gender Blending. Confronting the Limits of Duality. Bloomington.

Doblhofer, Doris, Küng, Zita (2009): Gender Mainstreaming. Gleichstellungsmanagement als Erfolgsfaktor – das Praxisbuch. Heidelberg: Springer-Verlag.

Droske, Hermann (2009): Hochmut kommt vor dem Phall. Die Wirtschaftskrise ist vor allem eine Krise der Männer. Im Ernst: Wäre Frauen der ganze Mist auch passiert? Entnommen: http//sz-magazin. sueddeutsche.de/drucken/text/-28502. Heft 11, 2009 (Stand 20. Juni 2009).

Eck, Claus D. (2007): Führung – Leadership: Thesen und Hypothesen zu einem Irrlicht der Praxis und Theorie der Organisationsgestaltung. 9-42. In: Ballreich, Rudi, Marlies W. Fröse und Hannes Piber: Organisationsentwicklung und Konfliktmanagement. Innovative Konzepte und Methoden. Bern: Haupt Verlag.

Egner, Helga, (Hg.) 1984: Das Eigene und das Fremde. Angst und Faszination. Solothurn / Düsseldorf: Verlag Walter.

Emmerich, Astrid, und Gertraude Krell (1998): Diversity-Trainings: Verbesserung der Zusammenarbeit und Führung einer vielfältigen Belegschaft. In: Gertraude Krell (Hg.): Chancengleichheit durch Personalpolitik. Gleichstellung von Frauen und Männern in Unternehmen und Verwaltungen. Rechtliche Regelungen. Problemanalysen. Lösungen. 3. Auflage. Wiesbaden: Gabler Verlag.

Eurich, Johannes, und Alexander Brink (Hg.), 2009: Leadership in sozialen Organisationen. Wiesbaden: Verlag Sozialwissenschaft.

Flassbeck, Heiner (2009): Gescheitert: Warum die Politik vor der Wirtschaft kapituliert. Frankfurt am Main.

Franck, Georg (2007): Ökonomie der Aufmerksamkeit. München: Deutscher Taschenbuchverlag.

Fröse, Marlies W. (2004): Gender in Organisationen und Unternehmen. 61-113. In: Fröse, Marlies W., und Maria Rumpf, (Hg.): Women in Management. Beiträge zur Existenzgründungen von Frauen und Geschlechterkonstruktionen im Management von Organisationen. Königstein / Taunus: Ulrike Helmer Verlag.

Marlies W., und Maria Rumpf, (Hg.) 2004: Women in Management. Beiträge zur Existenzgründungen von Frauen und Geschlechterkonstruktionen im Management von Organisationen. Königstein / Taunus: Ulrike Helmer Verlag.

Fröse, Marlies W. (2006a): Vive la différence – Managing Diversity. 169-180. In: Evangelische Fachhochschulen (Darmstadt, Freiburg, Ludwigshafen, Reutlingen-Ludwigsburg): Interkulturalität. Band 2. Evangelische Hochschulperspektive. Freiburg im Breisgau.

Fröse, Marlies W., und Annemarie Bauer (2006b): Menschenwürde Arbeit – Menschen würden arbeiten. 4-23. In: Forum Supervision. Strukturwandel in der Arbeitswelt. Heft 27. 14. Jahrgang.

Fröse, Marlies W. (2009): Leadership Diskurse – neue Herausforderungen für die Führung und Leitung! 225-243. In: Eurich, Johannes, und Alexander Brink (Hg.): Leadership in sozialen Organisationen. Verlag Sozialwissenschaft: Wiesbaden.

Gender Gap Report (2008): www.weforum.org.

Gildemeister, Regine, und Angelika Wetterer (1992): Wie Geschlechter gemacht werden. Die soziale Konstruktion der Zweigeschlechtlichkeit und ihre Reifizierung in der Frauenforschung. In: Knapp, Gudrun-Axeli und Wetterer, Angelika (Hg.): Traditionen. Brüche. Entwicklungen feministischer Theorie. Freiburg: Kore Verlag.

Glasl, Friedrich, und Bernhard Lievegoed (1993): Dynamische Unternehmensentwicklung. Wie Pionierbetriebe und Bürokratien zu schlanken Organisationen werden. Bern: Haupt Verlag.

Gold, Brigitta (1990): Die Last der Tradition. 55-59. In: Psychologie Heute.

Golemann, Daniel (1997): Emotionale Intelligenz. München: Deutscher Taschenbuch Verlag.

Golemann, Daniel (2006): Soziale Intelligenz. München: Droemer Verlag.

Gorz, André (2009): Auswege aus dem Kapitalismus (Originaltitel: Écologica. Aus dem Französischen von Eva Moldenhauer.) Zürich: Rotpunktverlag.

Girgerenzer, Gerd (2008): Bauchentscheidungen. Die Intelligenz des Unbewussten und die Macht der Intuition. München: Goldmann.

Gruner, Paul-Hermann (2009): Das schwächelnde Geschlecht. 109-110. In: Cicero. Juli 2009.

Grunwald, W. (2006): Das „Eherne Gesetz der Oligarchie" in Wirtschaft und Gesellschaft. Universität Lüneburg. Unveröffentlichtes Manuskript.

Habermann, Friederike (2008): Der homo oenonomicus und das Andere. Hegemonie, Identität und Emanzipation. Baden-Baden: Nomos Verlag.

Habermann, Friederike (2009): Halbinseln gegen den Strom. Anders Leben und Wirtschaften im Alltag – Anregungen und Reflexionen. Königstein: Ulrike Helmer Verlag.

Hamburger Institut für Sozialforschung (Hg.), 2008: „Wie weiter mit …?" Hamburg: Hamburger Edition.

Hartmann, Michael (2002): Der Mythos von den Leistungseliten. Spitzenkarrieren und soziale Herkunft in Wirtschaft, Politik, Justiz und Wissenschaft. Frankfurt am Main: Campus.

Hausammann, F. (2007): Personal Governance als unverzichtbarer Teil der Corporate Governance und Unternehmensführung. Bern: Haupt Verlag.

Heitmeyer, Wilhelm (Hrsg.), 2009: Deutsche Zustände. Folge 7. Frankfurt am Main: Suhrkamp.

Hennig, Margret und Anne Jardim (1978): Frauen und Karriere – Der Weg zur Spitze in einer männerbestimmten Arbeitswelt. Hamburg.

Hofstede, Geert (1980): Cultural Consequences. International Differences in Work-Related Values. London: Sage.

Hofstede, Geert (1997): Lokales Denken, globales Handeln. Kulturen, Zusammenarbeit und Management. München: Beck Verlag.

Höyng, Stephan, und Ralf Puchert, 1998: Die Verhinderung der beruflichen Gleichstellung. Männliche Verhaltensweisen und männerbündische Kultur. Bielefeld.

Hurrelmann, Klaus (2009): Wo bleibt der Männerprotest. 112. In: Cicero. Juli 2009.

Kanter, Rosabeth Moss (1977): Men and Women of the Corporation. New York.

Kernberg, O.F. (2000): Ideologie, Konflikt und Führung. Psychoanalyse von Gruppenprozessen und Persönlichkeitsstruktur. Stuttgart: Klett-Cotta Verlag.

Kets de Fries, Manfred F.R. und Florent-Treacy E. (1998): Führer, Narren, Hochstapler. Stuttgart: Hanser Verlag.

Kets de Fries, Manfred F.R, Florent-Treacy, E. (2002): Global Leadership from A — Z: Creating High Commitment Organizations. 295-309. In: Organizational Dynamics, Vol. 30 (4).

Khurana R. (2002a): Searching for a corporate savior. The irrational quest for charismatic CEOs. Princeton, New York.

Khurana R. (2002b.): The curse of the superstar CEO. 60-66. In: Harvard Business Review, 80/9.

Kompa, Ain (2000): Eigenschaftsansatz. Unveröffentlichtes Manuskript zur Vorlesung „Personalführung". Universität Augsburg.

Krell, Gertrude, und Margit Osterloh (Hg.), 1992: Personalpolitik aus der Sicht von Frauen. München: Rainer Hampp Verlag.

Krell, Gertraude, (Hg.), 1998: Chancengleichheit durch Personalpolitik. Gleichstellung von Frauen und Männern in Unternehmen und Verwaltungen. Rechtliche Regelungen. Problemanalysen. Lösungen. 3. Auflage. Wiesbaden: Gabler Verlag.

Krell, Gertraude (Hg.), 2008: Chancengleichheit durch Personalpolitik. Gleichstellung von Männern und Frauen in Unternehmen und Verwaltungen. Rechtliche Regelungen – Problemanalysen – Lösungen, 5. Auflage. Wiesbaden: Gabler Verlag.

Krell, Gertraude (2009): Führungspositionen. In: Projektgruppe GiB (Hg.): Geschlechterungleichheiten im Betrieb. Arbeit, Entlohnung und Gleichstellung in der Privatwirtschaft. Studie der Hans Böckler Stiftung (erscheint im Oktober 2009).

Lange, Ralf, 1998: Geschlechterverhältnisse im Management von Organisationen. München und Mering: Rainer Hampp Verlag.

Lange, Ralf, 1999: Männlichkeit(en) – Macht – Management. In: Krannich, Margret (Hg.): Geschlechterdemokratie in Organisationen. Frankfurt am Main.

Luy, Marc (2009): Gefährdete Männer, 111. In: Cicero. Juli 2009.

Libreria delle donne di Milano (1988): Wie weibliche Freiheit entsteht. Berlin: Orlanda Verlag.

McCall, M. W., and M. Lombardo (1983a): Off the Track: Why and How Successful Executives Get Derailed. Greensboro, NC: Center for Creative Leadership. Technical Report No. 21.

McCall, M. W., and M. Lombardo (1983b): What makes a Top Executive? In: Psychology Today. Februar.

McKinsey & Company (2007): Women Matter: Gender Diversity, a Corporate Performance Driver. Download unter: www.mckinsey.com/locations/paris/home/womenmatter.asp.

McKinsey & Company (2008): Women Matter2: Female leadership, a competitive edge for the future. Download unter: www.mckinsey.com/locations/paris/home/womenmatter.asp.

Meschkutat, Bärbel, und Monika Holzbecher (2001): Sexuelle Belästigung und Gewalt: (K)ein Thema für Personalverantwortliche. In: Krell, Gertraude: Chancengleichheit durch Personalpolitik. Wiesbaden: Gabler Verlag.

Morgan, Gareth (1997): Bilder der Organisationen. Stuttgart: Campus Verlag.

Neuberger, Oswald (1995): Von sich reden machen. Geschichtsschreibung in einer organisierten Anarchie. In: Volmerg / Leithäuser / Neuberger / Ortmann / Sievers: Nach allen Regeln der Kunst. Freiburg: Kore Verlag.

Neuberger, Oswald (2002): Führen und führen lassen. Stuttgart: Lucius & Lucius.

Nohria, Nitin, Joyce, William und Robertson, Bruce (2003): Managementmoden: Was wirklich funktioniert. 26-43. In: Harvard Business Manager. 29 / Nr. 10. Hamburg.

Oechsler, W. A. (2000): Personal und Arbeit. Grundlagen des Human Ressource Management und der Arbeitgeber- Arbeitsnehmer-Beziehungen. 7. Auflage. München/Wien: Verlag Oldenbourg.

Ohlendieck, Lutz (2003): Gender Trouble in Organisationen und Netzwerken. 171-185. In: Pasero, Ursula und Weinbach, Christine (Hg.): Frauen, Männer, Gender Trouble. Systemtheoretische Essays. Frankfurt am Main: Suhrkamp Wissenschaft Verlag.

Ostner, Ilona (2002): Frauenforschung. 161. In: Günter Endruweit, und Gisela Trommsdorf (Hg): Wörterbuch der Soziologie. Stuttgart: Lucius & Lucius.

Pasero, Ursula, und Christine Weinbach (Hg.), 2003: Frauen, Männer, Gender Trouble. Systemtheoretische Essays. Suhrkamp Taschenbuch Wissenschaft: Frankfurt am Main.

Peters, Sybille, und Norbert Bensel (Hg.), 2000: Frauen und Männer im Management. Wiesbaden: Gabler Verlag.

Perlas, Nicanor (2000): Die Globalisierung gestalten. Zivilgesellschaft, Kulturkraft und Dreigliederung. Mit einem Vorwort von Ernst Ulrich von Weizäcker. Frankfurt am Main: Info3-Verlag.

Ray, Paul H., and S.R. Anderson (2004): The Cultural Creatives: How 50 Million People are Changing the World. New York: Three Rivers.

Riebe, Helga / Sigrid Düringer und Herta Leistner (2000): Perspektiven für Frauen in Organisationen. Neue Organisations- und Managementkonzepte kritisch hinterfragt. Münster: Votum Verlag.

Scharmer, Otto C. (2007): Theory U. Leading From the Future as it Emerges. The Social Technology of Presencing. Cambridge, USA: Society for Organizational Learning.

Scharmer, Otto C. (2008). Unpublished Paper: Transforming Capitalism: Mapping the Space of Today's Societal Leadership Action. Entn.: http://www.ottoscharmer.com/docs/-articles/2008_Transforming-Capitalism.pdf (Stand: 15.2.2009).

Scharmer, Otto C. (2009a): The Blind Spot of Economic Thought: Seven Acupuncture Points for Shifting Capitalism 2.0 to 3.0. Paper prepared for presentation at: Roundtable on Transforming Capitalism to Create a Regenerative Economy. 8-9th of June 2009. Draft, unpublished.

Scharmer, Otto C. (2009b): Theorie U. Von der Zukunft her führen. Presencing als soziale Technik. Heidelberg: Carl-Auer Verlag.

Schneider, Susan C., Jean-Louis Barsoux, 1997: Managing across cultures. Prentice Hall, Essex, England.

Seemann, Hanne (2009a): Die Zeitbombe Mann. 112. In: Cicero. Juli 2009.

Seemann, Hanne (2009b.): Artenschutz für Männer. Stuttgart: Klett-Cotta Verlag.

Shepard, Molly D., Jane K. Stimmler and Peter J. Dean (2009): Breaking into the Boy's Club. 8 Ways for Women to get ahead in Business. Lanham: M.Evans.

Stahl, Heinz K., und Hans H. Hinterhuber (2000): Strategische Unternehmensführung: Von der „vorweg-genommenen" zur „erfundenen" Zukunft. 407-426. In: Hejl, Peter M., und Heinz K. Stahl (Hg.): Management und Wirklichkeit. Das Konstruieren von Unternehmen, Märkten und Zukünften. Heidelberg: Carl Auer Verlag.

Volmerg, Birgit (1995): Amt, Macht und Geschlecht. In: Volmerg / Leithäuser u.a.: Nach allen Regeln der Kunst. Freiburg: Kore Verlag.

Volmerg, Birgit, Thomas Leithäuser, Oswald Neuberger, Günther Ortmann und Burkard Sievers (Hg.), 1995: Nach allen Regeln der Kunst. Macht und Geschlecht in Organisationen. Freiburg: Kore Verlag.

Voss, Günther (1998): Die Entgrenzung von Arbeit und Arbeitskraft. Eine subjektorientierte Interpretation des Wandels der Arbeit. 473-487. In: Mitteilungen aus der Arbeitsmarkt- und Berufsforschung. Wandel der Organisationsbedingungen von Arbeit. 31. Jg., Stuttgart.

Weber, Susanne (1997): Organisationsentwicklung und Frauenförderung. Eine empirische Untersuchung in drei Organisationstypen der privaten Wirtschaft. Königstein im Taunus: Ulrike Helmer Verlag.

Wirth, Linda (2001): Breaking Through the Glass Ceiling. Women in Management. International Labour Organization. Geneva.

Wolf, Michael, (Hg.) 2002: Frauen und Männer in Organisationen und Leitungsfunktionen. Unbewusste Prozesse und die Dynamik von Macht und Geschlecht. Frankfurt am Main: Brandes & Apsel.

Zeitschrift für Wirtschafts- und Unternehmensethik (zfwu), 2006: Themenschwerpunkt. Leadership in sozialen Organisationen. Mering: Rainer Hampp Verlag.

Zypris, Brigitte (2009): Sonderbeilage der FAZ, Nr. 117, B 5 in der FAZ vom 22.5.2009.

Astrid Szebel-Habig

Mixed Leadership: eine Nutzen-Kosten-Betrachtung

1 Einleitung

Der demografische Wandel und das Talent Management sind neben den Auswirkungen der Finanzkrise derzeit die wichtigsten Themen der Personalarbeit
in Deutschland. Diese Herausforderungen sind nur langfristig zu bewältigen,
wenn sich Unternehmen gezielt mit Maßnahmen zur Frauenförderung und
damit verbunden mit dem Thema „Mixed Leadership" auseinandersetzen,
da Frauen im Talent Pool die größte „Reserve" darstellen. Viele Personaler
beschäftigen sich daher heute mit „Work-Life-Balance" Angeboten, um die
Attraktivität ihres Unternehmens als Arbeitgeber zu unterstreichen. Diese
Angebote umfassen insbesondere flexiblere Arbeitszeiten, Kinderbetreuungsmöglichkeiten, Pflege von Familienangehörigen und Telearbeit. Da Frauen
in unserer Gesellschaft in ihrem Rollenverständnis sich heute noch in erster
Linie für die Familie verantwortlich fühlen, kommen ihnen diese Maßnahmen sehr entgegen. Allerdings zeigen bisherige Studien, dass Frauen zwar bei
der Vereinbarkeit von Beruf und Familie in immer mehr Unternehmen betriebliche Unterstützung erfahren, sie allerdings hierdurch nicht unbedingt
beruflich vorwärts kommen. Das Thema „Karriere trotz oder mit Familie"
ist in vielen europäischen Ländern, wie Norwegen, Schweden und England,
für ehrgeizige junge Frauen ein realisierbares Ziel. In Deutschland hingegen
dominiert noch immer das Bild einer weiblichen Arbeitskraft, die meist nur
unter persönlichem Verzicht auf Familie Zugang zu den Top Managementpositionen finden kann. Die folgenden Ausführungen möchten anhand von
Nutzen- und Kostenaspekten aufzeigen, dass die Zeit reif ist für eine Gleichbehandlung der Geschlechter auch in den obersten Führungsetagen, im Sinne
eines „Mixed Leadership".

2 Derzeitige Situationsanalyse

2.1 Fakten zu Frauen in Führungspositionen

2.1.1 Deutschland

Obwohl Frauen heute rund die Hälfte aller Erwerbstätigen in Deutschland stellen und sie im Alter von bis zu 35 Jahren nachweislich eine bessere Qualifikation als Männer aufweisen, erfahren sie nach wie vor eine gravierende Benachteiligung bei der Bezahlung und bei der Beförderung: Seit 2001 gibt es beim Frauenanteil in Führungspositionen so gut wie keine Fortschritte, obwohl im Jahr 2001 die „Vereinbarung zwischen der Bundesregierung und den Spitzenverbänden der deutschen Wirtschaft zur Förderung der Chancengleichheit von Frauen und Männern in der Privatwirtschaft" geschlossen wurde (Pressemitteilung des DIW Berlin vom 1.4. 2009; www.diw.de/deutsch/pressemitteilungen/96651.htlm).

Nach dem aktuellen DIW Führungskräftemonitor gab es 2006 5,9 Mio. Führungskräfte (incl. hoch qualifizierter Fachkräfte) in Deutschland, davon vier Mio. in der Privatwirtschaft. Der Frauenanteil beträgt hierbei 31 Prozent. In Ostdeutschland sind mehr Frauen in Führungspositionen anzutreffen als in Westdeutschland. Für ganz Deutschland gilt aber: Je höher die Position, desto weniger Frauen sind vorzufinden: Von 68 Vorstandspositionen der zehn umsatzstärksten Unternehmen ist 2009 nur eine von einer Frau besetzt: von Barbara Kux, Siemens AG.

Unter den 200 umsatzstärksten Unternehmen außerhalb des Finanzsektors (Top 200) hatten nur 2,5 Prozent der Frauen Spitzenposten im Untersuchungszeitraum 2008/2009 inne. Obwohl die meisten Beschäftigten im Finanzsektor Frauen sind, liegt ihr Anteil bei den Spitzenpositionen der 100 größten Banken bei 1,9 Prozent und bei den 58 größten Versicherungen bei 2,4 Prozent (Wochenbericht DIW Berlin Nr. 18/2009: 302 ff).

Frauen sind besonders häufig als Führungskraft vertreten in „Sonstigen Dienstleistungen" (u.a. Kredit- und Versicherungsgewerbe; Immobilien, Rechtsberatung) sowie in Betrieben mit 200 bis unter 2.000 Beschäftigten. Männer hingegen dominieren in großen Betrieben mit mehr als 2.000 Beschäftigten und im Produzierenden Gewerbe.

Vollzeitbeschäftigte Frauen in Führungspositionen in der Privatwirtschaft haben heute die gleiche „Humankapitalausstattung" wie Männer vorzuweisen: Etwa jeweils 60 Prozent verfügen über einen Hochschulabschluss und über eine vergleichbare Berufserfahrungen (www.diw.de/deutsch/pressemit-teilungen/96651.htlm).

2.1.2 Europa

Im europäischen Vergleich nimmt Deutschland 2008 einen guten Mittelplatz ein mit einem Frauenanteil von 13 Prozent in den höchsten Entscheidungs-gremien der 50 größten börsennotierten Unternehmen und hat damit gegen-über 2007 aufgeholt, als der Anteil noch bei 11 Prozent lag und somit dem EU-27-Durchschnitt entsprach.

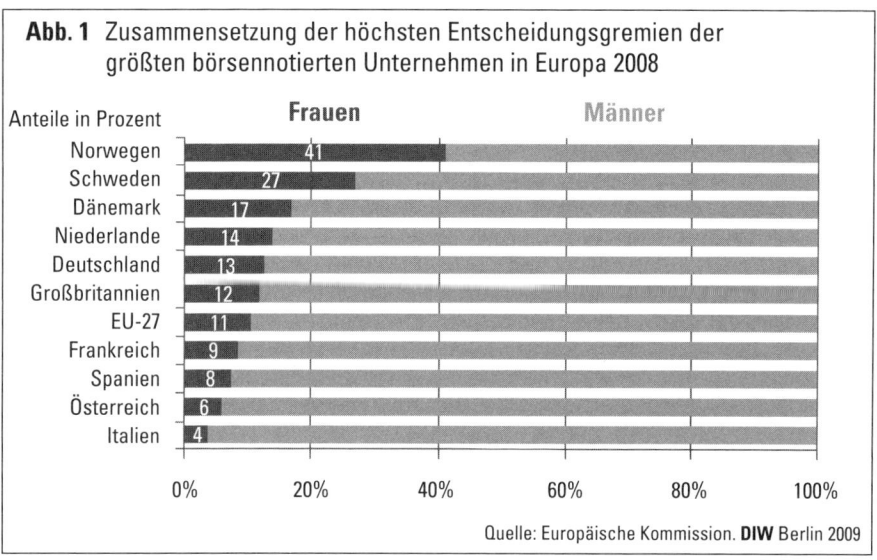

Abb. 1 Zusammensetzung der höchsten Entscheidungsgremien der größten börsennotierten Unternehmen in Europa 2008

Quelle: Europäische Kommission. **DIW** Berlin 2009

Deutlich wird aus dieser Grafik ein europäisches Nord-Süd-Gefälle: Nor-wegen steht mit einem Managerinnenanteil von 41 Prozent an der Spitze in Europa, weil seit 2008 eine 40-prozentige Quote für Frauen in den Aufsichts-räten börsennotierter Unternehmen gesetzlich vorgeschrieben ist. Interessant ist hierbei anzumerken, dass in Norwegen die Geburtenrate von 2007 (1,8) auf 2008 (2,0) stark zugenommen hat, während sie in Deutschland bei etwa 1,4 stagniert.

2.2 Phänomen der „leaking pipeline"

Die folgende Übersicht macht deutlich, dass Frauen auf ihrem Weg nach oben „auf der Strecke" bleiben. Angesichts der neuen gesetzlichen Rahmenbedingungen (vgl. 3.3.) ist dieses Phänomen nicht mehr annehmbar, da zum einen durch das „Aus" der Hausfrauenehe seit dem 1.1.2008 Frauen für sich selbst und ihre Altersvorsorge aufkommen müssen und zum anderen das große Potential hervorragend ausgebildeter Frauen angesichts eines sich anbahnenden Führungs- und Fachkräftemangels nicht voll ausgeschöpft wird.

Abb. 2 Leaking Piepeline

Stand 2007	Total	Männer in %	Frauen in %
Abiturienten	113.045	43,7	56,3
Studienanfänger	156.049	50,2	49,8
Studenten	1.014.761	52,3	47,7
Hochschulabsolventen	141.011	49,2	50,8
Promotionen	11.663	57,3	42,7
Habilitationen	1.424	75,7	24,3
Professoren	31.847	83,8	16,2
Vorstandsposten der 100 größten Unternehmen in Deutschland*)	519	98,7	1,3

*) Quelle: Wochenbericht **DIW** Nr. 18/2009, S. 303 sowie Statistisches Bundesamt, Stand WS 2007/2008

3 Strukturelle Rahmenbedingungen zum „Mixed Leadership"

Der demografische Wandel, der exzellente Ausbildungsstand der jungen Frauen unter 35 Jahren, die gravierenden gesetzlichen Veränderungen, neue wirtschaftliche Trends als auch die wachsende Nachfragemacht der Frauen als Konsumentinnen könnte bewirken, dass Unternehmen mit einem „Mixed Leadership" Konzept im Markt erfolgreicher agieren werden als Unternehmen, die nach wie vor das „Old Boy`s Network" für ihr Top Management bevorzugen.

3.1 Demografischer Wandel

Aufgrund der steigenden Lebenserwartung und der niedrigen Geburtenrate nimmt der prozentuale Anteil der arbeitsfähigen Personen zwischen 20 und 65 Jahren im Vergleich zur gesamten Bevölkerung in Deutschland stetig ab:

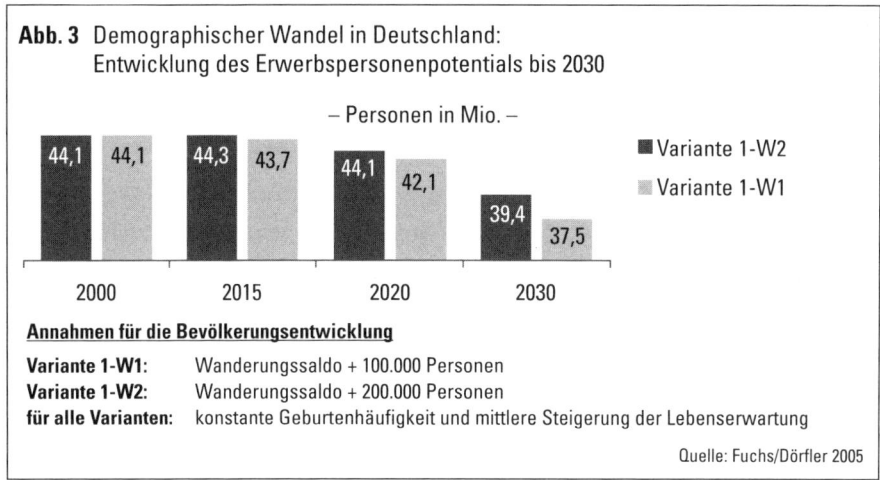

Abb. 3 Demographischer Wandel in Deutschland: Entwicklung des Erwerbspersonenpotentials bis 2030

– Personen in Mio. –

■ Variante 1-W2
▨ Variante 1-W1

44,1 44,1 44,3 43,7 44,1 42,1 39,4 37,5

2000   2015   2020   2030

Annahmen für die Bevölkerungsentwicklung

Variante 1-W1: Wanderungssaldo + 100.000 Personen
Variante 1-W2: Wanderungssaldo + 200.000 Personen
für alle Varianten: konstante Geburtenhäufigkeit und mittlere Steigerung der Lebenserwartung

Quelle: Fuchs/Dörfler 2005

In der EU ist das gleiche Phänomen zu verzeichnen. Bis 2040 werden ca. 24 Mio. Arbeitskräfte fehlen, wenn die Frauenerwerbsquote mit ca. 56 % auf dem gleichen Niveau wie heute bleibt. Kann hingegen ein Gleichstand zur männlichen Erwerbsquote von derzeit 71 % erreicht werden, so fehlen voraussichtlich nur noch 3 Mio. Erwerbstätige (McKinsey Studie: Women Matter 2007: 11).

Deswegen ist es wichtig, das Potential der hervorragend ausgebildeten jungen Frauen, auch wenn sie Mütter werden, besser zu nutzen als bisher.

3.2 Exzellenter Ausbildungsstand der jungen Frauen

Junge Frauen sind heute besser ausgebildet als junge Männer (Abitur 2007: Frauenanteil: 56,3 Prozent). Sie studieren schneller, brechen ihr Studium seltener ab und erzielen bessere Ergebnisse als ihre männlichen Kommilitonen (www.bildungsbericht.de/Daten2008/pressemitteilung vom 12. Juni 2008).

Die 15. Shell Jugendstudie 2006 hält fest, dass die jungen Frauen die neue Bildungselite in Deutschland formieren, dieses gesteigerte weibliche Bildungsengagement sich aber noch nicht im Arbeitsleben niedergeschlagen hat (Hurrelmann, Klaus und Albert, Matthias (2006): 15. Shellstudie Jugend 2006).

Dies ist sicherlich auch darauf zurückzuführen, dass im Jahr 2006 gut jeder dritte erwerbstätige Mann einen Meister- oder Hochschulabschluss hatte, aber nur gut jede vierte Frau (IWD Nr. 22 vom 29. Mai 2008: 6). Die jüngere Frauengeneration allerdings steht für das Gegenteil und wird diesen Unterschied innerhalb der nächsten zehn Jahre mehr als ausgleichen.

Nach wie vor sind Frauen bei den technischen Studienfächern mit 20,4 Prozent unterrepräsentiert. Allerdings stellen sie schon 53,12 Prozent der Erstsemester im Studienbereich Rechts-, Wirtschafts- und Sozialwissenschaften.

Abb. 4 Immer mehr Frauen studieren… auch in Männerdomainen

Studienbereich	Studierende WS 2008/09	Frauenanteil in %	Studienanfänger WS 2008/09	Frauenanteil in %
Rechts- und Sozialwissenschaften	627'677	48,85%	111'285	53,12%
Ingenieurwissenschaften	337'365	20,40%	68'613	22,36%
Mathematik-Naturwissenschaften	356'938	37,06%	57'893	40,85%
Alle Studienbreiche	1'996'062	47,82%	335'554	49,67%

Quelle: Statistisches Bundesamt 2009, Fachserie 11, Reihe 4.1, WS 2008/09, Vorbericht S. 21-22

3.3 Gravierende Veränderungen der gesetzlichen Rahmenbedingungen

3.3.1 Neuregelung des Unterhaltsrechts

Bis Ende 2007 standen die Ansprüche auf Unterhalt von Ex-Partnern auf gleicher Stufe mit denen unterhaltsberechtigter Kinder. Mit der Neuregelung zum 01.01.2008 besteht nur noch eine Unterhaltsverpflichtung bis zum 3. Lebensjahr des gemeinsamen Kindes. Diese Änderungen erteilen dem traditionellen Familienmodell in Deutschland eine klare Absage, vor allem mit der Regelung durch § 1569 BGB: Nach der Scheidung obliegt es jedem Ehegatten, selbst für seinen Unterhalt zu sorgen. So gehen junge Frauen bzw. Männer ein hohes Risiko ein, wenn sie trotz Kinder nicht beruflich am Ball bleiben. Deswegen ist es für die jungen und gut ausgebildeten Frauen wichtig, sich von der Hausfrauenehe zu verabschieden und das Lebensmodell „Familie und Karriere" zu verfolgen.

3.3.2 Allgemeines Gleichbehandlungsgesetz (AGG)

Das 2006 eingeführte AGG hat zum Ziel, Benachteiligungen aus Gründen der Rasse, ethnischer Herkunft, Religion, Weltanschauung, Behinderung, sexueller Identität und des Alters und Geschlechts zu verhindern bzw. zu beseitigen. Die betroffenen Arbeitnehmer/innen können sich mittels dieses Gesetzes gegen Benachteiligungen wehren. Eine Befragung von 300 Frauen aus dem Mittel- und Topmanagement (Habermann-Horstmeier 2007: 45) offenbarte, dass es zwei wesentliche Hindernisse gibt für einen Wechsel vom mittleren in das Top Management: die Vereinbarkeit von Beruf und Familie sowie die Bevorzugung männlicher Mitbewerber. Dieses Phänomen der „Glass Ceiling" könnte durch das Diskriminierungsverbot des AGGs durch mutige Klägerinnen reduziert werden.

3.4 Neue wirtschaftliche Trends

Der Bedarf an Erwerbstätigen in den verschiedenen Wirtschaftszweigen macht deutlich, dass Frauen mit ihrer Neigung zu Dienstleistungsberufen im Trend liegen dürften.

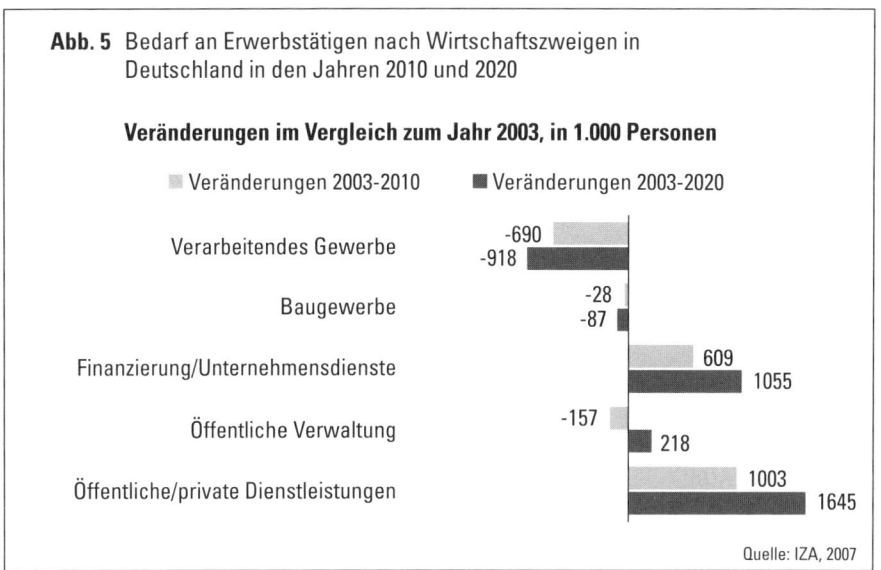

Abb. 5 Bedarf an Erwerbstätigen nach Wirtschaftszweigen in Deutschland in den Jahren 2010 und 2020

Veränderungen im Vergleich zum Jahr 2003, in 1.000 Personen

Veränderungen 2003-2010   Veränderungen 2003-2020

	2003-2010	2003-2020
Verarbeitendes Gewerbe	-690	-918
Baugewerbe	-28	-87
Finanzierung/Unternehmensdienste	609	1055
Öffentliche Verwaltung	-157	218
Öffentliche/private Dienstleistungen	1003	1645

Quelle: IZA, 2007

Interessant ist auch eine Analyse der Deutschen Bank „Frauen auf Expedition – in das Jahr 2020", die davon ausgeht, dass die Projektwirtschaft im Jahr 2020 15 Prozent der Wertschöpfung (2007 = 2 Prozent) liefern wird (Deut-

sche Bank Research 2008: 6 ff.). Diese Form der wissensorientierten Kooperation kommt der teamorientierten Arbeitsweise von Frauen sehr entgegen.
Zudem werden hierdurch neue flexible Arbeitsformen wie „Sabbaticals" zum
„Wiederaufladen" benötigt, sodass kurze Auszeiten aufgrund familiärer Verpflichtungen in Zukunft weniger auffallen werden als heute.

Vladimir Spidla, EU-Kommissar für Beschäftigung, soziale Angelegenheiten
und Chancengleichheit weist darauf hin, dass von den acht Mio. neu geschaf-
fenen Arbeitsplätzen in Europa seit 2000 sechs Mio. in Frauenhand sind: „Women are driving job growth in Europe and helping us reach our economic
targets" (Spilda in Wittenberg-Cox/Maitland 2008: 4).

Nach Robert Reich, Harvard-Professor werden folgende „Fünf C's" die
Arbeitswelt von morgen bestimmen: Computing, Caring, Catering, Coaching
und Counseling. Bis auf Computing sind es Dienstleistungen, die schon heute
für Frauen attraktive Berufsmöglichkeiten darstellen.

Auch der 6. Kondratieff-Zyklus (Nefiodow 2001: 103) stellt die Arbeit
am Menschen mit dem neuen Zyklus „Psychosoziale Gesundheit" als den
Arbeitsmarkt der Zukunft dar. Die bisherige Industriearbeit verliert an Bedeutung in der Gesellschaft. Frauen werden aufgrund des sich abzeichnenden
Trends zur Wissens- und Dienstleistungsgesellschaft weiterhin die Gewinner
am Arbeitsmarkt sein.

3.5   Kaufkraft der Konsumentinnen

In Europa werden 70 Prozent der Anschaffungen für den Haushalt von Frau-
en entschieden, obwohl sie nur 51 Prozent der Bevölkerung stellen (McKinsey
Studie 2007: 10).

In den USA werden 83 Prozent der Konsumgüter und 60 Prozent der neu-
en Autos von Frauen gekauft. 2025 werden in England Frauen reicher sein als
Männer und 60 Prozent des Vermögens (2006: 48 Prozent) besitzen (Cun-
ningham and Roberts 2006 in Wittenberg-Cox/Maitland 2008: 82).

Auch in Deutschland treffen Frauen bei den wichtigsten Einkäufen die
letzte Entscheidung und bestimmen somit über rund 70 Prozent des in
Deutschland befindlichen Vermögens (Micic 2006: 198).

Unternehmen sind deswegen auch hierzulande gut beraten, die weibliche Kaufkraft zielgruppengemäß anzusprechen. Dies gelingt am besten,
wenn die Zielgruppe selbst in den ausschlaggebenden Führungspositionen
vertreten ist.

4 Nutzen – und Kostenaspekte des „Mixed Leadership"

4.1 Allgemeines zu Machtverhältnissen zwischen Frau – Mann

Eine ungleiche Machtverteilung zwischen Mann und Frau schadet der Gesellschaft als auch der partnerschaftlichen Beziehung:

Die Forschungen von John Gottman, der seit 35 Jahren Ehen und Scheidungen wissenschaftlich untersucht, zeigen, dass wenn ein Mann nicht bereit ist, die Macht mit seiner Frau zu teilen, sich die Ehe mit 81-prozentiger Wahrscheinlichkeit selbst zerstören wird (Gottman in HBM Heft 2/2008: 95).

Der vom World Economic Forum veröffentlichte Global Gender Gap Report 2008 (www.weforum.org) macht deutlich, dass eine bessere Vertretung von Frauen in Führungspositionen in Regierungen und Finanzinstituten entscheidend ist, um vorhandene wirtschaftliche Probleme leichter zu lösen, was auch für Finanzkrisen gelten dürfte. Zudem stellt dieser Report fest (siehe dazu auch Wittenberg-Cox/Maitland 2008: 3ff, zu Berichten der Weltbank, der Vereinten Nationen und der OECD), dass ein Zusammenhang zwischen der Geschlechterkluft und der wirtschaftlichen Leistungsfähigkeit bestimmter Länder besteht. „Länder, die sich die Hälfte ihres Humankapitals nicht effektiv zunutze machen, laufen Gefahr, ihre Wettbewerbsstellung zu beeinträchtigen", so Laura Tyson, Professor of Business Administration and Economics der University of California, Berkeley und Mitverfasserin des Reports. Die zentrale Aussage des Weltbevölkerungsberichtes 2005 der Vereinten Nationen lautet: Die Gleichstellung der Geschlechter vermindert die Armut, rettet Leben und verbessert die Gesundheit (o.V.: „Starke Frauen braucht die Welt" FAZ vom 14.12.2005).

4.2 Nutzenaspekte des Mixed Leadership

Was auf der „Mikroebene" in der Ehe und auf der „Makroebene" für die Gesellschaft gilt, sollte folgerichtig auch für ein Unternehmen gelten:

Es gibt viele Nachweise, dass nach Diversity Gesichtspunkten zusammengesetzte Teams innovativer, produktiver und schneller arbeiten als homogene Gruppen (www.ungleich-besser.de). Die Gehirnforschung offenbart, dass Frauen „anders ticken" als Männer (Guiran/Annis: Leadership and the Sexes"

2008: 25 ff.). Bei der Beschreibung geschlechtsspezifischer Unterschiede wird im folgenden Text davon ausgegangen, dass die Aussage nicht für jeden Mann bzw. für jede Frau zutrifft, die Aussagen jedoch auf die Mehrheit der Männer bzw. auf die Majorität von Frauen zutreffen können.

Im Folgenden soll zuerst ein Überblick über bisherige Untersuchungen zum Einfluss von Frauen im Management gegeben werden: Alle bisherigen Studien, ob in Europa (z.B. McKinsey) erhoben oder in den USA (z.B. Catalyst), kommen zu dem Ergebnis, dass ein weibliches Mitwirken an Top Management-Entscheidungen zu besseren Unternehmensergebnissen führt.

4.2.1 Studien zu Frauen im Management

Pariser Forschungsinstitut SCRL 1996 (WiWo Nr. 1 / 2 vom 2.1.1997: 47)

Im Auftrag des Wirtschaftsmagazins „L'Entreprise" verglich das Pariser Forschungsinstitut 1996 die Bilanzen von 22.000 französischen Unternehmen. In den mittelgroßen Unternehmen (30 – 145 Mio. DM Umsatz) war in den frauengeführten Unternehmen die Durchschnittsrendite mit 3,2 Prozent fast dreimal so hoch wie der durchschnittliche Wert von 0.6 Prozent. Zugleich wuchsen sie mit 16,9 Prozent gegenüber dem Durchschnittswert von 6,9 Prozent sehr viel schneller. Auch in den Kleinunternehmen mit weniger als 30 Mio. DM arbeiteten Frauen rentabler als ihre männlichen Kollegen mit einer Rendite von 3,1 Prozent gegenüber dem Durchschnitt von 1,7 Prozent.

Cranfield School of Management Studie 2004

(www.som.cranfield.ac.uk/som/)
Nach einer Studie (2004) der renommierten Cranfield School of Management unter den 100 größten Börsenunternehmen Großbritanniens wurde festgestellt, dass Konzerne mit Frauen im Vorstand ihre Aktienrendite in den Jahren 2002 – 2003 um 13,8 Prozent steigerten, während ein ausschließlich mit Männern besetztes Leitungsgremium nur eine Rendite von 9,9 Prozent erreichte.

Catalyst Bottom Line Report 2007

(www. Catalystwomen.org)
Die Unternehmensberatung Catalyst stellte anhand einer Analyse der Erfolgszahlen ROE (Return on Equity = Eigenkapitalrendite), ROS (Return on Sales = Umsatzrendite) und ROIC (Return on Invested Capital = Gesamtkapitalrendite) in den Jahren 2001 – 2004 bei den Fortune 500 Unternehmen in den USA fest, dass bei den 520 untersuchten Unternehmen das oberste renditestärkste

Viertel mit 132 Unternehmen den höchsten prozentualen Anteil von Frauen im Vorstand hatte, während das letzte Viertel mit 129 untersuchten Firmen den geringsten weiblichen Anteil bei den „board of directors" vorweisen konnte.

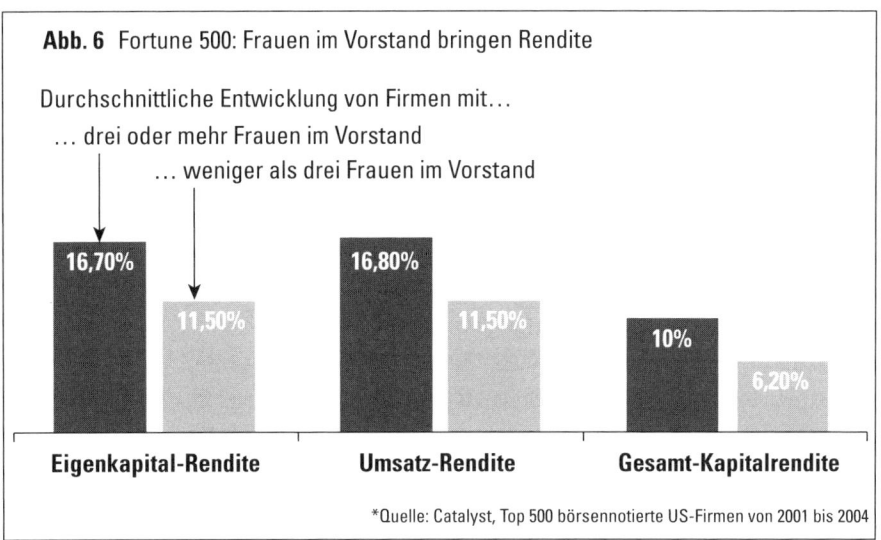

Abb. 6 Fortune 500: Frauen im Vorstand bringen Rendite

Durchschnittliche Entwicklung von Firmen mit…
… drei oder mehr Frauen im Vorstand
… weniger als drei Frauen im Vorstand

16,70%   16,80%   10%
11,50%   11,50%   6,20%

Eigenkapital-Rendite   Umsatz-Rendite   Gesamt-Kapitalrendite

*Quelle: Catalyst, Top 500 börsennotierte US-Firmen von 2001 bis 2004

McKinsey Studie 2007 „Women Matter"

(www.mckinsey.com)

Diese McKinsey Studie kommt zu dem Ergebnis, dass die Anzahl der Frauen im Vorstand einen signifikant positiven Einfluss auf die Ergebnisse eines Unternehmens hat:

„It is notable that performance increases significantly once a certain critical mass is attained: namely at least three women on management committees for an average membership of 10 people" (2007: 12).

89 große europäische Unternehmen, die einen überproportional hohen Anteil von Frauen im Management haben, wurden in einem Branchenvergleich mit ihren Mitbewerbern verglichen.

„There can be no doubt that, on average, these companies outperform their sector in terms of return on equity (11,4 % vs an average 10,3 %), operating result (EBIT 11,1 % vs 5,8 %), and stock price growth (64 % vs 47 % over the period 2005 – 2007)." (2007: 13-14).

Mit dieser nachgewiesenen Korrelation zwischen dem Anteil der Frauen im Management und dem Erfolg der Unternehmen sollte jedes Unternehmen eine Politik des „Mixed Leadership" anvisieren, um so optimal wirtschaften zu können.

McKinsey Studie 2008 „Women Matter 2"

(www.mckinsey.com)

Nach der Erkenntnis der ersten Studie, dass Frauen mit einem Anteil von 30 Prozent im Leitungsgremium einen signifikant positiven Einfluss auf die Unternehmensergebnisse haben, geht McKinsey in der zweiten Studie der Frage nach, wie Frauen „Leadership" ausüben. Hierbei werden neun Verhaltensmuster untersucht, die die Leistungsfähigkeit einer Organisation nachhaltig verbessern:

- Mitarbeiter/innen an Entscheidungen beteiligen/Mitbestimmung (Participative decision making)
- Vorbild sein (Role Model)
- Mitarbeiter/innen für Vision begeistern können (Inspiration)
- Erwartungen und Belohnungen kommunizieren (Expectations and rewards)
- Mitarbeiter/innen weiter entwickeln (People development)
- Mut machen für Kreativität, Risk taking etc. (Intellectual stimulation)
- Effizient kommunizieren (Efficient communication)
- Einzelentscheidungen treffen (Individual decision making)
- Mitarbeiter/innen kontrollieren bzw. zurecht weisen (Control and corrective action)

Die Studie stellt fest, dass bei allen männlichen und weiblichen Führungskräften die neun aufgeführten Verhaltensmuster vorzufinden sind, allerdings mit unterschiedlichen Häufigkeiten:

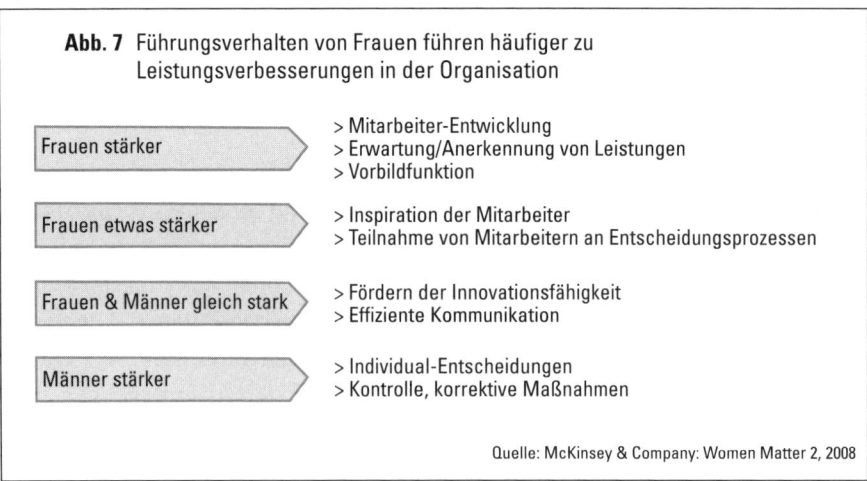

Abb. 7 Führungsverhalten von Frauen führen häufiger zu Leistungsverbesserungen in der Organisation

| Frauen stärker | > Mitarbeiter-Entwicklung
> Erwartung/Anerkennung von Leistungen
> Vorbildfunktion |

| Frauen etwas stärker | > Inspiration der Mitarbeiter
> Teilnahme von Mitarbeitern an Entscheidungsprozessen |

| Frauen & Männer gleich stark | > Fördern der Innovationsfähigkeit
> Effiziente Kommunikation |

| Männer stärker | > Individual-Entscheidungen
> Kontrolle, korrektive Maßnahmen |

Quelle: McKinsey & Company: Women Matter 2, 2008

Frauen wenden vor allem folgende fünf „Leadership" Verhaltensweisen an: Weiterentwicklung der Mitarbeiter/innen, Erwartung und Belohnung, Vorbild sein, Inspiration und Mitarbeiterbeteiligung an Entscheidungen. Männer wenden vor allem die Kontrolle und das Zurechtweisen der Mitarbeiter/innen als auch die Einzelentscheidung an, während bei der effektiven Kommunikation und der intellektuellen Stimulation keine statistisch signifikanten Unterschiede zwischen den Geschlechtern gefunden wurden.

McKinsey kommt zu der Schlussfolgerung, dass Frauen durch ihr breit gefächertes Führungsverhalten die Leistungsfähigkeit einer Organisation / eines Unternehmens wesentlich verbessern, während die von den Männern eingesetzten Führungspraktiken am unteren Ende der Effektivitätsskala stehen und somit den Unternehmenserfolg nicht so steigern können wie der weibliche Führungsstil (J. Kluge in Manager Magazin 3/2009: 96).

4.2.2 Sonstige Nutzeneffekte für Organisationen

Frauen haben allgemein einen hohen Nutzwert für Organisationen: Sie sind in der Regel gut organisiert, Multitasking-fähig, legen wenig Wert auf kostspielige Statussymbole, schaffen eine angenehme Arbeitsatmosphäre und fördern die zwischenmenschliche Kommunikation.

Im Folgenden sollen drei wesentliche Nutzenaspekte als Thesen zum „Mixed Leadership" hervorgehoben werden, die aufgrund der bisherigen Erfahrungen mit Frauen in Entscheidungspositionen (vgl. Beitrag der Gothaer Versicherung) als auch auf Grund von Forschungsergebnissen aus der Gehirnforschung (u.a. Guiran/Annis: Leadership and the sexes, 2008) beobachtet werden können:

- Frauen sind auf der Führungsebene in der Regel gute Beziehungsmanager, die durch das Empowerment und die Förderung ihrer Mitarbeiter/innen wesentlich dazu beitragen, Talente zu gewinnen und im Unternehmen zu halten.
- Der Aufbau einer Kooperationskultur mit Work-Life-Balance-Angeboten und gelebter Co-opetition kommt nicht nur den Interessen von Frauen entgegen, sondern entspricht auch den zukünftigen Anforderungen einer vernetzten und dezentralen Projektorganisationsstruktur.
- Durch ein ganzheitliches und nachhaltig ethisches Beurteilungsvermögen können weibliche Führungskräfte zur Reduktion von Risiken bei wichtigen Entscheidungen beitragen.

4.2.2.1 Beziehungsmanagement auf Führungsebene

Die richtigen Mitarbeiter/innen zu gewinnen und Talente auf Dauer an das Unternehmen zu binden, ist eine der wichtigsten Aufgaben einer Führungskraft. Sie achtet darauf, dass eine herausragende Mitarbeiterleistung eine wertschätzende Anerkennung erfährt beispielsweise durch Lob und/oder Bonus. Dieses motivierende Verhalten ist offensichtlich nur wenig bei Führungskräften verbreitet:

Nach der neuesten Erhebung von Gallup für das Jahr 2008 gibt es in Deutschland nur 13 Prozent engagierte Mitarbeiter/innen, die sich mit ihrem Unternehmen eng verbunden fühlen (vgl. Engagement Index 2008 in Deutschland: www.gallup.de). Die fehlende Motivation der übrigen 87 Prozent ist in der Mehrzahl der Fälle darauf zurückzuführen, dass sich Mitarbeiter/innen nicht genügend von ihren Vorgesetzten anerkannt fühlen. Sie erfahren nicht die Wertschätzung, die sie von ihrer Führung erwarten und gehen so häufig in die innere Kündigung.

Weiblicher Führungsstil im Dienste von Co-opetition

Frauen, so zeigen viele Untersuchungen (Rosener in HBM 2/1991: 57 ff.; Guiran/Annis 2008: 58 ff.), bevorzugen mehrheitlich einen beziehungsorientierten, Männer eher einen aufgabenbezogenen Führungsstil. „Women are often less hierarchically aggressive, lower risk, less confrontational, less competitive (Guiran/Annis 2008: 51). Gepaart mit einer eher geringen Selbsteinschätzung führt dies nicht selten in Unternehmen dazu, den männlichen Führungsstil als den einzig richtigen anzusehen. Allerdings werden hierbei folgende Risiken übersehen: In einer immer mehr dienstleistungs- und wissensorientierten Gesellschaft kann ein männlich hierarchisches Denken mitunter als störend empfunden werden, weil es die Bildung von „Fürstentümer", allein getroffenen Entscheidungen und Aufbau von Barrieren zwischen den Bereichen unterstützt. Wissen muss miteinander geteilt werden, wenn es sich vermehren soll. Dies setzt den Abbau von „Fürstentümern" und den Aufbau von Beziehungsmanagement zwischen allen Mitwirkenden voraus.

Eine Unternehmenskultur, die eher „weibliche" Elemente wie Beziehungsarbeit, Integration aller Kräfte und Selbstorganisation zulässt, könnte dazu beitragen, dass die für eine Wissensorganisation notwendige Kooperationskultur im Rahmen eines Co-opetition Konzepts (North 2005: 77 ff.) den notwendigen Informationsaustausch im Gesamtunternehmen zum Kompetenzaufbau unterstützt. Konkurrenz und Kooperation schließen sich im Rahmen eines Mixed Leadership Konzeptes nicht aus, messen aber der Kooperation im Rahmen einer Wissens- und Dienstleistungsgesellschaft einen höheren

Wert zur Erzielung eines nachhaltigen Unternehmenserfolges zu als dem Wettbewerb (zur Bonsen 2009: 45 ff.).

Frauen ist es wichtig, dass die Beziehungen im Team stimmen, dass die Kommunikation hierarchiefrei abläuft und die Entscheidungen demokratisch gefällt werden. Der Sache zuliebe stellen sie dabei häufig ihr eigenes Ego zurück. Diese Einstellung ist hilfreich für Unternehmen, die über Wissen und Dienstleistungen ihr Geld verdienen müssen.

Transformationaler und transaktionaler Führungsstil
Gute Manager sind Beziehungsmanager, die in der Lage sind, durch situatives Führen auf die Bedürfnisse und Situation ihres/r einzelnen Mitarbeiters/in einzugehen. In einer Meta-Analyse von 45 Studien kommen Alice Eagly und Linda Carli (Carli/Eagly in: HBM Dez. 2007: 83) wie auch die McKinsey Studie 2008 „Women Matter 2" zu dem Ergebnis, dass Frauen durch ihr besseres Beziehungsmanagement wirkungsvoller führen: Sie kombinieren den transformationalen Führungsstil mit den Belohnungen des transaktionalen Führungsstils und erreichen auf dieser Vertrauensbasis ein höheres Engagement ihrer Mitarbeiter/innen.

Abb. 8 Abgrenzung transformationaler und transaktionaler Mitarbeiterführung

Facetten der Führung Merkmal	Transformationale Führung	Transaktionale Führung
Koordinationsmechanismen der Führung	Begeisterung; Zusammengehörigkeit, Vertrauen, Kreativität	Verträge, Belohnung, Bestrafung
Fokus der Mitarbeitermotivation	Die Aufgabe selbst (intrinsisch)	Äußere Anreize (extrinsisch)
Rolle der Führungsperson	Lehrer, Coach	Instrukteur

Quelle: Ruth Stock-Homburg, 2008: 387

Frauen versuchen ihre Mitarbeiter/innen über ihre „mitfühlenden" Eigenschaften (z.B. Sensibilität, Mitgefühl, etc.) und durch das Teilen von Wissen und Macht vom Sinn eines Projektes persönlich zu überzeugen, während Männer eher über ihren Status und einem „durchsetzungsstarken" Auftritt (Dominanz; Selbstvertrauen, etc.) Mitarbeiter/innen über Nutzen-Kosten-Überlegungen dazu bewegen, gute Leistungen aufgrund der zu erwartenden Belohnung zu zeigen.

Wahrscheinlich sind die Belohnungs- und Bestrafungsanreize des transaktionalen Führungsstils sinnvoll bei stark durchstrukturierten Organisationen wie zum Beispiel dem Militär oder bei der Fertigungsindustrie, aber in einer wissensorientierten Projektorganisation mit zunehmendem Ausbildungsniveau der Belegschaft scheint ein Führungsstil effektiver, der auf die Mitwirkung und Zusammenarbeit der Mitarbeiter setzt.

Auch für die Bindung von Talenten ist es ausschlaggebend, ob in den Unternehmen ein beziehungsorientierter Führungsstil ausgeübt wird: So ist neben dem Mangel an beruflichen Herausforderungen der wichtigste Grund für eine Kündigung das fehlende Vertrauensverhältnis zur/zum direkten Vorgesetzten (Branham 2005: 20 ff.). Für die erfolgreiche Umsetzung eines Talent Managements ist es daher wichtig, dass die direkten Vorgesetzten auf die Entwicklungsbedürfnisse ihrer „Zöglinge" eingehen und ihnen ein vertrauensvolles Arbeitsumfeld schaffen, in dem sie mit Engagement, Interesse und Spaß arbeiten können. Viele Frauen in Führungspositionen legen nach den oben zitierten Studien mehr Wert auf die Mitarbeiterentwicklung als ihre männlichen Kollegen, sie pflegen ein „Wir-Gefühl" und ordnen ihren persönlichen Machtanspruch häufig dem Teamerfolg unter. Damit erhöhen sich die Chancen, dass die Talente von sich aus im Unternehmen bleiben wollen, obwohl sie aufgrund ihrer besonderen Leistungsmerkmale sehr schnell bei der Konkurrenz einen besser bezahlten Job finden könnten.

4.2.2.2 Work-Life-Balance-Unternehmenskultur

Umfragen (z.B. Link HR Research: Wachenfeld/Wiesmann in Personalwirtschaft 09/2008: 57 ff.) zeigen, dass je höher die Ausbildung und der Verdienst sind, desto schlechter wird die Work-Life-Balance von Arbeitnehmer/innen empfunden: Vor allem männliche Führungskräfte sind häufig eher unzufrieden, weil sie aufgrund von langen Arbeitszeiten und Wochenendarbeit nur noch wenig Zeit für die Familie oder Freunde haben. Sie agieren in der Regel in männlich geprägten Unternehmenskulturen, die durch Wettbewerb, Statusbewusstsein, Rivalität und wenig Rücksichtnahme auf die Anforderungen eines Privatlebens geprägt sind.

Folgen der Präsenzkultur

Die in vielen Unternehmen gelebte Präsenzkultur mit der Erwartung einer „Anytime – Anywhere – Performance" stellt hohe Anforderungen an die Arbeitskraft. Viele ehrgeizige junge Nachwuchskräfte, insbesondere Akademiker und Akademikerinnen, verzichten deswegen bewusst auf Nachwuchs. So ist bei den von 1951 bis 1962 geborenen westdeutschen Frauen mit Universitätsabschluss von einer dauerhaften Kinderlosigkeit von rund 34 Prozent auszugehen, für alle entsprechenden west- und ostdeutschen Frauen von insgesamt rund 30 Prozent (Pressemitteilung des Statistischen Bundesamtes vom 6. Juni 2006: 7). Nach einer Umfrage des IWD im Jahr 2006 hat jede 7. Akademikerin mit Kinderwunsch keine Kinder, weil Job und Familie nicht zusammenpassen (Informationsdienst des Instituts der deutschen Wirtschaft Nr. 9 vom 2. März 2006: 2: „Der Job geht vor"). Ebenso weisen männliche Akademiker des Jahrgangs 1964 und älter eine hohe Kinderlosigkeit auf.

In einer stark männlich geprägten Wettbewerbs-Kultur scheinen Frauen sich auf Dauer nicht wohl zu fühlen. Sie nehmen Abstand von den dort gelebten Spielregeln des Wettkampfs, die sie häufig nicht beherrschen und auch nicht beherrschen wollen (Pinker 2008 in FOCUS 15/2008: 132 – 134).

Auch die neue Y-Generation scheint extrem berufliche Belastungen weniger zu schätzen als die Generation der Babyboomer. So wird mit Lebensqualität nicht mehr der hohe Lebensstandard, sondern vor allem Gesundheit, Familie und Freunde verbunden. Zudem ist es der neuen Generation wichtig, nach ihren Arbeitsergebnissen und nicht nach Anwesenheit bewertet zu werden (Deutsche Bank Research 2008, S. 9 ff.).

Familienorientierte Personalpolitik
Die Rücksichtnahme auf familiäre Situationen in der Arbeits- und Berufswelt hat eine Flexibilisierung der Arbeitsformen bewirkt, die sich auch in Krisenzeiten bezahlt macht, da Unternehmen dadurch besser auf Auftragsschwankungen reagieren können.

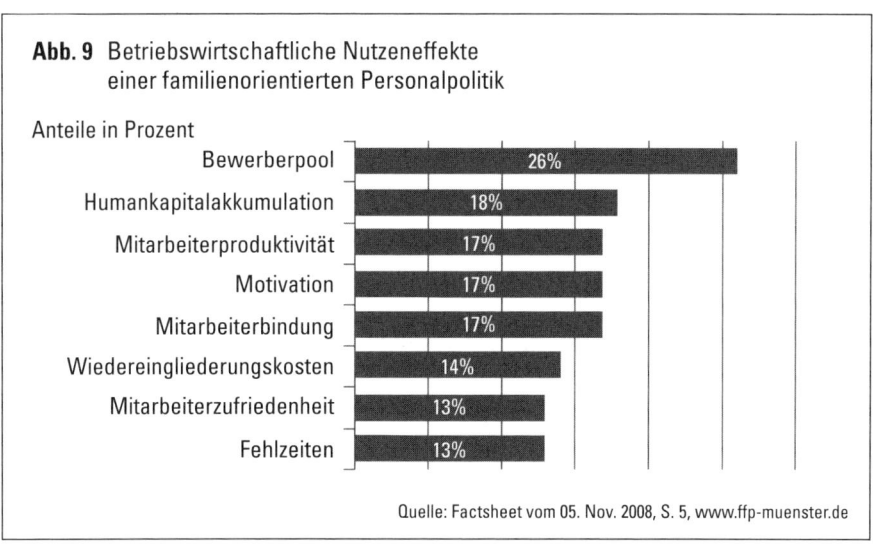

Abb. 9 Betriebswirtschaftliche Nutzeneffekte einer familienorientierten Personalpolitik

Anteile in Prozent

- Bewerberpool: 26%
- Humankapitalakkumulation: 18%
- Mitarbeiterproduktivität: 17%
- Motivation: 17%
- Mitarbeiterbindung: 17%
- Wiedereingliederungskosten: 14%
- Mitarbeiterzufriedenheit: 13%
- Fehlzeiten: 13%

Quelle: Factsheet vom 05. Nov. 2008, S. 5, www.ffp-muenster.de

Aktuelle Studien, wie beispielsweise die Erhebung der Universität Münster bei 1001 Unternehmen (www.ffp-muenster.de) zeigen, dass Unternehmen mit einer familienbewussten Personalpolitik betriebswirtschaftlich bessere Resultate wie zum Beispiel eine 17 Prozent höhere Mitarbeiterproduktivität erzielen als Unternehmen, die die Anforderungen eines Privatlebens (Altenpflege; Kinderbetreuung) aus dem Berufsalltag ausklammern. Wenn also im Rahmen eines „Mixed Leadership" Konzeptes Rücksicht auf familiäre Interessen genommen wird, so profitieren auch Unternehmen davon.

Dies gilt auch für die Führungsebene, wenn von der Devise Abstand genommen wird, dass Führung ausschließlich durch Anwesenheit zu gewährleisten ist. Zum einen ist diese Auffassung aufgrund der sich wandelnden Organisations- und Arbeitsstrukturen nicht mehr haltbar, zum anderen sind Top Führungskräfte eher selten am Arbeitsplatz anzutreffen, da sie den Rest der Zeit auf Reisen, beim Kunden oder in Meetings verbringen müssen.

Eine Flexibilisierung von Arbeitszeit und Arbeitsort für Führungskräfte mit Familienpflichten ist nach einer Untersuchung der EAF/Europäische Akademie für Frauen in Politik und Wirtschaft bei guter Planung und Vertretungsregelung machbar. Durch die erleichterte Organisation der Vereinbarkeit von Beruf und Familie berichteten die Führungskräfte über gestiegene Arbeitsfreude, -zufriedenheit und -motivation (Kletzing/Walther in Personal Heft 07/08/2008: 48-50).

4.2.2.3 Risikomanagement

Fehlentscheidungen sind in der Regel darauf zurückzuführen, dass Situationen nicht richtig beurteilt wurden. Hierfür kann es viele Gründe geben wie zum Beispiel übertriebenes Ego, Beratungsresistenz, Spiel mit dem Risiko, Gier oder Zockermentalität. Diese Attribute sind eher „männlich" belegt, weil Frauen meist risikoscheuer sind und größeren Wert darauf legen, Sachverhalte zu durchschauen. Zur derzeitigen Finanzkrise mehren sich unter Männern die Stimmen, dass eine angemessene Repräsentation von Frauen in den Spitzengremien nicht nur eine Frage von Chancengleichheit und Gerechtigkeit, sondern auch eine ökonomische Notwendigkeit ist, da Männer sich häufig in ihrer Urteilsfähigkeit überschätzen und daher auch höhere Risiken eingehen (Wochenbericht des DIW Berlin Nr. 18/2009: 308).

Ganzheitliche Situationsbeurteilung

Frauen haben – so die Gehirnforschung – besondere Sensoren für Risiken, da sie eine Situation „ganzheitlicher" erfassen. So wissen Frauen oft Verhandlungssituationen besser einzuschätzen, das heißt, sie wissen intuitiv oft mehr über den möglichen Ausgang, weil sie mehr Antennen für die Stimmungen, Einstellungen der Beteiligten ausfahren können. „Studies completed all over the world, over the last twenty years, confirm that women in general read signals on faces better than men do; they are also better at reading gestures and other subtleties" (Guiran/Annis 2008: 39). Das daraus ableitbare bessere Beurteilungsvermögen mag zwar bei Männern zunächst auf wenig Verständnis stoßen, kann aber langfristig für das Unternehmen zu besseren Resultaten führen: Zum einen kann eine Entscheidung von einem „Mixed Leadership" Team unter einem breiteren Blickwinkel getroffen werden und ist somit weniger anfällig gegenüber Fehleinschätzungen, zum anderen kann sich hieraus das Einsparen von Kosten für Unternehmensberatungen ergeben. So schreibt die Partnerin einer Unternehmensberatung bei einer Spiegel Online-Befragung: „Unternehmen mit einem ausgewogenen Frauenanteil und einer flexiblen Arbeitseinteilung wirken dynamischer, sind erfolgreicher im Veränderungsmanagement und machen nach meiner Erfahrung weniger und gezielter Gebrauch von Beratern" (Amann: www.spiegel.de vom 31.1.2008).

Petra Ledendecker, die Präsidentin des Verbandes deutscher Unternehmerinnen, ist überzeugt davon, dass die Finanzkrise nicht ein solch verheerendes Ausmaß angenommen hätte, wenn mehr Frauen in den Spitzenpositionen von Banken und Unternehmen „dem entfesselten männlichen Spiel- und Risikotrieb hätten Einhalt gebieten können" (Ledendecker in Cicero Heft 5/2009: 12-13).

Auch im Gründungsverhalten zeigen sich Frauen viel risikobewusster als Männer mit der Folge, dass das Ausfallrisiko bei Unternehmerinnen nur ein Viertel von dem der Männer beträgt.

Untersuchungen im von der Finanzkrise europaweit am meisten betroffenen Land Island zeigen, dass in den letzten Jahren der Frauenanteil in den Banken sank und sie durch unerfahrene junge Männer ersetzt wurden (Domscheit in www.taz.de vom 23.03.2009).

Umgang mit Fehlern

Frauen fällt es anscheinend leichter als Männern, Fehler einzuräumen und sich bei ihren Mitarbeiter/innen für eine Fehleinschätzung zu entschuldigen (Guiran/Annis 2008: 57). Männer hingegen interpretieren dieses Verhalten als ein Zeichen der Schwäche. Ihre „Unfehlbarkeit" nach außen provoziert die Gefahr, dass sie von ihren Zuarbeitern nur mit guten Nachrichten versorgt werden, die mitunter gar nicht mehr der Wirklichkeit entsprechen. Dieses falsch verstandene Heldentum mit dem damit verbundenen Starkult und der Neigung, jeden wegzubeißen, der nicht die eigene Meinung teilt, hat oft genug zu ethischem Fehlverhalten bis hin zu Firmenzusammenbrüchen, z.B. ENRON und Worldcom, geführt.

Frauen werden auch bei wirtschaftskriminellen Handlungen nicht so auffällig wie Männer: So sind nach dem letzten Bericht „Wirtschaftskriminalität 2007" von PriceWaterhouseCoopers Wirtschaftskriminelle in Deutschland zumeist männlich (87 Prozent). (www.pwc.de/de/crimesurvey).

Verhalten in kritischen Situationen
In kritischen Situationen bewirkt der Einsatz von Frauen häufig eine Lösung des Problems durch ihre besser ausgeprägte Empathie und ihr einfühlsameres Verhalten: In Stresssituationen schüttet das weibliche Gehirn vermehrt das Hormon Oxytocin, das männliche Gehirn Testosteron aus mit der Folge, dass in Konflikten Männer aggressiver und Frauen beziehungsorientierter reagieren. Wenn es im Unternehmen „brennt", ob beim Kunden oder auf Vorstandsebene, tragen Frauen eher als Männer dazu bei, dass Konflikte in Form einer „Win-Win"-Situation gelöst werden und nicht eskalieren (Guiran/Annis 2008: 44 ff.).

Wenn Unternehmen Risikomanagement ernsthaft praktizieren wollen, sollten sie mindestens 25 bis 30 Prozent der Führungspositionen und Aufsichtsratsposten mit qualifizierten Frauen besetzen, um hierdurch eine bessere Beurteilung anstehender Entscheidungen und Bereinigung von kritischen Sachverhalten zu erzielen.

„Female leadership assets can specifically improve the productivity, morale, and bottom line of a corporation"(Gurian/Annis 2008: 55).

4.3 Kostenaspekte des Mixed Leadership

Bisherige Erfahrungen mit dem Diversity Management lassen folgende Kosten für die Einführung eines „Mixed Leadership" vermuten. Erhöhte Aus- und Weiterbildungskosten, Risiko-, Opportunitätskosten und Kosten zur Ausführung rechtlicher Vorschriften:

4.3.1 Spezifische Aus- und Weiterbildungskosten

„Mixed Leadership", das heißt die Zusammenarbeit von weiblichen und männlichen Führungskräften auf gleicher Augenhöhe, trägt das Risiko in sich, dass Männer und Frauen gleich wohl unter sich bleiben wollen, da sie sich mitunter schwer tun, miteinander zu kommunizieren. Häufig sind diskriminierende Verhaltensweisen eher auf Gedankenlosigkeit als auf Böswilligkeit zurückzuführen, weil es beispielsweise einfach bequemer ist, jemanden einzustellen oder mit jemandem zu kommunizieren, der einem ähnlich ist (Doppler-Effekt).

Firmen, denen eine Frauenförderung wichtig ist, setzen Trainings ein, um durch mehr Verständnis für weibliches und männliches Denken eine Genderkompetenz zu erzielen.

SAP zum Beispiel veranstaltet seit 2004 Gendertrainings, um das weibliche und männliche Potenzial im Hause gleichermaßen zu nutzen: Ziel der nach Geschlecht getrennten Trainings ist es, für Männer (Men@SAP – Encouraging Female Talent) weibliches Potenzial im Team zu erkennen, wertzuschätzen und gezielt zu fördern. Hierzu werden mit den Männern Sensibilität, Eigenwahrnehmung und Umgang mit Widersprüchen trainiert, um zu einer partnerschaftlichen Lösung zu finden. Frauen werden in ihren Trainings (Women@SAP) dazu ermutigt, klassische Karrierefallen zu umgehen, für Sichtbarkeit zu sorgen und ihr Potenzial professionell einzubringen, denn bei SAP herrscht das Motto: „Talent Knows no Gender" („Vorbild SAP" in PERSONAL Heft 06/2009: 56 – 57).

4.3.2 Risikokosten

Männer und Frauen haben sehr unterschiedliche Führungsverläufe: Frauen besetzen heute noch Führungspositionen im Durchschnitt kürzer und wechseln häufiger. Im Alter zwischen 25 und 35 Jahren haben Frauen deutlich höhere Risiken als Männer aus der Führungsposition auszuscheiden, während letztere hingegen bessere Chancen haben, eine neue Führungsposition einzunehmen. Das tradierte Rollenverständnis „Familie oder Karriere" wird gerade in Westdeutschland sichtbar: Im Jahr 2006 lebten fast 70 Prozent der Frauen in Führungspositionen ohne Kinder (bis 16 Jahre) im Haushalt, während dies in Ostdeutschland nur für knapp 20 Prozent der Frauen zutraf. (Pressemitteilung des DIW Berlin vom 1. April 2009, www.diw.de/pressemitteilungen/96651.htlm).

Frauen gehen heute noch Karriererisiken während der Familienbildungsphase ein und Arbeitgeber ebenso: Sie müssen mit einem zeitweisen Ausfall ihrer weiblichen Führungskräfte bis zu einem Alter von ca. 50 Jahren rechnen, wenn sie nicht rechtzeitig vorbeugende Maßnahmen getroffen haben, wie beispielsweise Kinderkrippenangebote, flexible Arbeitsformen oder individuelle Karrierepläne.

Risikokosten können für den Arbeitgeber auch durch männlichen Widerstand anfallen, der sich zum Beispiel in einer erhöhten Fluktuation ehrgeiziger junger Männer niederschlagen kann, wenn diese aufgrund der zunehmenden weiblichen Konkurrenz kündigen.

4.3.3 Opportunitätskosten

Opportunitätskosten können dadurch anfallen, dass durch eine bewusste Frauenförderung in Top Management Positionen ein Mangel an „herausragenden Zuarbeiterinnen" entstehen kann. Nicht grundlos sind viele Stabsfunktionen im Controlling und im Personalwesen von Frauen besetzt, die selbstlos und aufopfernd ihrem Chef zuarbeiten und keine Forderungen in Bezug auf eine Karriere stellen. Das Phänomen der „fleißigen Liese" führt oft dazu, dass Frauen nicht befördert werden, weil sie sich aufgrund einer hohen Leistungs- und Arbeitsorientierung für ihren Chef unentbehrlich gemacht haben. Welcher Chef verzichtet schon gerne auf eine selbstlose Kraft, die den ganzen Laden am Laufen hält, die verlässlich ist und selber keine Ansprüche stellt? (Henn 2008: 180 ff.)

Deshalb ist es für eine ernst gemeinte Frauenförderung wichtig, dass Unternehmen ein Mentoring Programm auflegen oder einen Talent Pool etablieren, sodass leistungsstarke Mitarbeiterinnen unabhängig von ihrem jeweiligen Vorgesetzten Karriere machen können.

4.3.4 Potentielle Kosten im Rahmen der rechtlichen Vorschriften

Die Einführung des Allgemeinen Gleichbehandlungsgesetzes (AGG) im Jahr 2006 hat bislang für Unternehmen insbesondere Kosten für die Trainings von Personalabteilungen bedeutet. Im Rahmen dieser Arbeit interessiert die Auslegung, wenn Arbeitgeber Führungspositionen ungleich auf Männer und Frauen verteilen. Die bisherige Rechtsprechung bei Klagen von Arbeitnehmerinnen bei übergangener Beförderung weist darauf hin, dass Arbeitgeber klare Anforderungsprofile und transparente Auswahlkriterien diskriminierungsfrei darlegen sollten. Ansonsten riskieren sie nach der bisherigen Rechtsprechung durch die Landesarbeitsgerichte hohe Entschädigungszahlungen (Mauer in PERSONAL Heft 06/2009: 60 -61).

5   Fazit

Der Wandel von der Hierarchiestruktur in Unternehmen zu einer Netzwerk-organisation, die Zunahme an wissensorientierten Dienstleistungsunternehmen und die hervorragende Ausbildung junger Frauen in Deutschland wird ein neues Verständnis von Leadership unterstützen: Nicht mehr der Helden-Typ wird gefragt sein, der es schafft alleine alle Probleme zu lösen, sondern eine Führungskraft, die ihr eigenes Ego zu Gunsten der Teamleistung zurückstecken kann. Diese Entwicklung unterstützt das „Mixed Leadership" Konzept. Es versteht Synergieeffekte bei der Entscheidungsfindung dadurch zu schaffen, dass männliche und weibliche Stärken in den Führungspositionen auf allen Ebenen vertreten sind. Auf dem Weg dorthin ist noch viel Arbeit von den Unternehmen zu leisten: Frauen müssen ermutigt werden Karriere machen zu dürfen, indem Vorbilder im Top Management geschaffen und die Praktiken des bisherigen „Old boys network" hinterfragt werden. Frauen werden heute in der Regel ab einer bestimmten Karrierestufe nicht mehr unterstützt. Ihnen fehlt der „top level support". Diese „gläserne Decke" gilt es aufzubrechen, damit die nicht zu übersehenen Nutzenvorteile von Frauen, wie höhere Renditen, ethischer Anspruch, ganzheitliche und nachhaltige Entscheidungsgrundlagen, gutes Beziehungs- und Risikomanagement als auch eine gesunde Work-Life-Balance in den Topetagen einziehen und gelebt werden können. Es gibt heute schon konkrete Instrumente zur Erhöhung des Anteils weiblicher Führungskräfte wie Gender-KPIs (Key Performance Indicators), gezielte Ansprache von Frauen für den Talentpool, Unterstützung bei der Karriereplanung von Managerinnen, Gender Leadership Trainings etc. (Vgl. Hantschel in MBAMagazin 2009: 32 – 34). Nicht nur über eine Vorgabe von Quoten könnten Frauen auf dem Weg nach oben Chancengleichheit erfahren, sondern auch über mehr Transparenz bei den Bemühungen von Unternehmen weibliche Führungskräfte zu rekrutieren und Vorbilder zu schaffen. Dies gilt es in Zukunft über strukturierte Unternehmensvergleiche abzuklären. Anhand handfester Kennzahlen im Sinne eines Audits könnten die im Studium so erfolgreichen Hochschulabsolventinnen Unternehmen miteinander vergleichen, um so ihre Karrierechancen bei ihrem potentiellen zukünftigen Arbeitgeber besser einschätzen zu können.

Literatur- und Quellenverzeichnis:

Amann, Susanne (2008): Frauen als Chefs – Mütter an die Macht. SpiegelOnline vom 31.01.2008. Download unter: www.spiegel.de/wirtschaft/01518,druck-532109,00.htlm.

Autorengruppe Bildungsberichterstattung (2008): Bildung in Deutschland 2008. Download unter: http://www.bildungsbericht.de/Daten2008/pressemitteilung vom 12. Juni 2008.

Bonsen zur, Matthias (2009): Leading with Life. Wiesbaden: Gabler.

Catalyst Bottom Line Report (2007): Companies with More Women Board Directors Experience Higher Financial Performance. Download unter: www.catalystwomen.org/pressroom/press_bottom_line_2.shtml.

Deutsche Bank Research/Schaffnit-Chatterjee, Claire (2008): Frauen auf Expedition – in das Jahr 2020. Frankfurt am Main: Deutsche Bank.

Deutsches Institut für Wirtschaftsforschung (2009): Neuer Führungskräfte-Monitor: Kaum Verbesserung der Situation von Frauen seit 2001. Pressemitteilung des DIW Berlin vom 01. 04. 2009. Download unter: http://www.diw.de/pressemitteilungen/96651.htlm.

Domscheit, Anke (2009): Die neuen Trümmerfrauen. In: taz.de vom 23.3. 2009. Download unter: www.taz.de/1/debatte/kommenatr/artikel/1/die-neuen-truemmerfrauen/?type=98 .

Eagly, Alice und Carli, Linda (2007): Im Labyrinth der Karriere. 76 – 89. In: Harvard Business Manager 12/2007.

Europäische Kommission (2008): Anteil von Frauen in den höchsten Entscheidungsgremien der jeweils 50 größten börsennotierten Unternehmen in europäischen Ländern. 306. In: Wochenbericht des DIW Berlin Nr. 18/2009.

Forschungszentrum Familienbewusste Personalpolitik (2008): Betriebswirtschaftliche Effekte einer familienbewussten Personalpolitik. Factsheet vom 5. Nov. 2008. Download unter: www.ffp-muenster.de.

Fuchs, Johann und Dörfler, Katrin (2005): Projektion des Arbeitsangebots bis 2050 – Demografische Effekte sind nicht mehr zu bremsen. In: IAB-Kurzbericht, Nr. 11. Nürnberg

Gerbert, Frank (2008): Sie könnten, doch sie wollen nicht. 132-143 in: FOCUS 15/2008.

Gottman, John (2008): Beziehungen. 93-98. In: Harvard Business Manager 2/2008.

Guiran, Michael und Annis, Barbara (2008): Leadership and the sexes. San Francisco: Jossey-Bass.

Habermann-Horstmeier, Lotte (2007): Karrierehindernisse für Frauen in Führungspositionen – Ergebnisse einer empirischen Studie an 300 Frauen aus dem deutschen Mittel- und Topmanagement. Saarbrücken: Petaurus.

Hantschel, Gabriele (2009): Mischen impossible? 32-34. In: MBAMagazin 2009.

Henn, Monika (2009): Die Kunst des Aufstiegs. 2. Aufl., Frankfurt am Main: Campus.

Holst, Elke (2009): Nach wie vor kaum Frauen in den Top-Gremien großer Unternehmen. 302-309. In: Deutsches Institut für Wirtschaftsforschung (DIW) , Wochenbericht Nr. 18 vom 29. April 2009.

Hurrelmann, Klaus und Albert, Matthias (2006): 15. Shellstudie Jugend 2006. Frankfurt am Main.

Informationsdienst des Instituts der deutschen Wirtschaft(2006): IWD Nr. 9, 2. März 2006: 2.

Informationsdienst des Instituts der deutschen Wirtschaft (2008): IWD Nr. 22, 29. Mai 2008: 6.

Informationsdienst des Instituts der deutschen Wirtschaft (2009), IWD Nr. 17, 23. April 2009: 3.

IZA: Institut zur Zukunft der Arbeit (2007): In: Kruse, Andreas: Lebenszyklusorientierung und veränderte Personalaltersstrukturen. München: Roman Herzog Institut.

Kletzing, Uta undWalther, Kathrin (2008): Mehr Flexibilität. 48-50. In: PERSONAL Heft 07/08/2008.

Kluge, Jürgen (2009): Trümmerfrauen gesucht. 96. In: Manager Magazin 3/2009.

Ledendecker, Petra (2009): Eine Krise der Männer. 12-13. In: Cicero Heft 5/2009.

Mauer, Reinhold (2009): Gläserne Decke. 60-63. In: PERSONAL 6/2009.

McKinsey & Company (2007): Women Matter: Gender Diversity, a Corporate Performance Driver. Download unter: www.mckinsey.com/locations/paris/home/womenmatter.asp.

McKinsey & Company (2008): Women Matter2: Female leadership, a competitive edge for the future. Download unter: www.mckinsey.com/locations/paris/home/womenmatter.asp.

Micic, Pero (2006): Das ZukunftsRadar. Offenbach: Gabal.

Nefiodow, Leo (2001): Der sechste Kondratieff. 5. Aufl., Sankt Augustin: Rhein-Sieg-Verlag.

North, Klaus (2005): Wissensorientierte Unternehmensführung. 4. Aufl., Wiesbaden: Gabler.

o.V. (2005): „Starke Frauen braucht die Welt". In: FAZ vom 14.12.2005.

o.V. (2009): Vorbild SAP. S. 56-57 in: PERSONAL Heft 6/2009.

o.V. (1997): Erfolgreiche Managerinnen. 47. In: Wirtschaftswoche Heft1/2 1997.

PricewaterhouseCoopers (2007): Wirtschaftskriminalität 2007 – Sicherheitslage der deutschen Wirtschaft. Download unter: www.pwc.de/de/crimesurvey.

Rosener, Judy (1991): Frauen als Vorgesetzte – ein Gebot für jedes Unternehmen. 57-64. In: Harvard Business Manager 2/1991.

Statistisches Bundesamt (2006): Kinderlosigkeit von Akademikerinnen im Spiegel der Mikrozensus. Pressemitteilung vom 6. Juni 2006. Wiesbaden.

Statistisches Bundesamt (2009): Studierende an Hochschulen – Vorbericht, Fachserie 11, Reihe 4.1., Download unter: www.destatis.de/jetspeed/portal/cms/Sites/destatis/Internet/DE/Content/Statistik.

Stock-Homburg, Ruth (2008): Personalmanagement. Theorien – Konzepte – Instrumente. Wiesbaden: Gabler.

Wachenfeld, Alexandra und Wiesmann, Dagmar (2008): Angebote, die ankommen. 57-59. In: Personalwirtschaft Heft 09/2008.

World Economic Forum (2008): The Global Gender Report. Download unter: www.weforum.org/pdf/gendergap/report2008.pdf.

Wittenberg-Cox, Avivah und Maitland, Alison (2008): Why Women Mean Business. Chichester: John Wiley & Sons Ltd.

www.som.cranfield.ac.uk/som/

Désirée H. Ladwig und Michel E. Domsch

Zuwachs an weiblicher Positionsmacht durch Qualitäts- und Prozessmanagement

Vorbemerkung

Unter Positionsmacht wird die Einflussstärke von Führungskräften aufgrund ihrer hierarchischen Position auf Planung, Entscheidung, Umsetzung und Kontrolle von unternehmensrelevanten Tätigkeiten verstanden. Dabei wird Positionsmachtausübung grundsätzlich als wertneutrale Verhaltenskomponente angesehen. Sie ist also grundsätzlich weder gut oder schlecht. Positionsmacht auszuüben kann je nach Situation notwendig oder nicht notwendig sein. Positionsmacht kann von einer Führungskraft alleine oder im Verbund mit anderen Personen ausgeübt werden. Das Ausüben von Positionsmacht kann im Ergebnis wertvoll und erfolgreich sein, es kann sich aber auch um Machtmissbrauch handeln. Und zwischen all diesen gibt es die unzähligen verschiedenen Ausprägungen.

Maßgeblich für eine Bewertung sind immer die verfolgten Ziele, die spezielle Situation und die Rahmenbedingungen sowie die Maßnahmen zur Zielerreichung.

Insofern sind natürlich größere Erfolge nicht automatisch gewährleistet, wenn mehr Frauen Positionsmacht im Führungsbereich erhalten. Wahrscheinlich wird sich etwas verändern, aber die Richtung ist ungewiss. Wären die weltweiten Wirtschaftskrisen nicht eingetreten, wenn mehr Frauen im Management gewesen wären? Hätte es mehr Innovationen, weniger Insolvenzen, mehr Export, weniger Streiks, weniger Betrugsfälle, weniger Datenmissbrauch etc. gegeben?

Dieser Beitrag geht der Frage nach, wie Qualitäts- und Prozessmanagement mehr Frauen in den Führungsbereich bringen kann, inwieweit sie dadurch also mehr Positionsmacht erhalten.

1 Situationsanalyse

1.1 Potenzialverteilung

Warum ist eine besondere Beachtung von Frauen überhaupt wichtig? Grundsätzlich könnte doch die Meinung vertreten werden, es gäbe für die Besetzung von Führungspositionen ausreichend viele Männer in Wirtschaft und Verwaltung. Damit sei eine besondere Beachtung des Führungskräftepotenzials von Frauen zwar „political correct" und „sozial erwünscht", habe aber nur eine geringere Bedeutung für die Praxis. Dieser Argumentation kann leicht begegnet werden: Rein zahlenmäßig mag es genug Männer geben. Bei genauerem Hinsehen kann jedoch – ebenso wie bei Frauen – nicht davon ausgegangen werden, dass alle hohe Potenzialträger sind. Gesucht werden aber primär „high potentials", die macht- und verantwortungsbewusst mit der ihnen als Führungskräfte übertragenen Positionsmacht umgehen und damit nachhaltig erfolgreich sind.

Von diesen „high potentials" gibt es aber weder in der Gruppe der Frauen noch in der Gruppe der Männer ausreichend viele, um die Nachfrage zu befriedigen. Das gilt sowohl in Zeiten der Hochkonjunktur wie in Zeiten wirtschaftlicher Schwierigkeiten. Die Förderung von verantwortungsbewusstem Macht-Potenzial ist für erfolgreiche Wertschöpfungsprozesse demnach sowohl bei Männern wie bei Frauen unabdingbar, um jederzeit hinreichend viele machtkompetente Führungskräfte in der Praxis verfügbar zu haben.

1.2 Frauen auf dem Weg zur Macht

Folgt man also einsichtig diesen Sachargumenten und vertraut man auf hinreichend bekannte Gender Mainstreaming Strategien (Behning & Sauer, 2005; Doblhofer & Küng, 2008), so müsste die Realität sich schon längst gewandelt haben. Aber wie sieht diese Realität nicht nur in Deutschland, sondern fast weltweit aus (siehe insbesondere: Deutsche Bank Research, 2008; Institut der Deutschen Wirtschaft, 2007; Platenga, Remery & Rubery, 2007)?

Hochschulabschlüsse
In den letzten Jahren ist in fast allen Studiengängen eine Erhöhung des Anteils von Studentinnen zu verzeichnen (Abb. 1).

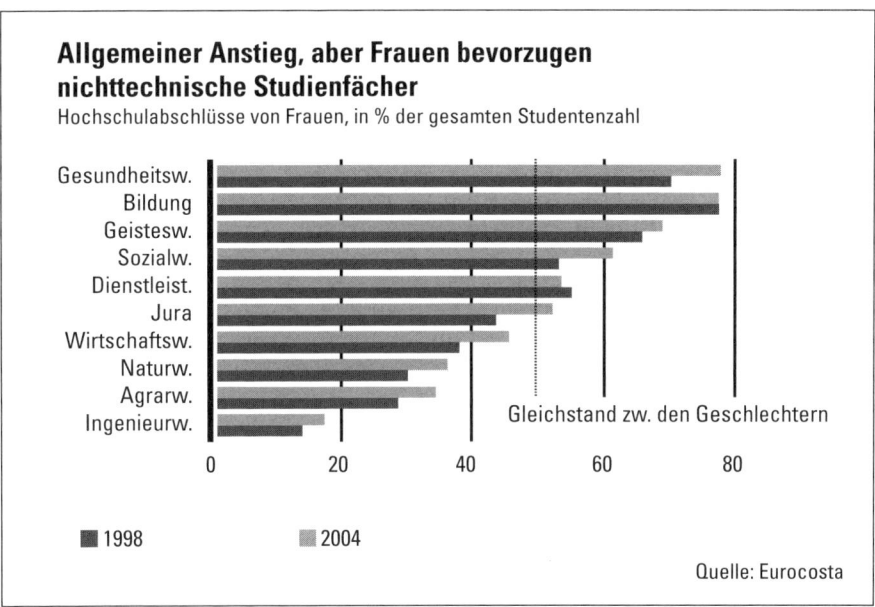

Abb. 1: Hochschulabschlüsse von Frauen

In einigen Fächern wie den Gesundheitswissenschaften, den Geistes- und Sozialwissenschaften sowie in den pädagogischen Fächern kann man schon von einer weiblichen Dominanz sprechen. In den Wirtschaftswissenschaften ist die 50%-Marke erreicht worden. In den technischen und naturwissenschaftlichen Fächern ist zwar ebenfalls insgesamt ein Anstieg zu verzeichnen, hier erreichen die Studentinnenzahlen aber noch lange keinen Gleichstand zu ihren männlichen Kommilitonen. In den Ingenieurwissenschaften z.B. liegt ihr Anteil unter 20 Prozent der Studierenden – allerdings mit steigender Tendenz. Insgesamt steht damit ein hohes weibliches Qualifikationspotenzial zur Verfügung und kann nicht als Argument gegen die Realisierung von mehr Chancengleichheit bei der Besetzung von Führungspositionen angeführt werden.

Berufstätigkeit von Frauen

Der Anteil der berufstätigen Frauen im arbeitsfähigen Alter hat sich in den letzten 25 Jahren in Deutschland von knapp 50 Prozent (1980) auf aktuell mehr als 68 Prozent (2007) erhöht (Abb. 2).

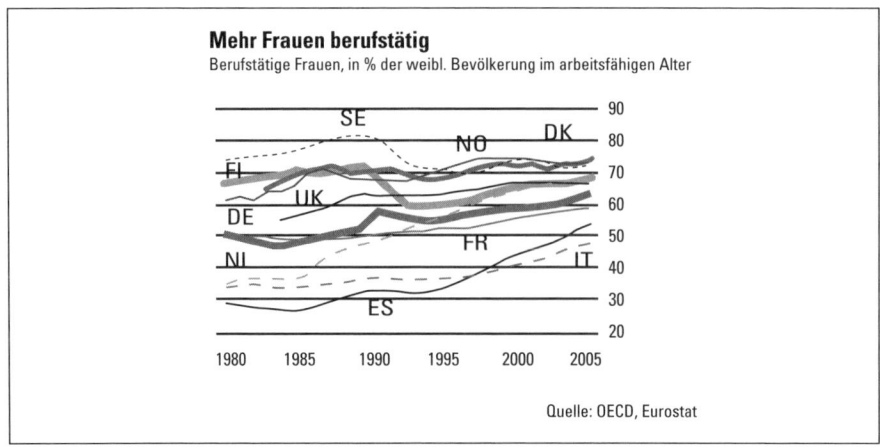

Abb. 2: Berufstätigkeit von Frauen

Dies ist zwar weniger als ein Prozent Anstieg pro Jahr. Im europäischen Vergleich hat sich Deutschland jedoch den über die Jahre relativ stabilen Beschäftigungsquoten der nordischen Länder angenähert (European Commission, 2006; European Commission, 2008). Berücksichtigt man, dass bei der Frage nach der gewünschten Arbeitszeit Frauen immer mehr arbeiten wollen, ist auch quantitativ grundsätzlich kein Nachfrageengpass zu beobachten. Insofern kann auch hieraus keine Begründung abgeleitet werden, es stünden grundsätzlich zu wenig Frauen für Personalentwicklung und die Übernahme von Führungspositionen zur Verfügung.

Beschäftigungsquoten von Müttern
Allerdings sind die speziellen Lebens- und Familiensituationen von Frauen zu berücksichtigen. Denn die Berufstätigkeit von Frauen wandelt sich oft grundlegend mit der Geburt von Kindern (Abb. 3).

In Skandinavien ist die Beschäftigtenquote von Müttern am höchsten (über 75 Prozent) und in Osteuropa und Italien am niedrigsten (45-50 Prozent).
    Hier spielt auch die Anzahl der Kinder eine wesentliche Rolle hinsichtlich der Beschäftigung von Müttern (von Vätern dagegen nicht). So reduziert sich die Prozentzahl arbeitender deutscher Mütter von 58,4 Prozent bei einem Kind über 51,85 Prozent bei zwei Kindern auf nur noch 36 Prozent bei drei Kindern. Besonders beim Alter des jüngsten Kindes „unter 3 Jahre" ist Deutschland europaweit auffällig: Hier arbeiten 2005 nur 36,1 Prozent der Frauen (und dabei überwiegend in Teilzeit), in Dänemark 71,4 Prozent, Frankreich 53,7 Prozent oder etwa Spanien 52,6 Prozent. Chancengleichheit

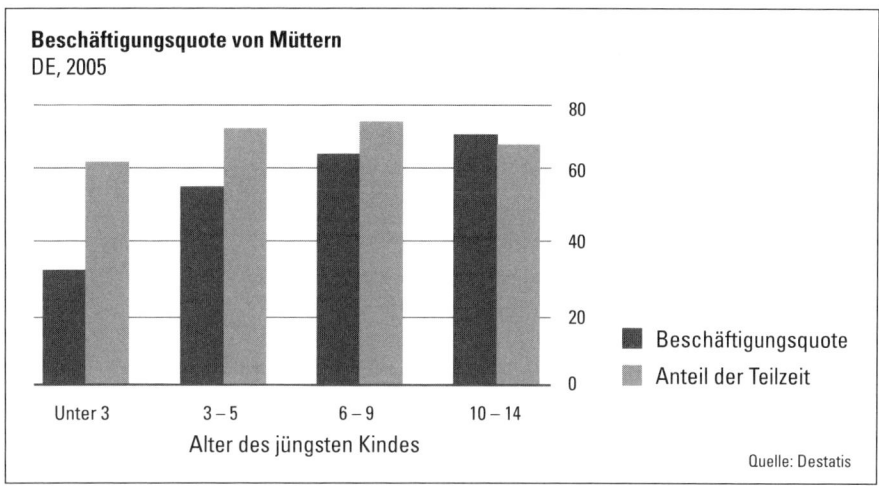

Abb. 3: Berufstätigkeit von Müttern

hängt deshalb wesentlich davon ab, inwieweit für Kleinkinder Betreuungs-
angebote bestehen. Denn die verfügbare (flexible) Arbeitszeit hat einen wesentlichen Einfluss auf die Chancen für Frauen, gleichsam wie Männer anspruchsvolle Führungsaufgaben übertragen zu bekommen.

Teilzeit und Arbeitszeit

Immer wieder wird europaweit darüber diskutiert, ob und inwieweit Teilzeitarbeit die Realisierung von Chancengleichheit und die Vereinbarkeit von
Beruf und Familie kritisch beeinflusst oder begünstigt (Platenga & Remery,
2005). Ist damit der Weg zur Übernahme machtgefüllter Positionen für Frau-
en blockiert?

Zum einen ist der Umfang der Teilzeit von Frauen oft freiwillig im Rahmen von WorkLifeBalance-Überlegungen gewählt. Auf der anderen Seite
arbeiten viele Frauen (und Männer) notgedrungen in Teilzeit, weil die Betreuung der Kinder in Kindergarten und Schule nicht ganztägig gewährleistet
ist. Damit sind die Chancen für eine Gleichstellung im Rahmen der Personalentwicklung schon daraus begründet geringer als bei Vollzeitbeschäftigten.
Dies gilt insbesondere im Führungsbereich. Denn Führung in Teilzeit wird
trotz hinreichend vieler bekannter best practices nach wie vor in der Praxis
weitgehend kritisch bis ablehnend gesehen. Damit ist ein wesentliches Hindernis für Frauen auf dem Weg zur Macht zu beachten. Aber auch bei Voll-
zeittätigkeit bestehen oft Rahmenbedingungen, die Frauen (zunehmend natürlich auch Männern) Schwierigkeiten bereiten. So bestehen Anforderungen
wie die Erwartung ständiger Anwesenheit / Verfügbarkeit, Sitzungen abends,

Tagungen / Workshops am Wochenende, keine Arbeitszeitkonten, fehlende Home Office-Möglichkeiten, keine familienbewusste Personalpolitik, keine WorkLifeBalance Unternehmens- und Führungskultur etc.. Damit werden ja keine „freizeitorientierte Schonhaltungen" erwartet. Im Gegenteil: Es werden Bedingungen gefordert, die im Ergebnis zu besseren Leistungen führen und Frauen den Weg zur Macht und das Leben mit Positionsmacht überhaupt erst erleichtern bzw. ermöglichen.

Frauen in Führungspositionen

Der Anstieg der qualifizierten Hochschulabsolventinnen der letzten Jahre hat sich noch nicht maßgeblich im Anteil der Frauen in Führungspositionen niedergeschlagen (Abb. 4 und Abb. 5). Auf dem Weg in die Spitze zeigt sich die sog. „Drop-Out-Problematik". Immerhin 28 Prozent der leitenden Führungskräfte in Deutschland sind Frauen, aber nur 12 Prozent der Vorstandsmitglieder sind weiblich. Hoppenstedt-Analysen weisen übrigens für Deutschland erheblich geringere Zahlen aus (Hoppenstedt, 2007). So werden hier 15,4 Prozent für 2007 beim Thema „Frauen im Management" genannt. Berücksichtigt man nur Großunternehmen, sind es sogar nur 11,8 Prozent, im Mittelstand 17,2 Prozent (in Verbänden, Behörden unter 16 Prozent). Auf Branchenebene ergeben sich natürlich große Unterschiede (z.B. Textil 22 Prozent, Kreditinstitute 17 Prozent, Versicherungsgewerbe 9 Prozent).

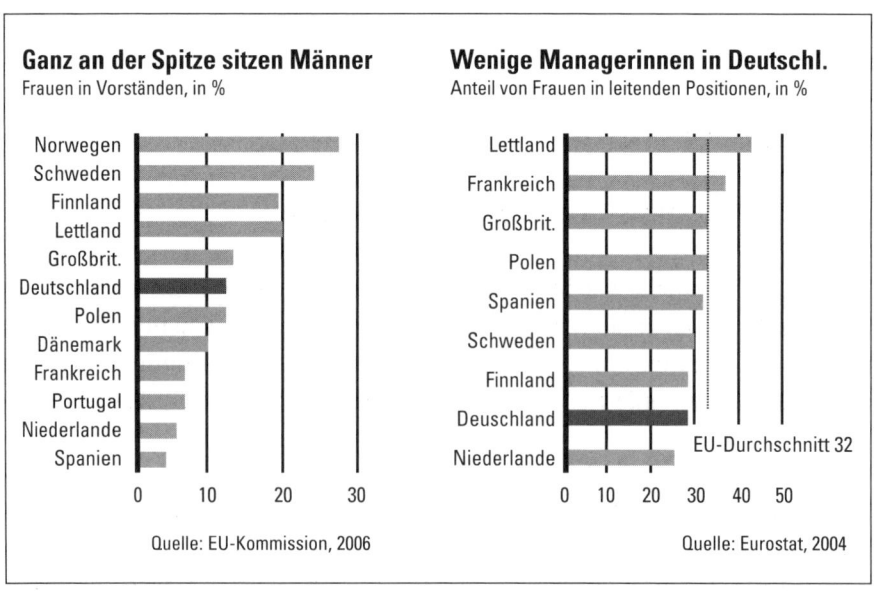

Abb. 4: Frauen in Vorständen   **Abb. 5:** Frauen in leitenden Positionen

Die Begründungen für dieses offensichtliche Ungleichgewicht bei der Besetzung von Stellen mit Positionsmacht sind vielseitig. Sie reichen von „Frauen streben gar nicht in gleichem Maße wie Männer Führungspositionen an" oder „die Rahmenbedingungen sind hinderlich" bis „männerbündische Seilschaften" verhinderten den Aufstieg von Frauen und damit Chancengleichheit. Allerdings gibt es zahlreiche Belege dafür, dass Frauen nach wie vor auf dem Weg zur Positionsmacht benachteiligt werden (Klein, 2006; Eagly & Carli, 2007; BMFSFJ, 2008). Zwar kommt es immer auch auf den Einzelfall an, aber im Ergebnis ist die Aussage unstrittig.

Insgesamt ist also festzuhalten:
- Zunehmende Qualifikation sowie Erwerbstätigkeit von Frauen sind günstige Entwicklungen für Frauen auf dem Weg zu mehr Positionsmacht.
- Kinder und Teilzeitarbeit, generell praktizierte Arbeitszeitkulturen behindern Frauen bei ungünstigen Rahmenbedingungen zu oft in ihrer beruflichen Weiterentwicklung und damit auf dem Weg zur Positionsmacht.

Hierin werden wesentliche Ursachen dafür gesehen, dass signifikant weniger Frauen machtgefüllte Führungspositionen innehaben.

Auf dem Weg zu einer Chancengleichheit bei der Übernahme von Positionsmacht sind deshalb für weibliches Führungskräftepotenzial auch weiterhin besser geeignete Rahmenbedingungen zu schaffen sowie wirksamere Handlungsfelder zu gestalten und umzusetzen.

2 Bewertung der Situation

2.1 Fortschritte im Schneckentempo

Dieses offensichtliche Machtungleichgewicht ist eigentlich nicht zu verstehen. Zwar sind die Diskussionen über die Rechte der Frauen, Chancengleichheit, Gleichberechtigung, Gender & Diversity, Gender Mainstreaming und Inclusion nicht revolutionär neu. Seit Jahrzehnten werden sie engagiert geführt.

Es existieren national wie international tausende von Projekten und Veröffentlichungen, hunderte von Netzwerken, eine nicht überschaubare Zahl von Tagungen/Konferenzen, Weiterbildungsveranstaltungen, Wettbewerben etc. zum Thema. Chancengleichheit wird bewusst (zunehmend auch im größeren Kontext „diversity") diskutiert. Doch obwohl eine Fülle von wirksamen

Gender Mainstreaming Aktivitäten zur Förderung von Chancengleichheit zu beobachten ist, ist das Ziel der Chancengleichheit auch und besonders im Bereich der Positionsmacht trotzdem noch lange nicht erreicht.

Ursachen werden immer wieder herausgestellt. Aber ganz sicher ist das Thema in den meisten Unternehmen noch nicht im Rahmen strategischer Überlegungen unter Qualitäts- und Prozess-Managementgesichtspunkten angekommen. Damit hat es aber auch (noch) nicht ausreichend Wertigkeit bei (männlichen) Führungskräften erreicht. Stellt es doch auch für manche eine Bedrohung dar, denn das ohnehin knappe Gut der Positionsmacht wird nun von einer zusätzlichen Konkurrenzgruppe (Frauen) beansprucht.

Änderungen werden hier nur erzielt, wenn Chancengleichheit durch Gender Mainstreaming in die Unternehmensstrategien explizit und nachhaltig aufgenommen wird. Verbindliche Zielvereinbarungen sind zu treffen, diese in Balanced Scorecards und/oder individuellen Zielvereinbarungen einzubringen. Entsprechende Anreizsysteme belohnen Erfolge, zum Beispiel mit Auswirkungen auf die variablen Bezüge oder die individuelle Personalentwicklung der Verantwortlichen. Denn warum sollten sie sich sonst darum kümmern? Auch Führungskräfte sind sich oft selbst die Nächsten.

Dies sind hohe Ansprüche. Sie entsprechen aber dem erfolgreichen Vorgehen bei anderen Themen. Insofern ist Personalentwicklung hin zu mehr weiblicher Positionsmacht im Rahmen von „Gender & Diversity" von der Logik her nicht anders zu sehen, als die Erschließung neuer Märkte, Einführung neuer Produkte und Gewinnung von Marktmacht. Es geht im übertragenen Sinne um die „erfolgreiche Einführung eines erklärungsbedürftigen Produktes auf einem schwierigen Markt".

Dahinter steht immer der Wille, durch gezielte Handlungen und Anreize sowie mithilfe geeigneter Promotoren für das Unternehmen wirksame und wertvolle Ergebnisse zu erzielen. Diese Leitideen für ein Qualitäts- und Prozessmanagement sind Grundgedanken, die auch beim Einsatz von „social audits" im Rahmen von „Gender & Diversity" zugrunde gelegt werden.

2.2 Unterstützung durch Qualitäts- und Prozessmanagement

Bezogen auf die vorliegende Thematik geht es also darum (Abb. 6):

- Generell: Kann ich Qualitäts- und Prozessmanagement nutzen, um mehr Chancengleichheit bei der Personalentwicklung und der Vergabe von Positionsmacht zu erreichen?

- Speziell: Kann ich dadurch die Reduzierung der genannten Defizite erreichen? Schaffe ich damit eine Führungskultur, in der „Gender & Diversity"-Ziele auch im Führungsbereich gelten?

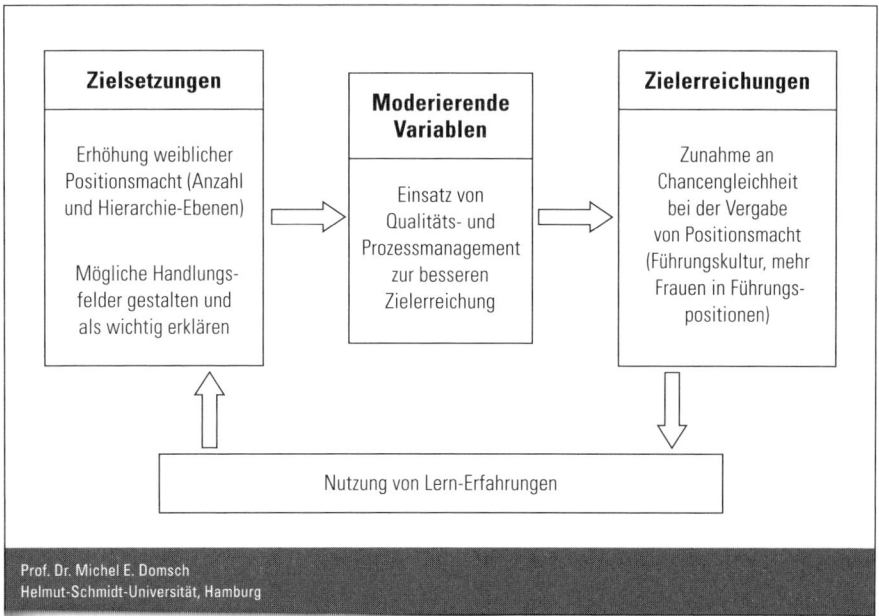

Abb. 6: Prozessmanagement

Natürlich ist damit eine sehr komplexe Herausforderung skizziert worden, über die an dieser Stelle auch nicht annähernd umfassend diskutiert werden kann. Denn das angesprochene Qualitäts- und Prozessmanagement kann in seiner Erfolgswirksamkeit nur empirisch und im Rahmen einer Längsschnittstudie überprüft werden. Aber es gibt (auch) in Deutschland Audit-Konzepte, die im Rahmen von Qualitäts- und Prozessmanagement unterstützend wirken, mehr weibliche Positionsmacht zu schaffen (s. auch Krell, 2008).

3 Audits als Qualitäts- und Prozesstools

3.1 Audit-Definition und -Funktionen

Bei einer Auditierung handelt es sich allgemein um eine systematische und unabhängige Untersuchung. Es soll festgestellt werden, ob die vorher in Handlungsfeldern festgelegten qualitätsbezogenen Tätigkeiten sowie deren Einsatz durch bestimmte Personen im Rahmen einer abgestimmten Aufbau- und Ablauforganisation wirkungsvoll und geeignet sind, die geplanten Qualitäts-Ziele zu erreichen.

Betrachtet man spezielle Audits im Zusammenhang mit dem Ziel der Vergrößerung weiblicher Positionsmacht, ist auf folgende Funktionen zu verweisen:

Promotionsfunktion: Audits werden in das strategische Management integriert, entsprechende Ziele (hier: mehr Frauen in Führungspositionen) werden gesetzt und vereinbart, auf deren Umsetzung geachtet und die Erfolgswirksamkeit gemessen. Grundsätzlich sind hier alle relevanten Promotoren verantwortlich einzubeziehen.

Prozess- und Qualitätsfunktion: Audits beziehen sich nicht nur auf die Ergebnisse, sondern auch auf den Qualitätsprozess: Wie werden entsprechende Handlungsfelder (hier: zur Erhöhung des Anteils von Frauen in Führungspositionen) konzipiert und umgesetzt? Welche Promotoren werden wie verantwortlich in den Prozess integriert? Wie werden die Ergebnisse gemessen? Welche Lernprozesse werden auf welche Weise wirksam initiiert, um in der Folgeperiode weitere Qualitätsverbesserungen (hier: bei der Förderung / Personalentwicklung von Frauen) zu erzielen?

Anreizfunktion: Ganz wesentlich ist, dass Audits Promotoren „mobilisieren" (hier: sich gezielt und verstärkt für die Förderung / Personalentwicklung von Frauen einzusetzen). Es werden Zielvereinbarungen getroffen und diese eventuell in spezielle Balanced Scorecards eingebracht.

Insgesamt gesehen wird damit Audits im Rahmen eines gezielten Qualitäts- und Prozessmanagements die „Schubkraft" zugesprochen, das Ziel eines Zuwachses an weiblicher Positionsmacht in Unternehmen zu fördern.

Ausgewählte Audits

***audit berufundfamilie*®:** Im Rahmen eines Projektes der ‚Gemeinnützigen Hertiestiftung' wurde in den 1990er Jahren ein eigenständiges „audit berufundfamilie®" entwickelt (siehe: www.beruf-und-familie.de). Es hat sich mittlerweile als ein Gütesiegel für Familienbewusstsein in der deutschen

Wirtschaft etabliert. Bei der Auditierung wird ein Kriterienkatalog verwendet, der in acht Handlungsfeldern die klassischen Bereiche der Personalpolitik abdeckt: Arbeitszeit, Arbeitsorganisation, Arbeitsort, Informations- und Kommunikationspolitik, Führungskompetenz, Personalentwicklung, Entgeltbestandteile und geldwerte Leistungen, Service für Familien. Hier werden auf der Basis von eingehenden Analysen des Ist-Zustandes von einer Projektgruppe Ziele und weiterführende Maßnahmen für eine familienbewusste Personalpolitik der nächsten drei Jahre erarbeitet und ein Grundzertifikat vergeben. Nach drei Jahren wird die Erfolgswirksamkeit im Rahmen einer Re-Auditierung festgestellt und das eigentliche Zertifikat vergeben. Zwar handelt es sich um eine Teilmenge der erforderlichen Aktivitäten, um Handlungsfelder im Bereich der Vereinbarkeit von Beruf und Familie. Aber ohne Zweifel führt hier das gemeinsame Engagement in den Unternehmen zu einer erheblichen Verbesserung der Rahmenbedingungen. Es dient damit der Steigerung der Chancengleichheit und hilft Frauen (wie Männern), ihre Karriereorientierung besser in tatsächliche Fortschritte hinsichtlich der Übernahme von Machtpositionen umzusetzen.

Total E-Quality: Total E-Quality Deutschland e.V. (siehe: www.total-e-quality.de) verfolgt das Ziel, Chancengleichheit in Wirtschaft, Wissenschaft und Politik zu etablieren und nachhaltig zu verankern. Dieses Ziel ist erreicht, wenn Begabungen, Potenzial und Kompetenz von Frauen gleichberechtigt (an)erkannt, einbezogen und gefördert werden. Zukunftsweisendes Personalmanagement ist deshalb immer auch Total E-Quality Management. Der Begriff leitet sich ab aus Total Quality Management, explizit bereichert um den Begriff der Chancengleichheit. Aus TQM wird so TEQM. Qualitätsmanagement braucht Chancengleichheit, wenn beste Qualität nachhaltig erreicht werden soll. Deshalb honoriert der Verein praktizierte Chancengleichheit mit dem Total E-Quality Prädikat. In den zehn Jahren seines Bestehens wurden weit mehr als 100 Organisationen aus Wirtschaft, Verwaltung und Wissenschaft mit mehr als zwei Millionen Beschäftigten ausgezeichnet. Grundlage der Bewerbung ist das Selbstbewertungsinstrument in Form einer Checkliste, das zugleich Anregungen und Unterstützung bei der Implementierung von Aktivitäten zur Verbesserung der Chancengleichheit von Frauen und Männern bieten soll. Die Checkliste umfasst neben statistischen Angaben und Grundaussagen zur Personalarbeit unter dem Aspekt der Chancengleichheit auch Maßnahmen aus den Aktionsbereichen:

1. Beschäftigungssituation der Mitarbeiterinnen und Mitarbeiter
2. Personalbeschaffung, Stellenbesetzung und Nachwuchswerbung
3. Weiterbildung / Personalentwicklung
4. Vereinbarkeit von Beruf und Familie
5. Förderung partnerschaftlichen Verhaltens am Arbeitsplatz
6. Institutionalisierung

Der Schwerpunkt liegt also nicht nur auf der Vereinbarkeitsfrage, sondern der Blickwinkel der Checkliste ist umfassend auf die Gleichstellungsfrage ausgerichtet. Die Bewerbungsunterlagen werden von der Jury geprüft, die die unterschiedlichen Ausgangsbedingungen und die Verschiedenheit der Organisationen berücksichtigt. Das Prädikat wird für drei Jahre verliehen. Danach erfolgt eine erneute Auszeichnung, wenn die wiederholte Bewerbung nachhaltiges Engagement bzw. weitere Erfolge auf dem Weg zur Chancengleichheit und damit auch zur vermehrten Übernahme von Positionsmacht erbringt.

Genderdax: Der genderdax ist eine elektronische Informationsplattform im Internet. Seine Konzeption und Entwicklung durch die Autoren beim Institut für Personalwesen und Internationales Management der Helmut-Schmidt-Universität wurde vom BMFSFJ gefördert. Er ist seit dem Frühjahr 2005 online (www.genderdax.de). Genderdax richtet sich an Unternehmen, die unter Berücksichtigung von Chancengleichheit besonders hoch qualifizierte und karriereorientierte Mitarbeiterinnen suchen und fördern.

Frauen in Führungspositionen ebenso wie Nachwuchskräfte und karriereorientierte Wiedereinsteigerinnen sind die Zielgruppen des genderdax. Die Informationsplattform bietet einen umfassenden Überblick über Beschäftigungsmöglichkeiten und Entwicklungschancen bei ausgewählten Großunternehmen und mittelständischen Betrieben in Deutschland. Im Detail werden von jedem Unternehmen der genderdax Community die konkreten Maßnahmen in den einzelnen Handlungsfeldern ausgewiesen, die zur Gewinnung und Förderung von hoch qualifizierten und karriereorientierten Frauen eingesetzt werden (Input), welche Promotoren / Change Agents eingesetzt werden (Promotoren) und welche Ergebnisse (Output) bisher erzielt wurden (Abb. 7).

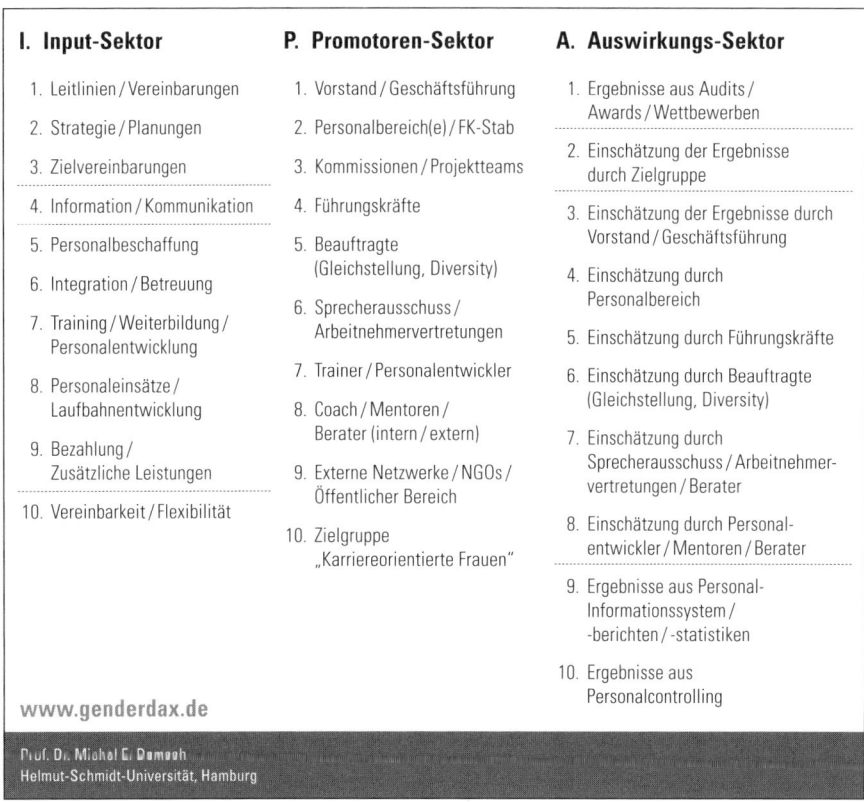

Abb. 7: Bewertungsbereiche beim genderdax

Für die Aufnahme in die genderdax Community können sich also primär Unternehmen in Deutschland bewerben, die im Rahmen ihrer Personalpolitik weibliche (Nachwuchs-) Führungskräfte besonders fördern. Ein Bewertungsteam, zusammengesetzt aus Vertretern der Wissenschaft und der Praxis, bewertet anhand des gd-Qualitätsmodells Art, Umfang und Intensität der entsprechenden Gender Mainstreaming Aktivitäten und befindet über die Aufnahme. Die genderdax Community hat bereits ca. 50 Mitglieder (Abb. 8).

Abb. 8: genderdax Community (Stand 1/2009)

Für die beteiligten Unternehmen bietet genderdax viele Vorteile: Sie können ihre Attraktivität für hoch qualifizierte Frauen steigern. Sie gewinnen und sichern sich weibliches (Nachwuchs-) Führungskräfte-Know-how. Sie verbessern ihr Image in den Bereichen Chancengleichheit, Vereinbarkeit von Familie und Beruf und Diversity insgesamt. Sie können ihre speziellen Beschäftigungsmöglichkeiten für hoch qualifizierte Frauen im Internet permanent präsentieren, wichtig gerade bei der zunehmenden Knappheit von

(Nachwuchs-)Führungskräften am Arbeitsmarkt. Sie profitieren von einer erhöhten Wahrnehmung des Unternehmens und seiner Produkte in den Medien sowie in der breiten Öffentlichkeit. Auf genderdax-Erfahrungsaustauschtreffen kommen die Unternehmen mit anderen genderdax-Firmen in Kontakt, können miteinander kommunizieren und wertvolle Netzwerkarbeit leisten. Begleitet werden die Veranstaltungen durch praxisorientierte und wissenschaftliche Input-Vorträge, die den aktuellen Stand der Entwicklungen in den Unternehmen abbilden. Die Aufnahme und Präsenz im genderdax sind kostenlos.

4 Fazit und Ausblick

Strategie und Ziele, das Führungskräftepotenzial von Frauen zu fördern, sind grundsätzlich anerkannt. Die präsentierte Ausgangssituation zeigt jedoch, dass die Entwicklung nach wie vor (zu) langsam vorangeht. Deshalb gibt es nicht nur in Deutschland, sondern in ganz Europa auf gesamtwirtschaftlichen, politischen und besonders auf betrieblichen Ebenen eine Vielzahl von Gender Mainstreaming Initiativen. Die daraus resultierenden Ergebnisse sind sehr unterschiedlich. Sie hängen wesentlich davon ab, ob und inwieweit Chancengleichheit tatsächlich in eine unternehmerische Strategie explizit eingebunden ist und diese nachhaltig durch Unternehmens- und Führungskultur unterstützt wird. Die entsprechenden konkreten Handlungen müssen in einem speziell auf Gender Mainstreaming bezogenen Prozess- und Qualitätsmanagement eingebunden sein, evaluiert und im Rahmen eines Lernprozesses ständig adjustiert werden. Dahinter steht ein hoher Anspruch, aber der Einsatz von dargestellten Audit-Systemen ist dabei außerordentlich hilfreich. Das zeigen die dort ausgewiesenen Good Practices. Aber es wird noch viele Jahre dauern, bis die Förderung von Frauen auf dem Weg zu mehr Positionsmacht nicht mehr explizit erforderlich ist.

Literaturverzeichnis:

Behning, U. & Sauer, B. (Hg.) (2005): Was bewirkt Gender Mainstreaming? Evaluierung durch Policy-Analysen. Frankfurt/M. u.a.: Campus.

Bundesministerium für Familie, Senioren, Frauen und Jugend et al. (Hg.) (2008): Dritte Bilanz der Vereinbarung zwischen der Bundesregierung und den Spitzenverbänden der deutschen Wirtschaft zur Förderung der Chancengleichheit von Frauen und Männern in der Privatwirtschaft. Paderborn u.a.: Bonifatius.

Deutsche Bank Research / Schaffnit-Chatterjee, C. (2008): Frauen auf Expedition in das Jahr 2020. Frankfurt/M.: Deutsche Bank.

Doblhofer, D. & Küng, Z. (2008): Gender Mainstreaming. Gleichstellungsmanagement als Erfolgsfaktor – das Praxisbuch. Heidelberg: Springer.

Eagly, A. H. & Carli, L. (2007): Through the Labyrinth of Leadership. Boston: HBS Press.

European Commission (Hg.) (2008): Manual for gender mainstreaming – employment, social inclusion and social protection policies. Luxembourg: EU Publications Office.

European Commission (Hg.) (2006): Employment in Europe. Luxembourg: EU Publications Office.

Hoppenstedt Holding GmbH (Hg.) (2008): Frauen im Management. Darmstadt: Hoppenstedt.

Institut der deutschen Wirtschaft (Hg.) (2007): Frauen in Wirtschaft und Gesellschaft. Köln: IdW.

Klein, U. (2006): Geschlechterverhältnisse und Gleichstellungspolitik in der Europäischen Union. Wiesbaden: Gabler.

Krell, G. (Hg.) (2008): Gleichstellung von Frauen und Männern in Unternehmen und Verwaltungen. 5. Auflage, Wiesbaden: Gabler.

Plantenga, J. & Remery, C. & Rubery, J. (2007): Gender mainstreaming of employment policies – A comparative review of thirty European countries (European Commission). Luxembourg: EU Publications Office.

Plantenga, J. & Remery, C. (2005): Reconciliation of work and private life. A comparative review of thirty European countries (European Commission). Luxembourg: EU Publications Office.

Auswahl von Internet-Informationsquellen:

www.bc.edu/wfnetwork
www.beruf-und-familie.de
www.divisions.aomonline.org/gdo/
www.genderdax.de
www.gender-mainstreaming.net
www.kompetenzz.de
www.total-e-quality.de
www.ungleich-besser.de

Sonja Bischoff

Mit (mehr) Frauen in Führungspositionen der Wirtschaft in die Zukunft?

1 Die Frage

„Female Shift – Frauen werden das starke Geschlecht" – so steht es zu lesen in der Silvester-Ausgabe 2008 des Trendbüro-Newsletters (newsletter@trend-buero). Schon im Jahr 2007 titelte das Magazin Cicero „Das Jahr der starken Frauen", in der „Zeit" erschien ein Artikel mit der Überschrift: „Die Elite wird weiblich" und Trendforscher Matthias Horx rief bereits 2004 den „Megatrend Frauen" aus. Das tat allerdings der Zukunftsforscher John Naisbitt schon Anfang der 1990er Jahre, als er zusammen mit seiner Frau Patricia Aburdeen ein Buch unter genau diesem Titel veröffentlichte. Die „Brigitte"-Studie von 2008 proklamiert auf Basis umfangreicher Forschungen „einen neuen Typ Frau". Wird dieser neue Typ nun die Macht in der Wirtschaft übernehmen? Die Rahmenbedingungen erscheinen günstig: Aufgrund der demografischen Entwicklung wird ein Führungskräftemangel erwartet; gleichzeitig soll Diversity Management dafür sorgen, dass mit mehr Frauen als bisher die Vorstellung von gemischten Teams realisiert wird, und ganz oben soll das Ideal „Mixed Leadership" herrschen. Werden also in Zukunft mehr Frauen als bisher in Top-Positionen gelangen? Die Antwort auf diese Frage erfordert den Blick in das Mittelmanagement, aus dem sich das Top-Management rekrutiert. So eindeutig die Signale der Schlagzeilen auch sein mögen, der differenzierende Blick in die Realität relativiert die Aussagen.

2 Die Antworten

2.1 Das Potential

Wer Karriere machen will, muss damit früh anfangen, nämlich mit der Entscheidung für ein Studium. Annähernd zwei Drittel der Führungskräfte im mittleren Management haben studiert, und für den Aufstieg in die Top-Etagen ist zusätzlich ohne Zweifel der Doktor-Titel hilfreich. Doch es gilt nicht, irgendetwas zu studieren, sondern in jenen Fächern einen Abschluss anzustreben, die von Unternehmen vorrangig nachgefragt werden. Wie eine eigene frühere Studie ergab, richten sich 80 Prozent der Nachfrage nach Führungsnachwuchskräften auf die Absolventen der Wirtschaftswissenschaften (etwa 30 Prozent) sowie der Natur- und Ingenieurwissenschaften (je etwa 25 Prozent). Im Jahr 2006 betrug der Frauenanteil unter den Absolventen in diesen drei Fachrichtungen gut 30 Prozent. Allerdings verteilten sich die Frauen nicht nachfragekongruent auf die Fächer: In den Wirtschaftswissenschaften betrug der Frauenanteil 48 Prozent. Wenn Frauen Ingenieurwissenschaften studieren, dann am häufigsten Architektur (53 Prozent), während sich die Nachfrage überwiegend auf Absolventen des Maschinenbaus und der Elektrotechnik richtet, wo die Frauen 2006 nur 18 Prozent bzw. 6 Prozent der Absolventen stellten. Ähnlich sieht es im Bereich der Naturwissenschaften aus: Der Frauenanteil betrug unter den Absolventen der Informatik im Jahr 2006 nur 16 Prozent, in der Biologie dagegen 65 Prozent (alle Angaben: Statistisches Bundesamt). Man kann also nicht davon ausgehen, dass der gesamte weibliche Anteil unter den Hochschulabsolventen für eine Karriere in der Wirtschaft zur Verfügung steht.

2.2 Was behindert die Karrieren von Frauen?

Karriere ist nicht selbstverständlich

Wer Karriere machen will, sollte nicht nur das „richtige" Fach studieren, sondern auch die dazu notwendige Einstellung haben. Und die ist unter Männern noch immer häufiger vorhanden als unter Frauen. Wie meine 4. Führungskräftestudie ergab, wussten von den Männern im mittleren Management schon 48 Prozent zu Beginn ihres Berufslebens, dass sie eine Führungsposition erreichen wollten; es war selbstverständlich für sie. Das trifft nur auf 29 Prozent der Frauen zu.

Aufstieg wird relativ selten angestrebt

Auch für einen weiteren Aufstieg stehen Frauen seltener zur Verfügung als Männer: Nur 32 Prozent der Frauen im mittleren Management wollen weiter nach oben, aber 44 Prozent der Männer. Gleichzeitig ist festzustellen, dass mit höherer hierarchischer Ebene der Anteil der aufstiegsorientierten Männer wächst, der der Frauen, die weiter aufsteigen wollen, jedoch sinkt.

Geringe Wochenarbeitszeiten

Seit 1986 ist zu beobachten, dass die wöchentlichen Arbeitszeiten im Mittelmanagement kontinuierlich gesunken sind. Insbesondere Frauen nennen zunehmend geringere Wochenarbeitszeiten. Nur noch ein Drittel der Frauen, aber mehr als die Hälfte der Männer geben an, mehr als 50 Stunden pro Woche zu arbeiten. Das bedeutet, dass Frauen im Vergleich zu Männern durch ihre geringere Präsenz im Unternehmen weniger Gelegenheit haben, die für eine Karriere besonders wertvollen informellen Kontakte zu pflegen.

Häufiger Wunsch nach Teilzeitbeschäftigung

Gleichzeitig wünschen sich 45 Prozent der Frauen eine Teilzeitbeschäftigung, und zwar mit steigender Tendenz, während nur 23 Prozent der Männer diesen Wunsch äußern, und zwar mit fallender Tendenz.

Mangelnde geografische Mobilität

Eine für allgemein gültig gehaltene Voraussetzung für Karrieren ist die geografische Mobilität. Auch hier lassen sich deutliche Unterschiede zulasten der Frauen erkennen: Nur ein Drittel der Frauen, aber fast die Hälfte der Männer haben in der Vergangenheit einmal oder noch häufiger im Interesse des beruflichen Fortkommens den Wohnort gewechselt.

Mangelnde Qualifikation in der Startphase

Liegt es also an den Frauen selbst, wenn sie nicht so häufig, wie das Umfeld es erwartet in die höheren Führungsetagen aufsteigen? Dies könnte vermutet werden, zumal von den Frauen am häufigsten – und häufiger als von Männern – ihre mangelnde Qualifikation als Hindernis in der Startphase genannt wurde.

Obwohl die oben genannten Ergebnisse der 2003 durchgeführten und 2005 veröffentlichten vierten Führungskräftestudie (nach 1986, 1991 und 1998) dafür Anhaltspunkte liefern, ist die eingangs gestellte Frage doch so eindeutig nicht zu beantworten.

Vorurteile gegenüber Frauen

Die Antworten auf die explizite Frage nach den Karrierehindernissen offenbaren, dass insbesondere der Aufstieg von Frauen in Führungspositionen von Vorurteilen begleitet wird. Fast ein Viertel der Frauen, die über Karrierehindernisse berichteten, verwies unter anderem auf die fehlende Akzeptanz wegen des Frauseins sowie auf den Druck, mehr als Männer leisten zu müssen, und die erlebte Bevorzugung der Männer. Dabei sind es durchaus nicht nur die Männer, die gegenüber den Frauen Vorbehalte zum Ausdruck bringen, sondern – explizit genannt – auch weibliche Vorgesetzte.

Mangelnde Vereinbarkeit von Familie und Karriere

Dagegen wird die Vereinbarkeit von Familie und Karriere vergleichsweise selten als Hindernis genannt. Seit Beginn der Forschungen im Jahr 1986 liegt der Anteil der Frauen, der diesbezügliche Probleme nennt, im einstelligen Prozentbereich (zwischen 6 Prozent und 8 Prozent), obwohl sich der Anteil der Frauen mit Kindern von 38 Prozent im Jahr 1986 auf 59 Prozent im Jahr 2003 erhöht hat. In diesem Zusammenhang muss allerdings darauf hingewiesen werden, dass die Frauen, die womöglich wegen der Familie ihre Karriere vorzeitig aufgegeben haben und somit keine Position im mittleren Management erreicht haben, nicht bekannt und nicht erfasst sind. Dennoch ist das „Kinderargument" in der Debatte um die Karrierehindernisse zu relativieren. Von den Frauen, die 2003 angaben, weiter aufsteigen zu wollen, hatten 41 Prozent Kinder. Von denjenigen, die einem weiteren Aufstieg eine klare Absage erteilten, hatten 75 Prozent Kinder. Daraus dürfen jedoch keine falschen Schlüsse gezogen werden. Denn gleichzeitig sagten in beiden Gruppen nur jeweils 5 Prozent, dass die Vereinbarkeit von Familie und Karriere für sie ein Problem war oder ist.

Zu geringe Einkommen

Dagegen schlagen sich die den Frauen entgegengebrachten Vorurteile deutlich in dem noch immer existierenden Einkommensnachteil der Frauen gegenüber Männern in vergleichbaren Positionen nieder. Ist es angesichts dieses Tatbestands nicht einfach nur rational, wenn Frauen ihre Karrieren begrenzen und sich in ihrer Karrierelust zu Recht gedämpft fühlen? Zumal offenbar vor allem den aufstiegswilligen Frauen häufiger mit Vorurteilen begegnet wird, als den nicht an weiterem Aufstieg interessierten Frauen. Eine weitere Begründung für die niedrigeren Einkommen der Frauen liegt in den familiär bedingten Zeiten der Unterbrechung der Karriere. So ist festzustellen, dass von jenen Frauen, die aus familiären Gründen ihre Karriere unterbrochen haben, nur 29 Prozent jährliche Gehälter von € 50.000 und mehr erreichen (70 Prozent dieser Frauen verdienen weniger als € 50.000), während von den Frauen, die ihre berufliche Laufbahn nicht unterbrochen haben, 47 Prozent mehr als € 50.000 verdienen (51 Prozent weniger als € 50.000). Vergleicht man diese Zahlen allerdings mit denen der Männer, so ist festzustellen, dass es schon genügt, „Frau zu sein", um weniger zu verdienen: 68 Prozent der Männer erreichen Einkommen von mehr als € 50.000, nur 27 Prozent bleiben darunter. Unterbricht ein Mann aus familiären Gründen seine Karriere, hat das offenbar keine negativen Einkommenswirkungen: Zwei Männer, die sich an der Studie 2003 beteiligt hatten, gaben Unterbrechungen an, verdienten aber beide mehr als € 75.000 pro Jahr.

Zu geringe Ausstattung mit Mitarbeitern
Des Weiteren kommt noch hinzu, dass Frauen im Vergleich zu Männern in ähnlichen Positionen über weniger Mitarbeiterinnen und Mitarbeiter verfügen, sodass schon dadurch ein niedrigeres Gehalt erklärbar wird, wenn es auch damit nicht zu rechtfertigen ist. Eher müsste umgekehrt die mit einer geringeren Ausstattung erbrachte Leistung höher belohnt werden.

2.3 Was bringt Karrieren voran?

Mehr Einkommen
Welche bedeutende Rolle das Einkommen für Frauen im mittleren Management spielt, wird an folgendem Ergebnis deutlich: Zum ersten Mal seit Beginn der Studien im Jahr 1986 konnte 2003 festgestellt werden, dass mit zunehmendem Einkommen der Anteil jener Frauen wächst, der weiter aufsteigen will! Welche Bedeutung das Thema „Einkommen" hat, wird auch daran deutlich, dass unter den aufstiegsorientierten Frauen das zu niedrige, weil nicht leistungsgerechte Gehalt der am häufigsten genannte Grund für Unzufriedenheit mit der Arbeitssituation ist.

Wer erfolgreich einsteigen und weiter aufsteigen will, sollte sich jene Erfahrung zunutze machen, die sich in den fast 20 Jahren stabil gebliebenen Erfolgsfaktoren niederschlagen.

Aktivitäten während des Studiums
Der Start wird am häufigsten erleichtert durch die während des Studiums ausgeübten direkt berufsorientierten Aktivitäten. Das war und ist der mit Abstand am häufigsten genannte Erfolgsfaktor. Hinzu kommen Spezialkenntnis-

se, persönliche Beziehungen, Sprachkenntnisse und die äußere Erscheinung. Schlusslicht bilden in der Rangfolge die nicht direkt berufsorientierten Aktivitäten während des Studiums. Geschlechtsspezifische Unterschiede sind hier nicht erkennbar. Auch im weiteren Verlauf der Karriere bilden die nicht direkt berufsorientierten Aktivitäten während des Studiums das Schlusslicht in der Rangfolge der Erfolgsfaktoren des Aufstiegs. Allerdings sei angemerkt, dass insbesondere die überdurchschnittlich erfolgreichen Männer gerade diesen Erfolgsfaktor überdurchschnittlich häufig nennen – und können Frauen davon lernen? Ansonsten gilt: Auch hier sind geschlechtsspezifische Unterschiede – bis auf die genannten – nicht erkennbar.

Besondere Kenntnisse, die äußere Erscheinung und persönliche Beziehungen

Erfolgreich aufsteigen heißt vor allem, sich durch Spezialkenntnisse hervor zu heben. Sprachkenntnisse werden wichtiger, ebenso wie die äußere Erscheinung. Diese hat in der Rangfolge der Häufigkeit der Nennungen den Erfolgsfaktor „persönliche Beziehungen" abgehängt, was insbesondere für Männer gilt. Vielleicht ist die zunehmende Bedeutung des Erfolgsfaktors „äußere Erscheinung" ein Vorteil für Frauen. Frauen wissen damit umzugehen, nämlich in der Konkurrenz um den Mann. Männer müssen es noch lernen, wenngleich sie offenbar schneller werden, was die Umsatzsteigerungen bei Männerkosmetik signalisieren.

Die besondere Persönlichkeit

Während für die bisher genannten Erfolgsfaktoren geschlechtsspezifische Unterschiede – abgesehen von dem der äußeren Erscheinung – nicht erkennbar sind, gilt dies nicht bei der Betrachtung des Faktors, der von Männern und Frauen als das „Besondere der Führungskraft" bezeichnet wird. Männer nennen hier Charisma, Mut, Verantwortungsbereitschaft und Zuverlässigkeit. Frauen heben ihr Selbstbewusstsein, ihr Selbstvertrauen, ihren gesunden Menschenverstand und ihre Eigeninitiative hervor. Man darf wohl annehmen, dass hier mehr als nur semantische Unterschiede zum Ausdruck kommen!

3 Erfolgsfaktoren nutzen und Hindernisse überwinden

Erfolgsfaktoren nutzen heißt zunächst den Karrierestart schon während des Studiums durch beispielsweise einschlägige Praktika vorzubereiten. Und dann gilt es, sich so etwas wie eine persönliche „USP" (Unique Selling Proposition), ein sogenanntes Alleinstellungsmerkmal, durch Spezialkenntnisse zu erarbeiten. Ergo: „Was kann ich besser als andere, und wie kann ich diese Fähigkeiten und Fertigkeiten ausbauen und weiterentwickeln, sodass ich in der Konkurrenzsituation einen nicht einholbaren Vorteil habe?" Wissen allein reicht nicht, hinzu tritt das Besondere der Persönlichkeit. In jedem Fall beeinflussbar ist die äußere Erscheinung, die als wesentlicher Erfolgsfaktor mit der Zeit immer wichtiger geworden ist, und die auch beim Aufbau persönlicher Beziehungen eine gewichtige Rolle spielen dürfte. Wer eine Karriere anstrebt, muss sie wollen. Dieser Wille scheint auch bei Frauen durch höhere Einkommen stimuliert zu werden. Und wie steigert man das Einkommen? Eine bedeutende Rolle spielen variable Gehaltsbestandteile. Leistungs- und / oder erfolgsabhängige Einkommensteile führen im Durchschnitt zu höheren Gehältern als ausschließlich fixe Gehälter. Leider haben Frauen bisher seltener als Männer variable Gehaltsbestandteile. Warum? Das ist zu ändern. Eine starkere Leistungsorientierung würde auch die Frage nach der Arbeitszeit bzw. Anwesenheit im Unternehmen bis zu einem gewissen Maß obsolet werden lassen. Solche Forderungen und die nach einem höheren Gehalt sollten mit einer verbesserten Mitarbeiterausstattung einhergehen. Aus Unternehmenssicht ist allerdings zu fragen, ob nicht etwa Männer zu viele Mitarbeiter haben. Der geringere Mitarbeiterstab der Frauen sollte den Maßstab liefern.

Noch einmal zum Problem der Vereinbarkeit von Familie und Karriere: Ein Blick auf die aktuelle Zahl der Frauen mit Kindern (59 Prozent) zeigt bei differenzierter Betrachtung Folgendes: 80 Prozent der Frauen sind Unternehmerinnen, selbstständig oder am Unternehmen beteiligt und / oder zur Eigentümerfamilie gehörend. Sie haben am häufigsten zwei Kinder. 52 Prozent der Frauen sind im „reinen" Angestelltenverhältnis abhängig beschäftigt und haben am häufigsten ein Kind. Gleichzeitig geben Frauen im Unternehmerinnenstatus deutlich längere Wochenarbeitszeiten an als die angestellten Frauen. Des Rätsels Lösung: Frauen im Unternehmerinnenstatus arbeiten im höheren Maße selbstbestimmt in Bezug auf die Arbeitszeit und den Arbeitsort. Ergo: Vereinbarkeit von Familie und Karriere ist in größerer Dispositionsfreiheit über den gesamten Arbeitseinsatz zu sehen. Dies unterstützt gleichzeitig die Forderung nach einer stärker leistungsorientierten Vergütung, sodass bei de facto längerer Arbeitszeit durch mehr Selbstbestimmung gleichzeitig höhere Einkommen realisiert werden können. Größere Dispositionsfreiheit könnte dann auch dazu führen, dass Unterbrechungen der beruflichen Laufbahn vermieden werden können, sodass die Chance besteht, die davon ausgehenden negativen Einkommenswirkungen zu verhindern oder zumindest zu minimieren.

4   Fazit

Auf demografische Entwicklungen und auf Managementmethoden wie Diversity Management ist kein Verlass, wenn es mehr Frauen in Führungspositionen geben soll. Das erwies sich schon in den 1990er Jahren, als aus dem prognostizierten Führungskräftemangel durch Lean Management ein Führungskräfteüberschuss wurde. Frauen müssen aktiv und mit starkem Willen die richtigen Schritte unternehmen, wenn sie in eine Führungsposition streben. Die im Zeitablauf nur sehr langsam, aber dennoch stetig wachsende Zahl der Absolventinnen aus den karriereorientierten Studiengängen (Wirtschaftswissenschaften, Ingenieur- und Naturwissenschaften) lässt zumindest hoffen. Allerdings zeigen die aktuellen Frauenanteile aber auch, dass bei unveränderten Anforderungen an Führungsnachwuchskräfte in Zukunft die Mehrzahl der Führungspositionen fest in männlicher Hand bleiben wird.

Das Problem der Vereinbarkeit von Familie und Karriere ist lösbar. Bessere Rahmenbedingungen durch staatliche Unterstützung –, wie sie zurzeit realisiert werden – und die Einführung des „Unternehmermodells" auf Unternehmensebene sollten zusammen ihre Wirkung nicht verfehlen. Wenn als bedeutendstes Hindernis für den Aufstieg von Frauen nach wie vor Vorurteile in Form mangelnder Anerkennung der weiblichen Leistung vorhanden sind, dann wird man nicht darauf setzen können, dass sich dies kurzfristig in Zukunft ändert, zumal das, was für 2003 festgestellt wurde, auch schon 1986 in derselben Dimension zu beobachten war. Dann kann es nur darum gehen, mit den Vorurteilen umzugehen. Und das kann im Einzelfall, wenn diese Karrierebremse identifiziert wurde, nur lauten: Nicht Ausstieg, sondern Umstieg in ein anderes Unternehmen oder in die Selbstständigkeit. Letzteres hat den großen Vorteil, dass die Karriere nicht von der Vorgesetztenbeurteilung abhängig ist, sondern dass der objektivierende Filter des Marktes die Leistung der Frauen belohnt. Die Devise lautet dann nicht mehr „Einkommen durch Beurteilung", sondern „Einkommen durch Umsatz" – und zwar unmittelbar. Erfolgreiche Unternehmerinnen machen es jeden Tag vor!

Mehr Frauen in Führungspositionen der Wirtschaft wird es geben, wenn es nicht allein heißt: mehr Frauen als angestellte Führungskräfte, sondern wenn es auch heißt: mehr Unternehmerinnen!

Literaturverzeichnis:

Bischoff, Sonja (2005): Wer führt in (die) Zukunft? Männer und Frauen in Führungspositionen der Wirtschaft in Deutschland – die 4. Studie, Bd. 77 der Schriftenreihe der Deutschen Gesellschaft für Personalführung e.V., Bielefeld.

Bettina Daser und Rolf Haubl

Qualifiziert sein reicht nicht: weibliche Nachfolge als Herausforderung für die ganze Unternehmerfamilie

Wenn Unternehmertöchter bereits im Kindesalter auf die Frage, was sie später einmal werden wollen, selbstbewusst: „Ich will Chef werden!" ausrufen[1], dann bringen sie damit explizit ihre berufliche Präferenz zum Ausdruck, nämlich die, in die Fußstapfen ihrer Eltern treten zu wollen, indem sie das familieneigene Unternehmen fortführen. Bedeutsamer erscheint uns allerdings die implizite Aussage, die hinter der spontanen Äußerung eines kleinen Mädchens steht: Der Wunsch, Nachfolgerin zu werden, darf in ihrer Familie nicht nur heimlich gehegt, sondern laut und deutlich ausgesprochen werden. Was auf den ersten Blick als selbstverständlich erscheint, ist, so belegen die Ergebnisse unseres Forschungsprojekts „Familiendynamik in Familienunternehmen: Warum sollten Töchter nicht erste Wahl sein?" (Haubl und Daser 2006), das in Kooperation der Universität Frankfurt mit dem Sigmund-Freud-Institut und im Auftrag des Bundesministeriums für Familie, Senioren, Frauen und Jugend durchgeführt wurde, noch heute für Töchter in Familienunternehmen in vielen Fällen nicht konfliktfrei kommunizierbar. Während die Frage der Gleichberechtigung in der schulischen Entwicklung als nicht mehr vordringlich und die Freiheitsgrade in der Wahl von Ausbildung und Studium für Frauen als wesentlich größer als in den Generationen zuvor erscheinen, erleben Frauen in Familienunternehmen auch heute noch, dass sie trotz schulischer und beruflicher Erfolge als Nachfolgerin nicht erste Wahl sind. Einige der Frauen, die Anspruch auf die Nachfolge im Familienunter-

---

1   Zitat aus einem Interview mit einer erfolgreichen Nachfolgerin, das im Rahmen des Forschungsprojekts „Familiendynamik in Familienunternehmen: Warum sollten Töchter nicht erste Wahl sein?" (2006) geführt wurde.

nehmen erheben wollen, streben ganz bewusst solche Qualifikationsprofile an, die sie mit der notwendigen Fachkompetenz ausstatten, um die Nachfolge anzutreten. Dennoch, so müssen sie in vielen Fällen feststellen, werden ihnen Brüder oder andere männliche Verwandte vorgezogen, obwohl diese beruflich nicht besser, in manchen Fällen sogar schlechter als sie qualifiziert sind. Anstatt in dieser Situation Widerstand zu leisten und gegenüber den Eltern aktiv eine ihren Fähigkeiten angemessene Position im Unternehmen einzufordern, ziehen sich viele Frauen enttäuscht zurück. Dass sie die innerfamiliäre Konkurrenz trotz fachlicher Kompetenz nicht für sich entscheiden können, führen sie auf den Umstand zurück, eine Frau und kein Mann zu sein. Sie erleben die eigene Geschlechtszugehörigkeit als Leistungskriterium, ohne darauf Einfluss nehmen zu können.

Unternehmerfamilien, so scheint es, sind nach wie vor sehr stark von einem Unternehmerbild eingenommen, das patriarchal geprägt ist. Mehr oder minder bewusst neigen sie dazu, potenzielle Nachfolger und Nachfolgerinnen an den Eigenschaften eines Patriarchen zu messen. Es mag nun wenig überraschen, dass diese Prägung Töchter, die gerne das Unternehmen weiterführen möchten, benachteiligt. Hinzu kommt ein weiterer wichtiger Faktor: Die stark ausgeprägten Geschlechtsrollenerwartungen der Eltern hindern sie daran, das eigene einschränkende Verhalten gegenüber ihren Töchtern als Zurückweisung zu erleben, vielmehr glauben sie, ihre Töchter vor einem Arbeitsleben an der Spitze des Unternehmens schützen zu müssen (Vera und Dean 2005). Schließlich könnte die männlich dominierte Geschäftswelt ihre Töchter überfordern und würde sie zudem der Möglichkeit berauben, eine eigene Familie zu gründen. Leider findet in diesen Unternehmerfamilien keine Verständigung darüber statt, ob die Töchter auf diese Weise geschützt werden oder die Herausforderung einer Geschäftsleitung annehmen wollen.

Fest steht, dass sich Frauen, die ihren Anspruch auf Nachfolge im Familienunternehmen erfolgreich durchsetzen konnten, von Frauen, die an diesem Anspruch gescheitert sind, hinsichtlich ihrer beruflichen Qualifikation kaum unterscheiden. Viele der von uns befragten Frauen, die in der Frage der Nachfolge als gescheitert gelten, sind beruflich erfolgreich. Sie haben selbst gegründet oder erfüllen Managementfunktionen in familienfremden Unternehmen. Über Erfolg oder Misserfolg bei dem Versuch, den Anspruch auf Nachfolge geltend zu machen, entscheidet in vielen Fällen ein Faktor, der weder mit den Eigenschaften und Fähigkeiten der Tochter zusammenhängt, noch von ihr beeinflusst werden kann: Töchter, die als erste Wahl die Nachfolge antreten, sind in Familien aufgewachsen, in denen Lebensentwürfe entwickelt, probiert und formuliert werden dürfen, die patriarchalen Geschlechtsrollenerwartungen widersprechen.

Etwas anders verhält es sich bei den Töchtern, die in der Konstellation „Not am Mann" Nachfolgerin werden (Haubl und Daser 2006). Sie haben ihren Anspruch auf Nachfolge nie explizit formuliert, sondern still und leise die notwendigen Qualifikationen erworben und eine Rolle im Unternehmen eingenommen, die, wenn überhaupt, mit informeller Macht ausgestattet ist. In dieser Position vermitteln sie möglicherweise zwischen Vater und Bruder oder finden einen Zugang zur Belegschaft, der dem Bruder verborgen bleibt und gewinnen dadurch Informationen, ohne die der Bruder nicht auskommt. Ihre Tätigkeit ist zwar untergeordnet und ohne Stellenbeschreibung, sie hält jedoch eine Gratifikation bereit: Die Tochter hat das Gefühl, eigentlich die wichtigste Rolle im Unternehmen inne zu haben, das Ganze zusammenzuhalten, indem sie als Vermittlerin im Hintergrund agiert. Was die Frauen der Konstellation „Not am Mann" miteinander verbindet, ist die Hoffnung, aus einer Art Warteposition heraus doch eines Tages als Nachfolgerin infrage zu kommen, wenn sie sich bis dahin als unterstützend und nützlich für das Unternehmen erweisen. Nicht selten führt die Strategie tatsächlich zum Erfolg, nämlich dann, wenn dadurch eine Notsituation entsteht, dass die Männer ihrer Familie, die in der ersten Reihe stehen, aus irgendwelchen Gründen ausfallen: Der Vater wird schwer krank, der Sohn verunglückt, schlägt einen anderen Berufsweg ein, hat sich als ungeeignet erwiesen oder das Unternehmen gerät in eine Krise und wird folglich für männliche Konkurrenten unattraktiv. In dieser Situation, so belegt unsere Studie, erhalten Töchter oftmals die Chance, die entstandene Lücke zu schließen und sich als Geschäftsführerin zu bewähren.

Das Forschungsprojekt „Familiendynamik in Familienunternehmen: Warum sollten Töchter nicht erste Wahl sein?"

Bevor wir näher auf Faktoren eingehen, die für eine Nachfolge durch eine Tochter förderlich sind, werden wir zum besseren Verständnis der Ausführungen das Projekt vorstellen, auf dem sie im Wesentlichen beruhen.

Obwohl annähernd alle Unternehmer und Unternehmerinnen den Wunsch haben, das eigene Unternehmen familienintern zu übergeben, gelingt ein Generationenwechsel innerhalb der Familie nur in weniger als 50 Prozent der Fälle (Wallau 2007). Ein Großteil der Unternehmen wird von der Konkurrenz übernommen oder von Mitarbeitern weitergeführt. Ein nicht geringer Teil der Familienunternehmen überlebt einen Generationenwechsel nicht, was eher selten auf fehlende Marktchancen des Unternehmens zurückzuführen ist. Vielmehr hängt das Scheitern des Generationenwechsels mit verdeckten oder offenen Konflikten in der Unternehmerfamilie zusammen, die eine erfolgreiche Übergabe des Unternehmens an die nächste Generation erschweren (Haubl und Daser 2006, Sies 2003). Dennoch wird das Thema Familiendynamik in Familienunternehmen in der Forschung und in der Nachfolgeberatung im Vergleich mit wirtschaftlichen Aspekten bislang vernachlässigt. Im Zusammenhang mit der Frage, weshalb nach wie vor nur etwa 20 Prozent der Familienunternehmen an Töchter übergeben werden (Wallau 2007), rückt die Unternehmerfamilie jedoch zwangsläufig in den Blick. Denn, wie bereits angedeutet, sind Frauen, die ihren Anspruch auf Nachfolge im Familienunternehmen nicht durchsetzen können, nicht weniger gut qualifiziert als ihre Brüder. Daher liegt die These nahe, dass in den Unternehmerfamilien Mechanismen existieren, die eine Nachfolge durch Töchter hintertreiben (Haubl und Daser 2006).

Um die Ursachen der geschlechtsspezifischen Unterschiede in der Unternehmensnachfolge zu eruieren, haben wir in unserem Forschungsprojekt den Blickwinkel der nachfolgewilligen Töchter eingenommen, um zu untersuchen, wie es um ihre Chancen steht, gegen männliche Konkurrenz zu bestehen und die Nachfolge im Familienunternehmen anzutreten.

Wie viele der von uns befragten Töchter berichten, haben sie schon früh die emotionale Bindung ihrer Eltern an das Familienunternehmen gespürt, das als wichtiges Gesprächsthema am Mittagstisch immer Teil der Familie ist. Den Kindern bleibt nichts anderes übrig, als in irgendeiner Form mit dem Unternehmen in Beziehung zu treten. Sie können mit dem Unternehmen um die Aufmerksamkeit der Eltern rivalisieren, oder wenn es ihnen gelingt, das Unternehmen positiv zu besetzen, es als Möglichkeit nutzen, mit den Eltern in Kontakt zu treten. Zudem ergibt sich für die Kinder die Chance, in eine ökonomische Erfolgsgeschichte einzusteigen, die allerdings oftmals mit einem Verlust an beruflicher Wahlfreiheit verbunden ist. Schließlich müssen die eigene berufliche Entwicklung an den betrieblichen Erfordernissen ausgerichtet sowie eigene Wünsche und Neigungen, die nicht zum Unternehmen passen, hinten angestellt werden (Haubl und Daser 2006).

In über 50 problemzentrierten biografischen Tiefeninterviews haben wir Frauen im Alter zwischen Mitte 20 und Ende 50 befragt, deren Väter kleine bis mittlere Familienunternehmen besitzen, in denen der Generationenwechsel geplant oder bereits vollzogen ist. Die Übergabe von Müttern auf Töchter haben wir mangels Interviewpartnerinnen nicht systematisch untersuchen können. Alle befragten Töchter gaben an, Anspruch auf Nachfolge in diesen Unternehmen erhoben zu haben, den sie gegen männliche Konkurrenz in Form von Brüdern oder Schwiegersöhnen entweder erfolgreich umsetzen konnten oder an der Umsetzung scheiterten. Wie bereits angedeutet, haben nicht alle Frauen ihr Interesse mit der gleichen Vehemenz vertreten. Einige der „gescheiterten" Nachfolgerinnen erinnern Gespräche über die Nachfolge, in denen die entscheidende Frage, ob sie als Nachfolgerin in Betracht gezogen werden, nie abschließend geklärt worden ist. So haben sie sich die Hoffnung erhalten, eines Tages doch in der Unternehmensnachfolge berücksichtigt zu werden. Auf die Frage, weshalb sie nie versucht haben, eine abschließende Klärung herbeizuführen, haben sie selbst keine Antwort. Möglicherweise lässt sich das Verhalten auf die Befürchtung zurückführen, mit ihrem Anliegen zurückgewiesen zu werden. Sie ahnen, dass sie nicht für die Nachfolge vorgesehen sind und sorgen daher nicht für klare Verhältnisse, weil sie eine Enttäuschung vermeiden wollen. Nun könnte man annehmen, dass ihnen die Familie signalisiert, wo die Grenzen ihrer Möglichkeiten im Unternehmen sind, um sie vor der Verfolgung unerreichbarer Ziele zu schützen. Dem ist jedoch nicht so, da die Familie nicht auf die Tochter verzichten mag, die unermüdlich den Vater oder Bruder im Unternehmen unterstützt, ohne dabei viel für sich selbst einzufordern. Das bedeutet, dass sowohl Töchter als auch ihre Familien ein Scheitern oftmals über Jahrzehnte hinauszögern. Auf diese Weise vermeiden alle Familienangehörigen, dass Konflikte um die Anerkennung der Eltern, für die das Familienunternehmen von zentraler Bedeutung ist, aufbrechen und den Zusammenhalt in der Familie bedrohen. Solange keine Entscheidung gegen eine führende Rolle der Tochter im Unternehmen gefällt wird, ist der Familienfrieden nicht gefährdet. Damit bleibt jedoch auch die Anerkennung der Töchter aus, nach der sie sich sehnen.

Wenn die Töchter scheitern, so unsere These, dann aufgrund einer unterschätzten oder sogar unbewussten emotionalen Dynamik innerfamiliärer Konflikte, die aus dem Fortbestehen patriarchaler Familienkulturen resultieren, die Töchter benachteiligen, wenn sie sich nicht bestimmten Erwartungen fügen (Haubl und Daser 2006). Zu diesen Erwartungen gehört auch die Vorstellung, dass die Kinder das von den Eltern gelebte Lebenskonzept nicht nur anerkennen, sondern fortführen. Dieses Lebenskonzept sieht wiederum nur unterstützende Funktionen im Familienunternehmen für Töchter vor. Positiv gewendet: Die Tochter soll eine eigene Familie gründen können, ohne darin durch eine zeit- und energieraubende Tätigkeit als Geschäftsführerin eingeschränkt zu werden.

Über Erfolg oder Misserfolg entscheiden demnach weniger deutlich als oft angenommen die berufliche Qualifikation oder Kriterien wie Belastbarkeit oder innerbetriebliches Durchsetzungsvermögen. Auch mangelndes Interesse der Frauen an einer Übernahme scheint zweitrangig zu sein. Entscheidend für eine erfolgreiche Nachfolge durch Frauen ist vielmehr, dass sie in Familien aufwachsen, in denen Wert auf Chancen- und Leistungsgerechtigkeit gelegt wird, ohne das Geschlecht zum Leistungskriterium zu erheben (Haubl 2007a).

Was also zeichnet Unternehmerfamilien aus, die ihren Töchtern die Möglichkeit bieten, die Fortführung des Familienunternehmens unabhängig von einer Notsituation anzustreben? In unserem Forschungsmaterial finden sich sowohl Beispiele, die als Best Practice dienen können als auch Beispiele, anhand derer deutlich wird, wie familiäre Dynamiken eine Nachfolge durch eine Tochter hintertreiben können. Im Folgenden sollen Kriterien herausgearbeitet und illustriert werden, die für eine erfolgreiche Nachfolge einer Tochter von Bedeutung sein können.

Generativität

Gemeinhin wird als selbstverständlich angenommen, dass die Seniorgeneration den existenziellen Wunsch hegt, ihr Unternehmen möge durch die nächste Generation fortgeführt werden. Unsere Forschungsergebnisse zeigen jedoch, dass Generativität als zentrale Voraussetzung eines gelungenen Generationenwechsels, nicht in allen Unternehmerfamilien gleichermaßen vorhanden ist. Mangelt es der Seniorgeneration an Generativität, so haben es insbesondere Töchter schwer, ihren Anspruch auf Nachfolge im Familienunternehmen durchzusetzen. Das hängt damit zusammen, dass ein Mangel an Generativität mehr konfrontative Grenzziehung seitens der nachfolgenden Generation erfordert, um die Elterngeneration zum Loslassen zu bewegen und das Unternehmen vor möglicherweise destruktiven Entscheidungen der Eltern zu schützen. Töchter, so zeigen unsere Ergebnisse, fürchten jedoch häufig den Bruch mit der Familie, weshalb sie nicht mit der gebotenen Konsequenz um eine einflussreiche Position im Unternehmen kämpfen (Haubl und Daser 2006).

Der Begriff der Generativität umfasst demnach nicht nur die Zeugung und Erziehung von Kindern, sondern meint das Bedürfnis, der nächsten Generation nutzen zu wollen (Erikson 1973). Neben dem Motiv, die Lebensbedingungen der Kinder positiv zu beeinflussen und zugleich die eigene „symbolische Unsterblichkeit" voranzutreiben, sind allerdings noch andere Motive handlungsbestimmend. So lässt sich belegen, dass der Wunsch, das eigene Unternehmen möge unter der Leitung der Kinder fortbestehen, oftmals durch andere Wünsche überlagert wird, die einen erfolgreichen Generationenwechsel hintertreiben können (Haubl und Daser 2006).

Als drastisches Beispiel mag hier eine gescheiterte Nachfolgerin eines landwirtschaftlichen Großbetriebes gelten. Sie beschreibt ihren Vater als einen Mann, der sich von seinen Eltern nicht ausreichend geliebt gefühlt hat.

Das führt sie darauf zurück, dass die Heirat ihrer Großeltern aus der Perspektive der großmütterlichen Familie aufgrund der anstehenden Geburt ihres Vaters als notwendig, jedoch nicht als standesgemäß erschien. Er war, so sagt er selbst, ein *„unerwünschtes Kind“*[2]. Das erlebte Defizit an Aufmerksamkeit und Liebe hat ihr Vater zeitlebens durch Harmoniebestrebungen zu kompensieren versucht, die ihn daran hinderten, in entscheidenden Situationen seinem Umfeld offen konfrontativ zu begegnen. Sein Wunsch, von allen geschätzt zu werden, ist so stark ausgeprägt, dass er die finanziellen Ressourcen des Familienunternehmens nutzt, um sich ein Leben in einer Phantasiewelt zu ermöglichen, in der er sein Umfeld als wohlwollend und ihm zugewandt wahrnehmen kann. So weigert er sich, zur Kenntnis zu nehmen, dass seine Berater nicht zum Wohl des Unternehmens agieren, sondern sich im Gegenteil am Unternehmen bereichern. Als ihn seine Tochter auf Rechnungen aufmerksam macht, die nicht durch Beratungsleistungen zu rechtfertigen sind, schützt er nicht das Unternehmen vor finanziellen Verlusten, sondern sich selbst vor der Realität, von seinen Beratern nicht geschätzt, sondern ausgenutzt zu werden. Anstatt seine Berater infrage zu stellen, lehnt er die weitere Zusammenarbeit mit seiner Tochter ab und nimmt ihr damit die Chance, ein finanziell gesundes Unternehmen fortzuführen. Sie beschreibt die Situation folgendermaßen:

„…das ist so, denk' ich mal, sein Lebensding so, dass er einfach nur sozusagen geliebt werden möchte, er möchte sich nicht, weder bei mir noch bei meiner Mutter, noch bei den Beratern irgendwie unbeliebt machen. […] der Betriebsberater hat halt falsche Rechnungen gestellt, das war offensichtlich, weil ich hatte das schwarz auf weiß, er hat also Tage berechnet, wo er gar nicht bei uns war, und der hat nun auch nicht wenig Geld bekommen und das hat mein Vater ja auch bestätigt, aber als es dann drauf ankam, hat er irgendwo versucht, es jedem recht zu machen. Und ich hab' ganz klar ihm gesagt, also so geht das nicht, so kann man nicht zusammenarbeiten. Und insofern blieb ihm natürlich nichts anderes übrig in der Situation, wie sich dann gegen mich zu entscheiden.“[3]

Der Nachfolgerin bleibt letztendlich nur der Rückzug aus dem Unternehmen, dessen Fortbestand aufgrund der mangelnden Grenzziehung des Vaters akut gefährdet ist.

Ein anderer Wunsch der Seniorgeneration, der einen erfolgreichen Generationenwechsel hintertreiben kann, besteht darin, lieber jetzt das pralle Leben mit einer jüngeren Partnerin zu genießen, als die Fortführung des

---

2 Interview 17, Z. 434.
3 Interview 17, Z. 434 ff.

Unternehmens zu unterstützen. Auch hierfür finden sich Beispiele in unserem Interviewmaterial, in denen Töchter berichten, wie die wesentlich jüngeren Lebenspartnerinnen die Väter erfolgreich dazu animieren, *„sämtliche Immobilien zu verkaufen und das Geld auszugeben.“*[4]

Nicht allen Vätern in unserem Forschungsmaterial gelingt es jedoch, Geldausgeben unmittelbar als vitalisierend zu erleben. Insbesondere diejenigen, die im Krieg geboren sind, fühlen sich zu einer sparsamen Lebensweise verpflichtet. Anstatt sich selbst etwas zu gönnen, ermöglichen sie anderen Personen ein Leben in Luxus, wodurch sie das Genießen an sie delegieren. Das mag als Versuch gelten, den empfundenen Verlust der eigenen Kindheit zu kompensieren, wie eine Nachfolgerin berichtet:

„…meine Oma konnte nicht gut mit Geld umgehen und mein Vater konnte von klein auf gut rechnen, hat also Haushaltskasse gemacht, hat keine Kindheit gehabt. Das heißt, er war von vornherein pingelig, das passt dann natürlich auch, die Eigenschaft war gefragt, ja, und die hat sich natürlich so weiterentwickelt. Es ist immer der Kleinkrämer geblieben [...] hat nichts genießen können.“[5]

Um anderen das Genießen zu ermöglichen, entzieht er dem Familienunternehmen Kapital, was letztlich zulasten seiner Tochter geht, die das Unternehmen fortführt. In ihren eigenen Worten: *„Ich kann das natürlich nicht nachvollziehen, in welcher Menge er Gelder verschenkt hat…“* Von diesem Geld profitiert insbesondere seine dritte Ehefrau, der er sogar für die Zeit nach seinem Tod den Zugriff auf das Betriebskapital ermöglicht, das erst im Nacherbe an seine Tochter übergehen wird. Da die dritte Frau des Vaters nur unwesentlich älter als sie selbst ist, fürchtet sie, dass sie das Unternehmen dauerhaft ohne das Vermögen des Vaters führen muss.

Unternehmerfamilien sind folglich nicht per se als generativ zu bezeichnen. Neben der Weitergabe von Genen gilt es, die eigenen Projekte an den Erfordernissen der nächsten Generation auszurichten, um ihr optimale Lebenschancen zu ermöglichen. Das kann auf unterschiedliche Weise geschehen, weshalb Korte (1999) mehrere Formen der Generativität unterscheidet: die biologische, die elterliche, die technische und die kulturelle Generativität. Die ersten beiden Dimensionen beziehen sich auf das übliche Verständnis von Generativität, nämlich auf die Weitergabe von biologischen Merkmalen sowie die damit zusammenhängende Fürsorge, Betreuung und Förderung der Kinder. Unter einer technischen Generativität versteht er die Vermittlung von Praktiken, die im (unternehmerischen) Alltag bedeutsam sind. Mit kulturel-

---

4 Interview 20, Z. 630 f.
5 Interview 21, Z. 270 f.

ler Generativität ist die Weitergabe von kulturellen Bedeutungen, Normen und Vorstellungen gemeint. Die letzten beiden Dimensionen erfordern dabei weitaus weniger persönliche Nähe als die biologische und die elterliche Form der Generativität: „Bei der Weitergabe von Fertigkeiten verringert sich die Berührung beträchtlich und kommt möglicherweise gar nicht mehr vor. Der Lehrende ist dem Lernenden durch ein Medium präsent – durch das Material, das von beiden berührt wird. Bei der Vermittlung von Kultur schließlich ist die gemeinsame Anwesenheit von Geber und Empfänger nicht mehr wesentlich. Vorläufer können über Ozeane und Jahrhunderte hinweg zu Nachfolgern sprechen. Samen, der einst physisch war, ist nun symbolisch." (Korte 1999, S. 28).

Generativität als Erfolgsfaktor im Generationenwechsel

Wie diese unterschiedlichen Formen von Generativität miteinander in Einklang gebracht werden können, schildert eine Nachfolgerin, die nach dem frühen Unfalltod des Vaters gemeinsam mit ihrem Bruder bei der Mutter aufgewachsen ist. Auf ihre Mutter angesprochen, beschreibt sie sie spontan als eine Person, die Generativität in all den beschriebenen Dimensionen lebt. Sie sorgt für ihre Kinder und unterstützt sie sowohl persönlich als auch in ihrer beruflichen Entwicklung. Zudem ist sie eine erfolgreiche Geschäftsfrau, die ihrer Tochter als Vorbild dient und ihr hilft, sich im Familienunternehmen selbst sowie in dem Marktsegment, in dem es positioniert ist, zurechtzufinden:

„War immer für uns da, ist 'ne fabelhafte Mutter, also wirklich traumhaft (lacht). Und hat dann, wo wir so einigermaßen selbständig waren, ist sie dann ins Unternehmen immer mehr rein [...] und ich glaube, seit 10 Jahren leitet sie das Unternehmen jetzt zusammen mit einem Fremdgeschäftsführer noch, aber meine Mutter ist absolut die Person, die das Unternehmen voranbringt, das ist unwahrscheinlich, sie hat ein unglaublich gutes Gespür für den Markt."[6]

Diese Nachfolgerin hebt hervor, immer die freie Wahl dahingehend gehabt zu haben, ob sie sich im Unternehmen der Familie einbringen will oder nicht. Das beschreibt sie als ein Vermächtnis ihres Vaters, der seiner Frau gegenüber noch kurz vor seinem Tod betont hat, wie wichtig es ihm ist, dass sich seine Kinder nur auf freiwilliger Basis im Unternehmen engagieren:

„...wir dürfen unsere Kinder nicht in das Unternehmen reinzwingen, das war mein Leben und meine Freude, und wenn die Kinder das nicht möchten, dann sollen sie was anderes machen. Und so hat meine Mutter uns dann auch

---

6   Interview 50, Z. 90 ff.

großgezogen in dem Wissen, die Kinder müssen das nicht machen, das war nicht der Wille meines Mannes. Und so hat sie uns großgezogen und hat uns auch freien Willen gelassen, dass wir entscheiden konnten, was wir machen möchten."[7]

Zudem hat sie sich und ihren Bruder immer als gleichberechtigt erlebt und ist mit ihm in einer harmonischen, naturverbundenen und von christlichem Glauben geprägten Atmosphäre aufgewachsen. Materiell hat es ihnen an nichts gefehlt, wenngleich es für ihre Mutter von großer Bedeutung war, ihnen eine von Demut geprägte Haltung zu vermitteln. Wie gut ihr das gelungen ist, wird daran deutlich, dass sowohl die Nachfolgerin als auch ihr Bruder mit einer prozentualen Aufteilung der Unternehmensanteile von jeweils 50 Prozent zufrieden ist, keiner der beiden würde gerne die Mehrheit der Anteile für sich in Anspruch nehmen:

„Ich mein', ich könnte auch locker sagen, das soll mein Bruder machen, das will er aber nicht, und er hat zu mir gesagt, dann mach' halt du die Mehrheit, da hab' ich gesagt, nee, das will ich aber nicht (beide lachen), weil irgendwie da kommt man sich dann auch komisch vor. Und ich denke, warum sollst du es eigentlich nicht zusammen hinkriegen, das gibt's doch eigentlich gar nicht."[8]

Offenbar ist es der Mutter gelungen, ihren Sohn und ihre Tochter auf besonders wertschätzende Weise in ihrer Entwicklung zu fördern, sodass sie sich beide von ihr anerkannt fühlen und ihnen geschwisterlicher Neid oder Missgunst fremd sind. Auch der Rückzug aus dem Unternehmen ist von der Mutter bereits angedacht. Sie möchte sich künftig verstärkt um ihren Enkel, den Sohn der Nachfolgerin, kümmern, nicht zuletzt, um sie dadurch zu ermutigen, sich trotz Mutterschaft im Familienunternehmen zu engagieren.

Zusammenfassend lässt sich festhalten, dass Unternehmerinnen und Unternehmer bestenfalls ihren Kindern einen Rahmen bieten, in dem sie sich sowohl persönlich als auch beruflich frei entfalten können. Sie geben ihnen das Gefühl, ihre Eigenschaften und Fähigkeiten zunächst unabhängig von den Erfordernissen des Familienunternehmens oder ihres Geschlechts zu schätzen, ohne ihnen jedoch den Zugang zum Unternehmen zu verwehren. Wertschätzende Eltern, die ihre Kinder ermutigen, sich (bewältigbaren) Bewährungsproben zu stellen, helfen ihnen ein stabiles Selbstbewusstsein zu entwickeln, auf dessen Basis sie sich später im Familienunternehmen profilieren können. Interessieren sich ihre Kinder für das Unternehmen, so unterstützen sie das, indem sie ihnen Einblick und Orientierung im Unternehmen

---

7 Interview 50, Z. 127 ff.
8 Interview 50, Z. 483 ff.

bieten, ohne sie dabei zu sehr unter den Druck zu setzen, sie mögen sich auf die Nachfolge verpflichten. Gelingt es den Eltern zudem, geschwisterliche Konkurrenz als ehrgeizig-stimulierende Rivalität nutzbar zu machen (Haubl 2001), an der alle Geschwister wachsen können, ohne sich wechselseitig Fortschritte zu neiden, so schaffen sie gute Voraussetzungen für die Fortführung des Unternehmens.

Generativität wird allerdings zu einer noch größeren Herausforderung für Unternehmerinnen und Unternehmer, wenn es darum geht, sich vom Unternehmen zu lösen und es in die Verantwortung der nachfolgenden Generation zu übergeben. In diesem Prozess ist es hilfreich, wenn Eltern ihren Nachfolgern ausreichend Spielraum geben, um ihren eigenen Führungsstil zu finden. Je mehr Wertschätzung und Zutrauen Eltern ihren Kindern vermitteln können, umso eher gelingt es Kindern, sich nicht über Gebühr vom bisherigen Leitungsstil abgrenzen zu müssen, sondern das Unternehmen im Sinne der Eltern weiterzuführen und dennoch notwendige Innovationen umzusetzen. Loszulassen gelingt Unternehmerinnen und Unternehmern in den Fällen besonders gut, in denen bereits die Enkelgeneration heranwächst. Wie im oben geschilderten Beispiel kann die Sorge für die Enkel den Verlust an Einfluss im Familienunternehmen zumindest teilweise kompensieren. Zudem erleichtern Eltern, die ihre (neue) Rolle als Großeltern als Bereicherung erleben, ihren Kindern das Engagement im Familienunternehmen. Im Unterschied zu diesem skizzierten positiven Szenario erleben viele Unternehmerinnen und Unternehmer eine starke Ambivalenz: Sie hoffen, ihre Kinder mögen sich als Nachfolger eignen und fürchten zugleich, dass sie es nicht tun. Das führt in vielen Fällen dazu, dass die übergebende Generation den Nachfolgeprozess nur halbherzig betreibt und Schritte meidet, die einen Generationenwechsel besiegeln könnten (Daser und Haubl 2008).

Generativität in der nachfolgenden Generation

Generativität ist jedoch nicht nur ein Merkmal der Elterngeneration, auch die nachfolgende Generation muss zu einem bestimmten Maß generativ sein, damit ein Generationenwechsel gelingen kann. Eine zentrale Voraussetzung für Generativität ist das Vertrauen in die eigene Wirksamkeit und Produktivität. Dieses Vertrauen in die eigene Handlungsfähigkeit basiert wiederum auf bestätigenden Erfahrungen, insbesondere in intergenerationellen Beziehungen. Schließlich ist Generativität keine einseitige Angelegenheit, sondern eine Beziehungsform zwischen Alt und Jung, in der sich die Generationen im Idealfall gegenseitig das Gefühl vermitteln, „gebraucht" zu werden. Diese Form der Wertschätzung geht weit über eine materielle Unterstützung hinaus. So zeigt sich für Unternehmerfamilien, in denen Kinder zwar verwöhnt, aber in ihrer persönlichen und beruflichen Entwicklung nur wenig bestätigt werden, dass diese dazu neigen, ihre Eltern zu entwerten. Vielleicht deshalb, weil sie ihrerseits die materielle Versorgung ohne die gewünschte emotionale Zuwendung als Entwertung erleben. So können intergenerationale Beziehungen der Stärkung der jeweiligen Generation dienen, jedoch auch eine Schwächung bewirken, sofern die notwendige Wertschätzung ausbleibt. Gelingt Generativität, dann anerkennt die Kindergeneration (dankbar), dass sie ohne die Vorleistungen der Elterngeneration nicht(s) wäre, sowie die Elterngeneration (dankbar) anerkennt, dass von ihnen nur dann etwas bleibt, wenn die Kindergeneration ihre Projekte fortführt (Haubl und Daser 2006).

Die Fortführung des Unternehmens impliziert jedoch nicht nur Anerkennung für die nachfolgende Generation, sondern auch eine große Verantwortung, die als Bürde empfunden werden kann. Eine Nachfolgerin beschreibt ihr Verhältnis zum übernommenen Unternehmen folgendermaßen:

„…es ist nicht nur 'ne Arbeitsstelle, sondern es ist wirklich 'ne Lebensaufgabe. Und ich glaub', wenn man so ein Unternehmen übernimmt, also nicht selber aufbaut […], dann ist es sogar noch ,ne größere Belastung […]. Also ich empfinde es für mich so, ich denke immer, was ich selber aufbau', kann ich auch selber wieder reduzieren oder kaputtmachen, oder wenn was passiert, dann hab' ich das auf dem Gewissen, was ich selber geschaffen habe. Und damit kann ich leichter umgehen, als wenn ich das auf dem Gewissen hab', was andere geschaffen haben.“[9]

Das Zitat verweist darauf, dass die Haltung der Nachfolgerin von einem dynastischen Denken geprägt ist. Historisch neu ist, dass sich hier eine Verschiebung von den Söhnen auf ihre Schwestern abzeichnet. Während Söhne nun die Nachfolge im Familienunternehmen als eine von vielen beruflichen Optionen werten dürfen und eine „männliche Nachfolge" an Selbstverständlichkeit verliert, erhalten ihre Schwestern, ebenfalls historisch neu, vermehrt die Chance, ihr Lebensglück in der Fortführung des elterlichen Unternehmens zu suchen. Dabei ist die Fortführung der von geliebten Menschen etablierten Tradition von zentraler Bedeutung:

„Also ich glaub', ich hab' mir mehr Gedanken darüber gemacht, was wäre, wenn ich's nicht mache. Also die Schlussfolgerung wäre ja, dass wir das Unternehmen verkaufen und die Familientradition dann nicht weitergeführt wird. Und das konnte ich mir überhaupt nicht vorstellen, also zum einen für meinen Opa nicht, der zwar nicht mehr gelebt hat, aber trotzdem, das war immer so

---

9   Interview 53, Z. 242 ff.

*mein großes Vorbild, und für meinen Vater auch nicht, weil die ganze Familie
hat immer darunter gelitten oder mit ihren Beitrag gebracht, indem sie auf den
Papa verzichtet hat, auf den Ehemann verzichtet hat, und ich konnte mir nicht
vorstellen, dass man jetzt einfach sagt, na ja, gut, jetzt verkaufen wir das Ding,
dann haben wir viel Geld und das ist ja auch toll, das wollte ich nicht.*"[10]

Ein weiterer Unterschied zwischen Söhnen und Töchtern besteht darin,
dass sie nicht nach der Maxime „er oder ich" handeln, sondern einen flie-
ßenden Generationenwechsel nutzen können, um vom Erfahrungswissen der
übergebenden Generation zu profitieren. Im folgenden Zitat wird deutlich,
wie sehr die Nachfolgerin das sukzessive Hineinwachsen in die Verantwortung der Unternehmensleitung schätzt:

*„…wenn wir zu Kunden gehen oder irgendwelche kniffligen Sachen haben,
dann bin ich echt froh, dass [mein Vater] da ist[…]. Wir sind kein kleines Unternehmen mehr und kein großes, wir haben kein mittleres Management, das wirklich Verantwortung trägt, also das heißt, die gesamte Verantwortung ist bisher
auf meinem Vater gelegen. Und das ist schon´ne Aufgabe, in die man nicht so
geschwind reinwachsen kann, ich will´s auch gar nicht.*"[11]

Eine andere Nachfolgerin bestätigt diese Haltung und berichtet, dass sie
zunächst die „Assistentin" der Mutter war, um von ihr zu lernen:

*„Ich war zuerst ihre Assistentin, es war auch ganz schön, weil ich mir da al-
les angucken konnte, ohne Entscheidungen treffen zu müssen, das war wirklich
schön.*"[12]

Auch der nachfolgenden Generation darf es demnach nicht an Generativität mangeln, soll der Generationenwechsel gelingen. Für Töchter bedeutet
das, die eigene berufliche Entwicklung in einen größeren dynastischen Zusammenhang eingebettet zu erleben, sich die Erfolgsgeschichte des Familienunternehmens anzueignen und die eigene berufliche Erfolgsgeschichte daran
anzuknüpfen. Sie tun gut daran, ihren Eltern Wertschätzung für ihr Lebens-
werk entgegenzubringen und ihnen das Gefühl zu vermitteln, deren Wert-
haltung auch weiterhin als Orientierungshilfe zu nutzen. Im Unterschied zu
Söhnen müssen sie verstärkt darauf achten, den Wunsch nach einer harmonischen Beziehung zu den Eltern nicht so hoch zu werten, dass sie zu spät mit
einer eigenen Profilbildung beginnen, die ohne eine für Eltern, Mitarbeiter
sowie Geschäftspartner wahrnehmbare Abgrenzung vom Führungsstil der
übergebenden Generation nicht gelingen kann. Sie dürfen die Aggression

---

10 Interview 53, Z. 524 ff.
11 Interview 53, Z. 1144 ff.
12 Interview 50, Z. 497 ff.

der Eltern, die im Prozess des Loslassens entstehen kann, nicht persönlich nehmen, sondern müssen versuchen, emotionale Distanz zu ihnen zu entwickeln, um der Tochterrolle gegenüber der Rolle als Nachfolgerin nicht zu viel Raum zu geben. Generativität bedeutet nämlich nicht nur, Wertschätzung gegenüber der Seniorgeneration zu zeigen, sondern auch, das Familienunternehmen zum richtigen Zeitpunkt und unter solchen Bedingungen zu übernehmen, die seinen Fortbestand sichern helfen. Das kann nur gelingen, wenn Töchter notwendige Auseinandersetzungen mit ihren Eltern nicht scheuen.

Rollenklärung: Tochter oder künftige Geschäftsführerin

Unternehmerfamilien neigen dazu, ihre Rollen im Unternehmen nicht klar von den privaten Rollen abzugrenzen. So entstehen Situationen, in denen beispielsweise der Vater als Geschäftsführer die Tochter nicht als Geschäftspartnerin behandelt, sondern trotz ihrer Funktion im Unternehmen lieber sein „kleines Mädchen" in ihr sehen möchte, das bewundernd zu ihm aufschaut. Mehr oder minder bewusst fürchtet er die emotionale Distanz zur Tochter als Bedrohung ihrer Vater-Tochter-Beziehung (Dumas 1989, 1990). Das hat aus der Perspektive der Tochter Vor- und Nachteile. Einerseits hilft ihr die Mädchenrolle, um auf ihren Vater wenig bedrohlich zu wirken, was ihr einen großen Handlungsspielraum dahingehend ermöglicht, dass sie nicht jede ihrer Entscheidungen mit ihm im Detail abstimmen muss (Daser 2008). Andererseits wird sie möglicherweise nicht nur von ihm, sondern auch von Mitarbeitern und Geschäftspartnern nicht als eigenständige Leitungskraft wahrgenommen und entwickelt als Nachfolgerin ein fragiles Selbstbewusstsein. Sobald sie versucht, aus dem Schatten des Vaters zu treten oder er sich aus dem Unternehmen zurück zieht, muss sich zeigen, ob sie fähig ist, sich die innerbetriebliche Anerkennung auch ohne Unterstützung des Vaters zu erhalten (Haubl und Daser 2006).

Zudem können unklare Rollenverhältnisse familiäre Beziehungen belasten und zu einer Entgrenzung der Arbeits- und Lebensbereiche zulasten des Privatlebens führen. Daher betont eine Nachfolgerin, wie wichtig es ist, sich als Unternehmerfamilie die Bedeutung von wechselseitigem beruflichem Respekt und angemessener emotionaler Distanz vor Augen zu halten:

„Da muss man natürlich auch aufpassen, da haben wir uns auch sehr dahin erzogen, dass wir gesagt haben, man tendiert dazu, dass man eine Familie ist, ach, das können wir heute Abend noch zu Hause besprechen und das darf man eben nicht machen, man muss sich respektlich behandeln wie einen Kollegen. [...] die Termine ausmachen über die Sekretärin, ich möchte mit meiner Mutter da und da einen Termin haben, und da trifft man sich und bespricht. Und man

kann natürlich abends mal was besprechen, aber das sollte man sich nicht an-
gewöhnen und auch nicht denken, ja, das ist meine Schwester, sondern ich bin
sein Kollege und so muss [mein Bruder] mich auch behandeln. Ich bin auch
meiner Mutter gegenüber sehr respektvoll, weil meine Mutter mein Chef ist, und
ich würde mir nie erlauben, meine Mutter zum Beispiel anzuschreien.“[13]

An dem Zitat wird deutlich, dass Rollenklärung im professionellen Umgang mit Familienmitgliedern hilft, weil man sein Gegenüber als das behandeln kann, was es im Unternehmen ist, nämlich nicht der Bruder, sondern
ein Kollege. Sich dessen bewusst zu werden hilft dabei, sich gegenseitig respektvoll zu begegnen und familiäre Beziehungen nicht durch geschäftliche
Differenzen zu belasten. Voraussetzung hierfür ist, dass alle Familienmitglieder akzeptieren, dass ein harmonischer, stillschweigender Interessenausgleich
ein schönes Wunschbild darstellt, ein offener und konstruktiver Umgang mit
Konflikten den Familienfrieden jedoch nachhaltiger sichert.

Harmonie versus Konfliktfähigkeit

Der konstruktive Umgang mit Konflikten ist insbesondere in Unternehmerfamilien eine Voraussetzung, da stets die Sorge besteht, den Zusammenhalt, der
sowohl für die Familie als auch das Unternehmen von zentraler Bedeutung
ist, zu gefährden. Oftmals ist bereits die Existenz von Konflikten tabuisiert,
was dazu führt, dass beispielsweise rivalisierende Geschwister ihre Differenzen nicht ungestraft gegenüber ihren Eltern thematisieren dürfen. Dennoch
vermeiden erfolgreiche Nachfolgerinnen Konflikte nicht, sondern regulieren
sie, wobei sie sowohl auf die eigene Bewältigungskapazität achten, als auch
die Belastbarkeit ihrer Angehörigen im Blick behalten. Sie sind konfliktbereit,
weil sie Konflikte als Chance begreifen, notwendige Klärungen herbeizuführen. Im Idealfall erleben sie jene Konflikte, die sie erfolgreich durchgestanden
haben, als Stärkung der eigenen Person. Dabei muss es ihnen gelingen, mit
ihren Familienangehörigen in Beziehung zu bleiben, anstatt zwischen Kampf
und Flucht zu oszillieren (Haubl und Daser 2006). Das fällt ihnen umso leichter, je eher es die Familie zulässt, Schwächen und Stärken der einzelnen Familienmitglieder anzuerkennen, zu thematisieren und gegebenenfalls auszugleichen.

Konfliktbereitschaft wirkt konstruktiv, sofern sie auf „gekonnter Aggression“ (Haubl und Daser 2006) basiert. Gemeint ist damit, die eigenen Interessen auch gegen Widerstand durchzusetzen, ohne seine Angehörigen zu überfordern. Das gelingt allerdings nur jenen Nachfolgerinnen, die ihre eigenen

---

13   Interview 50, Z. 583 ff.

Emotionen sowie die ihres Gegenübers nicht nur aushalten, sondern positiv beeinflussen können. Sie ertragen es, sich unbeliebt zu machen und eine gewisse Zeit lang mit ihrer Familie uneins zu sein. Voraussetzung hierfür ist, Aggressionen nicht per se als destruktiv abzulehnen, sie vor allem nicht gegen sich selbst zu richten, sondern die empfundene Empörung und Wut nutzbar zu machen, um die Beziehungen zu den anderen Familienmitgliedern konstruktiv zu gestalten (Haubl 2007b).

Dass ein konstruktiver Umgang mit Konflikten in Unternehmerfamilien gelingen kann, soll folgendes Zitat verdeutlichen:

„Mein Bruder geht auch anders an Sachen ran wie ich. Und da das uns aber bewusst ist, haben wir gesagt, dann machen wir lieber eine Präventivmaßnahme (lacht), und haben vor einem Jahr schon angefangen, uns mit dem [Berater X] zusammenzusetzen und praktisch vor ihm uns dann auszusprechen, uns zu sagen, ja, ich versteh' das an dir nicht oder ich mag das auch an dir nicht, wie du das machst, und warum machst du das. Das war unheimlich anstrengend, wir waren alle fix und fertig, aber erleichtert, und ich glaub', so muss man miteinander umgehen. Wenn man so nicht miteinander umgeht und Konflikte unterdrückt oder gar nicht ausspricht, dann kommt irgendwann die große Bombe zum Platzen. Und man kann auch nicht meinen, es geht alles gut, das find' ich blauäugig."[14]

Nicht nur in der Familie dieser Nachfolgerin, sondern in einer zunehmenden Zahl von Unternehmerfamilien setzt sich der Gedanke durch, dass ein konstruktiver Umgang der Familienmitglieder miteinander zum Schutz des Familienunternehmens gestaltet werden muss. Als ein Mittel der Gestaltung bietet sich eine Familienverfassung oder eine Familienstrategie an (vgl. Baus 2007).

Familienverfassung als Sicherung des konstruktiven Umgangs in Unternehmerfamilien

Neben dem Mythos einer harmonischen Familie existiert ein weiterer Mythos, nämlich jener, als Eltern im Umgang mit den Kindern gerecht zu agieren. Dabei vermischen sich gedanklich mehrere Formen der Gerechtigkeit: jedes Kind nach seinen Bedürfnissen, alle Kinder gleich oder jedes Kind nach seinen Leistungen zu behandeln. Diese verschiedenen Formen der Gerechtigkeit miteinander in Einklang zu bringen ist nicht möglich, was viele Eltern als Versagen erleben. Anstatt sich jedoch von einem derart hohen Anspruch verunsichern zu lassen, gilt es insbesondere im Nachfolgeprozess, einer ande-

---

14 Interview 50, Z. 192 f.

ren Form der Gerechtigkeit zu genügen, nämlich der Verfahrensgerechtigkeit. Empirisch zeigt sich, dass das Verfahren – wie wird der Nachfolger gefunden? – oft wichtiger ist als dessen Ergebnis – wer ist Nachfolger geworden? In Verfahren, die als fair erlebt werden, stimmen nicht nur diejenigen dem Ergebnis zu, die bekommen haben, was sie eingangs wollten, sondern auch diejenigen, die eingangs etwas wollten, das sie dann nicht bekommen haben (Lind und Tyler 1988). Zudem senkt Fairness die Wahrscheinlichkeit für nachträgliche Racheakte (van der Heyden u. a. 2005).

Oftmals basiert die Einsicht, dass eine gemeinsame Konfliktregulierung notwendig ist, auf der schmerzhaften Erfahrung eines Nachfolgeprozesses, der nicht als gerecht erlebt wurde. So berichtet eine Tochter, dass sie die Vorgehensweise des Vaters, einen Nachfolger zu bestimmen, als stark entwertend empfunden hat. Anstatt klare Kriterien festzulegen, an denen sich potenzielle Nachfolger messen konnten, hat er immer wieder einen seiner Söhne als Nachfolger bestimmt, um ihm kurz darauf das Vertrauen wieder zu entziehen und einem anderen Sohn die Nachfolge zuzusagen:

„Und, ähm, dann war es immer darum, wen setzt er ein als Holding-Geschäftsführer, wenn er stirbt. Da hat er sich viele Gedanken drum gemacht und das ist eben gewechselt. Und da war zuerst der eine Bruder, dann der andere Bruder und dann der dritte Bruder. Und jeder Wechsel war mit einer enormen Abwertung der jeweiligen Personen verbunden. Er war dann auch enttäuscht, das ist ja auch so, keine Frage, also ich will jetzt auch nicht sagen, dass der eine schlimmer als der andere war, aber dieser Aspekt, dass Kinder nicht unbedingt die optimalen Geschäftsführer sind, ist Norm-, also das kann halt nun mal passieren, und das ist passiert.“[15]

Dieses Procedere brachte die Geschwister zunächst gegeneinander auf. Später haben sie sich gemeinsam der Entwertung durch den Vater entzogen und sich ihm gegenüber gemeinsam positioniert. Auf dieser Basis konnte eine Führungsstruktur entwickelt werden, die für alle Beteiligten tragbar war. Aus dieser Erfahrung heraus haben die Geschwister für die folgende Generation ein Verfahren festgelegt, das verlässlich und transparent ist, um den eigenen Kindern entwertende Erfahrungen zu ersparen:

„Ja, also wir haben jetzt grade eine Rechtsberatung gehabt für den gesamten Betrieb, und haben 'ne Familienverfassung gemacht. Die Geschwister haben jeweils, wenn sie Kinder hatten, Familien-GmbHs gegründet, die jetzt in der Holding drin sind, sodass auch da wieder so 'ne Konstellation mit den Kindern ist. Und wir haben jetzt 'ne Schenkung an die Kinder gemacht über den steuerfreien

---

15 Interview 3, Z. 337 ff.

Betrag, um in dem Sinne da auch 'ne Anleitung zu machen. Und wir werden ein-
mal im Jahr für diese nachfolgende Generation ein Treffen im Betrieb machen,
da kriegen die paar Zahlen gezeigt, bekommen 'ne Führung durch den Betrieb,
bekommen auch also so Aspekte. Wobei es bewusst ist, dass die sich im Betrieb
treffen, damit der Betrieb auch sieht, dass sie – also dass man da bewusst mit
umgeht."[16]

Zudem muss sich die nächste Generation zunächst in fremden Unternehmen beweisen, ohne jedoch vorab einen Anspruch auf eine bestimmte Position im Familienunternehmen zu haben:

„… also jetzt bei den Kindern ist es so, dass wir bewusst sagen, es ist nicht
so, dass die nicht in den Betrieb dürfen, aber sie müssen mindestens sieben Jahre
draußen gearbeitet haben und es gibt keine Festlegung da drauf mehr."

Weil sich die Geschwister darin einig sind, dass ein transparentes Verfahren dem Familienfrieden zuträglich ist, wurden gemeinsam für die nächste Generation Bewährungsproben und Leistungskriterien festgelegt, denen
potenzielle Nachfolgerinnen und Nachfolger genügen müssen.

Fazit

Für eine erfolgreiche Nachfolge durch Frauen ist nicht nur ihr unternehmerisches Fähigkeitsprofil von Bedeutung, sondern auch die Familiendynamik in
ihrer Herkunftsfamilie. Töchter haben dann gute Chancen, die Nachfolge im
familieneigenen Unternehmen anzutreten, wenn sie wie ihre Brüder beruflich gefördert werden, die Auswahlkriterien für die Nachfolge im Familienunternehmen nachvollziehbar und allen Kindern transparent sind, sie sich
Bewährungsproben auf gleiche Weise stellen dürfen wie ihre Brüder, das Ergebnis dieser Bewährungsproben leistungsgerecht beurteilt wird und wenn
Eltern ihre Kinder darin unterstützen, eine Geschlechtsrollenidentität zu entwickeln, die Raum sowohl für weiblich als auch für männlich konnotierte
Eigenschaften lässt, mithin gelassen mit der Geschlechterfrage umzugehen.
Mangelt es zudem weder der übergebenden noch der übernehmenden Generation an Generativität und sind alle Familienmitglieder bereit, Konflikte als
selbstverständlichen Bestandteil eines Generationenwechsels zu akzeptieren,
mit denen es konstruktiv umzugehen gilt, bestehen gute Chancen, dass das
Potenzial der Töchter nicht verschwendet, sondern zum Wohl des Unternehmens genutzt wird.

---

16 Interview 3, Z. 634 ff.

Literaturverzeichnis:

Baus, K. (2007): Die Familienstrategie. Wie Familien ihr Unternehmen über Generationen sichern. Wiesbaden: Gabler.

Daser, B. (2008): Generationenwechsel in Familienunternehmen. Sind Töchter nur als Vatertöchter erste Wahl? 121–143. In: Metzger, H.-G. (Hg.): Psychoanalyse des Vaters. Klinische Erfahrungen mit realen, symbolischen und phantasierten Vätern. Frankfurt a. M.: Brandes & Apsel.

Daser, B., Haubl, R. (2008): Supervision für Steuerberater – Ein geeignetes Instrument um Erfahrungswissen über Familiendynamik in Familienunternehmen zu vermitteln? 35-40. Supervision, Heft 3.

Dumas, C. (1989): Understanding of father-daughter and father-son-dyads in family-owned-businesses. 31-46. Family Business Review 2 (1).

Dumas, C. (1990): Managing the father-daughter succession process. 169-181. In: Family Business Review 3 (2).

Erikson, E. H. (1973): Identität und Lebenszyklus. Frankfurt a.M.: Suhrkamp.

Haubl, R. (2001): Neidisch sind immer nur die anderen. Über die Unfähigkeit, zufrieden zu sein. München: Beck.

Haubl, R., Daser, B. (2006): Familiendynamik in Familienunternehmen: Warum sollten Töchter nicht erste Wahl sein? Forschungsbericht im Auftrag des Bundesministeriums für Familie, Senioren, Frauen und Jugend.

Haubl, R. (2007a): „Diese Firma, dafür ist auch ein Stück Leben eingesetzt worden". Nachfolge als kritisches Lebensereignis. 107-117. In: Ahlers, Niemann, A.; Beumer, U.; Redding Mersky, R.; Sievers, B. (Hg.): Organisationslandschaften – Sozioanalyische Gedanken und Interventionen zur normalen Verrücktheit in Organisationen. Bergisch Gladbach: EHP Verlag.

Haubl, R. (2007b): Bescheidenheit ist keine Zier. Enttabuisierung weiblicher Aggression in Organisationen. 100–121. In: Haubl, R., Daser, B. (Hg.): Macht und Psyche in Organisationen. Göttingen: Vandenhoeck & Ruprecht.

Korte, J. (2001): Lebenslauf und Lebenskunst. Darmstadt: Dt. Taschenbuch Verlag.

Lind, E. A., Tyler, T. R. (1988): The Social Psychology of Procedural Justice. New York, London: Plenum Press.

Sies, C. (2003): Im Fokus psychodynamisch-systemischer Beratung: Harmonisierendes Betriebsklima, Konkurrenz bei Führungskräften, Nachfolge im Familienbetrieb. 44–60. In: West-Leuer/B./Sies, C. (Hg.): Coaching – Ein Kursbuch für die Psychodynamische Beratung. Stuttgart: Pfeiffer bei Klett-Cotta.

van der Heyden, L., Blondel, Ch., Carlock, R. S. (2005): Fair process: Striving for justice in family business. 1-21. Family Business Review 18 (1).

Vera, C. F., Dean, M. A. (2005): An Examination of the Challenges Daughters Face in Family Business Succession. 321-345. Family Business Review 18 (4).

Wallau, F. (2007): Struktur der Unternehmensnachfolgen in Deutschland. Vortrag anlässlich des KfW-Forums Unternehmensnachfolge am 26. April 2007 in Berlin.

Christiane Jüngling und Daniela Rastetter

Machtpolitik oder Männerbund? Widerstände in Organisationen gegenüber Frauen in Führungspositionen

1 Was motiviert Unternehmen zur Förderung von Frauen in Führungspositionen?

Die aktuelle Entwicklung des Anteils von Frauen in Führungspositionen belegt zum wiederholten Male, dass gute oder sogar bessere Qualifikationsvoraussetzungen von Frauen eine notwendige, aber keine hinreichende Bedingung für ihren Aufstieg ins Management sind. Es gibt keinen Automatismus, der dafür sorgt, dass sich der höhere Anteil gut qualifizierter Hochschulabsolventinnen in den entsprechenden Hierarchieebenen von Unternehmen, Universitäten oder Verwaltungen wieder findet. Notwendig ist eine aktive und nachhaltige Bereitschaft der verschiedenen Organisationen, Frauen gleichermaßen wie Männer in ihrer beruflichen Entwicklung zu unterstützen und in Führungspositionen zu akzeptieren. Es gibt vielfältige Faktoren, die sich auf diese Bereitschaft auswirken und Unternehmen dazu veranlassen können, Frauen in Führungspositionen zu fördern:

1) Gesetzliche Vorgaben und politische Impulse: Von gesetzlicher Seite ist die Einführung des „Allgemeinen Gleichbehandlungsgesetzes" (AGG) am 18.8.2006 sicherlich die interessanteste Neuerung bezüglich der Gleichstellung der Geschlechter, wenn auch „Geschlecht" nur eine unter mehreren zu berücksichtigenden Dimensionen ist. Neue Untersuchungen ergeben, dass Unternehmen auf das AGG größtenteils defensiv reagieren. Ziel ist es, sich vor Klagen zu schützen. Die Betriebe haben aufgrund des AGG vor allem ihre Rekrutierungsverfahren angepasst, in erster Linie Ausschreibungstexte und Bewerbungsformulare. Wenig verändert wurden die internen, schwer zu überprüfenden Einstellungskriterien, noch weniger verändert wurden Beförderungs- und Aufstiegsprinzipien (Rastetter 2009). So kann möglicherweise Diskriminierung bei Einstellungen etwas verringert werden. Es ist jedoch nicht zu pessimistisch zu behaupten, dass das AGG insgesamt weniger Wirkung hatte als erhofft und dass es für Aufstieg und Managementpositionen praktisch keine Relevanz hat.

Ebenso wenig Wirkung zeigte allerdings die mit der privaten Wirtschaft 2001 vereinbarte Selbstverpflichtung zur Förderung von Frauen in Unternehmen (Holst 2009). Eine weitere rechtliche Regelung liegt zum „Gender Mainstreaming" vor. Die europäischen Richtlinien zum „Gender Mainstreaming" (Krell/Mückenberger/Tondorf 2008), auf die sich mit dem Amsterdamer Vertrag von 1999 alle Mitgliedstaaten der EU verpflichtet haben, betreffen in erster Linie öffentliche Organisationen. In der Privatwirtschaft ist das Konzept „Gender Mainstreaming" bisher wenig verbreitet (Heister 2007). Im gesellschaftlichen Umfeld von Unternehmen versuchen verschiedene Organisationen, Unternehmen zu Gleichstellungsmaßnahmen zu motivieren, allen voran die Gewerkschaften, z.B. ver.di mit dem Gender Mainstreaming-Prinzip in der Tarifarbeit (Skrabs 2002). Davon sind jedoch außertarifliche Managementebenen kaum betroffen.

Seit dem Regierungswechsel 2005 wird von politischer Seite verstärkt für eine familienfreundliche Personalpolitik geworben, die sich im Programm „Allianz für Familie" niederschlägt und die auch staatlich gefördert wird (z.B. durch die finanzielle Förderung des Arbeitsministeriums in Brandenburg für kleine und mittlere Unternehmen, die sich dem Audit Beruf und Familie unterziehen, vgl. Wollert 2008). Möglicherweise wird die Nachfrage nach mehr Arbeitszeitflexibilität für Väter durch das neue Elterngeldgesetz positiv beeinflusst. Vor dem Hintergrund der demografischen Entwicklung erscheint der Fokus auf die Familie nachvollziehbar. Weibliche Führungskräfte oder Führungsnachwuchskräfte profitieren von diesen Regelungen allerdings nicht zwangsläufig. Einerseits kommt familienfreundliche Personalpolitik natürlich auch Frauen mit Leitungsfunktionen zugute, vor allem wenn Maßnahmen auf ihre Bedürfnisse zugeschnitten sind (z.B. Notfallbetreuung für abendliche Termine), andererseits werden viele Maßnahmen nur selten auf Führungsebenen umgesetzt (beispielsweise Teilzeitarbeit oder Home Office). Wesentlich für einen Erfolg ist, dass solche Maßnahmen von Frauen *und* Männern genutzt werden und keine Karrierenachteile nach sich ziehen.

2) Managementstrategien, wirtschaftliche und demografische Entwicklungen: Grundsätzlich ist davon auszugehen, dass Organisationen mit Expansionsstrategie und erhöhtem Arbeitskräftebedarf gegenüber Gleichstellungsmaßnahmen aufgeschlossener sind. Der von Unternehmen beklagte zunehmende Fachkräftemangel könnte sich positiv auf die Förderung qualifizierter Frauen auswirken (DIHK 2005). Zudem erfordern heterogene und individualisierte Arbeits- und Karrieremuster mehr betriebliche Flexibilität und Anpassungsfähigkeit. Andererseits ist die Zahl von Führungspositionen in keinem Unternehmen fixiert. Qualifizierte Arbeitsplätze oder ganze Hierarchieebenen werden im Zuge von Verschlankung abgebaut, Prognosen sind höchst unsicher. So kann Fachkräftemangel auch mit ausländischen Arbeitskräften oder durch eine Ausweitung der Lebensarbeitszeit behoben werden. Zudem herrscht Fachkräftemangel vornehmlich im technischen Bereich, z.B. bei Ingenieuren, unter denen es wenig Frauen gibt. Nichtsdestotrotz ist der Fachkräftebedarf bzw. Führungskräftebedarf ein zentrales und überzeugendes Motiv für Unternehmen, qualifizierte Frauen zu fördern. Die im Zuge von Internationalisierung und einer erhöhten Vielfalt der Belegschaft entstandene Strategie des „Managing Diversity" (Krell 2008, Koall et al. 2007) ist ein weiterer positiver Ansatzpunkt, der ökonomische Ziele verfolgt und damit für Betriebe interessant sein kann. Er mag Betriebe dazu veranlassen, mit dem Ziel größerer Vielfalt Frauen in Männerteams aufzunehmen. Wie beim AGG sind aber neben dem Geschlecht noch weitere Merkmale relevant (z.B. Migration oder Alter), die das Merkmal Geschlecht möglicherweise in den Hintergrund treten lassen.

3) Innerbetriebliche Anstöße: Veränderungsdruck kann auch innerhalb von Unternehmen und Verwaltungen entstehen, wenn die Belegschaft oder engagierte Betriebsrätinnen Klagen und Unzufriedenheiten bezüglich mangelnder Chancengleichheit äußern, wenn eine hohe Fluktuation unter Arbeitnehmerinnen, zu lange Elternzeiten oder die häufige Abwanderung hoch qualifizierter Frauen nach einer Familiengründung zu verzeichnen sind. Unternehmen und andere Organisationen reagieren umso sensibler auf solche Probleme, je stärker diese ihre Ziele gefährden. Besonders die Kündigung gut qualifizierter Frauen in verantwortlichen Positionen ist in der Regel unerwünscht und führt durchaus zu Überlegungen, wie dem begegnet werden kann. Viele Arbeitgeber sind jedoch der Ansicht, diese Fluktuation nicht verhindern zu können.

Hier gilt es, Betrieben mögliche Maßnahmen zu vermitteln, mit denen qualifizierte Frauen gehalten werden können, sog. Personalbindungsstrategien,
denn immer mehr Frauen wollen nicht nur Beruf und Familie vereinbaren
(das ist bereits der Standardwunsch), sondern Familie und Karriere.

Nach den bisherigen Forschungsergebnissen sind konkrete und organi-
sationsspezifische personalwirtschaftliche Gründe ein besserer Anreiz zur
Förderung von Frauen in Führungspositionen als gesetzliche oder politische
Impulse, die jedoch einen wichtigen indirekten Druck ausüben. Je mehr die
geringe Zahl von Frauen in Führungspositionen in der Öffentlichkeit diskutiert und als Skandal gewertet wird, desto mehr steigt der Druck für Arbeitgeber, sich diesem Problem zu stellen und zu seiner Lösung beizutragen. Angesichts der jahrzehntelangen Erfahrungen mit den verschiedenen Ansätzen
zur Verbesserung der Chancengleichheit in Unternehmen ist offensichtlich,
dass guter Wille allein nicht ausreicht, sondern professionell konzipierte Or-
ganisations- und Personalentwicklungsstrategien erforderlich sind, um den
Anteil von weiblichen Führungskräften nachhaltig zu erhöhen. Aber auch
wenn eine Unternehmensleitung sich entschieden hat, für die jeweilige Organisation passende Konzepte zu erarbeiten und umzusetzen, ist noch nicht
gesagt, dass die Implementierung solcher Förderkonzepte erfolgreich verläuft.
Die Gleichstellung von Frauen und Männern in Unternehmen erfordert viel-
schichtige strukturelle, organisationskulturelle, individuelle und emotionale
Lernprozesse bei Mitarbeiterinnen und Mitarbeitern und in besonders hohem Maße bei Führungskräften. Es hat sich gezeigt, dass auf mehreren Ebenen mit Blockaden und Widerständen zu rechnen ist.

2   Rationalitäten des Widerstands

Da es in der Regel keine Veränderung ohne Widerstand gibt, ist es nicht überraschend, dass das Ziel einer gleichberechtigten Integration von Frauen im
Management auch auf Abwehr stößt. Diese Abwehr kann zum Teil unspezi-
fisch sein, wie empirisch auch bei anderen Innovationen zu beobachten ist.
Sie lässt sich dann einerseits als eher diffuse Angst vor Änderungen an sich
charakterisieren, auf der anderen Seite als Sorge um negative Konsequenzen
von Änderungen, z.B. Verschlechterungen bei Einkommen, Prestige, Arbeits-
platzsicherheit oder Zusammenarbeit (Schreyögg 2008). Einzelpersonen reagieren typischerweise mit Fixierungen auf das Gewohnte, fühlen sich in ihrer
Arbeitsleistung entwertet oder befürchten, zu den Verlierern des Wandels

zu gehören. Ähnliche Reaktionsmuster sind auch bei Abteilungen oder der gesamten Organisation zu beobachten: Festhalten an Traditionen und Werten („strukturelle Trägheit") und Ablehnung jeglicher Vorgaben von außen („Nicht-hier-erfunden-Syndrom"), was vor allem die Umsetzung gesetzlicher und politischer Vorgaben erschwert. Das Ignorieren des Widerstands durch das Management führt zu Blockaden des gesamten Entwicklungsprozesses (Doppler, K. 2005). Aus dieser Perspektive erscheint die aktuelle (Nicht-)Entwicklung als Fixierung auf das Gewohnte oder strukturelle Trägheit.

Das Thema Förderung von weiblichen Führungskräften unterscheidet sich jedoch in seiner Werthaltigkeit und emotionalen Brisanz von anderen Innovationsvorhaben. Offener Widerspruch gegen Chancengleichheit gilt in modernen Unternehmen als politisch nicht mehr korrekt, also wehrt man sich verdeckt. Besonders hartnäckige Abwehr findet sich häufig in Männerdomänen wie in gewerblich-technischen Bereichen oder eben in den höheren Führungsebenen, also in Bereichen, in denen der Frauenanteil besonders gering ist. Die Ablehnung weiblicher Führungskräfte kann hier durch Interesse an der Bewahrung traditioneller männlicher Privilegien und Ressourcen und diffuser Unsicherheit im sozialen Umgang mit den neuen Kolleginnen motiviert sein (Rastetter 2005). In jedem Fall ist davon auszugehen, dass Ängste vor Verlusten oder Verschlechterungen aufkommen, und sei es nur der Missmut darüber, sich künftig in der „Herrenrunde" anders benehmen zu müssen, weil zwei neue Kolleginnen aufgenommen werden. Solche internen Prozesse können dazu führen, dass selbst eine von der Unternehmensleitung ernst gemeinte Förderung von weiblichen Führungskräften nicht gelingt, weil sie im Management weder akzeptiert noch umgesetzt wird.

Politische Logik: Durchsetzung von subjektiven Zielen und Interessen

Theoretisch erleichtert ein politisches Organisationsverständnis die Analyse solcher Widerstände bei der Integration von weiblichen Führungskräften. Organisationen werden hier als ein System teils konkurrierender, teils koalierender Einzelpersonen, Interessengruppierungen oder Organisationseinheiten betrachtet (siehe auch Jüngling 1999). Voraussetzungen für und gleichzeitig Bestandteile von Politik sind die vorhandenen Ressourcen, die darauf gerichteten Interessen und die bei der Realisierung dieser Interessen auftretenden Konflikte. Ressourcen können formale Entscheidungskompetenzen und Finanzbudgets, aber auch informelle Kontakte, Expertenwissen und Statusmerkmale sein. Geschlecht wäre in diesem Konzept ein Statusmerkmal. Ressourcenknappheit verstärkt die Politisierung. Entscheidungen lassen sich dann nur aus dem Meinungs- und Interessenpluralismus erklären, der bei einem

136 .... Mixed Leadership: Mit Frauen in die Führung!

bestimmten Vorhaben oder einer Entscheidungsgelegenheit auf den Plan tritt. Auch eine vermeintlich objektive Personalentscheidung über die Besetzung einer Führungsposition wird demnach in Wirklichkeit durch verschiedene subjektive Problemsichten und Interessen, eben eine spezifische Interessen-konstellation, gefiltert. Durch die Analyse der jeweils zugrunde liegenden unterschiedlichen Interessen, Regeln, Logiken und Erwartungen erscheinen betriebliche Entscheidungsprozesse nicht mehr vorrangig ökonomisch ra-tional, sondern sind vor allem aus ihrer sozialen, interessegeleiteten Ratio-nalität heraus verständlich (Ortmann 2003; Türk 1995). Die Untersuchung der jeweiligen sozialen Rationalität oder des spezifischen Sinns bestimmter Entscheidungen und Blockaden in involvierten Unternehmen ist unverzicht-bar, um geeignete Umsetzungskonzepte zu entwerfen (Edding, 2000: 187 ff.); denn jeder erfolgreiche Veränderungsprozess ist Politik.

Die zunehmende Arbeitsplatzunsicherheit, die Verringerung der An-zahl von Führungspositionen (etwa durch Abbau des Mittelmanagements), die Abnahme der Legitimität von männlichen Privilegien, die Verschärfung der Konkurrenz unter Führungsnachwuchskräften durch die Einbeziehung von gleich oder besser qualifizierten Frauen kann aus der Sicht männlicher Führungskräfte durchaus als Verknappung eigener Ressourcen wahrgenom-men werden. Es ließe sich auch mit dem o.g. analytischen Ansatz erklären, warum die Schärfe der verdeckten mikropolitischen Gegenwehr zunehmen könnte, obwohl die Anzahl der erfolgreichen Frauen in Führungspositionen weiterhin so gering ist. Auch konkrete Personalentscheidungen für Männer, die durch fachliche Eignung nicht begründbar sind, werden verständlicher, wenn sie in ihrer Funktionalität für spezifische Interessengruppierungen be-trachtet werden.

Soziale Logik: Aufrechterhaltung der Geschlechterordnung

Wenn die soziale Logik von Entscheidungen betrachtet wird, müssen die Di-mensionen von Herrschaft, Hierarchie und Macht mit einbezogen werden. Arbeitsorganisationen repräsentieren historisch auch spezifische Formen von Herrschaft in der Moderne (Türk 1995: 41). „Ordnung" hat in dieser Sicht-weise nicht nur ökonomische Funktionen, sondern beinhaltet soziale hierar-chische Über- und Unterordnungsverhältnisse, zu denen auch die herrschen-de Geschlechterordnung gehört (Krell 2003). Geschlechterordnung bedeutet, dass Frauen und Männern bestimmte mit mehr oder weniger Macht verbun-dene Positionen in der Organisation zugewiesen werden. Folgende allgemeine Grundmuster der geschlechtsbezogenen Strukturierung von Organisationen lassen sich differenzieren (Acker 1992 sowie weiterführend Britton 2000):

1. In Organisationen werden regelhaft Trennungen zwischen Arbeitsbereichen von Männern und Frauen vollzogen.
2. Diese Trennungen werden durch Verhaltensregeln, Symbole und Bilder repräsentiert und reproduziert.
3. Interaktionen zwischen Geschlechtern (re)produzieren geschlechtsbezogene soziale Strukturen in Organisationen.
4. Grundannahmen, Praktiken, soziale Strukturen und Prozesse, die der Arbeitsorganisation zugrunde liegen, basieren auf geschlechtsbezogenen Vorstellungen, Wertungen und Haltungen.

Es ist inzwischen von vielen Forschungsgruppen nachgewiesen, dass Segregationen – Abgrenzungen – zwischen weiblichen und männlichen Arbeitsfeldern auch bei veränderten Geschlechterverhältnissen und auch unter den Bedingungen expliziter Gleichstellungspolitik immer wieder neu hergestellt werden (Allmendinger/ Podsiadlowski 2001). Gleichheit im Sinne einer identischen, möglicherweise auch paritätisch ausgehandelten Verteilung von Arbeitsbereichen zwischen Männern und Frauen entsteht unter den gegebenen geschlechtshierarchischen Strukturbedingungen bisher auch bei gleichen Beschäftigtenanteilen nicht. Auch die Gleichwertigkeit von Arbeitsbereichen im Sinne von gleicher Bezahlung und gleichen Entwicklungschancen ist kaum zu beobachten (Jochmann-Döll 2005). Auf Managementebene ist es insbesondere das männliche Managerstereotyp, das die Geschlechterordnung in vielschichtiger Weise repräsentiert und reproduziert. Das Managerstereotyp besagt, dass Führungskräfte eher mit stereotyp männlichen als mit stereotyp weiblichen Eigenschaften assoziiert werden und zwar von Männern und Frauen. Dieses „Think manager think male"-Phänomen (Spreemann 2000) ist sehr stabil, trotz der Aufwertung sogenannter „soft skills", also stereotyp eher Frauen zugeschriebener sozialer und emotionaler Kompetenzen, wie Partnerschaftlichkeit und Einfühlungsvermögen als Führungseigenschaften. Offenbar wird an der traditionellen Geschlechterordnung in den Führungsebenen von Organisationen weiterhin festgehalten. Dies lässt sich bei einem Frauenanteil von unter 10 Prozent allein durch die bereits beschriebenen interessenbezogenen Gründe kaum erklären. Das Konzept des Männerbunds beleuchtet aus einem anderen, kulturellen Blickwinkel, wie tief greifend Widerstände gegen Frauen im Management motiviert sein können.

3 Der Männerbund als Basis für Vergemeinschaftung im Management

Die hierarchische Ordnung in Organisationssystemen basiert auf einem sozialen Prozess, der mit dem Begriff „Vergemeinschaftung" beschrieben werden kann (Türk 1995: 66 ff.). Im Zuge einer Vergemeinschaftung werden den zu einer Organisation oder einem Organisationsbereich gehörigen Organisationsmitgliedern spezielle Handlungsmöglichkeiten und Ressourcen eröffnet, über die Nicht-Mitglieder nicht verfügen. Mitgliedschaft ist das zentrale Definitionsmerkmal jeglicher Organisationsform, denn nur durch die Kriterien ihrer Mitgliedschaft kann sie sich gegenüber ihrer Außenwelt, der „Nicht-Organisation", abgrenzen. Interne Betriebskulturen oder Subkulturen bilden spezifische Verhaltenskodexe und Loyalitäten aus, die eine kollektive Interessenwahrung gegenüber Nicht-Mitgliedern gewährleisten sollen. Eine ähnliche analytische Kategorie für solche Abgrenzungsprozesse entwickelt Max Weber (1922: 182) mit seinem Konzept „Soziale Schließung". Die Vergemeinschaftung von Individuen in Organisationen wird nicht nur durch die Grenzziehung nach außen, sondern auch durch Führungsstrategien zur Förderung der Identifikation der Mitglieder mit ihrem eigenen Arbeitsbereich (Arbeitsteam, Abteilung, Unternehmensbereich, Gesamtunternehmen) unterstützt (Leitbilder, soziale Regeln, Mythen, Rituale, vgl. Neuberger 2002). Innerhalb der Organisation entwickeln sich weitere Schließungs- oder Segregationsprozesse, beispielsweise zwischen Rand- und Kernbelegschaften, Linien- und Stabsfunktionen, Stamm- und Zeitpersonal.

Die Merkmale der Zugehörigkeit zu einer Organisation oder Organisationseinheit können vielfältig und auch sehr subtil sein. Ein völlig offensichtliches personelles Merkmal ist das Geschlecht, das in verschiedener Hinsicht Konsequenzen für die soziale Ein- oder Ausgrenzung hat. Da das Management immer noch eine relativ homogene Auslese eines spezifischen traditionell männlichen Managertyps bevorzugt, erscheint ein Vergleich mit den Prinzipien der Vergemeinschaftung in rein homogen zusammengesetzten männlichen Gemeinschaften oder Männerbünden (Militär, Kirche, Clubs, Burschenschaften etc.) weiterführend (siehe auch Doppler 2005).

Wie Rastetter (2005: 258) zeigt, lassen sich im Management zentrale Merkmale von Männerbünden feststellen:

1. Die Auswahl und Aufnahme ist mit Initiationsritualen verbunden, die dem Neuling Elemente einer neuen Identität vermitteln und seine Zugehörigkeit zur Führungselite als Privileg erscheinen lassen.

2. Ein Reglement der Verhaltensformen schafft die notwendige soziale Ordnung unter den Mitgliedern, um die Ziele der betreffenden Führungselite nicht zu gefährden. Diese Ziele erfordern eine gewisse Ähnlichkeit und damit Entindividualisierung (Gleichheit der äußeren Erscheinung, der Einstellungen und Lebensstile). Sie verlangen auch Opfer (hinsichtlich der Freizeit, Zeit für die Familie, nicht zuletzt der Gesundheit), die die nötige Motivation demonstrieren sollen.

3. Es existieren einerseits ausgeprägte Hierarchien, die anerkannt werden müssen und gleichzeitig Netzwerke unter prinzipiell gleichrangigen Akteuren. Diese Parallelität von loyaler Unterordnung mit Kooperation und Solidarität setzt die Zugehörigkeit zu einer spezifischen Gemeinschaft voraus und kann zu einem ausgrenzenden „Schulterschlusseffekt" führen.

4. Der Ausschluss von Frauen (und unpassenden Männern) ist konstitutiver Bestandteil des elitären Selbstverständnisses, muss aber immer stärker legitimiert werden. Der interne Ausschluss von Frauen wird deshalb vorrangig mittels impliziter und latenter Segregationsstrategien betrieben.

Zum ersten Punkt: Bei der Besetzung einer hohen Managementposition geht es in vielen Unternehmen mehr denn je darum, alles zu tun, um von den auswählenden Organisationsmitgliedern als passend empfunden zu werden. Je höher eine Position in der Hierarchie einer Organisation angesiedelt ist, desto weniger Regeln zur Handlungssteuerung und Erfolgsmessung existieren. Es bestehen immer unschärfere Auswahlkriterien, denn die Eignung für die sich immer schneller wandelnden Aufgaben kann nicht mehr mit herkömmlichen Eignungstests – auch nicht mit Assessment Centern – erfasst werden, da die zukünftigen Anforderungen an die Stelleninhaber häufig nicht bekannt sind. Deshalb werden die Auswählenden flexible und vertrauenswürdige Kandidaten suchen, die erwarten lassen, dass sie sich den jeweiligen Gegebenheiten anpassen können und Schwierigkeiten loyal meistern werden. Die Kandidaten müssen beweisen, dass sie bereit sind, den leistungsbezogenen und kulturellen Erwartungen der bereits Etablierten willig nachzukommen. Sie werden auf das Team eingeschworen, „initiiert", sodass sie sich ihrer eigenen Organisationseinheit verpflichtet fühlen. Diese homosoziale Auslese widerspricht dem Diversity-Konzept grundsätzlich. Gerade in jüngster Zeit gibt es deutliche Hinweise darauf, dass sie ein erhebliches Risiko darstellt und eine Ursache schwer wiegender Fehlentscheidungen zu sein scheint.

Zum zweiten Punkt: Die Sicherung von Privilegien, also die Interessen-wahrung, erklärt noch nicht hinreichend, warum das Management so hart-näckig die Aufnahme bestimmter, den Merkmalen „hegemonialer Männlich-keit" (Connell 1999, Meuser 2006) entsprechender Kandidaten bevorzugt. Den Entscheidungsträgern ist es häufig nicht bewusst, wie sehr sie sich impli-zit an einem kulturellen Leitbild idealer Männlichkeit orientieren, das emo-tional unabhängige, durchsetzungsfähige Verhaltensmuster erwarten lässt. Dieses Stereotyp wird durch die Verhaltenserwartungen und –konsequenzen innerhalb einer Organisation produziert und reproduziert. Hierbei scheint die identitätsstabilisierende Funktion dieses Leitbilds ein zentrales Motiv zu sein. Bei einer traditionellen familiären Arbeitsteilung orientieren sich Jun-gen in Abwesenheit des Vaters identifikatorisch stark an anderen Jungen, um ihre männliche Identität zu entwickeln. Die Jungen- und später die Männer-gruppe bleibt lebenslang eine wichtige Quelle des männlichen Selbstwertge-fühls und Selbstverständnisses. Da Berufstätigkeit ein zentrales Element des hegemonialen Männlichkeitsbildes ist und die Kollegen eine wichtige Bezugs-gruppe darstellen, ist es nachvollziehbar, dass Frauen als gleichberechtigte Kolleginnen dieses Selbstbild infrage stellen. Gerade Männer in „männlichen" Arbeitsbereichen fühlen sich in ihrer Arbeit entwertet, wenn eine Frau sie ebenso gut verrichten kann. Die Männlichkeit des einzelnen Mannes kann sich idealtypisch nur in einer Gruppe von Männern bewähren. Aus dieser Perspektive stören Frauen den Gruppenzusammenhalt und die Gruppenleis-tung. Andererseits muss die durch (weitgehenden) Ausschluss des anderen Geschlechts hergestellte soziale Nähe unter den Mitgliedern durch strenge Verhaltensnormen kontrolliert werden. Dies erklärt zum einen die Diskrimi-nierung homosexueller Führungskräfte, zum anderen aber auch die Abwer-tung differenter männlicher Lebensorientierungen, beispielsweise die flexib-lere Berufs- und Karriereorientierung „neuer Väter". Solche vom kulturellen Stereotyp abweichenden Fachkräfte werden strukturell und sozial auf Rand-positionen verwiesen. So äußern viele Väter die Sorge, bei einer Inanspruch-nahme von Elternzeit neben finanzieller Schlechterstellung auch „geringere Aufstiegschancen" und „Sanktionen durch Vorgesetzte und Kollegen/Kolle-ginnen" in Kauf nehmen zu müssen (Höyng 2008).

Die Punkte drei und vier hängen eng zusammen. Auch ein männerbün-disch geprägtes Management lebt nicht in einem gesellschaftlichen Vakuum, sondern muss sich immer stärker legitimieren, sofern es weiterhin eine hoch qualifizierte weibliche Arbeitnehmergruppe ausschließen will. Es wird even-tuell durch politischen, wirtschaftlichen und demografischen Druck gezwun-gen, vormals unakzeptable Mitglieder aufzunehmen. Mögliche Reaktionen sind verstärkter Zusammenhalt, Bildung einer „in-group", für die bei entsprechender Unterordnung die Vorteile des solidarischen Netzwerkes erhalten bleiben sollen sowie eine hohe Konkurrenz und Polarisierung zwischen den Geschlechtern. Wenn männliche Führungskräfte mit weiblichen Kollegen zusammenarbeiten sollen, reagieren sie nicht selten mit Strategien des internen Ausschlusses. Das Prinzip ist einfach: Das Gruppengefühl wird durch den Ausschluss von Frauen gefestigt.

Da passt es ins Bild, dass weibliche Führungskräfte als Aufstiegsbarrieren immer wieder Probleme mit informellen Netzwerken sowie realen Ausschluss von wichtigen informellen Treffen, Absprachen und Informationen anführen. Selbst in den neuesten Befragungen nennen weibliche Führungskräfte als besondere Schwierigkeiten immer noch die männerdominierte Arbeitsplatz- und Unternehmenskultur vor dem Problem der Vereinbarkeit von Familie und Beruf (Schneider 2007, Brettschneider 2008). Weitere Mechanismen des internen Ausschlusses sind geschlechtsspezifische Ausschluss-Strategien, die Geschlechterpolaritäten verstärken, indem sie auf traditionelle Geschlechtsstereotype zurückgreifen, im extremsten Fall durch sexuelle Belästigung. Im Management vollzieht sich sexuelle Belästigung vorrangig in Bemerkungen und Witzen, aber auch bei Betriebsfesten und Geschäftsreisen (z.B. bei Nachtclubbesuchen und Aktivitäten mit Damenbegleitung). Dabei gehen die häufigsten und stärksten Belästigungen von den unmittelbaren Konkurrenten, den gleichrangigen Kollegen aus (Holzbecher 1997). Weniger augenscheinlich, aber genauso wirksam trägt die implizite Sexualisierung von Frauen dazu bei, Distanz zwischen männlichen und weiblichen Führungskräften zu halten, diese abzuwerten und gleichzeitig Kameraderie unter Männern zu pflegen. Sexualisierung meint, dass weibliche Vorgesetzte weniger in ihrer Rolle als Fach- und Führungskraft, sondern in erster Linie in ihrer Rolle „als Frau" gesehen und behandelt werden. Dies kann eine verstärkte Wahrnehmung sexuell-erotischer Attribute beinhalten, muss es aber nicht. Gerade im Kontext eines lockeren, kollegialen Arbeitsklimas wird häufig besonders von den weiblichen Mitgliedern eines Führungskreises erwartet, dass sie mittels ihrer vermeintlich besseren, aber wenig prestigeträchtigen „soft skills" eine gute Arbeitsatmosphäre schaffen und für Teamzusammenhalt sorgen.

Kein Wunder, dass weibliche (und untypische männliche) Führungskräfte mit den traditionell männlichen, „männerbündischen" Merkmalen des Managements oft Schwierigkeiten haben: den strikten ungeschriebenen, also impliziten Reglements des sozialen Umgangs der Mitglieder, der partiellen Entindividualisierung und Funktionalisierung zugunsten von Homogenität, der Widersprüchlichkeit von Brüderlichkeit und Konkurrenz, Kameraderie und Hierarchie und natürlich der offen oder verdeckt bestehenden Diskriminierung sowie den Strategien des internen Ausschlusses. Die vorausgegangene Analyse hat gezeigt, dass neben den politischen und sozialen Logiken des Widerstands gegen die Integration von Frauen auch die historisch gewachsenen kulturellen sowie individual- und sozialpsychologischen Motive im männerdominierten Management beachtet werden müssen. Darüber hinaus ist offensichtlich, dass beim Phänomen der Vergemeinschaftung in Männerbünden auch positive Werte, wie soziale Verbindlichkeit, Wertschätzung und Vertrauen eine Rolle spielen (Rastetter 2006).

4 Strategien für Integration und Partnerschaft: „Soft skills" sind „hard facts"

Strategien zur Veränderung kultureller und struktureller Segregationsmechanismen im Management stehen vor einem Dilemma: Einerseits müssen laut Erkenntnissen der Organisationsforschung alle Betroffenen zur Verringerung von Widerstand mit ins Boot geholt werden. Weibliche und männliche Führungskräfte können selbst am besten einschätzen, wie eine geplante Veränderung gestaltet sein muss, um für sie sinnvoll und nützlich zu sein. Organisationsentwicklungsprojekte müssen dort ansetzen und – da die vermehrte Konkurrenz von Frauen auf alle Fälle die Privilegien eines traditionellen Männermanagements bedroht – attraktive Kompensationsangebote entwickeln, um eine Win-Win-Situation herzustellen (Jüngling und Rastetter 2008). Andererseits gehört zum Umgang mit einem hierarchischen sozialen System, wie dem Männerbund, auch immer der Umgang mit Macht. Hier sind die Frauen gefragt. Sie müssen sich mit dem Thema Macht auseinandersetzen, mit ihrem eigenen Zugang zu Machtfragen ebenso wie mit den Machtstrategien der männlichen Führungskräfte. Im Folgenden sollen für die Zielgruppe der männlichen und weiblichen Akteure spezifische Ideen und Ansatzpunkte entwickelt werden.

Für die Arbeitskultur des traditionellen Managements ist männliche Vergemeinschaftung ein wichtiges Moment, da die Arbeitsbedingungen generell immer mehr durch Unsicherheit, starke Konkurrenz und entsprechend wenig Kooperation und Vertrauen geprägt sind. Es stellt sich die Frage, ob und wie diese Funktion ohne Ausschluss von Frauen erfüllt werden kann. Die Stabilität der Ausgrenzungsstrukturen und -Prozesse deutet darauf hin, dass dies nur gelingen kann, wenn andere Formen der organisationalen Identitäts- und Gemeinschaftsbildung entwickelt werden können. Eine Schlüsselrolle scheint dabei dem kulturellen Leitbild hegemonialer Männlichkeit zuzukommen. Positiv ausgedrückt: Jede Form von Diversity-Management bei Männlichkeitsvorstellungen bietet Chancen. Eine Strategie des kulturellen Wandels muss eingebettet sein in einen allgemeinen Bedarf nach mehr unterschiedlichen Personen, neuen Ideen, Innovationen, neuen Problemlösungen. Nimmt man neue Umfragen ernst, wünschen sich auch männliche Nachwuchsführungskräfte ausdrücklich, Karriere und Familie zu vereinbaren (Höyng 2008). Unternehmen können Wettbewerbs-Vorteile bei der Konkurrenz um die besten Führungspersönlichkeiten erringen, wenn sie männlichen (und weiblichen) Führungskräften die Chance bieten, mit ausdrücklicher Akzeptanz durch die Unternehmensleitung persönliche Prioritäten in ihrer Lebensplanung zu setzen, beispielsweise durch flexible Arbeitszeitregelungen und Modelle für unterschiedliche Karriereverläufe. Es könnte eine Entlastung sein, festzustellen, dass die Kooperation mit Frauen neue Bündnispartnerinnen für mehr Freiheit in der Gestaltung der beruflichen und persönlichen Entwicklung schafft. Hierbei ist das Prinzip des „strategischen Framings" nützlich: d.h. die Projekte bei Initiativen zur Förderung solchen kulturellen Wandels so zu wählen – „einzurahmen" –, dass sie an Wissen, Werte, Interessen und Selbstverständnis der männlichen Führungskräfte anknüpfen (z.B. Wertbegriffe wie Autonomie, Freiheit, Individualität, Persönlichkeit im Kontrast zu rigiden Männlichkeits- und Weiblichkeitsstereotypen). Generell können sich solche Maßnahmen an den Schritten orientieren, die sich beim Konzept des Managing Diversity bewährt haben (Top-Down-Prozess, Kommunikation der Vorteile für das Unternehmen, für Management und für Mitarbeitende, Partizipation der Betroffenen). Wenn das Management eines Unternehmens für sich ein Leitbild der Partnerschaftlichkeit und Kreativität durch Heterogenität entwickelt, kann auch dieses Profil eine kohäsions- und identitätsfördernde Binnenwirkung entfalten. Gleichzeitig ist es sicherlich wichtig, ein kooperatives und wertschätzendes Arbeitsklima auf allen Managementebenen aktiv zu fördern. Die Realisierung von „soft skills" unabhängig vom Geschlecht schafft in der Zusammenarbeit positive Fakten und erhöht die Attraktivität eines Arbeitgebers.

Solange jedoch solche Perspektiven noch Utopie sind, müssen sich weibliche Führungskräfte mit dem männlichen Managerstereotyp und Strategien des internen Ausschlusses auseinandersetzen. Es sollte zu ihrer Kompetenz gehören, solche Prozesse wahrzunehmen und auf gleicher Ebene strategisch zu antworten, ohne sich persönlich angegriffen zu fühlen oder zu versuchen, Machtspiele durch Sachverstand und Leistung zu gewinnen. Wie im Punkt 2 beschrieben, gehorchen sie einer anderen, politischen Logik. Einige Untersuchungen geben Hinweise darauf, dass weibliche Führungskräfte mit Macht tendenziell anders umgehen als männliche (Haubl 2007). Wenn es vorrangig um Macht geht (und weniger um Inhalte), fühlen sich Frauen eher in ihrer Leistung missachtet und langfristig von der Organisation entfremdet. Da Machtfragen in hohen Positionen immer wichtiger werden, kommen sie mit dieser Haltung in Konflikt. Deshalb ist es für karrierewillige Frauen unverzichtbar, sich mit ihrer eigenen Einstellung zu Macht und strategischem Einsatz von Macht zu beschäftigen. Nach dem Ansatz der Mikropolitik (Neuberger 2007) sind alle Arbeitsbeziehungen auch Machtbeziehungen. Macht ist an Ressourcen geknüpft, von denen andere abhängig sind. Sie ist nicht allein an formale Hierarchien gebunden. Daraus lässt sich ableiten, dass die tatsächliche Macht einer Führungskraft nicht allein der formalen Hierarchie entspricht, sondern dass es Spielräume gibt, die ausgeschöpft werden müssen. Hier können weibliche Führungskräfte ihre realen Handlungsmöglichkeiten durch den Aufbau von mikropolitischen Fertigkeiten stark erweitern, beispielsweise in Netzwerken, Trainings, Mentoring und persönlichen Coachings (Rastetter 2007). Mikropolitische Kompetenz lässt sich positiv als eine Art soziale Kompetenz betrachten, die bisher eher von Männern genutzt wurde und jetzt vielleicht die letzten Männer-Bastionen im Management erfolgreich zu bezwingen hilft.

Literaturverzeichnis:

Acker, Joan (1992): Gendering Organizational Theory. 248-260. In: Mills, Albert J.; Tancred, Peta (Hg.): Gendering Organizational Analysis. Newbury Park u.a. (Sage).

Allmendinger, J.; Podsiadlowski, A. (2001): Segregation in Organisationen und Arbeitsgruppen. 276-307. In: Heintz, B. (Hg.): Geschlechtersoziologie. Opladen.

Brettschneider, J. (2008): Frauen in Führungspositionen: Anspruch und Wirklichkeit von Chancengleichheit. Hamburg.

Britton, D. (2000): The epistemology of the gendered organization. Gender and Society. 14 (3), 418-434.

Connell, R. (1999): Der gemachte Mann. Konstruktion und Krise von Männlichkeiten. Opladen.

DIHK (2005): Ruhe vor dem Sturm. Arbeitskräftemangel in der Wirtschaft. Berlin.

Doppler, D. (2005): Männerbund Management. München, Mering.

Doppler, K. (2005): Change Management. Veränderungsprozesse erfolgreich gestalten. 11. Aufl., Frankfurt, New York.

Edding, C. (2000): Agentin des Wandels. Der Kampf um Veränderung im Unternehmen. München.

Heister, M. (2007): Gefühlte Gleichstellung. Zur Kritik des Gender Mainstreaming. Königstein.

Haubl, R. (2007): Bescheidenheit ist keine Zier. Enttabuisierung weiblicher Aggression in Organisationen. 100-124. In: Haubl, R.; Daser, B. (Hg.): Macht und Psyche in Organisationen. Göttingen.

Holst, E. (2009): Führungskräfte-Monitor 2001-2006. Baden-Baden.

Holzbecher, M. (1997): Sexuelle Belästigung am Arbeitsplatz. Stuttgart.

Höyng, S. (2008): Männer – Vereinbarkeit von Berufs- und Privatleben. 443-452. In: Krell, G. (Hg.): Chancengleichheit durch Personalpolitik. Wiesbaden.

Jochmann-Döll, A. (2005): Gleiches Entgelt für gleichwertige Arbeit. (K)ein Thema für die Betriebswirtschaftslehre. 185-204. In: Krell, G. (Hg.): Betriebswirtschaftslehre und Gender Studies. Wiesbaden.

Jüngling, Ch.; Rastetter, D. (2008): Die Implementierung von Gleichstellungsmaßnahmen: Optionen, Widerstände und Erfolgsstrategien. 127-140. In: Krell, G. (Hg.): Chancengleichheit durch Personalpolitik. Wiesbaden.

Jüngling, Ch. (1999): Organisationsforschung und Geschlechterpolitik.: Von der Herrschaftsmaschine zur Spielwiese für Mikropolitiker. 21-33. In: Krannich, M. (Hg.): Geschlechterdemokratie in Organisationen. Frankfurt.

Koall, I.; Bruchhagen, V.; Höher, F. (Hg.) (2007): Diversity Outlooks. Managing Diversity zwischen Ethik, Profit und Antidiskriminierung. Hamburg.

Krell, G. (2003): Die Ordnung der Humanressourcen als Ordnung der Geschlechter. 65-90. In: Weiskopf, R. (Hg.): Menschenregierungskünste, Wiesbaden.

Krell, G. (2008): Diversity Management: Chancengleichheit für alle und auch als Wettbewerbsfaktor. 63-80. In: Krell. G. (Hg.): Chancengleichheit durch Personalpolitik. 5. Aufl., Wiesbaden.

Krell, G.; Mückenberger, U.; Tondorf, K. (2008): Gender Mainstreaming: Chancengleichheit (nicht nur) für Politik und Verwaltung. 97-114. In: Krell, G. (Hg.): Chancengleichheit durch Personalpolitik. Wiesbaden.

Meuser, M. (2006): Geschlecht und Männlichkeit. Soziologische Theorie und kulturelle Deutungsmuster. Wiesbaden.

Neuberger, O. (2002): Führen und führen lassen. Stuttgart.

Neuberger, O. (2007): Mikropolitik und Moral in Organisationen. Stuttgart.

Ortmann, G. (2003): Regel und Ausnahme. Paradoxien sozialer Ordnung. Frankfurt.

Rastetter, D. (2005): Gleichstellung contra Vergemeinschaftung. 259-266 In: Krell, G. (Hg.): Betriebswirtschaftslehre und Gender Studies. Wiesbaden.

Rastetter, D. (2006): Vertrauen in weibliche Führungskräfte. 217-241. In: Bendl, R. (Hg.): Betriebswirtschaftslehre und Geschlechterforschung. Frankfurt am Main.

Rastetter, D. (2007): Mikropolitisches Handeln von Frauen. 76-99. In: Haubl, R., und Daser, B. (Hg.): Macht und Psyche in Organisationen. Göttingen.

Rastetter, D. (2009): Viel Lärm um nichts? Die Anwendung des AGG in der betrieblichen Praxis. Personalführung. 48-55. Heft 1.

Schneider, B. (2007): Weibliche Führungskräfte – die Ausnahme im Management. Frankfurt.

Schreyögg, G. (2008): Organisation. Grundlagen moderner Organisationsgestaltung. 5. Aufl., Wiesbaden.

Türk, K. (1995): Die Organisation der Welt. Herrschaft durch Organisation in der modernen Gesellschaft.
Opladen.

Skrabs, S. (2002): Gender Mainstreaming in der Tarifpolitik. 80-88. In: Nohr, B., und Veth, S. (Hg.): Gender
Mainstreaming. Kritische Reflexionen einer neuen Strategie. Berlin.

Spreemann, S. (2000): Geschlechtsstereotype Wahrnehmung von Führung. Hamburg.

Weber, M. (1922): Wirtschaft und Gesellschaft. Tübingen.

Wollert, A. (2008): Das audit berufundfamilie. 483-486. In: Krell, G. (Hg.): Chancengleichheit durch Personalpolitik. Wiesbaden.

Annemarie Bauer und Katharina Gröning

Geschlechterkonflikte und Geschlechterkonstruktionen von Frauen in Führungspositionen – eine Skizze aus der Perspektive der Supervision

Geschlechtersensible Supervision für Frauen in hoch qualifizierten beruflichen Positionen und Führungsaufgaben hat ihren Ursprung im feministischen und im Gender-Main-Streaming Diskurs. Berufsbezogene Beratung für weibliche Führungskräfte haben nur einzelne Supervisorinnen und TrainerInnen angeboten. Ein Konzept der Beratung für Frauen in Führungspositionen aus einer beratungswissenschaftlichen und supervisorischen Perspektive fehlt.

Grund für dieses konzeptionelle Desiderat ist das weit gehende Nebeneinander von supervisorischem und geschlechtersensiblem Diskurs, was bedeutet, dass die wenigen Aufsätze und Beiträge, die es zum Thema „Frauen in Führungspositionen" aus supervisorischer Perspektive gibt, zumeist mit Theorien arbeiten, die im Kontext der Geschlechterforschung als veraltet und unangemessen gelten. Immer noch nimmt das Konzept der geschlechtsspezifischen Sozialisation wie auch die Theorie der Zweigeschlechtlichkeit eine wichtige Rolle bei der Einschätzung und Diagnose der Probleme, die weibliche Führungskräfte im Beruf und im Kollegenkreis, in den Organisationen und mit ihrem Umfeld haben, ein. Hinzu kommt, dass etablierte Beratungsinstitute die Ergebnisse und Erkenntnisse der Geschlechterforschung teilweise mit großer Skepsis und kritischer Distanz zur Kenntnis genommen haben, da ihre eigenen Theorien in nicht unerheblicher Weise auf traditionellen bürgerlichen Geschlechtermodellen aufbauten. Das Begehren von Frauen, sich beruflich neue Positionen zu erobern, sich wissenschaftlich zu beweisen oder auch Karriere zu machen, widersprach letztendlich doch, also eher auf der unbewussten Ebene, dem Geschlechterbild des komplementär aufeinander bezogenen Paares, welches in vielen Beratungs- instituten noch vorherrscht. Eine Ursache für die Verhaftung der Beratung im bürgerlichen Geschlechtermodell ist die hohe Verbindung von Beratung und Therapie, die sowohl in Europa als auch im angloamerikanischen Raum vorherrscht.

Gleichzeitig entstand vor 20 Jahren im Kontext eines essentialistischen Differenzdiskurses, unter anderem mit angestoßen durch die Debatte einer differenten weiblichen Moral (Gilligan 1984), eine Diskussion über die Be- deutung der Geschlechtszugehörigkeit von Therapeutinnen und Therapeuten. Und trotzdem findet zum Problem der geschlechtersensiblen berufsbezoge- nen Beratung immer noch zu wenig systematische Forschung statt.

In Fachzeitschriften zur Supervision, zum Coaching und zum Clinical Management taucht das Thema „Geschlecht" so gut wie gar nicht auf. Zwar arbeiten auch im Bereich Supervision eine ganze Reihe sehr ambitionierter Therapeutinnen und Beraterinnen, dennoch ist dazu wenig Forschung und ebenfalls kaum eine kollegiale Reflexion entstanden. Zum Thema „Führungs- frauen" hat sich eher eine Literaturform etabliert, die man als klassische Ratgeberliteratur, etwa mit „Wie habe ich Erfolg?" und der Verteilung von Rezepten zum Verhalten umschreiben könnte. Nicht selten werden die Ge- schlechtsrollen darin ausgesprochen biologistisch interpretiert. Zudem wird – so Susanne Magnus (2004) – nach wie vor von einem defizitären Verständnis ausgegangen, was Frauen alles noch für sich erarbeiten müssten.

Im Bereich von Supervision und Beratung von weiblichen Führungs- kräften ist aufgrund des fehlenden Forschungsstandes deshalb eine explo- rative und kasuistische Herangehensweise gerechtfertigt. Zugrunde liegen vielfältige Beratungsprozesse der beiden Autorinnen zu den Themen Leiten und Führen, Karriere und Aufstieg, aber auch Konfliktanalyse und –lösung mit Frauen (und Männern) aus Wirtschaft, Forschung und Verwaltung, Klinik und beiden Kirchen. Zur Anonymisierung haben wir Themenstel- lungen aus mehreren Beratungsprozessen ineinander verwoben und ver- dichtet.

Zunächst wird jedoch aus vier verschiedenen sozialwissenschaftlichen Perspektiven ein theoretischer Rahmen für die erlebten Konflikte konstruiert: aus der Perspektive der interpretativen Organisationswissenschaft, aus der Perspektive der Geschlechterforschung, aus der Perspektive des therapeuti- schen Diskurses und aus der Arbeitswissenschaft.

Die Organisation als Bühne –
Goffmans interpretative Theorie des sozialen Lebens in Organisationen
Berufliches Leben und professionelle Ausübung spielen sich in der Regel in
Organisationen ab, die, um ein Zusammenspiel verschiedener Ziele und Auf-
gaben zu gewährleisten, ein zweckrationales Skelett haben. Seit den 1990er
Jahren hat die Organisationsforschung zudem, um die Komplexität von
Prozessen in Organisationen zu beschreiben, diese als soziale Systeme mit
autopoietischen Mustern beschrieben. Die Systemtheorie hat sowohl die auf
Max Weber zurückgehenden Ansätze von Organisationen als zweckrationale
Gebilde als auch Ansätze der politischen Psychologie (z. B. Bosetzky 1989)
zurückgedrängt. Für die Thematik „Frauen in Führungspositionen" sind
diese politischen Ansätze der Organisation mit dem Fokus auf Macht und
Geschlecht jedoch weiterhin bedeutend. Ein deskriptiver Ansatz in diesem
Kontext ist die „Bühnenmetapher" (Goffman 1991), ein Ansatz, der in der
qualitativen Organisationsforschung institutionalisiert ist: Neuberger sagt
über Organisationen, sie seien nichts anderes als „organisierte Anarchien" –
Anarchien, die sich bemühen, sinnvolle Geschichten zu präsentieren (1995:
30). Den Umgang mit Wissen in Organisationen teilt er in vier Segmente auf:
1. Die Ebene der sachlichen und neutralen Informationen;
2. Die Ebene der Geheimnisse und des heimlichen Wissens;
3. Die Ebene des öffentlichen und dennoch sozial verpönten Wissens: Klatsch und Gehässigkeiten, Tratsch und Gerüchte;
4. Die Ebene der Tabus, die Sprechverbote, oft auch Denkverbote unter-
schiedlichen Inhalts und unterschiedlicher Intensität, bis hin zu den Lü-
gen und Intrigen, oder, wie Neuberger sagt, sogar zu „organisationalen
Lebenslügen"(Neuberger 1995: 43-44).

Diese vier Segmente des Wissens – er orientiert sich an Bailey (1977) – verteilt er dann auf drei Bühnen des „Organisationstheaters". Auf der Vorderbühne agiert die Organisation auf der Sachebene: Verfahren und Ordnungen
regeln die Beziehungen und die Kommunikation. Auf der Hinterbühne steht
die Gemeinschaft oder stehen die Menschen im Mittelpunkt: Der „gesunde
Menschenverstand" setzt die Handlungsrichtlinien, Kompromisse werden
gefunden für Probleme aller Art. Auf der Vorderbühne werden die Regeln
gegen die möglichen Katastrophen ausgehandelt, aber sie würden, wenn sie
starr wären, jede Innovation verhindern; auf der Hinterbühne werden die
Grundsätze des Umgangs miteinander ausgehandelt, und sie ist der Ort, wo
Beziehungen entstehen können. Die dritte Bühne nennt Neuberger die Unterbühne (1995: 45 f.). Sie liegt unter den beiden Bühnen, unterhalb der Orga-

nisation und unterhalb der Gemeinschaft: Sie ist die Asservatenkammer für die persönlichen Dramen – hier tauchen Rache und Hass, Verleumdung etc. auf. Anders als die Metapher vom menschlichen Versagen oder vom Faktor Mensch ordnet Neuberger diese Handlungsmuster nicht den Menschen, sondern der Organisation zu. Die drei Bühnen kontrollieren sich wechselseitig. Sie sollen in einer Balance miteinander stehen, sonst können starre Regeln, die Beziehungen und Interaktionen abtöten, dominant werden oder die politischen Dimensionen, also Macht und politischen Einfluss, der Vorderbühne die anderen Bühnen überschwemmen. Dann besteht aber die Frage, wer mit wem auf welcher Bühne welches Stück spielt, ob der Intendant die Komposition eines Stücks noch verfolgen und der Regisseur die Regie noch halten kann.

Hoch qualifizierte Frauen und Frauen in Führungspositionen – der Geschlechterforschungsdiskurs

Die Geschlechterforschung erklärt die Positionen von Frauen im Berufssystem aus der gesellschaftlichen Organisation des Zusammenhangs von Produktions- und Reproduktionsbereich. Auf der Basis der Zuständigkeit für den Reproduktionsbereich konstituiert sich ein weiblicher Lebenszusammenhang (Prokop 1977). Bereits die Berufswahl ist vergeschlechtlicht und baut auf Geschlechternormen auf (Ostendorf 2005). Der Beruf ist nach Beck und Brater (1977) sowohl mit der Sozialstruktur einer Gesellschaft als auch persönlich mit der Biografie verbunden und stellt damit ein zentrales Medium der Vergesellschaftung dar. So unterbrechen Frauen zugunsten ihrer Familie ihren Beruf und arbeiten nach einer Familienphase oft mit reduzierter Stundenzahl weiter, wodurch sich Ungleichheiten und berufliche Benachteiligungen verfestigen. Nach Teubner erweisen sich diese erstaunlich beständig: „An die Geschlechtszugehörigkeit sind Zuweisungen und Zuschreibungsprozesse gebunden, die jenseits von Qualifikation und Leistung von Individuen für eine ungleiche und eine asymmetrische Positionierung im Berufsystem sorgen." (2004: 430). Die Frauenforschung konnte ferner nachweisen, dass das Ausmaß der beruflichen Benachteiligung von Frauen und die Segregation nicht in dem Maße abnehmen, wie das Qualifikationsniveau zwischen den Geschlechtern sich angleicht. Frauen sind in zunehmendem Maße „besser gebildet und doch nicht gleich" (Teubner 2004). Sie konnte nachweisen, dass die Akteursperspektive bei der Erklärung von beruflichen Benachteiligungen, wie z. B. die Humankapitaltheorie und die Sozialisationstheorie, für die Erklärung beruflicher Benachteiligung nicht maßgeblich entscheidend ist. Ulrike Teubner zitiert ferner Forschungsergebnisse zum Problem von Frauen in geschlechtsuntypischen Berufen und Positionen und weist darauf hin, dass diese weniger verdienen als Männer, später befördert werden und selbst als Führungskräfte weniger Personalverantwortung hätten (2004: 432). In Bezug auf die Praxis der Segregation ist von einem sogenannten Drehtüreffekt die Rede, wonach sich Frauen bis zu einem gewissen Anteil zwar einen Zugang in untypische Positionen und Berufe erobern können, hier aber oft nicht lange, vor allem nicht so lange wie Männer bleiben.

Berufliche Benachteiligung von Frauen – der therapeutische Diskurs
Bedeutsam ist, dass diesen strukturtheoretischen Argumenten der Geschlechterforschung aus der Beratungs- und Therapieforschung eher akteurstheoretische Annahmen gegenüberstehen. So besagt die psychoanalytische Diskussion um das Thema „Frauen und Macht", dass die in der ödipalen Zeit erworbene Konfliktstruktur und der über die spezifischen Objektbeziehungen erworbene unsichere Umgang mit Konkurrenz und Rivalität bedeutsam sei für die Unterrepräsentanz von Frauen in Führungspositionen (Kraus und Kraus 2002). Die Autorinnen nehmen für Frauen bestimmte innerpsychische Hemmungen an, die sich sowohl auf Visionen beziehen – aber auch auf deren Umsetzung – als Frauen gleichermaßen wie Männer an Macht teilhaben zu können. Als günstige Voraussetzungen für die Entwicklung des Mädchens, sich als Frau Leistung und machtbesetzte Positionen zutrauen zu können, entwerfen sie das internalisierte Bild eines „kraftvollen Elternpaares" (2002: 41).
Die frühe Geschlechtsrollenübernahme sei entscheidend:
- Es gehe um die inneren Bilder der Eltern und da vor allem, ob kraftvolle Mütter neben kraftvollen Vätern aufscheinen könnten,
- und ob das eigene Begehren des Mädchens neben den kraftvollen Eltern einen Platz bekommen habe;
- es gehe darum, wie die ödipale Zuwendung zum Vater von beiden Eltern beantwortet worden sei,
- und ob die Tochter von der Mutter ermutigt worden sei, Einfluss zu begehren (Kraus und Kraus 2002: 46).

Ein weiteres Ergebnis besagt, dass Formen des konstruktiven Narzissmus als günstige Voraussetzung für Führung bei Frauen anders strukturiert und weniger ausgeprägt seien als bei Männern. Rolf Haubl argumentiert über Aggression (2007: 102), deren Sozialisation bei beiden Geschlechtern erheblich unterschiedlich sei. Und: Frauen erlebten Urteile über ihre Handlungen als Urteile über ihre Person, während Männer ihr Handeln und ihre Person sorgsam voneinander trennen könnten (2007: 104). Die zitierten Autoren/

innen bemühen demnach zur Erklärung der Unterrepräsentanz von Frauen in Führungspositionen das „alte" Konzept der Geschlechtssozialisation, was wiederum den Nachteil hat, dass mit solcher Deutung die Unterrepräsentanz quasi rationalisiert und damit implizit auch verfestigt wird, auch wenn das von den Autoren/innen nicht angestrebt ist. Insgesamt lässt sich von einer Parallelität zwischen Therapie- und Geschlechterforschungsdiskurs ausgehen, dessen Verschränkung eigentlich überfällig ist. Die konstruktivistische Geschlechterforschung versucht nun diese essentialistischen Theorie nach dem Muster – „Frauen sind anders" – zu überwinden, indem sie den Beruf selbst als Produktionsstätte für die Geschlechterkonstruktionen entwirft. Verknüpft mit der Bühnentheorie von Erving Goffman, die zu Anfang rezipiert wurde, müsste dementsprechend das Scheitern von Frauen genauso wie ihr Erfolg inszeniert werden. Diese Prozesse von Scheitern und Erfolg in Organisationen unter der Perspektive der Herstellung von Geschlechterordnung zu verstehen, ist das Anliegen der folgenden Fallreflexionen.

Entwertung, Entgrenzung, Beschleunigung und Individualisierung – Tendenzen in der Arbeitswelt für Führungskräfte

Die Modernisierung der Moderne geht einher mit einer Entgrenzung von Kapital und Arbeit, so Beck und Bonß (2001). Für Frauen war qualifizierte und hoch qualifizierte Berufsarbeit lange das ersehnte und erkämpfte Reich der Freiheit und der Emanzipation. Es stand im Gegensatz zur Erwerbstätigkeitsformen des Hinzuverdienens, der gering qualifizierten Beschäftigung – nicht selten als anschmiegsame Form an den gut verdienenden Ehemann – und damit aber auch der prekären Arbeitsverhältnisse. Deutliche und anspruchsvolle Berufsorientierung erschien vor allem in den 1980er und 1990er Jahren ein individueller Ausweg aus dem Dilemma der doppelten Vergesellschaftung und der strukturellen Benachteiligung von Frauen im Erwerbsleben zu sein. Gesellschaftliche Modernisierung und Berufsorientierung von Frauen, verknüpft mit hohen Qualifikationen und einer hohen beruflichen Position als Führungskraft versprach eine Überwindung der klassischen weiblichen Lebenslagen mit ökonomischer Abhängigkeit, unbezahlter Reproduktionsarbeit und mit schlechten, unsicheren und uninteressanten Jobs. Dieses Modell der individuellen Emanzipation durch hohe formale Qualifizierung und große berufliche Verantwortung gerät derzeit angesichts der Strukturveränderungen der Erwerbsarbeit ins Wanken.

Das Erwerbsleben – auch für Frauen – ist heute im Alltag dominant. Die beruflichen Tätigkeiten haben sich entgrenzt und zwingen oft die private Lebensführung und das persönliche Leben in den Hintergrund.

„Arbeiten ohne Ende?", fragt deshalb Alexandra Wagner bereits 2000 in einem Bericht des IAT NRW (Institut Arbeit und Technik (IAT) und zeigt auf, dass die offizielle Arbeitszeit vor allem für hoch qualifizierte Angestellte in den letzten 20 Jahren zwar offiziell gesunken ist, dass sich im gleichen Zeitraum die tatsächlich geleistete Arbeit aber faktisch auf durchschnittlich weit mehr als 40 Stunden pro Woche erhöht hat. Betriebliche Befragungen über alle Hierarchiestufen hinweg verweisen auf eine ähnliche Tendenz. Diesen quantitativen Entwicklungen in der Arbeitswelt stehen qualitative Trends der Verdichtung und Beschleunigung der Arbeit gegenüber, die sich vor allem als Stress bemerkbar machen.

„Keine Zeit. Wenn die Firma zum Zuhause wird und zu Hause nur Arbeit wartet" (Hochschild 2002), „Taylorisierung des Familienlebens" und „Verbetrieblichung der Lebensführung" (Oechsle 2002) sind entsprechende Stichworte. In für Frauen traditionell bedeutsamen Berufs- und Arbeitsfeldern wie in den Sozialberufen, in der Pflege und in Unterricht, Therapie und Behandlung werden zudem neue Formen der Arbeitbelastung durch Extremstress diskutiert. Psychosomatische Erkrankungen, Burn-out und Berufskrisen können heute kaum noch als Ausdruck psychopathologischer individueller Persönlichkeitsstrukturen wie einem Helfersyndrom gedeutet werden, sondern werden in der Organisation und in der Arbeitswelt selbst verortet.

In der Theorie von Supervision und berufsbezogener Beratung werden verschiedene Strukturveränderungen im Arbeitsleben kontrovers diskutiert. An herausgehobener Stelle steht hier die These des Arbeitskraftunternehmers, wohingegen geschlechtersensible soziologische Verstehenszugänge zum Strukturwandel der Arbeit seltener berücksichtigt werden. Zur Erinnerung: 1998 haben Hans Pongratz und Günter Voss das Verhältnis von Betrieb und Beschäftigung neu charakterisiert und die These aufgestellt, dass das zentrale betriebliche Steuerungsinstrument künftig in der Selbstorganisation der Beschäftigten liege. Pongratz und Voss gehen davon aus, dass jeder künftig nicht nur Architekt seines eigenen Lebens sein müsse, wie dies Beck in den 1980er Jahren formuliert hat, sondern jeder einen unternehmerischen Selbstbezug entwickeln müsse, d.h. einen zweckrationalen, instrumentellen Umgang mit sich selbst. Das Selbst wird als Wichtigstes nicht Träger der Identität, sondern im unternehmerischen Sinne Träger der Produktionsmittel. Auffallend ist, dass sich dieses Modell in beruflich elaborierten Kreisen, ähnlich wie der Young Urban Professional without Kids and double Income, als ein Ideal – oder ein Muss moderner Lebensführung durchgesetzt hat.

Das Motto lautet: „Wir brauchen Sie voll und ganz, und dazu müssen Sie ihr Leben im Griff haben". Voß und Pongratz sprechen in diesem Zusammenhang von Selbstrationalisierung, die eigene Person wird als Betrieb geführt, und zwar im Sinne ihrer gesamten Lebensführung.

Eine von der psychoanalytischen Organisationsforschung beschriebene Folge dieser Veränderungen ist, dass die Beziehung zur arbeitgebenden Organisation – bzw. oft genug im Plural: den arbeitgebenden Organisationen – zerbrechen. Der „Auftrag" wird zur relevanten Größe, nicht der Arbeitsplatz. Aufträge muss man akquirieren, man muss in Konkurrenz treten zu anderen Mitbewerbern, man muss handeln und verhandeln und der Markt bestimmt den Preis. Die Folge ist, dass die Angst bindende Funktion der Organisation verloren geht (Wilke 2002, Bauer 2005).

Eine genderspezifische Folge dieses Arbeitskraftunternehmertums könnte sein, dass die andere Seite des Lebens, die Reproduktionsarbeit verschwinde oder dass diese selbst Dynamiken der Beschleunigung, der Rationalisierung und der Taylorisierung zu unterliegen drohe (Ravaioli 1987). Vor allem Frauen scheinen sich für diese andere Seite des Lebens zunehmend zu schämen. Während Reproduktionsarbeit und Verantwortung für Kinder und Privatleben heute den modernen Mann auszeichnet, scheinen gerade hoch qualifizierte Frauen diese Seite des Lebens zuzudecken und zu verbergen. In ihrer Studie beschreibt Marianne Dierks (2000), wie sehr die von ihr befragten hoch qualifizierten Frauen mit Führungspositionen die Reproduktionsarbeit selbst marginalisierten, sprachlich unbewusst machten und sich distanzierten. Der Geschlechteraspekt ist hier nun ein ganz besonderer. Gerade bei hoch qualifizierten Frauen, die sie in ihrer qualitativen Studie zur Vereinbarkeit von Familie und Beruf über den gesamten Berufszyklus hinweg untersucht hat, zeigt Dierks auf, dass Frauen als Führungskräfte dazu neigten, für den Fall, dass sie überhaupt Kinder haben, so zu tun, als erzögen, organisierten und reproduzierten sich diese Kinder sozusagen von selbst. Die Vereinbarkeit von Familie und Beruf bei hoch qualifizierten Frauen sei deshalb für diese kein Thema, weil ihre Kinder durch die Erwerbstätigkeit der Mütter früh zur Selbständigkeit erzogen würden.

Die häusliche Arbeit verschwindet verbal aus den Erzählungen und Bilanzierungen der von Marianne Dierks befragten hoch qualifizierten Führungskräfte. Es würden immer wieder deutlich entwertende Aussagen bezüglich der Arbeit von Hausfrauen bzw. des Stellenwertes reproduktiver Arbeit geäußert. Hiermit würden nicht nur gesellschaftlich und individuell notwendige Tätigkeiten missachtet, sondern auch eine wesentliche Grundlage der Für- und Mitsorge im alltäglichen Zusammenleben trivialisiert, und der Versorgung von hilfebedürftigen Menschen würden Wertschätzung und Anerkennung entzogen. Wie gesellschaftliche Bewertungen vom geringen Stellenwert der

Reproduktionsarbeit in das Selbstkonzept von Frauen übernommen werden und wie die kulturelle Dominanz der Arbeitswelt (Zeiher 2004: 4) als Sozialisationsfaktor langfristig wirkt, soll später am Beispiel des Falles von Frau Birkner aufgezeigt werden.

Wir erleben derzeit deutliche Veränderungen in den Strukturen des Lebenslaufes. Nicht nur qualitativ steht die Integration in das Erwerbsleben und der Aufstieg in die Gruppe der Professionellen und Führungskräfte heute an erster Stelle im Lebensabschnitt des jungen Erwachsenenalters. Diese Lebensphase dehnt sich deutlich aus. Stichworte sind hierzu „Generation Praktikum", „deregulierter Einstieg in das Erwerbsleben" und immer häufiger auch ein Einstieg in den Beruf im Sinne einer Einverleibung durch die Organisation und im Sinne von Initiationen. Wer Supervision mit professionell ausgebildeten Berufsanfängern macht, findet manchmal ausgesprochene kannibalistische Teamdynamiken vor: beißen, einverleiben, auskotzen –, um nur einiges zu nennen – vor allem aber Überstunden leisten. Die Entgrenzung des Erwerbslebens macht die ersten Berufsjahre nicht mehr zum Kampf um den Platz, sondern die Arbeit wird zum zentralen Lebensort. Familie, Freunde und das Private verschwinden. Sie werden zumeist erst dann als fehlend wahrgenommen, wenn man 40 Jahre alt geworden ist und außer einer Singlewohnung und Partnerschaft, in denen auch der andere voll engagiert ist, die sich also familientheoretisch gesprochen mehr als Assoziation, denn als Zugehörigkeit darstellt, nicht mehr zu bieten hat.

Die Krise der Lebensmitte sieht bei diesen Frauen (und Männern) anders aus: Sie stellt sich heute nicht mehr so dar, dass der eingefahrene traditionale Weg, den man mit Anfang 20 gewählt hat, zur Bedrohung wird, man sich also nach Diskontinuität sehnt und nach Wendepunkten sucht. Heute zeigt sich die Krise der Lebensmitte vermehrt darin, dass der psychische Eintritt in das Erwachsenenalter – Intimität und Generativität, wie Erikson es ausdrückt – spät oder sogar gar nicht mehr geschafft wird. Diese Entwicklung hat vor allem geschlechtsspezifische Bedeutung. Frauen, die als hoch qualifizierte Professionelle in den zunehmend singularisierten Lebensformen leben und handeln müssen, sind hier einem ganz anderen Risiko ausgesetzt. Kurz: Der Lebenslauf verschiebt sich durch die Entgrenzung der Arbeit.

Überarbeitung ist heute Stil und Kultur. Die Art der Lebensführung wird ein Mittel der Unterscheidung, der Distinktion. Arbeitssoziologische Studien sprechen vom Phänomen extremer Leistungsorientierung und Aufstrebens sowie Selbststilisierung und Selbstcharismatisierung (Neckel 2000). In der Supervision und Beratung wird seit Längerem problematisiert, dass Arbeit als Streben nach Erfolg zum Rausch geworden ist und gleichzeitig genutzt wird, die schmerzende Sinnfrage und die aufziehenden Depressionen abzuwehren. Menschen arbeiten in der ersten Hälfte ihres Lebens entgrenzt, um sich dann mit 45 verwundert die Augen zu reiben und festzustellen, dass sie ihre besten Jahre ausschließlich in den Beruf investiert haben. Diese Entwicklung einer narzisstischen Besetzung der erfolgreichen Arbeit und ihre Einvernahme in sich stilisierende Strategien und Inszenierungen sind die andere Seite von Millionen unfreiwillig Erwerbsloser.

Die jahrelangen Rushhours – Lebensweltliche Entgrenzungen am Beispiel von Frau Birkner

Zum Ausgangspunkt der Supervision: Bei Frau Birkner handelt es sich um eine Führungskraft mit hoher und großer Verantwortung in einem weltweit operierenden Konzern. Die Supervisandin ist promovierte Volkswirtin, verheiratet und hat drei Kinder im Alter von 15, 13 und 7 Jahren. Ihr Arbeitsplatz ist Europa, d.h. sie wird aufgrund ihrer Expertise in Projekten kurzfristig und zur Stabilisierung der Teams, der Aufträge und des Projektmanagements eingesetzt. Hinzu kommen Verhandlungen mit Auftraggebern, Mitwirkungen bei Ausschreibungen und Akquisition und Qualitätssicherung sowie Mitarbeiterfortbildung. Frau Birkner arbeitet fast ausschließlich mit Männern zusammen – das ergibt sich aus der Branche, in der sie tätig ist; die meisten Frauen arbeiten auf der Hierarchieebene der Projektmitarbeiterinnen, also unterhalb ihrer Ebene.

Dieser dichte Terminkalender hat zur Folge, dass jeder zweite Supervisionstermin ausfällt: Frau Birkner ruft an, dass ihr Flugzeug aus Barcelona nicht starten kann oder sie steckt auf dem Weg aus Amsterdam mit dem Auto in einem Stau. Die Supervisionen sind immer freitags spät, weil Frau Birkner den Samstag mit ihren Kindern verbringen möchte. Wenn die Supervisionen dann tatsächlich stattfinden, gibt es immer viel Material zu bearbeiten, weshalb Termine dann oft bis zu drei Stunden dauern. Das Familienleben geht bis zum Sonntag 18 Uhr, dann wird die nächste Arbeitswoche vorbereitet oder Frau Birkner fährt/fliegt schon am Sonntagabend los. Um die Kinder kümmert sich eine Haushälterin sowie der Teilzeit arbeitende Ehemann.

Aufgrund schwerer Teamprobleme sucht Frau Birkner die Supervision auf, aber es werden auch immer wieder Erziehungsprobleme angesprochen. Vor allem mit den Lehrern der Kinder gibt es Konflikte, Klassenkonferenzen und Termine beim Schulleiter. Das jüngste Kind, ein hoch begabtes Kind, verbringt fast das gesamte zweite Schuljahr wegen Disziplinproblemen vor der Klassenzimmertür. Frau Birkner gelingt es nicht, auch nicht mithilfe der Supervisorin, einen Stil aufzubauen, der Geschlecht und Hochqualifizierung in

Verbindung bringt. Mütterlichkeit, Schutz des Teams, Containing und Holding, wie in der psychoanalytischen Supervision üblich, sind ihr fremd. Sie ist immer im Zeitstress und fordert von ihren Teams, dass vor allem Produktions-, Entscheidungs- und soziale Prozesse schneller gehen. Eine Erhebung der Biografie zu Beginn des Supervisionsprozesses weist bereits früh auf eine sehr angespannte Beziehung zu beiden Elternteilen hin: Trotzdem werden Versuche, über eine biografische Analyse der Eltern Verstehenszugänge zur Familiendynamik herzustellen, von der Supervisandin zurückgewiesen oder mit Entwertungen beantwortet.

Zwischenfazit: In ihrem Lebenszusammenhang ist Frau Birkner mit sehr widersprüchlichen und konträren Geschlechterbildern konfrontiert. Im Beruf ist sie gezwungen, ihre Familie quasi unbewusst zu machen, sich völlig flexibel und ungebunden zu präsentieren. Sie „spielt" entsprechend die Karrierefrau. Sie darf sich sexualisieren, aber nicht vermütterlichen. Und als ob die Organisation immer wieder den Beweis ihrer Ungebundenheit fordert, wird sie quer über ganz Europa eingesetzt. Man kann sich ausrechnen, wie lange der Krug zum Brunnen geht, bis er bricht. Mit den wachsenden Schulproblemen ihrer Kinder ist Frau Birkner mit einem konträren Frauenbild konfrontiert. In der vergeschlechtlichten Lebenswelt der Grundschule, hier finden sich vor allem Lehrerinnen und nicht erwerbstätige Mütter oder Teilzeit arbeitende Mutter, ist Frau Birkner wiederum die Ausnahme, die Andere. Das „Spiel", das hier erwartet wird, ist das der „guten Mutter". Für die gute Mutter steht das Kind an erster Stelle, für dessen Wohl sie sich notfalls opfert. Berufstätige Frauen haben diesen „Spieldruck" immer wieder beschrieben, vor allem wenn sie als Alleinerziehende nicht in der Lage sind, berufliche Abstriche zu machen. Das „Alternativ-Spiel" heißt dann „Rabenmutter". Es entsteht Stress und ihre Arbeit entgrenzt sich, was aber nicht zu thematisieren ist, weil Frau Birkner Führungskraft und damit die Entgrenzung erwartbar ist: Sie kann keinen Freizeitausgleich für abgeleistete Überstunden nehmen. Sie kann nur die Forderungen erhöhen, an ihre Kolleg/innen, ihre Familie und sich selbst – und auch an ihre Supervisorin.

Der Einbruch der Zeit – Veränderung im Lebenslauf und ihre Bedeutung für Frauen in Führungspositionen: Frau Erler
Zweites Fallbeispiel: Im folgenden Fall soll aufgezeigt werden, wie sich die entgrenzenden Arbeitskulturen nicht nur auf die Strukturen des Lebenslaufes, sondern auch auf die unbewussten Erlebensmomente auswirken. Frau Erler ist Ärztin in der gynäkologischen Abteilung eines allgemeinen Krankenhauses.

Zum Ausgangspunkt für die Supervision: Sie weine nur noch und sei verzweifelt. Schon zu Beginn des ersten Termins berichtet die Supervisandin weinend über ihren Kinderwunsch; sie sei 40 Jahre alt und seit fünfzehn Jahren Single mit oberflächlichen und heimlichen Beziehungen, zumeist mit verheiraten Kollegen. Sie arbeite nur noch. Frau Erler ist überzeugt, dass sie zu groß, zu dick und völlig unattraktiv sei. Sie beschreibt zunächst die typischen Arbeitsbedingungen und die Berufsentwicklung von Ärzten, ein anstrengendes Studium mit ständigen Versagensängsten, eine arbeitsintensive Assistenzzeit und eine sehr schnelle Karriere zur Oberärztin, noch vor ihrer Promotion. Auch hier liegt eine wunde Stelle, denn Frau Erler schämt sich dafür, ohne Promotion Oberärztin geworden zu sein. Gleichzeitig betont sie, dass sie die einzige weibliche Führungskraft in ihrer Abteilung sei und der Chefarzt sie eingestellt habe, damit sie die strenge und aggressive Atmosphäre in der Abteilung mildere. Ihre Berufung zur Oberärztin vollzog sich also unter expliziten Gender-Gesichtspunkten: Eine Frau sollte dazu kommen. Mit der fehlenden Promotion wurde jedoch zugleich ein besonderer Status dieser Frau festgeschrieben. Frau Erler wurde von Patientinnen und Angehörigen immer wieder mit Frau Dr. angesprochen und sah sich genötigt, dies richtig zu stellen. Die nicht fertig gestellte Dissertation war ein wichtiger Anlass, sich für die Supervision eine promovierte Supervisorin zu suchen.

Die Supervisandin berichtet über ihren Berufsalltag, dass oft Patientinnen durch eine plötzlich erkannte Tumorerkrankung in große psychische Krisen gerieten. Man könne jedoch weder eine psychologische noch eine seelsorgerliche Betreuung dieser Patientinnen bieten und arbeite rein somatisch. In einer Sitzung ist Frau Erler völlig aufgelöst, weil sie eine Krebspatientin nur knapp am Suizid hindern konnte: Immer würde sie in den schwierigen Fällen gerufen. Sie aber wolle Familie, einen Partner, ein Kind, ein anderes Leben.

Die Besetzung durch den Beruf, der alles fordert, auch die Mütterlichkeit der Frau in einer kühlen medizinisch-somatischen Klinik und Atmosphäre, führt dazu, dass die andere Seite weiblichen Lebens offenbar für lange Zeit aus dem Blick geraten war und nun die Wirklichkeit in Form einer Lebenszeitpanik einbricht. Für die Organisation, in der Frau Erler arbeitet, zeigt sich die Bedeutung des Geschlechts in mehrfacher Hinsicht. Frau Erler wird als Frau vergeschlechtlicht gebraucht und soll im Sinne einer doing-gender Praxis eine Kompensationsfunktion einnehmen, die von ihren Kollegen und ihrem Vorgesetzten zwar als nötig empfunden wird, die aber nicht professionell besetzt werden soll. Anstelle einer Seelsorge-, Sozialarbeiter- oder Psychologenstelle, die in einer gynäkologischen Abteilung dann wohl auch von einer Frau besetzt werden müsste, wird eine Frau als Ärztin eingestellt, die sich um Patient/innen in Krisen kümmert. Damit diese Funktion keine institutionelle Wirkung entfaltet, wird eine Frau ohne Promotion eingestellt, die dadurch sichtbar eine Stufe unter ihren Kollegen steht. Auch bei Frau Erler entwickelt sich ihr Beruf allumfassend und lässt ihr keinen Raum mehr für eine persönliche Lebensgestaltung. In ihrer Freizeit ist sie vor allem müde und erschöpft.

Zwischenfazit: Die Spannungen, die in beiden vorgestellten Fallvignetten aufgezeigt werden sollten, beziehen sich auf die Problematik der Integration von persönlichem Leben und Berufsarbeit in Führungsposition. In den vergeschlechtlichten und segregierten Arbeitsmärkten ist es bis jetzt üblich, diese Integration durch Teilzeitarbeit herzustellen, die sich nach Seifert (2008) deutlich ausweitet. Für Frauen in Führungspositionen besteht diese Möglichkeit nicht. Hinzu tritt die Organisationskultur des hohen beruflichen Engagements, die bei Frauen in Führungspositionen früher ausschließlich über zölibatäre Lebensformen sichergestellt wurde, während Männer zu den abwesenden Vätern geworden sind. In Bezug auf den Beruf selbst sind die psychoanalytischen Forschungen hervorzuheben, die aufzeigen, dass bindende und haltende Dimensionen in den Organisationen schwinden und einer existenziellen Wettbewerbsdynamik Platz machen. Die libidinöse Besetzung des Berufs, die z. B. den Zeitgeist der 1980er Jahre noch sehr stark prägte, verändert sich zu Stresserfahrungen. Zunehmend leiden auch Führungskräfte unter Bedingungen der sozialen Beschleunigung (Rosa 2005). Für Frauen, sofern sie Mütter sind oder Mütter werden wollen, zeigt sich tagtäglich die Unvereinbarkeit beider Lebensbereiche „Führungsaufgaben" und „Familie". Diese Eindrücke werden jedoch nicht gesellschaftlich gedeutet, sondern als individuelles Problem behandelt, oft auch in der Selbstwahrnehmung. Neben diesen beiden, den weiblichen Lebenszusammenhang betreffenden Problemdimensionen von Frauen in Führungspositionen, soll noch eine weitere, dritte Dimension aufgezeigt werden, die sich explizit mit politischen Ämtern befasst.

Von Falle zu Falle als kirchliche Führungsfrau: Frau Eicher
Kirche ist nicht nur eine Organisation, sondern auch eine Institution. In ihr herrschen andere Regeln des Zugangs, der Rollenübernahme und der Interaktionen untereinander. Mit Annegret Böhmer (1995: 283 ff.) unterscheiden wir drei Ebenen der Organisation: die hierarchisch administrative Struktur, die synodal-demokratische Struktur, also das Zusammenwirken von Theologinnen, Theologen und Laien, und die charismatische Struktur, also die Zentrierung auf Personen, die „Pfarrerkirche".

Sowohl die synodale als auch der charismatische Teil der Struktur führt zu einer familialisierenden Kultur: Die oralen Mütter versorgen, die Väter geben die „Gesetze" vor, Konflikte werden nicht ausgetragen, oft unter den Mantel der Nächstenliebe geschoben. Frauen, die in den Kirchen Führungspositionen innehaben, sind exponierte Frauen, oft arbeiten sie allein oder sind, wie in der katholischen Kirche, Männern nachgeordnet. Wie ihre männlichen Kollegen sind sie auch oft allein in einer Gemeinde und leiten zusammen mit dem Kirchengemeinderat die Gemeinde.

Die Führungsfrau in unserem Beispiel, Frau Eicher, ist Leiterin einer Gesamtkirchengemeinde einer Großstadt, zu der viele einzelne Kirchengemeinden, Kindergärten, Altenheime, diakonische Einrichtungen etc. gehören. Sie ist Dienst- und Fachvorgesetzte der Pfarrerinnen und Pfarrer, der Kindergartenleiterinnen und anderer Mitarbeiter. Die Synode, das Kirchen-Stadt-Parlament, wollte offenbar einen Wechsel: Die Supervisandin hat sich beworben und wurde von dem großen Gremium mit großer Mehrheit gewählt. Eine Frau: das Ideal einer weltoffenen Stadt – die starke Frau: als Ideal einer aufgeklärten Großkirchengemeinde! Sie hat ab der Wahl einige Jahre Zeit, das Amt zu gestalten und die Kirchengemeinde genau so viel Zeit, sie zu demontieren – und es wird probiert – immer und immer wieder.

Im Sinne des von der Geschlechterforschung aufgeworfenen Problems der Drehtüreffekte – Frauen bleiben in diesen atypischen Positionen nur kurze Zeit und verschwinden dann wieder (Lorber 1999), sollen im Folgenden die Mikrostrukturen dieser Drehtüreffekte untersucht werden.

Im Sommer 2008 ging ein klerikaler Aufschrei durch die kirchenbezogene Welt, gefolgt von einem feministischen Aufschrei: In England sind viele Kirchenmitglieder und einige Bischöfe gegen das Ansinnen von Pfarrerinnen angestürmt, die sich zu Bischöfinnen wählen lassen wollten: Das sei nun doch unmöglich – man werde zu Tausenden die anglikanische Kirche verlassen. Man muss wissen: Anglikanische Pfarrerinnen werden geweiht, wie katholische Priester. Der Katholizismus lässt bekanntlich keine Frauen zum geweihten Priesteramt zu, lässt aber Frauen viel, sehr viel Arbeit in der Kirche machen.

In England sind sie zugelassen, aber nun taucht die alte Frage bei dem Bischofsamt von Neuem auf. Die Diskussion verweist auf tief sitzende, wahrscheinlich unbewusste Ängste einerseits, sie verweist aber auch andererseits auf die selbstverständliche „hegemoniale Männlichkeit" oder anders: auf die männerbündischen Aspekte der Pfarrerrolle und Kirchen, zu denen Frauen, was den professionellen Teil und den Teil der Macht angeht, nur beschränkt Zugangsmöglichkeiten haben. Connell definiert „hegemoniale Männlichkeit" bzw. „männliche Hegemonie" als Konfiguration geschlechterbezogener Praxis, was die Dominanz der Männer sowie die Unterordnung der Frauen angeht (1995, nach Lehner 2002: 22 f). Gemeint ist dasjenige Bild von Männlichkeit in einer bestimmten Gesellschaft, das für sich das größte Maß an Hegemonie in Anspruch nehmen kann, wobei die Unterordnung der Frauen einer der wichtigen Bestandteile ist.

Bei Bourdieu heißt es: „Mann zu sein heißt, von vorneherein in eine Position eingesetzt zu sein, die Befugnisse und Privilegien impliziert, aber auch ... alle Verpflichtungen, die die Männlichkeit als Adel mit sich bringt." (1997: 188). Das Habituskonzept betont die Entsprechung zwischen sozialer Strukturierung und individuellem Handeln in diesen Strukturen, was sich bereits auf einer unbewussten Ebene, also vor allen Rollendefinitionen und –übernahmen, in die Haltungen „eingeschrieben" hat.

Eine organisationskulturelle Erklärung für diese Phänomene des o.g. „Aufschreis" bietet Mary Douglas (1991: 149-178), die das Problem der Klassifikationen im Rahmen ihrer Arbeit: „Wie Institutionen denken", beschreibt. Ausgangspunkt für die Überlegungen von Mary Douglas ist die Religionssoziologie Max Webers (Douglas 1991: 153 ff.). In der Religionssoziologie unterscheidet Max Weber zwischen dem religiösen und dem weltlichen Leben. Säkularisierung ist bei ihm ein Prozess der Loslösung von den Religionen – ein, wie Douglas sagt, Verlust für die Religion. Die Rationalisierung, die Weber zum Motor der modernen Entwicklung macht, zeigt sich aus dieser Perspektive nicht nur als Versachlichung, sondern, wie Douglas hervorhebt, als Entschleierung und Entzauberung, als Verschwinden des Heiligen und des Wunders. Frauen in leitenden Funktionen der Kirche finden denn auch leichter Zugang zu exponierten Positionen, wenn es sowieso um Rationalisierung geht, um den weltlichen Teil der Kirche, also um Einsparungen, Umstrukturierungen und Zusammenlegung. Aber anders als in der Wirtschaft ist eine Fusion kein Akt der Potenz, der die Börse jubeln lässt, sondern ein Verlust – ein Verlust an Bindung und familialen Gefühlen, ein Verlust an Gemeinde, der häufig als Verlust von Spiritualität bezeichnet wird. Diese Dimensionen sind für viele eher konservative Mitglieder der Kirche nun aber etwas Heiliges. Die Debatte aus der anglikanischen Kirche verweist darauf, dass Kirche auf einer sehr unbewussten Ebene immer noch eine Verknüpfung von Männlichkeit mit Heiligkeit aufweist, was das archaische Bild der „Unreinheit" der Frau lebendig werden lässt. Auch wenn man Frauen auf einer bewussten Ebene zulässt, bedeutet das noch lange nicht, dass man sie auf einer unbewussten Ebene dann auch dort lässt, wo man sie hin gewählt hat.

Playing Management: Eine Führungsperson muss geschickt sein, verbindlich und ausgleichend; Kompromissfähigkeit in bestimmten Fragen muss sich mit Unbeugsamkeit in z.B. theologischen Fragen die Wage halten; rhetorisch gewandt muss sie theologisch elaboriertes Wissen und Denken in den Menschen zugewandte Predigten verpacken; sie muss im Talar wie im Anzug eine gute Figur machen, sich auf dem politischen Parkett einer (Groß-) Stadt bewegen können, Probleme geduldig ab- und aussitzen, etwas, einen Hauch von Originalität in ihrem Äußeren wagen etc., das alles, um ein möglichst breites Spektrum abzudecken, niemand und keine Gruppe zu brüskieren ..., Menschen an die Organisation binden, damit sie nicht verloren gehen, nicht aber nur, weil man/frau sich um wie eine Hirtin um Schafe kümmern müsste, sondern weil sie als zahlende Kirchenmitglieder umworben und bei Laune gehalten werden müssen.

Wenn die Führungsperson eine Frau ist, dann kommt es eher zum Konflikt zwischen Führungsrollenideal und bürgerlichem Geschlechterideal: Da wird das notwendige Durchsetzungsvermögen schnell zur Machtbesessenheit, der Hosenanzug unpassend zum Amt und die Predigt angeblich im totalen Widerspruch zu eigenem Handeln stehend. Basis der Entwertungen von Frauen in Führungspositionen ist ein konstruierter Widerspruch zwischen Führungseigenschaften und traditionellen Geschlechtseigenschaften, der wie eine Kippfigur verwendet werden kann. Das Verhalten der Person kann immer mit den Wertmaßstäben des jeweils anderen Rollenideals gemessen werden – ein verwirrendes Spiel, das leider bis zum Exzess betrieben werden kann, indem man in der Außenwahrnehmung zwischen den Rollen hin- und herswitcht. Es benötigt eine hohe soziale Kompetenz der Rolleninhaber wie auch der Rollenpartner, diese Rollenanteile auseinanderzuhalten, sie nicht als Spaltung, sondern sie in Bezug auf unterschiedliche Situationen als jeweils adäquat zu erleben und – als Extrem: sie nicht absichtlich im Sinne der Verunglimpfung zu vermengen.

In unserem Beispiel, Frau Eicher, stellt diese beschriebene Kippfigur die Basis für einen eskalierenden Konflikt dar, den sie mit einem Mann austrägt, der eine Position im Vorstand eines Gremiums bekleidet und entsprechend als ehrenamtlich tätiges Gemeindemitglied einen besonderen moralischen Schutz und eine besondere moralische Anerkennung genießt –, um nicht zu sagen, dass in der kirchlichen Gremienkultur eine Kritik am Verhalten eines ehrenamtlichen Mitglieds fast einem Tabubruch gleichkommt, wohingegen Kritik an den hauptamtlichen Mitarbeiter/innen normal und üblich ist. Frau Eicher wird von diesem Mann mehrfach aufgefordert, disziplinarisch gegen eine Pfarrerin vorzugehen, was diese ablehnt und was einen anstrengenden und unfairen Konflikt hervorruft.

Es gibt es eine lange Liste mit Vorwürfen gegen die Superintendentin, wo überall sie ihrer Kontrollpflicht nicht nachgekommen sei. Frau Eicher hat nur zwei Möglichkeiten: den Konflikt mit dem ehrenamtlichen Mann zu verdecken, was ihr vermutlich den Vorwurf des Vertuschens einbringen würde, oder selbst dafür zu sorgen, dass andere, nämlich Vorgesetzte aus der Kirchenverwaltung, die Vorwürfe überprüfen. Die Überprüfung durch Dienstvorgesetzte – für diesen Weg hat sie sich entschieden – verwirft alle Vorwürfe, was der ehrenamtliche Mann mehrfach mit dem Satz quittiert: Er bleibe bei seiner Sichtweise. Die Kombination von hegemonialer Männlichkeit wird mit und über die hohe, machtvolle Bedeutung des Ehrenamtes zu einer moralischen Größe – und zu einer mächtigen Waffe.

Eine Pfarrerin muss mit Ehrenamtlichen arbeiten, Männern wie Frauen. Man nennt dies heute nicht mehr „brüderliche", sondern „geschwisterliche Zusammenarbeit". Nun weiß die Familiensoziologie und –dynamik von vielen Beispielen fataler Geschwisterliebe. Es passiert aber, was in sich familisierenden Organisationen oft entsteht: die totale Vermischung aller Rollenanteile. Die beiden Bühnen, die Vorderbühne und die Hinterbühne sind in einem Strukturmodell vermischt – die Beziehungen und Beziehungsebenen kollidieren mit den Ebenen der Strukturen und Aufgabenverteilungen und die Unterbühne ist über Erzählungen in der Öffentlichkeit und über „falsches Zeugnis" aktiv.

Das Über-Ich und die Regeln der Kirche sorgen dafür, dass offiziell niemand beschädigt oder gemobbt werden darf. Deshalb kann hier ein zirkulärer Prozess von Problemen und Lösungen einsetzen: Üblicherweise ist der Kreislauf so, dass auftauchende Probleme die Suche nach Lösungen lostreten – aber es kann auch umgekehrt geschehen: Man kann sich für Lösungen bereits entschieden haben und muss nun die passenden Probleme dazu schaffen. Solche Lösungen ähneln sich in vielen Konflikten: Unsere Dekanin bzw. Superintendentin, unsere Pfarrerin muss weg, weil sie das Amt nicht im Griff hat, weil sie falsche Prioritäten setzt, weil sie nicht als Seelsorgerin handelt, weil sie nicht als Führungsfrau handelt, weil sie zu viel Führung beansprucht oder weil sie vielleicht doch in ihrer Weiblichkeit „unheimlich" und gefährlich ist – also Zugriffe in die Asservatenkammer der Unterbühne.

Frau Eicher: Eine solche Frau in einer solchen Position macht die Kirchengemeinde in der Fantasie über sich selbst erst einmal großartig, innovativ und charismatisch. Eine Führungsfrau ist dann in Gefahr, wenn sie diese Großartigkeit als Anerkennung der Ausübung ihrer Ämter auf sich selbst überträgt – oft aber meint die Kirchengemeinde nämlich nicht sie, sondern nur sich selbst.

Abschließend ist anzumerken:

Hoch qualifizierte Frauen und Frauen in Führungspositionen leben exponierter als Männer, sie sind angreifbarer und unter mehr Beobachtung bzw. Kontrolle. Unsere Beispiele verweisen auf tief greifende Lebens- und Arbeitssituationen, die nicht immer so heftig verlaufen müssen, es aber häufig tun und häufig so erlebt werden. Beratung in Form von Coaching und Supervision schafft den notwendigen Raum des Pausierens, Reflektierens und Planens, aber auch des Sich-Selbst-Vergewisserns und der Überprüfung der jeweils derzeitigen Identität.

Hoch qualifizierte Frauen und Frauen in Führungspositionen müssen etwas Narzisstisches haben, sonst werden sie nicht dahin kommen: Sie sind, weil ihre Positionen zumindest auf der unbewussten Ebene (immer noch) nichts Selbstverständliches sind, immer eine Ausnahme und immer im Ausnahmezustand – sei es in der Lebensplanung oder in der Vereinbarkeit von Beruf und Familie. In unserem Beispiel der Kirchengemeinde einer ganzen Stadt wollen „die anderen" an der Besonderheit, eine Frau in das Amt berufen zu haben, partizipieren. Zu viel Erfolg, zu viel Charisma und Narzissmus einer Frau fordert offenbar dazu auf, den Fall einzuleiten und den Sturz vorzubereiten: das Ikarus-Paradoxon.

Literaturverzeichnis:

Bauer, Annemarie (2005): Institutionen und Organisationen zwischen Angstbindung und Angstproduktion. Überlegungen aus psychoanalytischer Sicht. 181-202. In: Fröse, Marlies W. (Hg.): Management sozialer Organisationen. Beiträge aus Theorie, Forschung und Praxis – Das Darmstädter Managementmodell. Bern-Stuttgart-Wien: Haupt .

Bailey, Frederich (1977): Morality and Expediency. The Folklore Academic Politics. Osford

Bauer, Annemarie und Gröning, Katharina (Hg.) (2008): Geschlecht, Gerechtigkeit und demografischer Wandel, Frankfurt/Main: Mabuse.

Beck, Ulrich und Bonß, Wolfgang (2001): Die Modernisierung der Moderne, Frankfurt/M.: Suhrkamp.

Beck, Ulrich und Brater, Michael (1977): Die soziale Konstitution der Berufe/Frankfurt/M.: Aspekte.

Böhmer, Annegret (1995): Arbeitsplatz Evangelische Kirche. 281-307. In: Bauer, Annemarie und Gröning, Katharina (Hg.): Institutionsgeschichten – Institutionsanalysen. Tübingen: edition diskord.

Bosetzky, Horst (1989): Mensch und Organisation. Köln: Dt. Gemeindeverlag.

Bourdieu, Pierre (1997): Das Elend der Welt. Konstanz: Universitätsverlag.

Dierks, Marianne (2005): Karriere! Kinder? Küche? Wiesbaden: VS-Verlag.

Dierks, Marianne (2008): Karriere! – Kinder? Küche? Eine explorative Studie zur Verrichtung der Reproduktionsarbeit in Familien mit qualifizierten berufsorientierten Müttern aus der Perspektive von Frauen nach der Beendigung ihrer Erwerbsarbeit. 63-88. In: Bauer, Annemarie und Gröning, Katharina (Hg.) (2008): Geschlecht, Gerechtigkeit und demografischer Wandel, Frankfurt/Main: Mabuse-Verlag.

Dorst, Brigitte (1992): Über das Leiden von Frauen am patriarchalen Gott, der Kirche und den Kirchenmännern. *Wege zum Menschen* 44, 437-449.

Douglas, Mary (1991): Wie Institutionen denken. Frankfurt a.M.: Suhrkamp Gilligan, Carol (1984): Die andere Stimme. München: Pieper.

Goffman, Erving (1991): Wir alle spielen Theater. 7. Auflage; München: Pieper.

Haubl, Rolf und Daser, Bettina (Hg.) (2007): Macht und Psyche in Organisationen. Göttingen· Vandenhoeck & Ruprecht.

Haubl, Rolf (2007): Bescheidenheit ist keine Zier. Enttabuisierung weiblicher Aggression in Organisationen. 100-123. In: Haubl. Rolf und Daser, Bettina (Hg.): Macht und Psyche in Organisationen. Göttingen: Vandenhoeck& Ruprecht.

Hochschild, Arlie (Hg.) (2002): Keine Zeit – wenn die Firma zum zu Hause wird und zu Hause nur die Arbeit wartet, Opladen: Leske und Budrich.

Jurczyk, Karin und Rerrich, Maria (1993): Die Arbeit des Alltags: Beiträge zu einer Soziologie der alltäglichen Lebensführung. Freiburg i. B.: Lambertus.

Kraus, Helga und Kraus, Karin (2002): Frauen und Macht. 37-54. In: Wolf, Michael (Hg.): Frauen und Männer in Organisationen und Leitungsfunktionen. Unbewusste Prozesse und die Dynamik von Macht und Geschlecht. Frankfurt: Brandes & Apsel.

Lehner, Erich (2002): Die Organisation als Männerbund. 19-26. In: Wolf, Michael (Hg.) (2002): Frauen und Männer in Organisationen und Leitungsfunktionen. Unbewusste Prozesse und die Dynamik von Macht und Geschlecht. Frankfurt: Brandes & Apsel.

Lorber, Judith (1999) Gender-Paradoxien, Opladen: Leske und Budrich.

Magnus, Susanne (2004): Zur Konstruktion und Repräsentation von Frauen in Führungspositionen. Eine Literaturanalyse am Beispiel ausgewählter wissenschaftlicher Publikationen zu „Frauen in Führung" aus den Jahren 1996-2003. Unveröffentlichte Masterarbeit an der EFH-Darmstadt. Gutachterinnen: Prof. Dr. Marlies W. Fröse, Prof. Dr. Annemarie Bauer. Darmstadt.

Müller, Mario (2008): Verausgabung als Programm. In: *Mitbestimmung*, Heft 12/2008, 29/30.

Neckel, Sighard (2000): Die Macht der Unterscheidung. Frankfurt a.M.: Campus.

Neuberger. Oswald (2006): Mikropolitik und Moral in Organisationen. 2. Auflage. Stuttgart: Lucius und Lucius.

Neuberger, Oswald (1995): Von sich reden machen. Geschichtsschreibung in einer organisierten Anarchie. 25- 72. In: Volmerg, Birgit, Leithäuser, Thomas, Neuberger, Oswald, Ortmann, Günther, Sievers, Burkhard (1995): Nach allen Regeln der Kunst. Macht und Geschlecht in Organisationen. Freiburg: Kore.

Oechsle, Mechthild: Keine Zeit – (k)ein deutsches Problem. In: Hochschild, Arlie: Keine Zeit. Wenn die Firma zum Zuhause wird und zu Hause nur Arbeit wartet. Opladen, 2002.

Ostendorf, Helga (2001): Die Mädchenpolitik der Berufsberatung, Forschungsbericht der Deutschen Forschungsgemeinschaft Berlin 2001 (download).

Pongratz, Joachim und Voß Günter (2000): Vom Arbeitnehmer zum Arbeitskraftunternehmer. Zur Entgrenzung der Ware Arbeitskraft. 225-247. In: Minssen, Heiner (Hg.): Begrenzte Entgrenzungen. Wandlungen von Organisationen und Arbeit. Berlin.

Pongratz, Joachim (2004): Der Typus Arbeitskraftunternehmer und sein Reflexionsbedarf. 17-34. In: Buer, Ferdinand und Siller, Gertrud (Hg.): Die flexible Supervision. Wiesbaden: VS-Verlag.

Prokop, Ulrike (1977): Weiblicher Lebenszusammenhang. Frankfurt a.M.: Campus.

Ravaioli, Carla (1987): Die beiden Seiten des Lebens. Von der Zeitnot zur Zeitsouveränität, Hamburg: VSA-Verlag.

Rastetter, Daniela (2007): Mikropolitisches Handeln von Frauen. 86-98. In: Haubl. Rolf und Daser, Bettina (Hg.): Macht und Psyche in Organisationen. Göttingen: Vandenhoeck & Ruprecht.

Rosa, Hartmut (2005): Beschleunigungen – über den Wandel der Zeitstrukturen in der Moderne. Frankfurt a.M.: Suhrkamp.

Seifert, Hartmut (2008): Auf Kollisionskurs, Arbeitszeittrends. 21-23. In: Mitbestimmung, Heft 12/2008, Frankfurt/Main.

Teubner, Ulrike (2004): vom Frauenberuf zur Geschlechterkonstruktion im Berufssystem. In: Becker, Ruth und Kortendiek, Beate (Hg.): Handbuch Frauen- und Geschlechterforschung. Wiesbaden: VS-Verlag.

Volmerg, Birgit, Leithäuser, Thomas, Neuberger, Oswald, Ortmann, Günther, Sievers, Burkhard (1995): Nach allen Regeln der Kunst. Macht und Geschlecht in Organisationen. Freiburg: Kore.

Wagner, Alexandra (2000): Arbeiten ohne Ende. 261. In: Institut Arbeit und Technik (IAT) Jahrbuch 1999/2000.

Wilke, Gerhard (2002): Gruppenanalyse in Organisationen. 7-24. In: Gruppenanalyse. Zeitschrift für gruppenanalytische Psychotherapie, Beratung und Supervision, 12ter Jahrgang, Heft 1.

Wolf, Michael (Hg.) (2002): Frauen und Männer in Organisationen und Leitungsfunktionen. Unbewusste Prozesse und die Dynamik von Macht und Geschlecht. Frankfurt: Brandes & Apsel.

Wolf, Michael (2002): Das Unbewusste in Organisationen – zur Dynamik von Organisation, Gruppe und Führung. 141 – 184. In: Wolf, Michael (Hg.): Frauen und Männer in Organisationen und Leitungsfunktionen. Unbewusste Prozesse und die Dynamik von Macht und Geschlecht. Frankfurt: Brandes & Apsel.

Zeiher, Helga (2004): Zeitbalancen. Aus Politik und Zeitgeschichte. B31-32. 4 ff. Frankfurter Societäts-Druckerei GmbH: Frankfurt am Main.

Cornelia Edding

Die gute Herrschaft – Führungsfrauen und ihr Bild der Organisation

1 Einleitung

Der Aufstieg von Frauen in den Unternehmen und Einrichtungen unseres Landes wird durch vielfältige Hindernisse erschwert. Diese sind in die Strukturen und Regelwerke unserer Organisationen eingelassen; sie wirken, sind aber schwer dingfest zu machen (vgl. Kroll in diesem Band). Eine einzelne Frau, so tüchtig und klug sie auch sein mag, kann daher ihren beruflichen Erfolg nur begrenzt selbst beeinflussen. Sie ist nur in bescheidenem Umfang ihres eigenen Glückes Schmied.

Wenn ihre berufliche Entwicklung daher nicht so zügig verläuft, wie die der Kollegen, stehen hoch qualifizierte Frauen immer wieder vor der Aufgabe, herauszufinden, ob es an ihnen liegt, an ihren persönlichen Verhaltensmustern oder an den äußeren Umständen. Vielleicht gerade deshalb suchen Frauen mit Führungsaufgaben gern Unterstützung durch Supervision und Coaching. Sie nutzen die Beratung zur Reflexion und Analyse schwieriger beruflicher Situationen, zum Beispiel, wenn es darum geht, Misserfolge zu verstehen. Folgende Fragen stehen im Mittelpunkt: Haben sie persönlich versagt? Was hätten sie anders machen können? Im Coaching können sie frei und ungezwungen sprechen und mit einer wohlwollenden Partnerin beziehungsweise einem wohlwollenden Partner untersuchen, wie eigene Verhaltensmuster zu Erfolg oder Misserfolg beitragen (auch wenn dieser Beitrag geringer ist als die Klientinnen vermuten).

Frauen sind „als Menschen" sehr unterschiedlich. Sie bringen viele verschiedene Themen in die Supervision, und sie reagieren auf berufliche Belastung – und auf beruflichen Erfolg – mit einer breiten Palette von Gefühlen und Verhaltensweisen. Wenn man jedoch, so wie ich, seit vielen Jahren Führungsfrauen berät und auf diese Beratungen zurückblickt, zeichnen sich einige Themenfelder ab, ohne deren angemessene Bewältigung höhere Leitungspositionen nicht zu erreichen oder zu halten sind.

Eines dieser Themenfelder steht im Mittelpunkt der folgenden Ausführungen. Es geht erstens um die Frage, welches innere Bild, welches mentale Modell Frauen von Organisation und ihrem Funktionieren haben, zweitens, wie dieses Bild ihre Wahrnehmung des Organisationsgeschehens bestimmt, drittens, welche Folgen es für ihr Verhalten hat und schließlich auch darum, ob und wie diese inneren Bilder sich verändern lassen.

„Mentale Modelle sind innere Grundvorstellungen oder Landkarten davon, wie die Welt zu verstehen ist." (Clausen 2009). Sie sind keineswegs nur Konzepte oder Gedankengebäude, sondern eher ein Konglomerat aus Gedanken, Emotionen, Überzeugungen und Haltungen. Wir entwickeln sie im Laufe unseres Lebens und verwenden sie, um uns in der Welt zurechtzufinden. Sie gehören zu unseren Selbstverständlichkeiten, d.h. in der Regel kennen wir sie nicht. Sie steuern unsere Wahrnehmung und wir richten unser Verhalten an ihnen aus – sie sind also ziemlich wichtig.

Es scheint mir, dass sich Frauen häufiger als Männer in mentalen Modellen von Organisation in ihrem Unternehmen oder ihrer Einrichtung bewegen, die dazu beitragen, dass Chancen nicht wahrgenommen und Einflussmöglichkeiten vertan werden. Sie machen Frauen blind für die alltäglichen Aushandlungsprozesse, mittels derer die Akteure in einer Organisation ihre Ziele verfolgen.

Ein Teil der Unterstützung, die Supervision und Coaching für Frauen leisten kann, besteht darin, ihnen ihre Organisationsbilder bewusst zu machen, sie möglicherweise zu erweitern oder zu verändern. Damit werden auch Ereignisse neu bewertet. Und letztendlich geht es darum, einige Verhaltensweisen auszuprobieren, um auf die nun neu bewerteten Ereignisse anders – und zielführender – reagieren zu können.

2 Bilder der Organisation und ihre Folgen

Wir halten unsere Vorstellung von der Wirklichkeit für die Realität. Wir haben ein inneres Bild davon, wie eine Organisation „ist" – und damit subjektiv die Gewissheit, was wir zu erwarten haben und wie wir uns erfolgreich in dieser Organisation bewegen können. Diese mentalen Modelle führen dazu, dass wir unsere Aufmerksamkeit auf bestimmte Dinge richten, für andere dagegen blind sind. Sie erlauben es uns, Ereignisse zu interpretieren und subjektiv angemessen darauf zu reagieren. Unser inneres Bild von Organisation eröffnet uns Handlungsspielräume – und begrenzt diese zugleich. Es ist daher für das Vorhaben, sich in einer Organisation erfolgreich zu bewegen, sehr wichtig. Ereignisse werden auf eine ganz bestimmte Weise interpretiert – alternative Möglichkeiten tauchen gar nicht auf. Die Frage: „Welches Verhalten führt in einer Organisation zum Erfolg?" wird, abhängig von dem persönlichen mentalen Modell, ganz unterschiedlich beantwortet. Und persönliche Verhaltensweisen und Handlungsstrategien richten sich an diesen Interpretationen aus.

Innere Bilder davon, wie eine Organisation tatsächlich „ist", sind keine theoretischen Modelle, sondern Vorstellungen, die im Laufe eines Lebens entstanden sind. Im Unterschied zu abstrakten Konzepten sind sie nicht widerspruchsfrei, folglich nicht „aus einem Guss". Sie leiten zwar unser Verhalten, sind uns aber nur zum Teil bewusst. Sie infrage zu stellen oder gar zu verändern, bedeutet unsere Orientierung zu verlieren. Diesen bedrohlichen Zustand suchen wir zu vermeiden, daher reagieren wir auf solche Zumutungen mit Ablehnung, Angst, Zorn oder mit Kränkung. Wenn die Wirklichkeit nicht unserem mentalen Modell entspricht, zweifeln wir nicht das Modell an, sondern empören uns über die Wirklichkeit oder leugnen sie.

Parallel zu diesen inneren Vorstellungen, die jeder Mensch hat, gibt es Denkmodelle von Organisation, abstrakte Antworten auf die Frage: Wie funktioniert ein Unternehmen, eine Verwaltung? Nach solchen Modellen werden Organisationen konstruiert oder verändert.

Im Folgenden skizziere ich zwei solcher Denkmodelle. Das bürokratische oder auch Maschinenmodell genannte Denkmodell ist ein Konzept, das über Jahrzehnte die Konstruktion unserer Organisationen bestimmt hat. In diesem Denkmodell ist das reibungslose Funktionieren einer Einrichtung dann garantiert, wenn alles angemessen geregelt ist. Ein Gegenmodell ist die Vorstellung, die Organisation sei ein Kräftefeld, das es zu beeinflussen gelte. Hier stehen nicht die Regeln, sondern im Gegenteil das Einsetzen von Macht und Einfluss im Vordergrund.

Das mentale Modell von Organisation, an dem Frauen sich orientieren, ähnelt eher dem bürokratischen Modell. Die Vorstellung eines Kräftefeldes, in dem sie beeinflusst werden, aber auch selbst Einfluss nehmen, ist ihnen oft fremd. Ein wichtiges Ziel des Coachings besteht daher darin, ihnen dieses Konzept näherzubringen.

2.1 Das bürokratische Modell und seine weibliche Variante

Ein klassisches Bild von Organisation ist das bürokratische: Jedes Rädchen hat seinen festen Platz, all diese Rädchen greifen reibungslos ineinander. Die Aufgaben werden arbeitsteilig erledigt: Jeder und jede arbeitet entsprechend seiner oder ihrer Zuständigkeit und trägt durch kompetente Ausübung der Tätigkeit dazu bei, dass das Ziel der Organisation, welches alle teilen, erreicht wird. Die Zuständigkeit für bestimmte Aufgaben ist horizontal geregelt; sie ist aber auch vertikal klar geordnet. Auf jeder Hierarchiestufe wissen die Führungskräfte, was sie entscheiden dürfen und welche Fragen an die nächsthöhere Ebene weitergereicht werden müssen. Daher sind Machtfragen irrelevant.

Die horizontale und die vertikale Gliederung der Organisation, die Abläufe, die Regelkommunikation, der Informationsfluss – alles ist in einem Regelwerk festgeschrieben, das für diese Ordnung den Gesetzestext liefert, auf den sich alle Organisationsmitglieder beziehen können und müssen.

In diesem Bild ist das Geschehen in Organisationen durch und durch vernünftig. Alle Abweichungen von diesem Prinzip sind Organisationsfehler, die durch Verbesserung der Regeln behoben werden können. Interessengleichheit der Organisationsmitglieder wird angenommen: Alle arbeiten für das Organisationsziel. Machtkämpfe, Konflikte, Intrigen, Gefühlsausbrüche jeder Art haben in diesem Bild keinen legitimen Platz. Ihr Auftreten ist eine Panne, ein Hinweis darauf, dass es weiteren Regelungsbedarf gibt. Bei Entscheidungen werden Sachargumente zusammengetragen, gesichtet und dann auf der zuständigen Hierarchiestufe rational entschieden. Die Entwicklung der einzelnen Mitarbeiter ist uninteressant – entweder, sie sitzen am rechten Platz oder nicht. In dem Fall werden sie, wenn möglich, entfernt und durch eine besser geeignete Person ersetzt.

Das mentale Modell von Organisation, das viele meiner Klientinnen in die Supervision mitbringen, ist nicht leicht zu beschreiben. In manchem ähnelt es dem bürokratischen Modell, unterscheidet sich aber auch von diesem. Ich versuche es mit einem Bild: Aus dem Siena der Renaissance sind einige kleine Gemälde erhalten und auch dort ausgestellt, die folgende Motive haben und überschrieben sind mit: „Il buon governo", die gute Herrschaft. Vor dem Hintergrund der lieblichen toskanischen Landschaft sehen wir zum Beispiel eine rosafarbene Stadt mit Türmen und beschützenden Mauern. In der Stadt herrscht Marktgewimmel, außerhalb der Mauern ernten die Bauern ihre Reben, Fischer ziehen einen Nachen an Land, schön gekleidete Reiter haben gerade eines der Stadttore passiert – eine geordnete, zufriedene Welt, in der jeder seinen Platz kennt und akzeptiert.

Sollte ich dem inneren Bild, das viele meiner Klientinnen von der Organisation haben, eine Überschrift geben, so würde mir genau diese einfallen: „Il buon governo", die gute Herrschaft.

Sie erwarten eine geordnete Welt, in der jeder und jede an ihrem Platz ihr Bestes gibt. Die fachliche Leistung steht im Mittelpunkt. Das vernünftige Argument bestimmt die Entscheidungen. Konflikte und Auseinandersetzungen sind störend. Sie entstehen, wenn Einzelne sich dem vernünftigen Argument nicht fügen möchten. Ebenso gehören auch Machtkämpfe nicht zum Wesen der Organisation. Es sind bedauerliche – und letztlich unmoralische – Entgleisungen, die unnötig Energie binden und von der eigentlichen Arbeit ablenken. Das Ganze wird gesteuert von freundlichen, gerechten und fähigen Lenkern. Diese weisen die Unsachlichen zurecht und laden die Tüchtigen zu verantwortungsvolleren Aufgaben ein. In Abwandlung des alten Spruches „Ora et labora" – bete und arbeite – verhalten sich die ehrgeizigen und hoch qualifizierten Frauen nach dem Motto: „Arbeite und warte!"

Beispiel:
Im Zuge eines Diversity-Programms in einem großen Konzern wird Frau Z. eingeladen, zusammen mit einigen anderen Frauen aus dem mittleren Management an einer längeren Qualifizierungsmaßnahme teilzunehmen, die sie auf die Übernahme einer höheren Position vorbereiten soll. Das Programm wird in Anwesenheit des Vorstandsvorsitzenden und mit viel Presseecho auf den Weg gebracht. Die Teilnahme ist für Frau Z. interessant, und sie hat den Eindruck, für eine zukünftige Tätigkeit viel mitgenommen zu haben. Nach Abschluss der Qualifizierungsmaßnahme nimmt sie ihre bisherige Arbeit in vollem Umfang wieder auf. Bald soll eine neue Gruppe von Frauen die Maßnahme durchlaufen. Es ist Frau Z. noch gar nicht aufgefallen, dass ihr Vorgesetzter gar keinen persönlichen Entwicklungsplan mit ihr besprochen hat. Sie und die anderen Teilnehmerinnen warten ab.

2.2 Die Organisation als Arena politischen Handelns

Das oben skizzierte mentale Modell von Organisation entspricht so gar nicht der gängigen Managementliteratur und der Organisationsforschung. Die Vorstellung eines patriarchalisch gelenkten Unternehmens ist nahezu unanständig, und auch die Idee eines Apparates, der reibungslos funktioniert, wenn er nur gut genug organisiert sei, hat schon seit einigen Jahren an Attraktivität verloren. Dazu haben verschiedene Konzepte und Diskussionsstränge beigetragen: Schon vor 20 Jahren hat Neuberger unter dem Stichwort „Mikropolitik" begonnen, informelle aber geplante Einflussnahme zu thematisieren (Neuberger 1995). Die Systemtheorie versteht Organisationen als bestenfalls indirekt steuerbar, zum Beispiel durch die Beeinflussung von weichen Faktoren, wie Unternehmenskultur oder durch gezielt gesetzte Irritationen (Willke 2001). Das Konzept des Intrapeneurships, dem viele Unternehmen anhängen, hat die Idee des „internen Marktes" verbreitet: Die Organisation wird als ein Ort gesehen, an dem die Ideen und Vorhaben vieler Akteure miteinander konkurrieren. Dort geht es darum, unternehmerisch für eigene Vorhaben zu werben, diese möglichst überzeugend zu präsentieren und ihre Vorteile gegenüber anderen Projekten herauszustreichen. Das Konzept eines Arbeitskraftunternehmers (Pongratz und Voss, 1998), der die Ware Arbeitskraft – nämlich sich selbst – anbietet, pflegt, fit hält und erfolgreich im Unternehmen vermarktet, hat Furore gemacht.

Selbststeuerungsmodelle, dezentralisierte Organisation, Netzwerksteuerung – all diese Konzepte, in der betrieblichen Praxis unterschiedlich erprobt, verweisen auf das Ende der Vorstellung, Organisationen seien durch tüchtige Vorgesetzte und durch gut ausgearbeitete Regelwerke erfolgreich direkt zu steuern. Die Unberechenbarkeit von Organisationsgeschehen wird hervorgehoben. Zugleich wird die Notwendigkeit betont, sich als Einzelakteur, als wirkendes Individuum in der Organisation zu verstehen und entsprechend zu handeln. Im Coaching wird nicht selten von Reorganisationsprozessen berichtet, die unter anderem die Veränderung bürokratischer Steuerung zum Ziel haben. Selbst Frauen, die mit der Umsetzung solcher Vorhaben betraut sind, stellen ihre persönlichen Organisationsbilder deshalb nicht infrage.

Morgan (1993: 141 ff.) schildert ein Bild von Organisation, das ich selbst vor Augen habe, wenn ich mit Frauen an ihren mentalen Modellen arbeite.

In diesem Bild wird die Organisation als ein von Interessen geprägtes Kräftefeld, als ein Feld politischen Handelns gesehen. Die Organisationsmitglieder sind sich durchaus nicht einig in ihren Zielen, sondern haben persönliche Interessen und zudem unterschiedliche Vorstellungen davon, welches der richtige Weg sei, um gesetzte Ziele zu erreichen. Nicht die Ordnung und die Rationalität des Organisationsgeschehens stehen im Vordergrund, sondern seine Beeinflussbarkeit. Danach kommen Entscheidungen nicht oder nicht nur rational zustande, sondern sind immer auch Ausdruck der zum Zeitpunkt der Entscheidung bestehenden Kräfteverhältnisse.

Wer ein Unternehmen als ein Feld politischen Handelns sieht, kennt seine Interessen und verfolgt sie aktiv. Er sucht nach den Spielräumen, die die jeweilige Situation für die Verfolgung von Interessen bietet und nach Einflussmöglichkeiten. Verschiedene Akteure mit unterschiedlichen, teilweise gegensätzlichen Interessen versuchen, ihre individuellen Ziele zu verfolgen. Dafür setzten sie viele verschiedene Mittel ein. Sie stellen sich und ihre Ideen dar, werben dafür und versuchen andere, auch Unentschiedene dafür zu gewinnen, Gegner zu isolieren. Sie schließen Allianzen und bilden Koalitionen. Sie lassen sich auf Kuhhandel und Tauschgeschäfte ein. In diesem Bild der Organisation sind Konflikte normal. Aushandlungsprozesse und Kompromisse gehören zum Alltag.

Eine so verstandene Organisation ist kein sehr stabiles Gebilde, sondern immer in Bewegung. Denn die Kräfteverhältnisse ändern sich immerzu. In ruhigen Zeiten sind diese Bewegungen zwar vorhanden, aber nur schwach wahrnehmbar. In turbulenten Zeiten jedoch, in denen eine sich verändernde Umwelt Unternehmen und Einrichtungen immer wieder zu Anpassung und Neuausrichtung zwingt, wird ständig sichtbar und fühlbar um Art und Ausmaß der konkreten Veränderung gerungen. Interessengruppen und Einzelakteure probieren fortlaufend, ihre Ziele und Vorhaben voranzubringen, die Projekte anderer zu behindern. Viele fühlen sich bedroht und befürchten, zu den Verlierern der Veränderung zu gehören. Offene und verdeckte Aushandlungsprozesse sind an der Tagesordnung. Einzelne versuchen, sich selbst in eine gute Position manövrieren.

In diesem Modell ist die Organisation beweglicher, aber auch gefährlicher. Es gibt keine beschützenden und sorgenden Instanzen. Fachliche Leistung führt nicht quasi automatisch zum Erfolg. Die einzelnen Personen sind Handelnde, die allein oder mit anderen zusammen Interessen verfolgen und sich Ziele setzen, die sie mit allen ihnen zur Verfügung stehenden Mitteln erreichen wollen. Sie stehen auf schwankendem Boden, denn die Einflusssphären ändern sich ständig. Aus jeder Besprechung, jedem Dialog können die Akteure einflussreicher oder einflussärmer hervorgehen.

2.3 Enttäuschte Erwartungen

Die Folgen des mentalen Modells von Organisation, das sich an der Vorstellung einer „guten Herrschaft" orientiert, sind weitreichend:
- Es bestimmt die Erwartungen an Vorgesetzte,
- es strukturiert die Wahrnehmung von Vorgängen im Unternehmen,

- es steuert die Bewertung von Ereignissen,
- es begrenzt die Entwicklung von notwendigen Verhaltenskompetenzen.

Frauen erwarten in der Regel, eine gerechte und freundliche Leitung vorzufinden. Bemerkenswert häufig schildern sie in der Beratung Situationen, in
denen sie enttäuscht wurden, in denen nicht sie, sondern ein anderer oder
eine andere befördert wurde oder die Leitung eines wichtigen Projekts erhalten hat. Im Unterschied zu Höhlers Erfahrung (2009) beklagen sie nicht ihre
Benachteiligung als Frau und versuchen auch nicht, Vorgesetzte mit diesem
Argument unter Druck zu setzen. Sie sind – oft in bereits recht herausgehobener Stellung – einfach fassungslos und verstehen überhaupt nicht, warum
sie nicht zum Zuge gekommen sind. Sie vergleichen sich selbst und die er-
folgreicheren Kolleginnen oder Kollegen in Bezug auf ihre fachlich-sachliche
Leistung und stellen fest: „Ich bin doch besser – warum wurde ich nicht berücksichtigt?!"

Die meisten Frauen erwarten, dass ihre fachliche Leistung von den Entscheidern gesehen und angemessen bewertet wird und dass für die Entscheidung diese Leistung das Wichtigste, wenn nicht das einzige Kriterium
darstellt. Eigentlich müssten sie Erfolg haben, denn sie haben sich genauso verhalten, wie man sich, ihrem Bild von Organisation zufolge, verhalten
sollte, um anerkannt zu werden. Aber sie werden in dieser Erwartung enttäuscht, und die betroffene Frau hat Mühe, zu verstehen, wie das geschehen
konnte.

Sie wissen natürlich, dass es auch inkompetente und ungerechte Chefs
gibt – aber welche Folgen hat dieses Wissen? Sie sind enttäuscht und oft persönlich gekränkt. Die Frage: „Was könnte ich tun, damit mein Chef ein besserer Vorgesetzter werden kann?" kommt ihnen meist nicht in den Sinn. Ihn
auszubooten oder zu übergehen wäre moralisch inakzeptabel, ihn zu ignorieren, erlaubt die Kränkung nicht. So arbeiten sie sich innerlich an ihm ab –
ohne Ergebnis, aber auch ohne Ende.

Viele Frauen sind blind für Veränderungen des Kräftefeldes. Sie konzent-
rieren sich auf ihre Arbeit und merken oft viel zu spät, dass ihr Bereich, ihre
Abteilung auch betroffen ist. Sie wittern nicht, wenn der Wind sich dreht. Ihr
berufliches Netzwerk beinhaltet kein Frühwarnsystem, das Gefahren ankün-
digen könnte.

Daher kommen sie immer wieder zu einer falschen Einschätzung der
Situation. Sie überschätzen das Gewicht ihrer eigenen Sachkompetenz und
unterschätzen die Erfolge strategischen Vorgehens. Sie sehen das „politische"
Verhalten vieler Kollegen, aber sie verachten sie dafür. Selbst wenn ein be-

sonders trickreiches und schließlich auch erfolgreiches Vorgehen ihnen Bewunderung abnötigt, möchten sie selbst nicht so handeln. Den eigenen Vorgesetzten zu hintergehen oder gar abzusägen, käme einem Vatermord gleich. Ihr mentales Modell benötigt andere Vorbilder.

Wer in der sachlich-fachlichen Leistung den Königsweg zum Erfolg sieht, wird taktisches Vorgehen gering schätzen und Machtspiele ablehnen, wird auch die dafür nötigen Verhaltenskompetenzen nicht erwerben oder üben wollen. Alltägliche Aushandlungsprozesse, in denen die eigene Position gestärkt oder geschwächt wird, werden nicht bewusst gestaltet, ja, oft nicht einmal bemerkt.

Frauen sind überwiegend tüchtig in ihrer Arbeit, aber unwillig und inkompetent, im innerbetrieblichen Gerangel um Einfluss und Aufstieg angemessen mitzumischen.

3 Mentale Modelle erkennen und erweitern

Für die betroffene Frau ist es nicht leicht, aus Misserfolgen das Richtige zu lernen. Ihr mentales Modell von Organisation verleitet sie zu falschen Diagnosen. Sie lernt in der Regel, dass sie sich offenbar nicht genug angestrengt hat, dass sie fachlich noch besser werden und noch mehr arbeiten muss – sie übt sich im „Mehr vom Selben" (Watzlawick). Sie lernt vielleicht auch, sich die Schuld zu geben oder, dass die Entscheider ungerecht sind und beginnt, ihnen zu misstrauen und sich abzuwenden.

Für ihr berufliches Fortkommen wäre es allerdings besser, sie würde etwas anderes lernen: zum Beispiel, dass ihre persönliche Leistung mit der Entscheidung wenig zu tun hat; dass sie nicht gekränkt sein muss, da sie gar nicht gemeint ist; dass weitere sachlich-inhaltliche Anstrengungen nichts bringen werden; dass die Chefs womöglich nicht anders entscheiden konnten und dass sie das hätte bereits im Vorfeld erkennen können.

Um zu solchen Schlüssen zu kommen, bedarf sie eines anderen, eines politischeren Bildes von Organisation. In der Supervision werden solche Lernprozesse angeregt. Hier geht es darum, das eigene Bild von Organisation allmählich kennen zu lernen; die Ereignisse im eigenen Unternehmen einmal durch eine andere Brille anzuschauen, zu entscheiden – und zwar immer wieder neu – ob Frau in einer konkreten beruflichen Situation mitspielen will oder nicht und schließlich, die fürs Mitmachen notwendigen Verhaltenskompetenzen einzuüben.

3.1 Das eigene Bild von Organisation entdecken

Unsere mentalen Modelle sind für uns, wie oben geschildert, selbstverständlich, sie sind so sehr ein Teil von uns, das wir sie nicht ohne Weiteres sehen und beschreiben können. Sie haben außerdem Qualitäten, die sich schlecht in Worte fassen lassen. Die beste Methode Organisationsbilder sichtbar zu machen, ist im Rahmen der Supervision ein Bild malen zu lassen. Die Aufgabe bekommt einen Titel, zum Beispiel: „Mein Bild der Organisation" oder „Führungskraft werden". Im Gemälde zeigen sich bewusste und unbewusste Aspekte des Organisationsbildes – es ist nahezu unmöglich, seine Ausfertigung völlig zu kontrollieren. Im fertigen Bild werden immer auch Dinge sichtbar, die für die Malerin überraschend und neu sind, die sich beim Betrachten des Bildes zeigen und besprochen werden können.

Eine andere Möglichkeit besteht darin, mit den Klienten zum Beispiel den folgenden Dialog zu führen und sie mit ihren Aussagen zu konfrontieren:

„Sie haben berichtet, dass Sie schon länger erfolglos versuchen, in Ihrer Firma aufzusteigen. Wie ist denn dort das Verfahren, wie kommt man weiter?"

„Tja, ein Verfahren in dem Sinne gibt es eigentlich nicht. Man muss seine Arbeit gut machen, und natürlich ist es von Vorteil, wenn man sich mit dem Vorgesetzten gut stellt."

„Sie sagen also, wer fachlich gut ist und vom Vorgesetzten geschätzt wird, steigt auf?"

Die Supervisorin könnte auch sagen: „Sie vertrauen also darauf, dass gute Arbeit sich durchsetzt?"

Bei dem oben geschilderten Beispiel der folgenlosen Teilnahme am Diversity-Programm kann die Supervisorin die Aussagen von Frau Z. in der Frage so zusammenfassen: „Jetzt warten Sie also darauf, dass Ihr Chef aktiv wird und Ihnen etwas anbietet?"

Ziel dieser und anderer Interventionen ist es, einen Forschungs- und Selbstreflexionsprozess in Gang zu setzen. Die Klientin stutzt und überlegt: Warte ich tatsächlich? Ist es sinnvoll, zu warten? Vielleicht warte ich viel zu oft? Warum warte ich eigentlich?

Vielleicht beginnt sie, darauf zu achten, mit welchen Annahmen über die Organisationswirklichkeit sie eigentlich arbeitet und berichtet beim nächsten Treffen davon. Die Supervisorin kann nachfragen und zusammenfassen, was sie von dem bisherigen Geschehen verstanden hat. So werden allmählich Eigenschaften des mentalen Modells und handlungsleitende Annahmen der Klientin über ihre Karriereentwicklung deutlich. Oft ist sie selbst ganz erstaunt über die Vorstellungen, die da zutage treten.

3.2 Das Organisationsgeschehen durch eine andere Brille betrachten

Wenn im Coaching deutlich wird, dass und wie das mentale Modell der Klientin ihre Einschätzung der Wirklichkeit und ihre Verhaltensoptionen begrenzt, besteht ein weiterer Arbeitsschritt darin, ihr eine Alternative anzubieten und Ereignisse vor dieser neuen Hintergrundfolie zu verstehen und zu bewerten. Dazu eignet sich das Bild des Kräftefeldes gut, das die Vorstellung des funktionierenden Apparates ergänzen kann.

3.2.1 Kräftefelder sehen und berücksichtigen

Jedes Projekt, jedes Vorhaben, jede unentschiedene Situation mobilisiert Interessen verschiedener Akteure. Wer wird der neue Chef/ die neue Chefin? Welche Beratungsfirma wird beauftragt? Wofür soll Geld ausgegeben werden? Wie wird der Zuschnitt der neuen Abteilung sein? Rund um solche Frage entstehen Kräftefelder. Hier tragen Befürworter und Gegner ihre Argumente vor und versuchen, andere in Richtung ihrer Position zu beeinflussen.

Innerhalb einer Organisation gibt es viele unterschiedliche Kraftfelder, und diese sind ständig in Bewegung. Zahlreiche Akteure tummeln sich dort mit ihren Projekten, ihren Ideen und ihren persönlichen Karrierewünschen. Sie möchten andere für sich und ihr jeweiliges Vorhaben gewinnen. Dazu umwerben sie die Unentschiedenen und die Mächtigen, stellen sich in Positur und versuchen, Kontrahenten zu schwächen und die eigene Stellung zu verbessern. Sie schließen Zweckbündnisse und bilden Allianzen. Die Akteure argumentieren, sie verraten, sie sprechen sich ab. Gute „Politiker" haben das Kräftefeld und sich selbst darin in jedem Moment im Auge – sie vergleichen ihre Position und ihre Chancen fortlaufend mit denen anderer Spieler und wissen in etwa, wo sie stehen.

Nicht nur bei besonderen Gelegenheiten, sondern immerzu, in jeder Sitzung, bei jedem Auftritt, im formellen wie im informellen Bereich wird Terrain gewonnen oder verloren, werden claims abgesteckt, vergrößert oder aufgegeben.

Zu manchen Zeiten, zum Beispiel, wenn große Veränderungen geplant, beschlossen oder umgesetzt werden oder wenn wichtige Vorgesetzte wechseln, gerät das Kräftefeld in besonders heftige Bewegung, denn viele bemühen sich um eine gute Ausgangsposition für die kommenden Aushandlungsprozesse. Haben ehrgeizige und tüchtige Frauen die für sie bedeutsamen Kräftefelder im Auge? Beobachten sie sie, nehmen sie die Kräftefelder wahr und berücksichtigen sie sie bei ihrem Vorgehen?

Frauen sind nicht selten kräftefeld-blind. Sie sehen zwar, wie andere sich um Einfluss bemühen, wie sie sich darstellen und für sich selbst und ihre Ideen werben – aber sie verachten sie dafür. Sie halten solche Bemühungen für unnütz, aber vor allem für peinlich. In ihren Augen wählen nur Kollegen, die fachlich nicht überzeugen können, solche Wege der Einflussnahme. Die Frauen, setzen, wie oben geschildert, darauf, dass die Güte ihrer Projekte für sich spricht und die anderen durch Qualität überzeugen wird. Gerade Frauen, die von ihren Vorhaben begeistert sind, überschätzen die Kraft ihrer Argumente und unterschätzen die Widerstände derjenigen, die sich dadurch benachteiligt oder behindert fühlen. Manchmal führt das dazu, dass die Projekte nicht zustande kommen, manchmal aber gelingen sie auch – und die Rache derjenigen, die sich als Verlierer sehen, trifft die Promotorinnen völlig unverhofft.

Beispiel: In einer wissenschaftlichen Einrichtung bringt eine kluge und tüchtige Leiterin (Wahlamt) mehrere seit Langem überfällige Modernisierungsmaßnahmen erfolgreich auf den Weg. Sie selbst ist von den Veränderungen begeistert und bekommt von außen viel Beifall für ihre mutigen Schritte. Die interne Gegnerschaft, die sich durchaus hier und da zeigte, hat sie nicht ernst genommen, weil sie sich nicht hat vorstellen können, dass jemand diese Veränderungen ablehnen könnte. Daher hat sie ihre Gegner bei ihrem Vorgehen auch nicht berücksichtigt. Sie hat intern weder für die Veränderungen geworben noch versucht, Gegner und Verlierer mit den Folgen zu versöhnen. Als sie sich zur Wiederwahl stellt, hat die interne Opposition sich inzwischen formiert und lässt sie ungewarnt und gnadenlos durchfallen.

Die „Kräftefeld-Blinden" lernen im Coaching – und das gelingt nicht im ersten Anlauf und nicht von heute auf morgen – ihren Gesichtskreis zu erweitern und nicht nur darauf zu schauen, ob ein Vorhaben sinnvoll ist, sondern auch, wie ihre Umwelt sich dazu stellt. Sie lernen dies, indem sie sich darin üben, das Kräftefeld eines ganz konkreten Vorhabens x zu untersuchen: Folgende Fragen gilt es zu analysieren: Wer ist berührt, betroffen? Gibt es Parteien oder wichtige Allianzen in dieser Frage? Wer profitiert davon, wer konkurriert? Gibt es erklärte Gegner, gibt es Promotoren? Wer ist unentschieden oder möchte sich raushalten? Wo ließe sich Einfluss nehmen?

3.2.2 Die kleinen Siege und Niederlagen des Alltags bemerken

Frauen, die der Vorstellung einer „guten Herrschaft" anhängen, bemerken oft nicht, wie andere ihnen in ganz alltäglichen Begegnungen Schaden zufügen und sich dadurch selbst stärken. Wer sich für Strategien der Einflussnahme nicht interessiert, hat kein Ohr für die kleinen Zwischentöne und die doppelbödigen Mitteilungen, für scheinbar harmlose Bemerkungen, die aber den weniger harmlosen Äußerungen den Weg bereiten. Frauen sind ihrer negativen Wirkung ausgeliefert (und spielen natürlich selbst auch nicht bei dem Machtspiel mit).

Beispiel: Zu den Aufgaben der Abteilungsleiterin in einem Unternehmen, Frau B., gehört neuerdings die Praktikantenrekrutierung und -betreuung. Das Unternehmen möchte gern Fachkräfte frühzeitig rekrutieren und langfristig binden. Die Abteilungsleiterin, völlig überarbeitet, ist noch nicht dazu gekommen, sich um das Praktikantenthema zu kümmern. Ihr Kollege, der diese Zuständigkeit eigentlich gern bekommen hätte, hat sich in letzter Zeit bei gemeinsamen Sitzungen immer mal wieder teilnahmsvoll zu ihrer Überarbeitung geäußert. Nicht lange danach erzählt Frau B. ganz empört in der Supervision, ihr Chef habe nun doch die Praktikantenbetreuung ihrem Kollegen übertragen, „um Sie zu entlasten"

Ein alltägliches und äußerst wirkungsvolles Instrument sind Setzungen, die der Gesprächspartner vornimmt und die eine Wirklichkeit behaupten, die seinen Interessen dient. Behauptungen und Setzungen spielen im Alltag der Einflussnahme eine große Rolle. Jeder kennt aus eigener Erfahrung Aussagen wie: „Das ist leider nicht möglich", manchmal noch ergänzt um den Hinweis „aus technischen Gründen". Damit wird etwas als „wirklich" dargestellt, was meist nur den Interessen des Sprechers dient. Beispiel: „Ich habe hier das Angebot einer Firma, die den Event für uns ausrichten kann, sie ist gut und günstig", erfährt die für diesen Event Zuständige in einer Sitzung vom Pressesprecher, bei dem sie schon immer Begehrlichkeiten vermutet hat. „Angesichts der Schwachstellen Ihrer Argumentation bleibt uns nur, dem Vorschlag unseres Pressesprechers zu folgen", sagt der Kollege, der sich davon eigene Vorteile verspricht.

Unmöglichkeiten werden behauptet, Schwächen werden unterstellt, Fakten werden gesetzt – der berufliche Alltag ist voll von solchen Aktionen, mit denen eine bestimmte Wirklichkeit definiert wird. Realitätsdefinitionen sind äußerst gängige Mittel, Terrain zu sichern, Gegner aus dem Feld zu schlagen und Aushandlungsprozesse zu den eigenen Gunsten zu entscheiden. Dieses

Mittel wird gern angewendet, wenn vermutet werden kann, dass die Adressaten der Aussage die Setzung nicht bemerken werden oder sich nicht trauen, sie infrage zu stellen.

Wir alle kennen solche Dialoge zwischen einem Beamten und dem „Bürger", zwischen Vorgesetzten und Mitarbeiter/innen und eben auch zwischen Männern und Frauen. Frauen sind, so lässt sich aufgrund der Berichte meiner Klientinnen vermuten, überdurchschnittlich oft Empfängerinnen von Wirklichkeitsdefinitionen, die ihnen zum Nachteil gereichen. Viele Frauen sind für solche Setzungen blind oder sie sind wehrlos.

Die Blinden merken nicht, was geschieht – sie bedauern, dass etwas unmöglich ist, sie überlegen, wo wohl die Schwachstellen ihrer Argumente liegen könnten (anstatt danach zu fragen, was dahinter steckt), sie sind verwundert über die unerwartete „Hilfe" des Kollegen oder sie entschuldigen sich für ihre Tatenlosigkeit.

Die Wehrlosen merken, dass ihre Position gerade geschwächt oder dass ihnen etwas weggenommen wurde, aber sie wissen nicht, was sie sagen könnten. Bei näherer Betrachtung zeigt sich oft: Sie trauen sich nicht, das Gegenüber herauszufordern. Oft sind es Frauen, die mit dieser Form der Bemächtigung frühe Erfahrungen gemacht haben.

Es ist nicht leicht, für solche Setzungen sensibel zu werden und diese nicht nur zu bemerken, sondern auch noch erfolgreich infrage zu stellen. Im Coaching besteht die gemeinsame Arbeit zunächst darin, Gesprächssituationen immer wieder daraufhin zu untersuchen, wer hier wie die Wirklichkeit definiert (hat), herauszufinden, was es ist, das den Frauen die Sprache raubt und auszuprobieren, wie es sich anfühlt, wenn sie den Setzungen mit einer Herausforderung begegnen und wie solch eine Herausforderung aussehen könnte.

3.2.3 Und was kommt dann?

Wer die eigenen Vorstellungen von Organisation um die Dimension Macht und Einfluss erweitert hat, sieht das alltägliche Gerangel und von Zeit zu Zeit auch die Ergebnisse strategischen Verhaltens anderer: Ein Show-Down zwischen zwei Kontrahenten, ein Konflikt um Richtung und Ziele, eine Entscheidung, die ganz anders ausfällt als erwartet, ein unvermuteter Aufstieg oder ein rascher Fall. Um sich erfolgreich zu beteiligen, bedarf es eigener Ziele, strategischer Überlegungen und persönlicher Verhaltenskompetenzen. Im Coaching können Ziele besprochen, Strategien geplant und Erfolg versprechende Verhaltensweisen identifiziert und geübt werden. Dies ist jedoch nicht Gegenstand dieses Beitrags. Interessierte können darüber lesen (Edding 2004, Knaths 2009, Topf/Gawrich 2007) oder sich eine gute Beraterin suchen.

4 Schlussbemerkung

Das Konzept der mentalen Modelle hilft Supervisorin und Klientin, ein ganzes Bündel von Sicht- und Verhaltensweisen neu zu verstehen – nicht als persönliches Versagen oder gar als weibliche Eigenart, sondern als Folge einer bestimmten Vorstellung davon, wie es in Organisationen zugeht oder zugehen sollte. Ihre Erforschung und Veränderung ist für die Beteiligten ein spannendes und lohnendes Vorhaben. Die eigenen mentalen Modelle zu entdecken, ist allerdings ein längerer Prozess. Die Erwartungen, wie Organisation „eigentlich" sein sollte, können nur Stück für Stück bewusst gemacht werden und sind schwer zu verändern. Wenn eine Klientin selbst bemerkt: „Jetzt warte ich gerade wieder ab, anstatt zu handeln", ist ein erster wichtiger Schritt getan. Einmal aufmerksam geworden, wird die betreffende Frau sich immer wieder dabei ertappen, dass sie vor gezieltem Machtaufbau zurückschreckt und dass sie erhebliche Skrupel überwinden muss, ihre Ziele entschlossen – auch auf Kosten anderer – zu verfolgen. Sie wird sich fragen, ob sie wirklich auf eine Weise mitmischen will, die ihr widerstrebt. Sie kann sich aber, davon bin ich überzeugt, ein „Nein" auf diese Frage nicht leisten, wenn sie eine Führungsposition erlangen möchte. Wenn sie Prozesse der Einflussnahme und den Einsatz persönlicher Macht als zum Wesen einer Organisation zugehörig akzeptieren lernt und wenn sie lernt, selbst auf diesem Klavier zu spielen, sind längst nicht alle Aufstiegshindernisse überwunden. Aber wenn sie es nicht lernt, hat sie keine Chance.

Literaturverzeichnis:

Clausen, G. (2009): Führung – das sensible Zusammenspiel. In: Edding, C. / Schattenhofer, K. (Hg.): Handbuch Alles über Gruppen. Theorie, Anwendung, Praxis. Weinheim: Beltz.

Edding, C. (2004): Einflussreicher werden. Vorschläge für Frauen. München: Gerling: Akademie Verlag.

Höhler, G. (2008): Das Ende der Schonzeit. Alpha-Frauen an die Macht. Düsseldorf: Econ.

Knaths, M. (2007): Spiele mit der Macht. Wie Frauen sich durchsetzen. München: Piper.

Morgan, G. (1993): Images of Organization. Beverly Hills, London, New Delhi: Sage.

Neuberger, O. (1995): Mikropolitik. Der Alltägliche Aufbau und Einsatz von Macht in Organisationen. Stuttgart: Enke.

Topf, C./ Gawrich, R. (2007): Das Führungsbuch für freche Frauen. 4. Aufl. Bonn: Redline Wirtschaftsverlag.

Voß, G./Pongratz, H. J. (1998): Der Arbeitskraftunternehmer. Eine neue Grundform der Ware Arbeitskraft. Kölner Zeitschrift für Soziologie und Sozialpsychologie 50 (1), S. 131-158.

Willke, H. (2001): Systemtheorie III: Systemsteuerung. 3. Auflage, Stuttgart: Lucius und Lucius.

Susanne Flath

Biografische Wege von Frauen in Führungspositionen.
Eine empirische Studie

Vorbemerkung:
Forschungsdesign der Studie

Frauen in Top-Führungspositionen sind eine Seltenheit, aber warum? Welche Einflussfaktoren und Bedingungen tragen dazu bei, wenn Frauen in die obersten Etagen gehen? Diese Überlegungen standen am Ausgangspunkt einer Studie, die im Rahmen einer Masterarbeit[1] durchgeführt wurde, deren Ergebnisse, Ursachen und Zusammenhänge erklären und präsentieren. Die nachgestellten Forschungsergebnisse beruhen auf der Auswertung dieser Studie. Sie zeigt Bedingungen und Möglichkeiten auf, die den beruflichen Erfolg von Frauen erklären. Im Rahmen dieser Untersuchung wurden Frauen in herausragenden Führungspositionen interviewt. Die Erzählaufforderung der geführten Interviews lautete wie folgt:

„Ich habe Sie um ein Interview geben, weil ich an der Lebensgeschichte von Frauen interessiert bin, die beruflich Karriere gemacht haben. Dabei interessiert mich besonders der Zeitraum, in dem die Weichen für die berufliche Entwicklung gestellt wurden. Genau gesagt, möchte ich Sie bitten, darüber zu erzählen, an welche Menschen, Vorbilder, Erlebnisse und Ereignisse Sie sich erinnern, die Sie mit der Entscheidung, die Weichen für den Beruf so zu stellen, in Verbindung bringen."

---

[1] Unveröffentlichte Masterarbeit mit dem Titel: „Zum Selbstkonzept weiblicher Führungskräfte. Wege, Wegweiser und Wegbereiter in Biografie und Beruf." Gutachterinnen: Prof. Dr. Marlies W. Fröse (Darmstadt), Prof. Dr. Dorothea Greiling (Linz) im Rahmen des berufsbegleitenden Masterstudiengang „Management in Social Organizations" für Fach- und Führungskräfte an der Evangelischen Fachhochschule Darmstadt, im Dezember 2007.

Bei den Auswahlkriterien für die Interviewpartnerinnen wurden Frauen gewählt, die eine außergewöhnliche, herausragende Führungsposition bekleiden. Mit diesem Interesse war die Vermutung verbunden, dass es Beispiele für biografische Entwicklungen gibt, die eine berufliche Karriere in die obersten Etagen von Profit-Organisationen unterstützen, die üblicherweise selten von Frauen besetzt werden. Ihre Biografie könnte daher Aufschluss über ihr Selbstkonzept als Führungskraft geben.

Von 15 angefragten Frauen sagten sechs ein Interview zu. Die Interviews wurden zwischen Mitte April 2007 und Anfang Juni 2007, innerhalb von acht Wochen, durchgeführt. Sie dauerten in der Regel eine Stunde, so wie dies im Vorfeld vereinbart war.

1 Kurzpräsentation der Daten zu den Interviewpartnerinnen

Folgende Tabelle gibt einen Überblick:

Tätig in folgenden Branchen	Automobilindustrie Beratungsdienstleistung Chemieindustrie Kennzeichnungstechnik Netzwerkinfrastruktur Technik- und Dienstleistung
Alle Unternehmen sind im europäischen Raum angesiedelt und weltweit agierend.	
Anzahl der Mitarbeiter im Unternehmen	Weltweit 180 Weltweit 5.000 In Deutschland 1.000, weltweit 35.000 In Deutschland 20.000, weltweit 36.000 Weltweit 14.000 In Deutschland 17.000, weltweit 325.000
Fünf Unternehmen sind aktiennotiert an verschiedenen Börsenplätzen.	
Alter der Führungskräfte	Zwischen 35 – 45 Jahren: 4 Frauen Zwischen 45 – 55 Jahren: 1 Frau Zwischen 55 – 65 Jahren: 1 Frau
Familienstand	Ledig: 2 Frauen Verheiratet: 3 Frauen Verwitwet: 1 Frau
Anzahl der Kinder und deren Alter	Keine Kinder: 3 Frauen Ein Kind: 2 Frauen (7 Jahre, ½ Jahr) Zwei Kinder: 1 Frau (5 Jahre, 1 Jahre)

Ausbildungen und Abschlüsse	Abitur: 6 Frauen Ausbildung: Außenhandelskauffrau, kaufmännische Ausbildung Studium begonnen: 1 Frau (Maschinenbau) Studium beendet: 5 Frauen (BWL, Chemie, Geschichte, Jura, Musik-, Politik- Sportwissenschaften, VWL) Promotion: 1 Frau (Politikwissenschaften) Abschlüsse: Personaltrainerin, Investmentbanking, PR-Volontariat.
Berufliche Tätigkeit/ Funktion	Abteilungsleiterin und Konzernsprecherin Abteilungsleiterin Business Development Finanzdirektorin, Projekt- und Strategisches Management Geschäftsführerin Personaldirektorin Vorstandsmitglied
Führungsebene	Mittlere Führungsebene: 2 Frauen Zweite Führungsebene: 2 Frauen Erste Führungsebene: 2 Frauen

(Die Angaben sind alphabetisch bzw. nach Zahlengröße geordnet.)

Die sechs Einzelportraits wurden zu einem Gruppenportrait zusammengeführt. Dieses Gruppenbild gibt Aufschluss über Besonderes, Interessantes und Hervorzuhebendes aus der Lebensgeschichte der befragten Führungskräfte. Der Arbeit lag folgende Ausgangshypothese zugrunde: Die Weichen für den beruflichen Weg von Frauen und insbesondere der Weg in hohe Führungspositionen werden schon früh im Verlauf der Biografie gestellt. Beruflich erfolgreiche Frauen werden auf ihrem Lebensweg von anderen Menschen begleitet, unterstützt und gefördert. Sie haben Vorbilder und Vorstellungen zur eigenen Orientierung und bedürfen einflussreicher Wegbegleiter, um im beruflichen Leben Erfolg zu haben. Im vorliegenden gekürzten Beitrag wird auszugsweise auf die einzelnen Auswertungsschritte eingegangen.

2 Auswertung und Ergebnispräsentation

Im Folgenden werden ausgewählte Ergebnisse der Studie dargestellt. Zunächst werden die Einzelportraits der Frauen nebeneinander betrachtet. Dabei wird der Lebensweg der Frauen mit ihren Unterstützern und Begleitern vorgestellt. Bei der Betrachtung des beruflichen Weges stehen Schul- und Ausbildungsabschlüsse, Entscheidungsträger und Förderer auf diesem Weg im Blickpunkt. Mit dem sichtbar gewordenen Selbstkonzept von Führung schließt die Präsentation der Einzelportraits ab. Die Gemeinsamkeiten der Führungsfrauen werden im Gruppenbild deutlich.

2.1 Wege, Wegbereiter und Wegbegleiter: Einzelportraits

2.1.1 Der biografische Weg

Betrachtet man den biografischen Weg der Frauen, fällt Folgendes auf: Die befragten Frauen lassen dem Elternhaus, in dem sie aufgewachsen sind, eine große Bedeutung zukommen. Sie verbinden ihr Elternhaus mit einem sicheren, geordneten Heim, in dem sie schon früh gefördert wurden. Im Elternhaus entwickelten die befragten Frauen als Kinder eine stabile psychische Konstitution als Voraussetzung für Anforderungen und Herausforderungen außerhalb des häuslichen Umfeldes. Neugier für andere Sprachen und Kulturen wurde geweckt, individuelle Interessen der Kinder wurden gefördert, sodass in vielfältiger Weise die kindlichen Potenziale für ihre Entwicklung genutzt wurden.

„Das war das Credo, das meine Eltern mit mir gepflegt haben und insbesondere auch mein Vater immer wieder stark gefördert hat. Er hat mich früh mit, ich würde mal sagen „Technik" in Verbindung gebracht. Beispielsweise habe ich mit ihm ein Bügeleisen zerlegt. … Das ist vielleicht nicht so ganz typisch für Mädchen in dem Alter. Ich hab auch sehr viel lieber mit elektrischen Eisenbahnen gespielt als mit 'ner Barbiepuppe, bin aber, wenn ich heute zurückgucke absolut sicher, dass das sehr stark gefördert wurde durch meine Eltern, die mir einfach immer wieder ein sehr breites Spektrum angeboten haben."[2] In den frühen Lebensjahren haben die Mütter der befragten Frauen eine zentrale Rolle gespielt, ein behütetes Nest geschaffen und gut versorgt, während die Väter seltener die Rolle des Wegbegleiters übernahmen. Ihnen kam verstärkt die Aufgabe zu, Entscheidungen herbeizuführen und Einfluss zu nehmen auf eine erfolgsorientierte Weichenstellung. Damit füllten sie stärker die Rolle des Wegbereiters aus, der punktuell aber gezielt Einfluss auf den Lebensweg der Tochter nahm. Seine Rolle war schon zu diesem frühen Zeitpunkt aus Sicht der Töchter mit dem Weg nach draußen, mit der Außenwelt verbunden und könnte eine geschlechtsspezifische Orientierung beeinflusst haben. Mütter und Frauen sorgen für Wärme und Wohlbefinden im heimischen Nest, während Männer und Väter die Verbindung zur Außenwelt herstellen. Damit wird die klassische Rollenaufteilung deutlich. Neben der gesonderten Wahrnehmung von Mutter und Vater wird von den interviewten Frauen auch vom

---

2   Zitat Interviewpartnerin 4 „Franka Gehlert": S. 2, Z. 4 -11.

gemeinsamen Elternpaar gesprochen. Eltern sind in den Lebensverläufen der befragten Frauen manches Mal beide berufstätig. Sie möchten alle, dass ihre Töchter eine gute Ausbildung bekommen. Sie fördern ihre Kinder gezielt, ermöglichen ihnen Sprachen zu lernen, in andere Länder zu reisen oder durch Leistung, Disziplin und Ehrgeiz später ihren eigenen „Mann" zu stehen.

„Also ich kann mich erinnern, meine Mutter hat auch immer zu mir gesagt, dass sie es eben unheimlich wichtig findet, dass wir eine gute Ausbildung bekommen und auch irgendwann unser eigenes Geld verdienen können, also das war sicherlich ein Einfluss."[3]

„Er hat immer zu uns gesagt – ich habe noch einen Bruder, rechnet mal nicht damit, dass ihr irgendwas erbt oder so. Ihr kriegt nix. Das Einzige, was wir euch mitgeben können, ist 'ne gute Ausbildung. Und dann müsst ihr halt sehen, was ihr draus macht. Und das denke ich mal, ist sicherlich auf der einen Seite auch schon prägend gewesen, ja vielleicht auch einen gewissen Ansporn zu haben, eben selber was aus sich zu machen, aber auch durchaus eben ja in gewisser Hinsicht 'ne Ausbildung zu schätzen."[4]

Eltern stehen in einer autoritären, Orientierung gebenden Position. Nach einer späteren Lebensphase, in der das Elternhaus nicht mehr ihr Lebensort ist, nimmt diese Funktion eine andere sehr bedeutsame Person im Leben der Frauen ein. Die Frauen berichten alle von ihrem Partner oder Ehemann, den sie in den unterschiedlichsten Facetten unterstützend erlebt haben. Männer, die sie entlastend, unterstützend und motivierend erlebt haben. Es war jedoch nicht der Hausmann an ihrer Seite als Karrierefrau, wie es im Umkehrschluss üblich ist, zu denken[5], sondern Partner mit jeweils eigenständigen beruflichen Lebensentwürfen, die in der Partnerschaft kompatibel sind.

„… mein Mann, der absolut hinter mir stand, mich unterstützt hat, mich aufgefangen hat, wenn ich natürlich mit Katastrophen nach Hause kam." *„Mein Mann war der Einzige, der gesagt hat, wenn du das willst, dann mach es. Der war weder dafür noch dagegen, sondern der einfach gesagt hat, was immer du entscheidest, ich trage es mit."*[6]

---

3   Zitat Interviewpartnerin 1 „Astrid Bergmann": S. 2, Z. 1-3.
4   Zitat Interviewpartnerin 2 „Bettina Coburg": S. 2, Z. 9-15.
5   „Je höher der Mann auf der Karriereleiter klettert, desto mehr wächst der Druck auf die Frau, ihren Alltag nach seinen Bedürfnissen zu richten." Zitat des Bamberger Soziologen Hans-Peter Bloosfeld. Managermagazin 1/2007, 134 und: „Seit zwei, drei Jahren erlebe ich häufiger, dass Manager Jobangebote mit der Begründung ablehnen, der Familienrat sei dagegen gewesen. Das heißt im Klartext: Die Gattin spielt nicht mit." Zitat Frank Beyer, geschäftsführender Gesellschafter der Personalberatung Lachner Aden Beyer & Company, in Managermagazin 1/2007, 132.
6   Zitate Interviewpartnerin 5 „Heike Ingenhaag": S. 2, Z. 20-22.

Diese Lebensentwürfe lassen sich mit den traditionellen Geschlechterrollen nicht vereinbaren. Wenn Frauen und Männer ein eigenes Konzept für das Zusammenleben entwickeln, braucht es Arbeitgeber und Arbeitsbedingungen, die dies auch ermöglichen. Damit wird das Geschlechterthema zu einer Herausforderung für Arbeitgeber, ihre Organisationsstrukturen und die Personalentwicklung.

2.1.2 Der berufliche Weg

Bei der Betrachtung des beruflichen Weges werden folgende Besonderheiten sichtbar: Die Berufseinstiege der Frauen verliefen sehr unterschiedlich. Die Ausbildungs- und Studienzeit wurde von allen Frauen zur Orientierung genutzt. Keine Frau konnte zum Ausbildungsbeginn benennen, welches Berufsziel sie verfolgen wollte. Die Wahl der Studienfächer entsprach vorrangig den Interessen und Neigungen. Sie war bei einem Großteil der Frauen gepaart mit der Haltung der Eltern, ihre Töchter werden ihren Weg gehen und ihren Platz in der Arbeitswelt finden. Druck erlebte keine der Frauen. So die vordergründigen Aussagen im Interview: „ *... hab' nie für mich ein einziges Mal, wie ich für andere gehört hab', den Satz gehört: Du musst jetzt fertig werden, wir wollen dich nicht weiter finanzieren, oder du kannst nicht studieren. So etwas kenn' ich gar nicht.*"[7]

Die finanziellen Möglichkeiten für ein qualifizierendes Studium, Auslandssemester inbegriffen, waren gegeben. Insgesamt konnten die jungen Frauen ihre Studienzeit auch auf der persönlichkeitsbildenden Ebene nutzen. Alle interviewten Frauen gebrauchten ihre ersten beruflichen Erfahrungen, um sich zeitnah beruflich weiter zu entwickeln und ihren Interessen stärker nachzugehen. Die Mehrheit nutzte ihre ersten Erfahrungen im Berufsfeld dazu, eigene Vorstellungen vom persönlichen Berufsziel zu bekommen. Dieses verfolgten sie von da an zielstrebig und dennoch so flexibel weiter, dass Anpassung und Veränderung möglich waren. Die inhaltlichen Anforderungen im Beruf waren für Weiterentwicklung ebenso ausschlaggebend wie Menschen, die sie auf ihrem beruflichen Weg begleitet haben. Förderer und Unterstützer allein lassen Menschen nicht zu Führungspersönlichkeiten werden. Der eigene Antrieb ist bei allen Frauen eine entscheidende Komponente für ihre Karriere. Jedoch wurde nicht ersichtlich, wodurch dieser innere Antrieb entstanden war.

---

7   Zitat Interviewpartnerin 3 „Doris Engelhardt": S. 7, Z. 16-18.

Bei allen sechs Frauen haben vorrangig Männer den beruflichen Weg bereitet und begleitet. Insbesondere den Vätern kommt eine zentrale Rolle zu, deren Erwartungen und Investitionen in und an die Ausbildung der Töchter auch als Vermächtnis verstanden werden kann, den väterlichen Vorstellungen Rechnung zu tragen: „ … *hab' dann ja mit meinem Vater darüber diskutiert und er sagte: Du, wenn du der Meinung bist, das war noch nicht die richtige Entscheidung, dann such dir was anderes. Und er hat mit der Aussage dann eigentlich dafür gesorgt, dass ich mir nichts anderes direkt gesucht habe, weil ich irgendwie das Gefühl hatte, das kann doch nicht sein, jetzt probierst du das und gibst dem noch nicht mal 'ne richtige Chance. Aber er hat dadurch, dass er das so offen gehalten hat, hat er mich eben wiederum nicht unter Druck gesetzt, so nach dem Motto: Jetzt musst du das mal so 2, 3 Jahre durchhalten für deinen Lebenslauf, … sondern, wenn's dir nicht passt, mach was anderes. Also da auch wieder ein prägendes Element.“*[8]

Unmittelbar im Berufsalltag waren für viele Frauen Kollegen, Chefs und Vorstände Wegbegleiter. Frauen (als Wegbereiter oder Wegbegleiter) treten nur als Randerscheinungen in diesem Lebensbereich der Führungskräfte auf. Die männliche Dominanz in der Berufs- und Arbeitswelt wird durch diese Wahrnehmungen bestärkt.

„Mir war klar, der unterstützt das. Mit ihm hab ich dann telefoniert und hab' gesagt: Herr Müller, sind Sie sicher, dass ich das machen kann? Weil, das war dann noch mal 'ne Nummer größer und er: Ja klar, das können Sie doch, von dem Intellekt und alles und ich helf' Ihnen. Na klar, können Sie das. Das war 'ne gute Sache.“[9]

Beruflich erfolgreiche Frauen brauchen also Männer als Wegbereiter und Wegbegleiter und müssen diese Unterstützung auch annehmen können.

Wird der Blick auf die psychische Konstitution der Führungsfrauen gerichtet, wird ersichtlich, welche Kompetenzen die befragten Frauen für ihren Erfolg verantwortlich machen:

„Nun weiß ich nicht, inwieweit der innere Antrieb nicht sowieso systemintern bedingt ist. Viele Leute beklagen sich immer, und ich muss sagen, an der ein oder anderen Stelle wunder' ich mich auch, wenn man jetzt so Azubis sieht oder so junge Leute, auch die von der Uni kommen oder so, wie träge die sind, wie wenig Antrieb die haben, wie wenig Biss die haben, irgendwie was zu erreichen.“[10]

---

8   Zitat Interviewpartnerin 4 „Franka Gehlert“: S. 5, Z. 19-28.
9   Zitat Interviewpartnerin 6 „Judith Kaiser“: S. 21, Z. 18-21.
10   Zitat Interviewpartnerin 2 „Bettina Coburg“: S. 9, Z. 28-32.

Übereinstimmend gaben die Frauen ihre persönlichen Kompetenzen an, die sie für ihre Karriere als notwendig erachten. Sie beschrieben sich als entscheidungsfreudig, schätzen sich selbstbewusst ein und gestalten ihr Leben eigenaktiv und –verantwortlich. Zielorientiertheit, Hartnäckigkeit, eine kämpferische Natur, der Wille, etwas zu Ende zu bringen und selbstbewusst mit Hierarchien umgehen zu können, sind Kompetenzen, die mehr oder weniger stark ausgeprägt von allen befragten Frauen genannt wurden. Alle Frauen berichteten, an Herausforderungen gewachsen zu sein und damit auch ihre Persönlichkeit weiter entwickelt zu haben.

2.1.3 Sichtbar gewordenes Selbstkonzept von Führung

Bei der Betrachtung des eigenen Selbstkonzeptes von Führung fiel auf, dass ihr Lebensalter und ihre beruflichen Erfahrungen wesentlichen Einfluss auf ihr Selbstverständnis von Führung hatten.

Von allen wurde das Geschlechterthema verbalisiert, obwohl im Interview nicht explizit danach gefragt wurde. Es ist ein allgegenwärtiges Thema in ihrem Berufsalltag, insbesondere auf ihrer Hierarchieebene zu einer Minderheit zu gehören.

„Also, es war immer eine Gratwanderung zwischen draufhauen und klein und schüchtern sein. Diese Gratwanderung, die lässt eigentlich nur mit zunehmendem Alter nach. Ich sag mal, der große Vorteil ist der des Älterwerdens, die Akzeptanz hier bei den Frauen. Heute kommt man da hin, und dann weiß es halt jeder. Ich bin die Chefin."[11]

Alle befragten Führungskräfte strahlten eine große Rollensicherheit in Bezug auf Führung und Mitarbeiterführung aus. Sie traten sehr klar und selbstbewusst auf, benannten ihre hohe Verantwortung und brachten ihre Kompetenzen zum Ausdruck.

2.2 Das Selbstkonzept von Führungsfrauen: Gruppenbild

Bei genauem Hinsehen wird ersichtlich, dass die befragten Führungsfrauen sehr individuelle Lebenswege beschritten haben, auf denen sich wenig Durchschnitt-

---

11 Zitat Interviewpartnerin 5 „Heike Ingenhaag": S. 3, Z. 31- S. 4, Z. 1.

liches und viel Besonderes ereignete. Zusammenfassend drückt die Summe der Besonderheiten die Gemeinsamkeit für ihren beruflichen Erfolg aus.

1. Besondere Väter und besondere Mütter sind besondere Eltern

Väter und Mütter sind berufstätig, beruflich erfolgreich und gebildet. Sie geben diese Selbstverständlichkeit an ihre Kinder weiter. Oder Väter sind beruflich erfolgreich und gebildet, während Mütter den häuslichen Part übernehmen. Doch diese mütterliche Tradition setzt sich nicht fort. Die Töchter nutzen die väterliche Unterstützung, um auf einen beruflichen Weg gebracht zu werden und sehen in der klassischen Mutterrolle ein Beispiel dafür, wie sie in Zukunft nicht leben möchten.

2. Heimat und Weltoffenheit

Zu Hause sein und in der Welt zu Hause sein, zeichnet alle sechs vorgestellten Führungskräfte aus. Wer eine große Offenheit für andere Kulturen, andere Sprachen hat, sich auf viel Reisetätigkeit einlassen kann, die mit Ungewohntem und Unannehmlichkeiten konfrontiert, der muss Heimat in seiner Kindheit erlebt haben. Denn, so kann er Sicherheit und Geborgenheit mit auf die Reisen nehmen. Daher ist anzunehmen, dass sichere, schützende Aufwachsbedingungen in der Herkunftsfamilie optimale Bedingungen schaffen, um sich im späteren Leben Unbekanntem und Fremden aussetzen zu können.

3. Förderung der kindlichen Interessen

Alle Frauen haben eine Förderung ihrer kindlichen Interessen im Elternhaus erfahren. Ihre Wissbegier wurde befriedigt, indem sie mit Technik in Verbindung gebracht wurden, ihre vielseitigen Interessen gefördert wurden und ihnen Entscheidungsfreiheit gewährt wurde.

4. Vereinbarkeit von Beruf und Privatleben

Die persönliche Zufriedenheit bei der Vereinbarkeit von Beruf und Privatleben ist das Maß der Dinge. Jede Frau verteilt ihre Ressourcen anders, dennoch hadert keine Frau mit der Doppelbelastung. Sind Ehemänner oder Partner im Leben relevant, werden sie unterstützend erlebt. Sind Kinder zu versorgen, wird nach einer geeigneten Lösung gesucht. Der Berufsalltag stellt so eine Bereicherung des Lebensalltags dar. Der Beruf steht den Freuden des Lebens nicht im Wege. Keine Frau beklagte sich über die Arbeitsbelastung, obwohl eine Karriere sicher nicht mit einer 40-Stunden-Woche vereinbar ist. Immer sind für diese Lebensmodelle die finanziellen Ressourcen gegeben.

5. Männer als Förderer

Im Beruf und insbesondere in den höheren Etagen der Unternehmen wurden die interviewten Frauen mehrheitlich von Männern gefördert. Damit besetzen Männer die traditionell übliche Position im Außen. Außerhalb der Familie nutzen sie ihre Position im Unternehmen, andere zu fördern. Schon in ihrer Kindheit lernten die befragten Frauen Männer, nämlich ihre Väter, als Förderer ihrer kognitiven Fähigkeiten und später ihrer intellektuellen Leistungen kennen.

3 Fazit – Frauen in die Führung, ein Weg!

Bei der abschließenden Betrachtung und Bewertung der Forschungsergebnisse bestätigt sich die Ausgangshypothese, dass die Weichen für Wege in hohe Führungspositionen schon auf dem frühen Lebensweg gestellt werden. Dazu zählt ein gut funktionierendes Elternhaus am Anfang des Lebensweges. In ihnen werden selbstbewusste, zielstrebige und erfolgreiche Frauen groß. Männliche Förderer und Unterstützer auf dem beruflichen Weg der Frauen stehen am Ende der Interviewauswertung in engem Zusammenhang mit dem beruflichen Erfolg der Frauen. Wie kann zukünftig die Repräsentanz von Frauen in hohen Führungspositionen vergrößert werden? Welche Bedingungen werden diese Entwicklung beeinflussen? „Wer zur Elite zählen will, muss offenbar vor allem eins mitbringen: die richtigen Eltern".[12] Zu diesem Ergebnis kommt auch Michael Hartmann[13] nach umfangreichen Studien zur Eliteforschung und betont, dass in keinem anderen Industriestaat die Bildungschancen so stark von der sozialen Herkunft bestimmt werden, wie in Deutschland. Bei Kindern aus einem gehobenen Sozialmilieu ist die Wahrscheinlichkeit höher, dass sie längere Zeit im Ausland gelebt und dort an renommierten Universitäten studiert haben. Des Weiteren studieren sie weniger fachorientiert, da sie finanziell abgesichert sind. Ihnen ist die Bedeutung eines breiten Horizontes bewusst, der für ihre spätere Berufslaufbahn wichtig ist. Sie haben einen großen Vorsprung in sprachlicher Ausdrucksfähigkeit und in der Allgemeinbildung.[14] „Je gehobener die soziale Herkunft, um so besser sind also die persönlichkeitsbezogenen Startbedingungen."[15] Die Eliteforschung geht mit ihrer

---

12 Zitat nach Sentker (2003).
13 Prof. Dr. Michael Hartmann ist Eliteforscher an der TU-Darmstadt.
14 Vgl. Hartmann (1996: 196 ff.).
15 Zit. Hartmann (1996: 198).

Einschätzung noch weiter. Auch durch den Erwerb höchster Bildungstitel ist es nicht möglich, das Handicap einer bürgerlichen Herkunft auch nur annähernd auszugleichen.[16]

Zugang zum und Teilhabe am gesellschaftlichen Leben ist stark abhängig von der Herkunft, jedoch auch von den Bedingungen in Institutionen. Wenn gleichberechtigte Teilhabe am gesellschaftlichen Leben politisch gewollt ist, braucht es umfangreiche Weichenstellungen auf politischer Ebene, diese zu ermöglichen. Denn Aufgabe außerfamiliärer Institutionen muss es sein, eine Chancengleichheit unabhängig von der Herkunft allen Kindern, Heranwachsenden und Erwachsenen zu ermöglichen. Von wem, ob und wie Angebote wahrgenommen werden, bleibt weiterhin von der freien Entscheidung des Einzelnen abhängig. Doch wie Angebote konzeptionell entwickelt werden, wie ihre Finanzierung ermöglicht wird und welches Ziel sie verfolgen, unterliegt dem politischen Willen. Außerfamiliäre Institutionen müssen der Kompensation von Entwicklungsmöglichkeiten dienen. Davon kann jeder Mensch profitieren. Gleichberechtigte Zugangsmöglichkeiten sind dann gegeben, wenn die Finanzierung für alle machbar ist und die soziale Herkunft als Ressource verstanden wird.

Nun haben Frauen neben dem Handicap der sozialen Herkunft mit einem weiteren Handicap zu kämpfen: ihrem Geschlecht.

Im Bezug auf die Herausforderung im Beruf und auf die gleichberechtigte Förderung von Frauen auf ihrem beruflichen Weg heißt das, die automatisierten Vorstellungen männlicher und weiblicher Lebensverläufe insbesondere in öffentlichen Erziehungs-, Bildungs-, Förder- und Betreuungseinrichtungen zu hinterfragen und gegebenenfalls neu zu definieren und festgefahrene Strukturen anzupassen, um Möglichkeiten zu eröffnen, alternative Lebenswege zu gehen. Talente und Ressourcen von Frauen werden in Unternehmen noch unzureichend genutzt. Eine Flexibilisierung der Arbeitszeiten kommt der weiblichen Prioritätensetzung entgegen, Beruf und Familie vereinbaren zu können.[17] Daraus ergeben sich nutzbringende Anforderungen an die Unternehmensführungen. Weiter gedacht erfordert das ein Umdenken und Umsetzen zu einer neuen Führungskultur in Unternehmen. Mixed Leadership ist das Erfolg versprechende Modell der Zukunft. Eine Führungskultur, die den besonderen Fähigkeiten und Persönlichkeiten Platz gibt und die Geschlechterfrage kein Handicap sein lässt.

---

16 Vgl. Hartmann in Friedrichs (2008: 74).
17 Vgl. Bischoff (2005: 311).

Literaturverzeichnis:

Bischoff, Sonja (2005): Wer führt in (die) Zukunft? Männer und Frauen in Führungspositionen der Wirtschaft in Deutschland – die 4. Studie. Bielefeld.

Deutscher Bundestag – 15. Wahlperiode. Zwölfter Kinder- und Jugendbericht, Teil A Gesellschaftliche Rahmenbedingungen und konzeptionelle Grundlagen. 51-80.

www.bmfsfj.de/RedaktionBMFSFJ/Abteilung5/Pdf-Anlagen/zwoelfter-kjb,property=pdf.pdf Abruf: 25.05.2009.

Friedrichs, Julia (2008): Gestatten: Elite. Auf den Spuren der Mächtigen von morgen. Hamburg.

Hartmann, Michael (1996): Top-Manager – Die Rekrutierung einer Elite. Frankfurt am Main.

Hartmann, Michael (2007): Forschungsbericht aktuell. www.tu-darmstadt.de/forschung/bericht/020205. tud. Abruf 25.05.2009.

Holst, Elke (2002): Wochenbericht des DIW (Deutsches Institut für Wirtschaftsforschung) Berlin 48/02 .

Hurrelmann, Klaus und Albert, Mathias (2006): 15. Shellstudie Jugend 2006. Frankfurt am Main.

Mayring, Philipp (2007): Qualitative Inhaltsanalyse. Weinheim.

Neuberger, Oswald (1995): Führen und geführt werden: 14 Tabellen/Oswald Neuberger. Stuttgart.

Neuberger, Oswald (2002): Führen und führen lassen: Ansätze, Ergebnisse und Kritik der Führungsforschung. Stuttgart.

Rosenthal, Gabriele (2005): Interpretative Sozialforschung. Weinheim und München.

Sentker, Andreas (2003): Zum Erfolg geboren. In: Die Zeit 10.10.2003, Nr. 43.

www.zeit.de/2003/43/zum_erfolg_geboren Abruf: 25.05.2009.

Staehle, Wolfgang (1999): Management. 8. Auflage. München.

Ellen Ueberschär

Frauen in der Führung der Kirche – das Unmögliche ist möglich

1 Einführung

Frauen führen die Kirche – in vielen Kirchen der Welt, vor allem in den orthodoxen und in der römisch-katholischen ist dieser Satz Blasphemie. Mit sehr platten und geradezu fundamentalistischen Argumenten wird der Gedanke an eine Gender-Parität in der Führung der Kirche abgelehnt. Ein Argument lautet zum Beispiel: Die 12 Apostel waren Männer und deswegen sind Frauen auf alle Ewigkeit vom Priesteramt ausgeschlossen. Fundamentalistisch ist dieses Argument, weil hier ein wortwörtliches Bibelverständnis angewendet wird, an dem sonst nicht mehr festgehalten wird. Historisch-kritische Exegese hat die biblischen Texte in ihrer Zeit verortet und eine 1:1-Übertragung ad absurdum geführt. Platt ist dieses Argument, weil eine selbstverständliche Kette von Aposteln und Gemeindeleitern vorausgesetzt wird, die schon innerbiblisch nicht stimmt.

Im Laufe der 2.000-jährigen Kirchengeschichte haben Frauen nach Wirkungsmöglichkeiten gesucht und sind einflussreiche „Seelenführerinnen" geworden. Hildegard von Bingen, Teresa von Avila und Katharina von Bora stehen für eine Vielzahl von Frauen, die in der Gründung und Führung von Klöstern und kirchlichen Schulen Wege gesucht haben, verantwortliche, also führende Tätigkeiten auszuüben. Katharina von Bora, Äbtissin und spätere Ehefrau Martin Luthers hat mit Energie ein großes landwirtschaftliches Unternehmen, u.a. mit einer eigenen Brauerei geleitet, das Martin Luther die materielle Unabhängigkeit von Kirche und Fürsten sicherte. Das sogenannte geistliche Amt und andere führende Funktionen blieben auch in den Kirchen der Reformation für Frauen lange Jahrhunderte versperrt. Die Gründe für die Exklusion der Frauen von leitenden Positionen sind nicht in den theologischen Argumentationsketten zu suchen, die um das bischöfliche Amt geknüpft wurden. Das zeigt sich an den Kirchen, die aus der Tradition der Genfer Reformation hervorgegangenen sind und in denen niemand ein bischöfliches Amt beanspruchen darf. Gleichwohl existierten und existieren natürlich Führungspositionen. In Deutschland heißt das Amt dann zum Beispiel Präses. In der lateinischen Sprache ist das Wort in männlicher und weiblicher Form gleich. Dennoch gab und gibt es auch in diesen Kirchen nicht annähernd eine Geschlechterparität in den leitenden Ämtern. Das mag ein Hinweis darauf sein, dass Mechanismen der Exklusion in der Kirche wirken, die unabhängig von ihrer theologischen Bewertung funktionieren und dem allgemeinen gesellschaftlichen Trend folgen.

Eine Besonderheit in den Führungsstrukturen aller evangelischen Kirchen ist die Ehrenamtlichkeit. Die Leitung der Gemeinden liegt bei Ehrenamtlichen, die höchsten Entscheidungsorgane werden entweder von Ehrenamtlichen oder einem gemischten Kreis aus Ehren- und Hauptamtlichen geleitet. Damit kommt der spezifische Charakter der reformatorischen Kirchen zum Ausdruck, der in der von Martin Luther stammenden Regelschnur vom „Priestertum a l l e r Gläubigen" gut zusammengefasst ist.

Bei der Analyse der kirchlichen Führungsstrukturen hinsichtlich der Gender-Frage müssen folglich beide Ebenen einbezogen werden: die ehrenamtliche und die hauptamtliche Leitung der Gemeinden und ganzer Kirchen. Aus der Mischung von Ehren- und Hauptamt leben auch die kirchlichen Verbände und Vereine, die sich im kirchlichen Spektrum gebildet haben, angefangen von den Klöstern und Schulen des Mittelalters bis hin zu kirchlichen Einrichtungen der Entwicklungshilfe, evangelischen Akademien oder dem Deutschen Evangelischen Kirchentag. Die folgenden Überlegungen beziehen sich überwiegend auf die Hauptamtlichen in der Evangelischen Kirche. Die ehrenamtlichen Leitungspositionen werden erwähnt, sofern es um Procedere zur Herstellung von Parität geht.

2 Frauen in Leitungsämtern der Evangelischen Kirchen

Im Jahr 2008 gab es im Raum der Evangelischen Kirchen in Deutschland – von diesen soll im Folgenden die Rede sein – 225.198 Beschäftige, davon sind 73,8 Prozent Frauen. Setzt man diesen hohen Anteil von Frauen in ein Verhältnis zur Beschäftigungsquote von Frauen, die in Deutschland bei 59,9 Prozent liegt, dann wird schon deutlich, welche Berufe in den Kirchen vorwiegend ausgeübt werden – es sind Tätigkeiten im sozialen und im Bildungsbereich. Nur 22.636 Beschäftigte der Kirche sind Theologinnen und Theologen. Der Frauenanteil beträgt 31,8 Prozent. Das heißt, dass die hohe Quote von Frauenerwerbstätigkeit in der Kirche jedenfalls nicht im Bereich der Führung stattfindet. Der Anteil von Teilzeitpfarrstellen, die von Frauen besetzt werden, liegt bei 55 bis 60 Prozent.

Die Zahlen machen deutlich, dass die evangelischen Kirchen bei der Frage nach Frauen in Führungspositionen im gesamtgesellschaftlichen Trend liegen. Bereits auf der Ebene der Gemeindepfarrerinnen und -pfarrer ist eine deutliche männliche Überzahl festzustellen. Das deutet darauf hin, dass den Themen Rollenbilder und Führungskultur Aufmerksamkeit zu widmen ist. Der hohe Anteil von Teilzeitstellen, die von Pfarrerinnen besetzt werden, zeigt, dass auch sie mit dem zentralen Thema „Familie und Karriere" befasst sind – und dies zuungunsten leitender Tätigkeiten, denn diese werden, bis auf sehr wenige Ausnahmen, nicht halbtags ausgeübt.

Die genannten Zahlen, die sich auf die unterste Leitungsebene beziehen, deuten bereits den Trend an, der sich – ähnlich wie im öffentlichen Dienst – in der mittleren und obersten Führungsebene dramatisch verschärft. Im Jahr 2008 amtierten drei Bischöfinnen, von denen eine in der Mitte des Jahres in Ruhestand getreten ist. Bei 23 bischöflichen oder bischofsähnlichen Positionen in der Evangelischen Kirche in Deutschland beträgt der Frauenanteil im Jahr 2009 ganze sieben Prozent.

Eine Ebene darunter finden sich deutlich mehr Frauen in Leitungsämtern, die Titel wie „Vizepräses" oder „Pröpstin" tragen. Noch eine Führungsebene darunter tragen Frauen in der Regel Titel wie „Dekanin" oder „Superintendentin". Auf dieser Ebene ist in einigen Landeskirchen eine Geschlechterparität hergestellt. Das ist nicht zuletzt der zweiten Frauenbewegung zu verdanken, die in den westlichen Landeskirchen deutlich sichtbare Spuren hinterlassen hat, indem sie zunächst das Selbstbewusstsein von Frauen gestärkt und eine eigene Frauenführungskultur und -theorie hervorgebracht hat. Von deren problematischen Seiten wird noch die Rede sein müssen. In den östlichen Landeskirchen sind Frauen in Leitungsämtern sehr selten anzutreffen, weil sich eine wirkungsvolle Emanzipationsbewegung von Frauen, die innerkirchliche Konflikte nach sich gezogen hätte, unter dem Außendruck des atheistischen Staates nicht entfalten konnte. Gegen die von der DDR-Regierung proklamierte Gleichberechtigung der Geschlechter hegte die Kirche ohnehin Misstrauen und in der Tat existierte – neben der flächendeckenden Versorgung mit Kinderbetreuungseinrichtungen – keine Geschlechtersensibilität, die die patriarchale Führungskultur der DDR-Elite hinterfragt hätte. Insofern galt das klassische „Pfarrhaus" mit der ehrenamtlich tätigen und die Kinder erziehenden Pfarrfrau als ideologiefreier Ort und in gewisser Weise als Hort des Widerstandes gegen das kommunistische Gesellschaftsideal. So nimmt es nicht wunder, dass in der sächsischen Landeskirche erst nach der Jahrtausendwende die erste Superintendentin berufen wurde. Die Mentalitäten und Erfahrungen der DDR-Zeit wirken nach.

Bis in die 1990er Jahre hinein schien es ein evolutionäres Paradigma zu geben, nachdem es nur eine Frage der Zeit sei, bis sich die Geschlechterparität nicht nur unter den Theologiestudierenden, wo sie seit etwa 20 Jahren stabil existiert, in die Führungsetagen der Kirche fortsetzen würde. Dass diese Annahme ein Irrtum war und ist, lässt sich an den jüngsten Besetzungen von Positionen auf der oberen Führungsebene sehen. Bei den letzten Wahlen zur Leitung von Landeskirchen haben fast nur Männer kandidiert. Trotz der Bemühungen um eine Gleichstellung von Frauen und Männern werden bei der Besetzung von Führungsämtern oftmals unprofessionelle und organisationslogisch nicht nachzuvollziehende Argumentationen aufgefahren. Margot Käßmann, Bischöfin der Evangelisch-Lutherischen Landeskirche Hannovers, gibt die Stereotype wieder: „Wenn es bei einer Einstellung heißt: Die können wir gar nicht fragen, die hat zwei kleine Kinder. Dann sage ich: Natürlich fragen wir sie, weil sie das selbst entscheiden wird, ob sie das mit zwei kleinen Kindern kann oder nicht. Oder wenn es heißt: In dem Kirchenkreis sind schon zwei Frauen Superintendentin, da können wir nicht noch eine Superintendentin hinsetzen, sage ich: Es hat noch nie einen gestört, wenn in einem Sprengel sieben Männer sind!"[1]

Aus dieser Skizze ergeben sich zwei Problemkreise, die sich nicht sonderlich von denen anderer gesellschaftlicher Sphären unterscheiden. Zum einen ist das inzwischen im politischen Raum omnipräsente Thema der Vereinbarkeit von Familie und Beruf, oder sogar von Karriere und Familie, auch in den Kirchen ein Schlüsselthema. Zum anderen ergeben sich Fragen an die „Organisationskultur", an die fehlende Selbstverständlichkeit von Frauen in kirchlichen Führungspositionen, auch dort, wo bereits eine Frau im Amt ist. Beides ist jedoch nicht losgelöst von den innerkirchlichen Bedingungen, von der Geschichte eines der ältesten Berufe und dem heute gepflegten Selbstverständnis zu erkunden. Die Geschichtswissenschaft hat uns gelehrt, dass mentale Prägungen von sehr langer Dauer sein können und noch anhalten, wenn die sozialen Bedingungen sich längst verändert haben. Das trifft auch auf den Beruf, oder besser: auf das Amt der Pfarrerin oder des Pfarrers zu.

---

1 Quelle: www.fembio.org/biographie.php/frau/biographie/margot-kaessmann.

3 Geschichte und Selbstverständnis des Pfarrberufes

Das Pfarramt gilt noch immer als Männerberuf. Wenn nach der Bochumer Theologin Isolde Karle davon ausgegangen wird, dass der Pfarrberuf eine „Profession" darstellt und eine mit Rechtsanwälten, Ärzten und Juristen vergleichbare Struktur aufweist, dann bleibt das Besondere, dass in allen anderen Professionen der Ausschluss von Frauen ein historisches Phänomen ist. Die Schwierigkeiten der Durchsetzung einer Geschlechterparität sind nicht legaler, sondern mentaler oder sozialer Natur. Anders der Pfarrberuf: Nicht einmal alle Kirchen der Reformation erkennen Frauen im ordinierten, also rechtmäßig bestellten Amt an. Das heißt, dass jede Pfarrerin sich mit dem Problem der Selbstdefinition als Frau in einem offenkundigen Männerberuf konfrontiert sieht und Strategien der Bewältigung erarbeiten muss. Die Tatsache, dass Pfarrerinnen sich – wie es die Hamburger Bischöfin Maria Jepsen beispielsweise tut – in bunte Stolen oder Umhänge kleiden, oder auf andere Weise Attribute von Weiblichkeit sichtbar hervorheben, hat mit dieser Selbstdefinition zu tun. Trotz des „männlichen" Talars als Frau identifiziert zu bleiben, entspricht dem Bedürfnis, „Geschlechtszugehörigkeit und berufliches Alltagshandeln als kongruent" darzustellen.[2]

Es gehört zu den bemerkenswerten und bitteren Tatsachen, dass die Gleichberechtigung von Frauen im Pfarramt einen wesentlichen Schub in der Zeit des Zweiten Weltkrieges und durch den Krieg selbst erhielt. In der Weimarer Republik hatten sich im evangelischen Bereich Frauenberufe in der Kirche entwickelt, die klar einer Unterordnung unter das den Männern vorbehaltene Pfarramt entsprachen. Diakonisse, Gemeindehelferin, Fürsorgerin, Lehrerin – das war in etwa das Berufsspektrum, das Frauen in der Kirche zur Auswahl stand. Dennoch hatten Mitte der 1920er Jahre Frauen ein Studium der Theologie mit äußerst unsicheren Berufsaussichten aufgenommen. Diese Frauen waren sich in ihren Zielen nicht einig. Während einige ein eigenes Amt für die Frauen forderten, strebten andere das „volle" Pfarramt an. Ende der 1920er, Anfang der 1930er Jahre wurde in vielen Teilen Deutschlands die Anstellung von „Vikarinnen", übersetzt vielleicht mit „Hilfspfarrerinnen", ermöglicht. Ihre Aufgaben waren beschränkt auf die weibliche und die minderjährige evangelische Bevölkerung. Dabei blieb es auch bei Kriegsausbruch. Mit dem Fortschreiten der Kampfhandlungen je-

---

2 Angelika Wetterer (1999: 237): Professionalisierung und Geschlechterhierarchie. Vom kollektiven Frauenausschluss zur Integration mit beschränkten Möglichkeiten. Kassel.

doch blieben immer mehr Gemeindepfarrstellen unbesetzt. Frauen, die eine theologische Ausbildung hatten, wurden in den Pfarrämtern eingesetzt und wer wollte nun kontrollieren, ob sie nur Frauen beerdigten, nur Frauen das Abendmahl austeilten und nur Frauen das Evangelium predigten? Während die Frauen einerseits dringend gebraucht wurden, und zwar als vollwertige Pfarrerinnen, hatte eine ganze Reihe von Theologen nichts anderes zu tun, als wortreich zu begründen, warum Frauen gerade nicht Männern gleichgestellt werden könnten. Es gab aber Ausnahmen: Sich über alle Debatten hinwegsetzend, ordinierten 1943 zwei Berliner Pfarrer Frauen in das volle Pfarramt.[3]

Nach dem Ende des Krieges dauerte es noch über dreißig Jahre, bis die rechtlichen Anstellungsbedingungen für Frauen und Männer im Pfarramt wirklich gleich waren. Erst 1978 traten in allen Landeskirchen Deutschlands – bis auf eine sehr kleine – Kirchengesetze zur Gleichstellung der Pfarrerinnen in Kraft. Eines der häufigsten Argumente, das immer wieder gegen Frauen im Pfarramt ins Feld geführt wurde, war ein gänzlich untheologisches – die schöpfungsmäßige Unterordnung der Frau unter den Mann. Mit der zunehmenden gesellschaftlichen Modernisierung ist dieses Argument auch in konservativen kirchlichen Kreisen verschwunden. Und in den evangelischen Gemeinden sind die Pfarrerinnen heute ein selbstverständliches Bild.

Woran liegt es also, dass Frauen nicht paritätisch an den Führungsaufgaben der Kirche beteiligt sind?

An der Akzeptanz durch die Gemeindeglieder liegt es nicht. Schon 1992 stellte eine Kirchenmitgliedschaftsstudie fest, dass es der großen Mehrheit der Christinnen und Christen gleichgültig ist, ob ein Pfarrer oder eine Pfarrerin amtiert. Ob bei Beerdigungen, Gottesdiensten oder öffentlichen Auftritten im Gegenüber zu den kommunalen Spitzen – die Pfarrerinnen füllen das Amt mit ihrer jeweiligen Persönlichkeit. Es ist sogar so, dass eine große Mehrheit der Kirchenmitglieder befürwortet, dass Frauen stärker an den Leitungsaufgaben der Kirchen beteiligt werden.

---

3 Vgl. zum Ganzen: „Darum wagt es Schwestern…". Zur Geschichte evangelischer Theologinnen in Deutschland, Frauenforschungsprojekt zur Geschichte der Theologinnen (1994). Göttingen, 2. Auflage, Neukirchen-Vluyn.

4 Differenzfeminismus versus „undoing gender"

Es wäre eigentlich zu erwarten, dass sich die zuständige, praktisch-theologische Forschung auf die sozialen und strukturellen Hindernisse einer Erhöhung des Frauenanteils in den Führungsspitzen der Kirchen konzentriert, dass sie nach Lösungen und Bündnissen mit Frauen in anderen Berufsgruppen sucht und Vorschläge unterbreitet. Stattdessen wird auf sehr abstraktem Niveau eine fruchtlose Debatte um die Konstruktion von Geschlechtern geführt. Mitte der 1990er Jahre war die Aufdeckung der Zusammenhänge von Weiblichkeit und pfarramtlichen Anforderungen auf dem Hintergrund eines Aufstiegs der feministischen Theologie eine große Entdeckung. Eine empirische Untersuchung von Brigitte Enzner-Probst: „Pfarrerin – Als Frau in einem Männerberuf" versuchte, die „Unsichtbarkeit" von Frauen in der zuständigen Wissenschaft – der Pastoraltheologie – zu beseitigen. Enzner-Probst konstatierte eine „zunehmende geschlechtsspezifische Segregation innerhalb des pastoralen Arbeitsfeldes".[4] Die „klientenzentrierte, bedürfnisorientierte Arbeit" obliege zunehmend den Frauen, während Männern die Leitungsaufgaben zugeschrieben werden. Trotz identischer formaler Qualifikation und Position in der Leitungsaufgabe eines Pfarramtes üben Pfarrerinnen die mit dem Amt verbundene Macht nicht aus, oder weisen sie durch bestimmte Strategien sogar von sich. Die geschlechtsspezifische Distinktion von Führung und Geführtwerden findet in den Evangelischen Kirchen nicht mehr anhand der formalen Qualifikation statt, sondern auf derselben formalen Ebene. Das hat zur Folge, dass die psychosozialen Bedingungen der Ausübung des Berufes eine größere Rolle spielen. Enzner-Probst forderte vor nunmehr fast 15 Jahren eine Umsetzung kirchlicher Verlautbarungstexte, die die gleichberechtigte Gemeinschaft von Frauen und Männern verlangten. „In einer gerechten Gemeinschaft müssen Männer angestammte Vorrechte aufgeben, sich auf die Veränderung von Strukturen einlassen und in der Auseinandersetzung mit Frauen neue Verhaltensweisen lernen."[5] Während Männer sich stärker in das Feld der „Sorge-Arbeit" einmischen sollten, so wäre an Frauen die Forderung zu richten, ihre Zögerlichkeit aufzugeben und die „mit Leitungspositionen verbundene Macht anzunehmen." Auch wenn Enzner-Probst Frauen dazu aufforderte, das mit den Leitungsaufgaben verbundene „Quäntchen Macht" zu ergreifen, liegt der Ball der Veränderung bei den Männern – den Ehemän-

---

4 Brigitte Enzner-Probst (1995: 193): Pfarrerin: Als Frau in einem Männerberuf, Stuttgart et. al.
5 Ebd.

nern und den Kollegen. Enzner-Probst und andere, jüngere Untersuchungen konstatieren einen besonderen, einen „weiblichen" Zugang von Frauen zum Pfarramt, zu Macht und Leitung und ziehen daraus den Schluss, dass diese besonderen, weiblichen Zugangsweisen in der Kirche Raum bekommen müssten. Diese Argumentation erinnert an den Slogan der älteren Frauenbewegung: „gleichwertig, aber nicht gleichartig".

In anderen, ebenfalls aktuelleren Veröffentlichungen werden diese Auffassungen als Ontologisierung der Geschlechterunterschiede abgelehnt. Der Vorwurf von Theoretikerinnen wie Isolde Karle lautet, dass Enzner-Probst und andere die soziale Konstruktion der Geschlechterunterschiede ignorierten. Statt der Reproduktion der Differenzthese fordert Karle die feministische Theologie auf, sich nicht länger an der „Idealisierung und Aufwertung von Weiblichkeit" zu beteiligen. Sie bemängelt den methodisch konstruierten Rollenkonflikt aller Frauen zwischen „weiblicher Geschlechtsidentität und beruflicher Führungsposition".[6] Den differenztheoretischen Frauenforscherinnen wirft sie vor, „eine selffulfilling prophecy" zu kreieren und vornherein eine methodische Bias in die Erhebungen einzubauen: Sie würden Frauen in der Annahme befragen, dass diese „ein distanziertes und kritisches Verhältnis zu Rollenasymmetrien aller Art" hätten. Sie unterstellt, dass so manche befragte Pfarrerin dem „moralischen Erwartungsdruck" nicht standhalten würde und aus „Angst vor dem Entzug von Achtung" nicht zu artikulieren wagt, dass sie „weder Unwohlsein noch Selbstzweifel mit ihrem Amt und der ihr anvertrauten Geschäftsführung verbindet."[7]

Die Generalabrechnung Karles mit der feministischen Theorie und Praxis und ihren Vertreterinnen ist ebenso kurzschlüssig wie die gesellschaftsverändernden Utopien der Differenztheoretikerinnen. Angesichts einer mit empirischen Mitteln erhobenen Differenz zwischen Männern und Frauen im Verhältnis zu Leitung und Macht stellt Karle einfach die gegenteilige Behauptung auf. Sie ist der Meinung, dass in professionellen Zusammenhängen die Geschlechterdifferenz in den Hintergrund trete. „Die Profession wirkt aufgrund ihrer eigenen beruflichen Leitorientierung und strukturierenden Problemtypik auf ein ‚undoing gender' und damit auf eine Relativierung der Sozialordnung der Zweigeschlechtlichkeit hin".[8] Eine gewisse Widersprüchlichkeit zeigt sich, wenn Karle mithilfe der Kategorien von Martha Stortz schildert, dass „viele"(!) Frauen zwar versuchen würden, die

---

6   Isolde Karle (2001: 300): Der Pfarrberuf als Profession. Eine Berufstheorie im Kontext der modernen Gesellschaft, Gütersloh.
7   A.a.O. 299.
8   A.a.O. 306.

„Autorität des Amtes zu meiden, dafür aber die charismatische und die koaktive Macht voll ausnutzen – und dies keineswegs immer zum Wohl der
Gemeinde".[9] Koaktive Macht beschreibt sie als Leitungsstil, der mit dem
Mittel der Freundschaft und der Partizipation arbeitet. Dieser Führungsstil berge die Gefahr, wenn Konflikte auftreten oder Spaltungstendenzen
sichtbar würden, nicht reagieren zu können. Der Widerspruch tut sich auf,
wenn Karle einerseits „vielen" Frauen den Vorwurf macht, ihr Leitungsstil
sei dem Wohl der Gemeinde oder der Organisationseinheit abträglich und
andererseits die These aufstellt, die Professionalität des Pfarrberufes ebne
die Geschlechterdifferenzen ohnehin ein. Während die einen Forscherin-
nen also das Gender-Problem aufseiten der unbeweglichen Männerwelt
ausmachen, so sind andere davon überzeugt, dass bestimmte weibliche Ver-
haltens- und Argumentationsmuster den genderpolitischen Fortschritt behindern. Aber weder die eine noch die andere Gruppe setzt sich mit den
sozialen und strukturellen Bedingungen von Berufstätigkeit und Karriere
auseinander, die für die Fragen von Frauen in der Führung von Gemeinden,
Kirchenkreisen und Kirchen so entscheidend sind. Isolde Karles These der
sozialstrukturellen Ähnlichkeit bestimmter Professionen wird nicht auf die
Frage nach der sozialstrukturellen Ähnlichkeit der Hindernisse ausgeweitet,
die sowohl im Bereich der Medizin als auch im Gerichtswesen Frauen von
Führungspositionen fernhalten. Bei der anderen Gruppe von Theoretikerinnen verhält es sich anders: Dort hängt es davon ab, wie viel Land die
Frauen für ihre Art der Führung den Männern abgewinnen können. Dass
dies nur im Modus eines Kampfes funktioniert, auf Dauer anstrengend ist
und die konstruierte Dualität der Lebenswelten von Männern und Frauen
zementiert, ist nicht recht bedacht.

Was aber geschieht nun in den Kirchen selbst, um den Anteil der Frauen
an Leitungsaufgaben zu erhöhen?

---

9 A.a.O. 297.

5 „Unternehmenskultur" in den Evangelischen Kirchen

5.1 Gleichstellungspolitik

In der Mitte der 1990er Jahre begann der große Aufschwung der Frauen-Gleich-stellungspolitik in den Kirchen, der in der Mitte dieses Jahrzehnts bereits abebbt. Etwa vor 15 Jahren erreichten die Forderungen nach einer legislativen Anerken-nung der Gleichstellungspolitik die gesetzgebenden Gremien der Kirchen. Den ersten Gleichstellungsgesetzen, die Ende der 1990er Jahre verabschiedet wur-den, waren intensive Debatten um die Frage vorausgegangen, ob solche Gesetze überhaupt nötig seien bis hin zu dem Argument, ein Gender-Mainstreaming könne nicht eingeführt werden, weil es dafür keine deutsche Übersetzung gäbe.

Die Verabschiedung der juristischen Texte wurde als großer Sieg gefeiert, der zu beweisen schien, dass die ernsthaften Anstrengungen zur Gleichstellung der Geschlechter und zur paritätischen Besetzung von Führungspositionen in den evangelischen Kirchen Fuß gefasst hätten. Als ein Erfolg dieses „Mar-sches" durch die Synoden wurde die Wahl von Margot Käßmann in einer als konservativ geltenden Landeskirche 1999 gewertet. Die Gleichstellungspolitik schien Wirkung zu zeigen, obwohl die Evangelisch-Lutherische Landeskirche bis heute kein Gleichstellungsgesetz verabschiedet hat. Dennoch: Es waren starke Netzwerke unter den Frauen, die auf der Höhe des Gleichstellungsbe-wusstseins die Wahl einer Frau in das höchste Amt ermöglichten. Nur ein Jahr zuvor war in derselben Landeskirche die erste Frau in ein regionales bischöf-liches Amt unterhalb der Leitungsebene gewählt worden und erst seit Beginn der 1990er Jahre amtierten von mehr als 30 Superintendenten zwei Frauen.

Fast 10 Jahre nach der Wahl der Bischöfin zeigt sich, dass die Gleichstel-lungspolitik stagniert. Während in anderen Landeskirchen ernüchternde Bi-lanzen gezogen werden, spricht sich in der Hannoverschen Kirche nun die Bischöfin selbst für die Verabschiedung eines Gleichstellungsgesetzes aus. „Manches mal klafft zwischen den gleichstellungspolitischen Zielen in unserer Kirche und der erlebten Realität eine Lücke. … Wir brauchen auch in unse-rer Landeskirche ein von der Synode beschlossenes Gleichstellungsgesetz, das dafür Sorge trägt, dass die Gleichstellung von Frauen und Männern ein Teil des Auftrags zur Gestaltung von Kirche ist."[10]

---

10 www.evlka.de; Bericht der Landesbischöfin auf der II. Tagung der 24. Landessynode vom 5. bis 6. Juni 2008.

Während in Hannover eine Bischöfin in einer Kirche ohne Gleichstellungsgesetz amtiert, resümieren andere Landeskirchen ihre Erfahrungen mit einem Gleichstellungsgesetz – ohne Frauen an der Führungsspitze. Eines der ersten Gleichstellungsgesetze ist 1997 in der westfälischen Kirche, deren Führung fest in Männerhand ist, eingeführt worden.

Beklagt wird, dass die Anzahl der Gleichstellungsbeauftragten kontinuierlich abgenommen hat. Als Ursache gibt die Fachschulprofessorin Dr. Kerstin Feldhoff aus Münster an, dass es am Willen zur Umsetzung auf den verschiedenen Ebenen der Kirchenleitung mangele. Diese reagierten nur auf Anregungen, ergriffen aber selbst keine Initiative, obwohl das Gleichstellungsgesetz sie dazu verpflichte. Dass die Personalabteilungen die Zusammenarbeit mit den Gleichstellungsbeauftragten boykottierten, Daten nicht oder unvollständig zur Verfügung stellten, könnte noch mit der allgemeinen Überlastung und der Scheu vor zusätzlichen Kosten zu erklären sein. Das Resümee nennt jedoch einen anderen Grund, der für die Fragestellung nach den Frauen in Führungsverantwortung sehr aufschlussreich ist: Leitend sei die Vorstellung gewesen, dass die nach dem Gesetz geforderten Förderpläne allein den Zweck verfolgten, „alle Führungspositionen und Arbeitsbereiche zur Hälfte mit Frauen zu besetzen." Von „vielen Männern" würde dies als einziges und zentrales Ziel eines Gleichstellungsgesetzes verstanden.[11]

Das bedeutet, dass nach dem Schwung der späten 1990er Jahre nun die Mühen der Umsetzung folgen müssen, die im Moment zu stagnieren scheinen. Die Angst der Männer vor Frauen in Führungspositionen weist auf das Thema „Unternehmenskultur" hin und ist aus vielen anderen gesellschaftlichen Bereichen bekannt. Die in der Sozialforschung beschriebenen Mechanismen von Machtauswanderung aus Führungspositionen, die Frauen innehaben, von der „gläsernen Decke", an die aufstiegswillige und karriereorientierte Frauen stoßen, wirken auch in den evangelischen Kirchen. Die zählebigen Stereotypen, die Margot Käßmann oben zitiert, beschreiben auch die westfälischen Frauen, die das Gleichstellungsgesetz evaluierten: „Mal bestanden die Probleme in unflexiblen Arbeitszeiten, die keine öffentliche Kinderbetreuung abdeckten; ein anderes Mal verhinderten Männerseilschaften die Besetzung von Führungspositionen mit Frauen. Das Argument, Führungspositionen in Teilzeit seien nicht möglich, wurde sogar für Gruppenleiterinnen im Kindergarten angeführt. In Verwaltungen scheiterte der berufliche Aufstieg u. a. an der mangelnden formalen Qualifikation, d. h. der ersten oder zweiten kirchlichen Verwaltungsprüfung – tatsächlich hoch qualifizierte und beruflich sehr

---

11 Quelle: www.frauenreferat EKKW.de, Prof. Dr. Kerstin Feldhoff: 10 Jahre Gleichstellungsgesetz.

erfahrene Frauen blieben in den unteren Vergütungsgruppen, obwohl sie qualifizierte Verwaltungsarbeit leisteten. Frauen, die Elternzeit in Anspruch genommen hatten, sahen sich mit dem Vorurteil der mangelnden Berufsorientierung konfrontiert, das sie in Bewerbungen um berufliche Führungspositionen benachteiligte."[12]

5.2 Teilzeitarbeit

Der Bericht zeigt, dass das Thema Teilzeitarbeit, das politisch als eines der wichtigsten Mittel und Wege zur Erlangung beruflicher Gleichstellung diskutiert wird, auch in den evangelischen Kirchen noch der vollen Anerkennung harrt. Es wird nur dann die erhoffte Wirkung entfalten, wenn gleichzeitig die mentalen Barrieren in den Köpfen der leitenden Personen eingerissen werden, die Teilzeitarbeit als ein Nicht-Ernstnehmen der beruflichen Orientierung beurteilen.

Eine Vollzeit-Woche einer Pfarrerin umfasst etwa 50 bis 60 Stunden Arbeit und zusätzlich die Haus- und Familienarbeit. Der Wechsel vom „Amt" der Pfarrfrau zum Amt der Pfarrerin bedeutete im Grunde eine Verdoppelung der täglichen Pflichten. Neben der Berufsarbeit lastet die Haus- und Familienarbeit auf der Pfarrerin oder dem Pfarrehepaar. Der Gedanke, dass Pfarrstellen geteilt werden können, obwohl die Arbeit prinzipiell unteilbar zu sein scheint, geht auf die Pfarrfamilien zurück, in denen beide den Pfarrberuf ausüben. Aus dem Bedürfnis, Haus- und Familienarbeit besser bewältigen zu können, ist die Forderung nach Stellenteilung entwickelt worden. Inzwischen zeigen sich die ausgrenzenden Effekte deutlich. In vielen Landeskirchen ist die Stellenteilung eine Bedingung für die berufliche Tätigkeit von Ehepaaren. Die Anzahl der Pfarrerinnen auf Teilzeitstellen zeigt, dass die Familien den auch im übrigen Erwerbsleben üblichen Weg einschlagen: Pfarrerinnen begnügen sich mit der halben Stelle, während der Ehemann die ganze Stelle übernimmt. Geschäftsführende Pfarrerin an Standorten zu werden, an denen mehrere Pfarrerinnen und Pfarrer tätig sind, ist mit der Teilzeitstelle zwar nicht ausgeschlossen, aber unwahrscheinlich. Die Kandidatur für ein höheres Amt von einer Teilzeitstelle aus ist erschwert. In Landeskirchen, die über ein Gleichstellungsgesetz verfügen, ist diese Form der Benachteiligung zwar angesprochen, allerdings konditional: Teilzeit darf kein Hinderungsgrund für die Bewerbung auf eine Führungsposition sein, wenn nicht „dienstliche Be-

---

12 a.a.O.

lange" dagegenstehen. Diese werden jedoch nicht definiert und so bleibt alles beim Alten, nämlich bei der Benachteiligung von Teilzeit-Tätigen, wie das Resümee aus Westfalen zeigte. Bislang gibt es ab der mittleren Führungsebene keine Führungspositionen auf Teilzeitbasis.[13] Möchte sich die Pfarrerin, deren Ehemann denselben Beruf ausübt, auf eine Vollzeitstelle umstellen, muss sie entweder in einen überregionalen Dienst gehen oder das Ehepaar wechselt: Er übernimmt die halbe, sie die ganze Stelle. Hier greifen dann, das machen die Zahlen deutlich, die mentalen Muster, die Männer vor Teilzeiterwerb zurückschrecken lassen und Frauen entmutigen, ganze Stellen anzunehmen.

5.3 Quotenregelung

Die unterschiedlichen Wege, die von den politischen Lagern eingeschlagen wurden, Gleichberechtigung in den Führungspositionen zu erreichen, lassen sich mittlerweile sehr gut evaluieren. Am konsequentesten und mit dem Ergebnis einer formalen Parität haben die Grünen die Gleichstellung in den Spitzenämtern mithilfe einer Quotenregelung durchgesetzt. Die Fraktionen im konservativen Spektrum waren mit dem Gedanken der Selbstverpflichtung bei weitem nicht so erfolgreich. Wenn auch im grünen Milieu die subtilen Mechanismen der Machtverteilung trotz formaler Parität wirken, ist die Parität zu allererst Voraussetzung, um über wahre Machtverteilung zu diskutieren. In den Synoden der evangelischen Kirchen sind harte Quotenregelungen nicht durchzusetzen. Den feministisch-kämpferischen Frauen, deren Generation mittlerweile das Ruhestandsalter erreicht, stehen konservative Milieus gegenüber, die ihr Potenzial auch aus jüngeren Männern und Frauen speisen.

Das Frauenreferat der Evangelischen Kirche in Deutschland blickt kritisch auf die kirchliche Realität im Haupt- und Ehrenamt: „Die kirchliche und diakonische Realität zeigt die begrenzte Wirkung von Selbstverpflichtungen: So ist die von der EKD-Synode 1989 beschlossene Zielvorgabe, innerhalb von zehn Jahren in allen Leitungs- und Beratungsgremien einen Frauenanteil von mindestens 40 Prozent zu verwirklichen, nicht erreicht worden. Es ist daher wichtig, die bestehenden Absichtserklärungen durch rechtsverbindliche Bestimmungen zu ergänzen. Ein positives Beispiel sind die Geschäftsordnungen der Landesjugendkammer und des Landesjugendkonvents der Evange-

---

13 Einzige Ausnahme: In der Evangelisch-Lutherischen Kirche in Bayern teilt sich ein Ehepaar eine regionalbischöfliche Funktion.

lisch-Lutherischen Kirche in Bayern. Hier sind für Wahlen in Ausschüsse und Arbeitskreise und für Wahlen zum Vorsitz getrennte Wahlen von Frauen und Männern vorgesehen, sodass eine paritätische Besetzung erreicht wird."[14]

Auch beim Deutschen Evangelischen Kirchentag, der als ein Aushängeschild für Fortschrittlichkeit in der Gender-Frage betrachtet wird, ist Mitte der 1990er Jahre eine paritätische Quotenregelung für die Besetzung der ehrenamtlichen Spitzenämter abgelehnt worden. Das beschließende Gremium einigte sich auf eine Drittel-Regelung für beide Geschlechter: „Von den Mitgliedern der Präsidialversammlung, des Präsidiums und des Vorstandes des Präsidiums sollen mindestens ein Drittel Frauen und mindestens ein Drittel Männer sein. Auch für die anderen Organe und Gremien des DEKT sind diese Relationen anzustreben." Für diese, in der „Ordnung des Deutschen Evangelischen Kirchentages" festgeschriebene Regel existieren weder Sanktionen noch bildet sie sich im Wahlprocedere ab. Seither machen Frauen die frustrierende Erfahrung, dass mehrere Kandidaturen von Frauen als ein Gegeneinander-Antreten gewertet werden und dies in der Regel zur sicheren Wahl der männlichen Konkurrenten führt. Andererseits verfestigt sich bei Männern der gefühlte Eindruck, dass sie ohnehin chancenlos seien, wenn Frauen gewählt werden.

Die Drittel-Regelung ist der kleinste gemeinsame Nenner, auf den sich die Mitglieder kirchlicher Gremien einigen können. In den grundlegenden Verfassungstexten der Landeskirchen finden sich nur selten Sätze zur Geschlechterparität in den Führungsgremien. In der Grundordnung der Evangelischen Kirche Berlin-Brandenburg-Schlesische Oberlausitz wird angestrebt: „In den Gremien sollen Männer und Frauen in einem angemessenen Verhältnis vertreten sein." Dieser Satz bleibt, wie die Willenserklärung der Synode der Evangelischen Kirche in Deutschland eine reine Absichtserklärung, aus der nichts folgt, wenn vonseiten der Frauen nichts unternommen wird. Deshalb setzen Frauen in den Kirchen auf Förderung und Empowerment der Frauen – ein mühsamer Weg, der bisweilen zu Stagnation und Entmutigung führt, wenn unter dem Druck, Einsparungen vorzunehmen, die geringere Anzahl von führenden Positionen unter Männern aufgeteilt wird.

Ein anderer Weg, den die Frauenreferate einschlagen, ist ein Mentoring-Projekt, das jüngere Frauen mit erfahrenen Führungskräften in Verbindung bringt und zum Ziel hat, das Mentoring als Methode der Personalentwicklung in den Kirchen zu etablieren.

---

14 Broschüre zur Wahl von Gremien in der Evangelischen Kirche Deutschlands. Zu beziehen unter www.ekd.de.

Es ist richtig, wenn das Frauenreferat der Evangelischen Kirche in Deutschland daraufhin arbeitet, die Anzahl der Einrichtungen in den Landeskirchen zu erhöhen, die sich mit Gleichstellungsfragen befassen. In nur 13 von 23 evangelischen Landeskirchen existieren Frauenreferate, Gleichstellungsstellen bzw. Genderreferate. Gleichstellungsbeauftragte und -gesetze sind in den durch rechtliche Strukturen geordneten Kirchen die Basis für eine Geschlechtersensibilität auch in den Führungsämtern. Die ausgewerteten Erfahrungen mit den institutionellen Hilfsmitten zeigen aber, dass die legislative Festschreibung allein nicht ausreicht. Die Umweltgesetzgebung verhindert auch nicht den Klimawandel. Erst, wenn den sehr vorsichtig formulierten Vorschriften ein Wandel in den Köpfen zur Seite tritt, ist Veränderung möglich.

6 Frauen in Führung – die Solidaritätsfalle und das Konkurrenzverbot

Was kann den Wandel in den Köpfen beschleunigen? Was hindert ihn? Der Wandel muss sich nicht nur in den Köpfen von Männern, sondern auch von Frauen vollziehen. Chancen, die sich bieten, auch zu ergreifen, ist eine Tugend, die sich Frauen noch erschließen müssen. So richtig es einerseits ist, genau abzuwägen zwischen den eigenen Ansprüchen an die Betreuung der Kinder, an die eigene Zeiteinteilung, so ist es andererseits wichtig, Verantwortung im rechten Moment auch zu übernehmen. Die Maxime der Selbstverwirklichung als Lebensziel, die von der zweiten Frauenbewegung propagiert wurde, brachten neben der Befreiung von heteronomen Ansprüchen auch ein Gefühl der Nichtzuständigkeit für öffentliche Positionen. Mit jeder Position jedoch, die ein mehr an Verantwortung mit sich bringt, schwindet ein Stück der Selbstbestimmung über die eigenen zeitlichen Ressourcen. Nicht immer wird dieses Defizit entsprechend finanziell ausgeglichen und nicht immer sind finanzielle Aspekte am attraktivsten. Es könnte meines Erachtens mehr Frauen in Leitungspositionen innerhalb der Kirchen geben, wenn eine größere Anzahl von Frauen sich auf diese Bedingungen einlassen würde. Damit lösen sich die oben beschriebenen Problemkreise von Unternehmenskultur und Vereinbarkeit nicht in Luft auf. Aber wenn die kritische Masse nicht erreicht wird, die Veränderungen bewirken kann, bleibt Stagnation. Das führt zu einem weiteren Thema im beruflichen Alltag von Frauen in Führungspositionen – Konkurrenz und Solidarität. Der differenztheoretische Feminismus geht von einer unhinterfragten Solidarität der Frauen untereinander aus. Frauen sind anders als Männer und das ist ein Grund zur Solidarität, zumal in der Kirche, wo die biblischen Frauengestalten von Mirjam, der Schwester des Mose, von Elisabeth und von Maria, die einen Hochgesang auf die Gedemütigten anstimmt, eine gewisse Leitfunktion haben. In der beruflichen Praxis werden Frauen jedoch mit Konkurrenzsituationen konfrontiert, die nicht durch das Paradigma der Frauensolidarität abgedeckt sind. In vielen Gremien finden sich Frauen in kirchlichen Führungspositionen als einzelne weibliche Person wieder. Die Strategien, sich Respekt zu verschaffen, sind auf diese geschlechterpolitische Unwucht ausgerichtet. Wenn sich Frauen dann doch einmal als Konkurrentinnen begegnen, sind keine Verhaltensmuster ausprobiert, geschweige denn eingeübt worden, die mit dieser Situation umgehen können. Das Paradigma von der vorgängigen Frauensolidarität trägt in diesen Situationen nicht. Es ist auch die Angst vor solchen Situationen, die Frauen vor Führungspositionen zurückschrecken lässt.

Machtausübung ist in der Kirche in schwieriges, theologisch vielschichtig bearbeitetes und belastetes Thema. Ob es in Zukunft mehr Frauen in kirchlichen Führungspositionen geben wird oder ob die höchstmögliche Anzahl bereits erreicht ist, hängt –, wenn die Analyse stimmt, dass die außerkirchlichen Bedingungen einen hohen Einfluss haben – von den gesellschaftlichen Rahmenbedingungen ab. Auch die zuletzt beschriebenen Verhaltensunsicherheiten von Frauen lassen sich gesamtgesellschaftlichen Bewusstseinsständen zurechnen. Für die Erhöhung der Anzahl von Frauen in leitenden Ämtern spricht, dass es in kaum einem Politikfeld so große Veränderungen seit der Jahrtausendwende gegeben hat wie bei dem der Vereinbarkeit von Familie und Beruf. Auf lange Sicht wird sich das auf den Erfolg der kirchlichen Gleichstellungspolitik auswirken. Mehr Skepsis ist meines Erachtens bei der Akzeptanz von Führung in Teilzeitposition angebracht. Es gibt wenige, zu wenige erfolgreiche Modelle der Teilung von Führungspositionen. Dort, wo es sie – historisch aus ganz anderen Gründen – innerkirchlich gibt, ist ihr Funktionieren umstritten. Bei den sogenannten bruderschaftlichen Leitungen, die aus der Zeit des Dritten Reiches und dem Widerstand gegen eine nationalsozialistisch überformte Kirchenleitung stammen, nehmen mehrere Personen die Leitung eines Kirchenkreises wahr. Dieses Modell hat sich jedoch nicht durchgesetzt, weil die Übernahme persönlicher Verantwortung und die personale Erkennbarkeit verschwommen blieben.

Zu verbesserten äußeren Bedingungen müssen ein verbessertes Selbstbewusstsein, eine gezielte Personalentwicklung und eine verbesserte Vorbereitung von Frauen für Führungspositionen kommen. Eines der zukunftsversprechenden Modelle sind die Mentoring-Projekte, die es jüngeren Frauen ermöglichen, sich Vorbilder zu suchen und Erfahrungen mit den individuellen Führungsstrategien der älteren Frauen kritisch in die eigene Entwicklung zu integrieren. Das Mentoring-System verschiebt zwar das Thema auf die nächste Generation, frei nach dem Motto: „…die Enkel fechten es besser aus", hat aber den großen Vorzug, dass Erfahrungen gezielt weitergegeben und ganz nebenbei die so wichtigen Netzwerke aufgebaut werden.

Hanna Zapp

Frauen in Führungspositionen der Kirchen: Erfahrungen, Thesen, Themen zum Mitdenken, Querdenken und Weiterdenken

1 Das Affidamento-Konzept

Von meinen Erfahrungen gehe ich aus. Erfahrungen, die ich in mehr als 25 Jahren Leitungs- und Führungsverantwortung in unterschiedlichen Gliedkirchen der EKD gesammelt habe: In der Leitung eines Pfarramtes, in der stellvertretenden Leitung eines Predigerseminars und als Oberkirchenrätin in der Leitung eines großen Referats in einer Kirchenverwaltung.[1] Die Italienerinnen nennen das „partire da sé", von sich selbst ausgehen. Von sich selbst – ausgehen, das heißt nicht bei sich stehen bleiben. Von den eigenen Erfahrungen als Frau gehe ich aus, indem ich sie als Schlüssel benutze zur Welt, und das heißt hier als Schlüssel zum Verständnis der Organisation Kirche und der Führungspositionen in dieser Organisation. Wenn ich meine spezifischen, individuellen Erfahrungen als Frau in einer Führungsposition der Kirche mit anderen Frauen in Führungspositionen teile, dann vertrauen wir uns einander an. Das ist mit dem Wort „Affidamento", sich anvertrauen, gemeint. Und genau das haben wir, die wenigen Führungsfrauen in der Kirche in den 1980er Jahren getan. Der Kreis hieß „Leitungsfrauen" und versammelte die wenigen Frauen, die eine Führungsposition in der Kirche hatten. Wir trafen uns eini-

---

1 Dieser Beitrag berücksichtigt nicht den großen Bereich der Leitung sozialer Einrichtungen der Kirche und Diakonie wie z.B. Kindertagesstätten. Die Mehrzahl der Führungspersonen sind und waren in diesen Einrichtungen schon immer weiblich, d.h., dass Leitung grundsätzlich unter anderen (nicht unbedingt leichteren!) Bedingungen stattfinden.

ge Male: eine Pröpstin, eine Studienleiterin, zwei Oberkirchenrätinnen, die
stellvertretende Synodalpräsidentin – dann trafen wir uns nicht mehr, weil
wir spürten, dass dieser Erfahrungsaustausch unter Frauen uns nicht weiter-
brachte. Das erhoffte „Wir-Gefühl" stellte sich nicht ein. Wir stellten Differenzen unter uns Frauen fest, erfuhren mit großer Enttäuschung, dass wir die
Solidarität unter uns Frauen nicht durchhalten konnten, sondern jeweils jede
für sich in den Leitungskontexten mit den männlichen Führungspersonen
die wichtigere Bezugsgruppe erlebte. Eine Aufkündigung dieser Loyalitäten
gegenüber und in den Leitungsgremien schien zu riskant, weil sie automatisch mit Macht- und Statusverlust einhergegangen wäre. Schon Simone de
Beauvoir thematisierte diese Erfahrung der Frauen in Genusgruppen und
nannte es „Komplizenschaft mit den Männern".[2]

Damals war auch die große Zeit der verheißungsvollen Führungsratge-
ber und Leitungskonzepte von Frauen: „Als Frau im Unternehmen führen"
(Marylin Loden 1985) „Spielregeln für Sieger" (Gertrud Höhler 1991), „Die
Frau als Chef" (C. H. Liebrecht 1985) und viele andere. Wir hatten diese Literatur, aber wir hatten keine Vorbilder. Und: Wir waren unsicher. Welche
Strategie war am erfolgreichsten? Führungs-Kompetenz gepaart mit Weiblichkeit, und wenn ja in welcher Rolle? Mütterlich, schwesterlich, töchterlich,
verführerisch? Oder Führungskompetenz gepaart mit männlichem Habitus?
Oder geschlechtsneutral? In der Management-Literatur wurde und wird bis
heute das ganze Spektrum der Rollenangebote vertreten. Wir wollten vor allem eines: authentisch leiten. Neben der Unsicherheit waren wir „natürlich"
auch erfolgreich. Wir hatten Spaß an Leitung und Gestaltung, konnten etwas
bewegen und unsere Ideen umsetzen. Vieles, was heute selbstverständlich
erscheint, haben die ersten Frauen in Führungspositionen in der Kirche er-
stritten.[3]

Aus dem Verhältnis von Mutter und Tochter entwickelten die Italienerin-
nen das Konzept der weiblichen Autorität. Eine Frau, die wissen will, vertraut
sich einer Frau an, die weiß. Mit ähnlichen Motiven entstanden die späteren
Mentoring-Konzepte. Indem das Mentoring-Konzept die Autorität und das
Wissen einer Frau in Führungsposition zum Thema macht und bewusst in ein
Setting bringt, wird das Wertvolle im Affidamento transferiert. Gleichwohl:
Das Konzept der weiblichen Autorität deckte sich nicht immer mit unseren

---

2   Zit. bei Kerner, Ina (2009): Differenzen und Macht. Zur Anatomie von Rassismus und Sexismus.
    203 ff. Frankfurt: Campus.
3   Vgl. Graz, Clarissa (2007): Zwei Kleinkinder und ein Job als Persönliche Referentin. 44-46. In:
    Diakonisches Werk der EKD (Hg.): Zehn Jahre Gleichstellung von Frauen und Männern im
    Diakonischen Werk der EKD. Diakonie Texte.

Erfahrungen. Mindestens ebenso stark erfuhren und lebten wir Entwertung des Weiblichen in der Organisation Kirche. Es gab Neid und Konkurrenz, ein „Kleinreden" und „Unsichtbarmachen" der Erfolge von Frauen.[4] Dies erlebten wir durchaus in mehreren Perspektiven und Rollen, nicht nur als Opfer. Die Szenarien und Rollen konnten wechseln. Affidamento bedeutet auch die Entdeckung und Wertschätzung der Unterschiedlichkeit von Frauen. Im Mittelpunkt steht die Entwicklung einer weiblichen Kultur in Unterschieden. Diese Kultur beruht darauf, dass sich Frauen bewusst auf die Kompetenz von Frauen beziehen. Sie erinnert sich dankbar an die Frauen, die Wegbereiterinnen waren, und sie fördert das Wachsen der jeweils anderen, immer auch fremden Frau. Affidamento ist damit ein eminent politisch-feministisches Programm, das gesellschaftsverändernd wirken wollte. Es hat sich zwar so nicht in den Organisationen, die einer männlichen Hegemonialstruktur folgen, wozu auch die Kirchen zählen, durchgesetzt. Aber es gibt bis heute die Frauen-Netzwerke, die Mentoring-Programme, die Settings in Coaching und Supervision, die diesem Prinzip folgen. Mikropolitisch nicht zu vergessen sind auch die vielen Orte der guten Zusammenarbeit und des Austauschs unter Kolleginnen sowie die stützende Erfahrung der „guten oder besten Freundin".

2   Mythen

Ich bin in meiner langjährigen Tätigkeit als Frau in einer Führungsposition vielen Mythen[5] über Frauen in Führungspositionen begegnet:

- Frauen können nicht wirklich führen.
- Frauen können nicht mit Macht umgehen.
- Frauen werden nicht in der Leitungsposition akzeptiert.
- Frauen wollen keine Chefin.
- Frauen bleiben sowieso nicht lange in der Führungsposition.
- Frauen sind nur begrenzt einsatzfähig.
- Männer haben Angst vor Frauen in Führungspositionen.

---

4   Vgl. Ritter, Judy (2002): Weibliche Autorität in Organisationen. 55-72. In: Wolf, Michael (Hg.): Frauen und Männer in Organisationen und Leitungsfunktionen. Frankfurt: Brandes & Aspel.
5   Vgl. Friedel-Howe, Heidrun (2003): Frauen und Führung: Mythen und Fakten. 547-559. In: Rosenstiel, L./ Regnet, E./ Domsch, M. (Hg.): Führung von Mitarbeitern. Stuttgart: Schäffer-Pöschel. 5. Aufl.

Andere Mythen paarten sich mit unrealistischen Erwartungen:
- Frauen führen besser.
- Mit einer Frau als Chefin werden unsere Wünsche erfüllt.
- Frauen fördern Frauen besonders.
- Frauen bringen andere Frauen in Leitungspositionen.
- Frauen räumen auf und retten das Unternehmen.
- Frauen sind (natürlich) kommunikativer, sensibler, kreativer, flexibler.

Eine fundierte Bestandsaufnahme zu den Mythen und Fakten von Frauen in Leitungspositionen der Kirche fehlt bislang. Ich möchte dies ausdrücklich anregen. Die Parameter wären noch festzulegen. Entscheidend scheint mir die Kombination einer sachlich-darstellenden, statistischen Studie[6] mit den „gefühlten" Einschätzungen von Frauen und Männern zu diesem Thema. Die Texte einer Organisation sind relevant, die Tiefentexte aber ebenso bedeutsam. Bedeutend und *frag*würdig ist die Entwicklung von Frauen in Leitungspositionen im doppelten Sinn: die zahlenmäßige Entwicklung, aber ebenso die Entwicklung der Work-Life-Balance, der Gesundheit und Krankheit, der Werte, der Vereinbarkeiten (nicht nur Familie und Beruf), der privaten Beziehungen, der Energie, der Visionen. Bedeutend und *frag*würdig ist aber auch die Wechselbeziehung zwischen der Entwicklung der Organisationskulturen einerseits und der Entwicklung der Frauen in Führungspositionen andererseits.

3   Machterwerb und Machterhalt

Ich habe erfahren, dass es keinen generellen Unterschied zwischen Frauen und Männern gibt in dem Wunsch, Macht zu erhalten. Ich verstehe Machterhalt hier im doppelten Sinne von Erwerb und Erhaltung, zudem in der Bedeutung von Gestaltungsmacht. Damit meine ich die Kompetenz und die Möglichkeit, eine Welt zu gestalten, in der ich und andere gerne leben und arbeiten. Das bedeutet: Leitung und Führung im Dienst eines Unternehmens und zur Weiterentwicklung einer Organisation, auch und besonders in der Perspektive der Weiterentwicklung der Mitarbeitenden. Das bedeutet ein Unternehmen zu führen, eine Organisation zu leiten in der Balance zwischen

---

6   Z.B. www.ekd.de/statistik: Mitglieder der Kirchenleitungen in den Gliedkirchen und den gliedkirchlichen Zusammenschlüssen in der EKD im Jahr 2003.

betriebswirtschaftlicher Effektivität und Menschlichkeit. Dazu müssen Führungspersonen Persönlichkeiten sein und immer mehr werden. Dazu gehören eine klare Haltung, Verantwortungsbereitschaft, Entscheidungsfähigkeit, Ausstrahlung, Wahrnehmungsfähigkeit und Offenheit. Das können Frauen und Männer gut, oder sie können es eben auch nicht oder weniger gut. Diese Kompetenzen, die in hohem Maße der nachhaltigen Entwicklung einer Organisation oder eines Unternehmens dienen – und nicht dem persönlichen Machterwerb, sind nicht einem Geschlecht vorbehalten oder zugeschrieben. Der persönliche Machterwerb ebenfalls nicht. Er ist aber ausschlaggebend dafür, dass man oder frau auch in der Führungsposition bleibt. Das heißt, dass die Insignien der Macht wie Dienstwagen, Budgets, Klüngeln mit den Mächtigen etc. notwendig oder zumindest sinnvoll sein können. Dieser persönliche Machterwerb gelingt Männern gegenwärtig (noch) leichter und so fallen sie seltener dem viel beschriebenen „Drehtüreffekt" zum Opfer. Frauen kommen zwar zunehmend auch in der Kirche in eine Leitungsposition. Es gibt inzwischen Dekaninnen, Superintendentinnen, Bischöfinnen und Oberkirchenrätinnen, sie bleiben aber trotz guter Leistungen nicht solange in diesen Positionen wie Männer, es sei denn, sie lernen zunehmend die Strategie des persönlichen Machterwerbs.

4   Frauenrolle und Führungsrolle

Ich habe neben der eigenen Leitungstätigkeit auch Erfahrungen im Coaching mit Frauen in Führungspositionen gemacht. Coaching in diesem Kontext verstehe ich mit Astrid Schreyögg als „Förderung der beruflichen Selbstgestaltungspotentiale"[7]. Hier ist besonders wichtig zu sehen: Nicht jedes Problem, welches Frauen in einer Leitungsposition haben, ist auf das weibliche Geschlecht zurückzuführen. Andererseits gilt: Ich bin als Frau immer als Frau in dieser Leitungsposition – und das setzt besondere Interaktionen und Dynamiken in Gang. Diese Perspektive ist also immer in gutem Sinne komplex. Zu dieser Komplexität gehört, dass Frauen in Leitungspositionen der Kirche noch nicht in der Menge der führenden Frauen untergehen, also in hohem Maße sichtbar sind und weniger als individuelle Frau in Führung wahrgenommen werden, sondern als „die Frau". Zu dieser Komplexität gehört ferner, dass Frauen in der Regel ihr priva-

---

7   Vgl. Schreyögg, Astrid (2006): Coaching. Frankfurt: Campus. 6. Auflage.

tes soziales Umfeld immer mit in ihr Denken einbeziehen, auch wenn sie keine minderjährigen Kinder (mehr) zu versorgen haben. Zu dieser Komplexität gehört auch, dass Frauen häufig keine versorgenden Personen im Hintergrund haben, sondern für sich selbst und andere sorgen (müssen) und sich dabei häufig erschöpfen. Gerade im Milieu der Kirchen mit den Idealen und Bildern der Mütterlichkeit, des Vatergottes und des Friedens auf Erden gedeiht auch der „mangelnde Selbstwertschutz" von Frauen sowie ihre „Aggressionshemmung"[8] besonders gut. Wo männliche Führungskräfte friedlich und harmonisch miteinander umgehen sollen, müssen Frauen dies erst recht tun. In den Coachings stelle ich aber auch fest, dass die Genderfrage kein Thema ist oder kein Thema sein soll, bzw. dass Frauen befürchten, in ihrer Führungsmacht geschwächt zu werden oder sich selbst zu schwächen, wenn sie sich mit Frauenthemen beschäftigen. Immer wieder wird auch die Befürchtung genannt, in eine Abseitsposition zu gelangen durch die eindeutige Positionierung für Frauen in der Kirche. So wie die Beschäftigung mit feministischer Theologie und theologischer Frauenforschung in der akademischen Theologie nicht Karriere fördernd erscheint und deswegen bei der Erlangung einer Professur nach Möglichkeit nicht zu sehr in den Vordergrund gestellt wird, so erscheint die gendersensible Betrachtung von Frauen- und Männerrollen in der Institution Kirche ebenfalls nicht opportun.[9]

Interessant ist auch, dass Frauen zunehmend selbst und aktiv die Leitungspositionen nach einiger Zeit wieder verlassen, um nach eigener Aussage „etwas zu machen, wo ich meine Werte verwirklichen kann, mich selber mehr leben kann oder wieder mehr mit Inhalten zu tun habe". Dies mag mit Blick auf die Organisation Kirche als „Werteunternehmen" zunächst verwundern, bildet aber die realistische Wahrnehmung ab, dass die Kirche als Organisation gerade in den Landeskirchenämtern und den Kirchenverwaltungen, die die höchstdotierten Leitungspositionen anbieten, eher einer administrativen, hierarchisch gegliederten Bürokratie gleicht und nicht der frühchristlichen egalitären Glaubensgemeinschaft, wie sie in der Bibel beschrieben wird.

---

8   Vgl. Haubl, Rolf (2007): Bescheidenheit ist keine Zier. 100-121. In: Haubl, Rolf und Daser, Bettina (Hg): Macht und Psyche in Organisationen, Göttingen: Vandenhoeck.
9   Vgl. Pohl-Patalong, Uta/Hermelink, Jan (2006): Die Genderfrage in der theologischen Ausbildung. Themenheft Praktische Theologie.1/2006.

5 Genderkompetenz, Konstruktion, Dekonstruktion und Rekonstruktion der Geschlechterrollen in den Führungspositionen der Kirche

Das Thema „Frauen" in den Führungspositionen der Kirche und nicht „Menschen" in Führungspositionen signalisiert einerseits eine wünschenswerte genderdifferente Wahrnehmung, andererseits wird durch die Betonung der Besonderheit der Frau in einer Führungsposition immer wieder neu geschlechterduales Denken produziert und reproduziert. Der typische Manager bleibt ein Mann?[10] Genderkompetenz in der Kirche bedeutet auch, die wechselseitige Bezogenheit und Abhängigkeit von Geschlechterstereotypen zu erkennen und möglichst zu überwinden. Der Blick richtet sich dabei sowohl auf Frauen wie auf Männer. Eine Genderanalyse bedeutet dann nach der Differenz zwischen „Führungsfrauen" und „Führungsmännern" in der Kirche zu fragen, aber eben auch zu fragen, in welcher Weise und wodurch diese Differenz hergestellt wird und wer davon wie profitiert oder eben Nachteile hat.[11] Hier spielt dann die Ebene des Diskurses – vor allem die akademische Theologie und die Organisationsethik , die Ebene der Organisationspraxis und die einzelnen handelnden Personen eine Rolle. Auf der Ebene des Diskurses sind vor allem die Ansätze von Judith Butler, Carol Hagemann-White, Jutta Hartmann, Judith Lorber und Barbara Rendtorff zu nennen, die für die Organisationsethik der Kirche und die Führungsleitlinien für Menschen mit Führungsverantwortung wichtige Ansätze der Dekonstruktion von Geschlechterstereotypen und damit auch Perspektiven der Befreiung bieten können. Denn über der vermeintlichen Klarheit, was eine Frau ist und was ein Mann, darf nicht vergessen werden, dass das Geschlecht erstens (nur) ein Aspekt der Identität darstellt und zweitens die Grenzen und Übergänge zwischen den Geschlechtern auch biologisch viel fließender sind als wir oft wahrhaben wollen. Menschen können weiblich, männlich, aber eben auch intersexuell, transgender oder männliche Frauen oder weibliche Männer sein. Eine

---

10 Vgl. Riebe, Helga / Düringer, Sigrid/ Leistner, Herta (Hg.) (2000): Perspektiven für Frauen in Organisationen. Neue Organisations- und Managementkonzepte kritisch hinterfragt. Münster: Votum.

11 Vgl. Domsch, Michel und Ladwig, Désirée (2009): Gendermainstreaming und Chancengleichheit. 499-508. In: Rosenstiel, L./Regnet, E./Domsch, M. (Hg): Führung von Mitarbeitern. Handbuch für erfolgreiches Personalmanagement. Stuttgart: Schäffer-Pöschel.

Theologie und Organisationsethik jenseits der Geschlechterdifferenz[12] eröffnet auch überraschende Perspektiven für die Wahrnehmung von Leitungsrollen in der Kirche. Hier ist die Kirche, sofern sie weniger ihre Identität als administrative Bürokratie und eher ihre Identität als Bildungsinstitution und lernende Organisation lebt, durchaus in der Lage, Lernprozesse anzustoßen und über „gender trouble" neue Rollenwahrnehmung selbst auszuprobieren und auch in die gesellschaftlichen Diskurse zu tragen.

6 Gendersensible Wahrnehmung als Aufgabe der Organisations- und Personalentwicklung.

Das komplexe Feld „Führung" wird immer mehr zum Erfolgsfaktor in Unternehmen und Organisationen. Damit rücken neben den Interaktionsfeldern für gute Führungspraxis die Personen in den Blick. Es geht um ihre Professionalität und um Führung als Profession. Die Führungspersönlichkeiten der Zukunft brauchen Flexibilität ebenso wie Erdung und müssen dazu in ganz entschiedener Form in Kontakt mit sich selbst und mit ihren Mitarbeiter/innen treten. Als Frau oder Mann oder in einer anderen jeweils mit sich identischen Sex- und Genderidentität (siehe oben), aber immer mehr identisch und authentisch werdend.

Wichtig erscheint mir in der Perspektive der Ressourcenorientierung in erster Linie die Wertschätzung der persönlichen und fachlichen Kompetenzen, die Frauen und Männer einerseits mitbringen, andererseits entwickeln können. Die Beachtung der Menschenwürde unabhängig von Herkunft und Geschlecht und auch die Berücksichtigung möglicher Verletzungen und Diskriminierungen haben die Kirchen stets zu ihrer Aufgabe gemacht. Sie werden das umso glaubwürdiger tun können, je mehr sie diese Grundsätze selbst befolgen und realisieren. Die gendersensible Wahrnehmung kann ein ethisches Orientierungsprinzip für die anstehenden Reformen der Kirche sein. „Geschlechtergerechtigkeit ist definitiv ein Zukunftsthema. Ich meine, sie muss mit dem Armutsthema und der Überwindung von Gewalt verbunden

---

12 Vgl. Karle, Isolde (2006): Da ist nicht mehr Mann noch Frau. Theologie jenseits der Geschlechterdifferenz. Stuttgart: Kreuz Verlag.

und als theologisches Thema auf der Tagesordnung bleiben."[13] Nachwuchs-gewinnung angesichts der demografischen Entwicklung und des daraus fol-genden Mangels an Fach- und Führungskräften bedarf der Beachtung der Vielfalt (Diversity-Konzept) ohne unzulässige Marginalisierung der Bedeu-tung des Geschlechts. Ebenso wichtig bleibt die kritische Analyse von Bildern und Redewendungen wie zum Beispiel die der „drohenden Feminisierung" der Kirche. Texte und Tiefentexte müssen in ihrer motivierenden oder de-motivierenden Wirkung auf Frauen und Männer, die in Führungspositionen sind oder diese Option erwägen, untersucht werden. In jedem Fall gilt: „Aus-gangspunkt für die Entwicklung von Geschlechtergerechtigkeit müssen die Führungsetagen sein."[14]

---

13 Käßmann, Margot (2009): „Zukunftsprojekt oder Luxus?" Perspektiven der Geschlechtergerech-tigkeit in Kirche und Gesellschaft. Eröffnungsvortrag Symposion am 20.03.2009.
14 Gern, Wolfgang (2007): Zehn Jahre Gleichstellung – Gerechtigkeit leben. 53-55. In: Diakoni-sches Werk der EKD (HG).

Eva Maria Roer

Die Initiatorin des TOTAL E-QUALITY Prädikats – eine rebellische Unternehmerin

Ein Interview von Marlies W. Fröse und Astrid Szebel-Habig
Aufgezeichnet in Bad Bocklet im Januar 2009

Eva Maria Roer ist Gründerin und Geschäftsführerin des Versandhauses für dentaltechnische Produkte (DT&SHOP GmbH) in Bad Bocklet, dem größten Versender in Europa für diese Produktpalette. Etliche Preise begleiten ihren beeindruckenden Weg: 1990 – Unternehmerin des Jahres, 1997 – Bayerische Staatsmedaille, 2002 – Bundesverdienstkreuz am Bande, 2002 – Bayerischer Frauenförderpreis, 2007 – Bayerischer Verdienstorden.

1996 gründet sie den Verein **TOTAL E QUALITY** Deutschland e.V. Das Ziel dieser Initiative ist es mit einer Prädikatsverleihung Unternehmen und Organisationen als Vorbilder für die Chancengleichheit in Wirtschaft, Wissenschaft und Politik zu etablieren und nachhaltig zu verankern.

Das Interview gibt einen Überblick in ihr Engagement für die Gleichberechtigung von Mann und Frau. Nachfolgend wird die wörtliche Rede in Kursivschrift dargestellt.

Studienabschlüsse in Kanada und Deutschland

Eva Maria Roer (Jahrgang 1944) studiert an den Universitäten Frankfurt/M. und Hamburg Volkswirtschaftslehre und Russisch. Danach erhält sie ein Stipendium für Nordamerika und wählt die Universität of British Columbia in Vancouver als Studienort, wo sie ihren Master in Wirtschaftswissenschaften als erste Frau in dieser Fakultät ablegt.

Dadurch habe ich erlebt, was verkehrt ist in dieser Welt, (denn)… in Vancouver wurde man wie ein Paradiesvogel behandelt. Man wurde gefragt, ob man Hauswirtschaft studiert, dann sagt man sich schon, da stimmt doch irgendwas nicht.

Nach ihrer Rückkehr arbeitet sie von 1971 bis 1973 als Assistentin am Lehrstuhl für Statistik und Ökonometrie der Universität Heidelberg. Unabhängig davon bleibt sie bis 1979 dem wissenschaftlichen Bereich als Dozentin für Volkswirtschaft an der European Division der University of Maryland eng verbunden.

Firmengründungen und Firmenerfolg

Mitte der 1970er Jahre gründet sie mit ihrem damaligen Mann ihr erstes Unternehmen: Die Beratungsgemeinschaft für Führungsaufgaben Roer und Partner. 1978 macht sie sich selbstständig: *Ich gründete ein eigenes Unternehmen, mit so einem bisserl Blut des Revoluzzers.* Mit ihrer Idee, Produkte für den Dentallaborbedarf über einen Versandhandel zu vertreiben, betritt sie in dieser Branche Neuland. Ungewöhnlich ist auch ihre Einstellungspolitik: Eva Maria Roer stellt anfänglich nur weibliche Mitarbeiter ein:

Es war mein zutiefst persönliches Anliegen. Ich habe gesagt, ich gründe diesen Laden mit 8.000 D-Mark, und ich werde nur mit Frauen arbeiten. Es kann doch nicht sein, dass man nicht die Chance hat, die Chancengleichheit eben auch im technischen Bereich zu realisieren. Mein damaliger Mann hat mich darin bestärkt.

Nach fünf Jahren, am 1. April 1983, stellt sie den ersten Mann in ihrem Unternehmen ein, *welcher dann als bunter Vogel belächelt wurde.*

Eva Maria Roer will beweisen, dass Frauen in ihrem Beruf gut sind. Gerade in den betriebswirtschaftlichen, volkswirtschaftlichen und sozialwissenschaftlichen Fächern sollte es *doch wirklich fifty-fifty sein.* Sie will die *subjektiv empfundene Anormalität* beruflicher Diskriminierungen von Frauen im Rahmen ihrer eigenen Möglichkeiten ändern. Dies gelingt ihr in vorbildlicher Weise in der eigenen Firma. Diese ist mittlerweile Marktführer in Europa mit zweistelligen Zuwachsraten und auch 2009 mit guter Aussicht für die Zukunft.

Frauenpolitisches Engagement

Anfang der 80er Jahre beginnt Eva Maria Roer sich frauenpolitisch zu engagieren: *Ich überlegte mir, wo kann ich das tun. Eigentlich müsste meine intellektuelle Heimat der Verband Deutscher Unternehmerinnen sein. Dort bin ich Mitglied geworden und habe, recht einmalig in der ganzen Geschichte dieses Vereins bis heute, eine Blitzkarriere gemacht. Bereits nach einem Jahr war ich im Bundesvorstand – durch unkonventionelle Marketingideen und frauenpolitische Äußerungen.* Für Eva Maria Roer ist klar: *Ein Verband deutscher Unternehmerinnen muss sich zwingend mit der Frauenfrage auseinandersetzen.* Da nur wenige Mitglieder diese Auffassung mit ihr teilen, legt sie ihr Amt schließlich nieder.

Ihr Ziel der Chancengleichheit aufzugeben, steht jedoch für sie nicht zur Debatte. Deshalb sucht sie für ihr Anliegen ein neues Betätigungsfeld. Die

Politik hat sie schon immer gereizt. Ein Bundestagsmandat hätte ihr gefallen, aber das war zu der damaligen Zeit aufgrund der zeitlichen Beanspruchung durch das Unternehmen nicht machbar. Sie entscheidet sich für ein ehrenamtliches Engagement.

Gründung der Initiative TOTAL E-QUALITY Deutschland (1996)

Im Jahr 1994 wird Eva Maria Roer zu einer EG-Konferenz über Chancengleichheit in Como eingeladen. Sie ist eine der acht Frauen der deutschen Delegation, die sich das Thema der Gleichstellung von Frauen auf die Fahne geschrieben hat: *Ich habe dort gesagt: Wir müssen unbedingt in Deutschland etwas machen, da wir ansonsten den Gesetzgeber rufen müssen. Und ein Gesetzgeber ist immer die Ultima Ratio.*

Ein Arbeitskreis wird gegründet. Ihre Idee ist es, ein Instrument zu entwickeln, *das soziologisch gesprochen, Belobigungen ausspricht…… Wir müssen sagen, wenn Organisationen etwas Tolles gemacht haben. Und das müssen wir definieren. Und wir zeichnen diese aus. Und wenn wir in diesem Sinne wirken, wenn wir dort „Hefe" schaffen können, dann müsste ein großer Teig aufgehen können. Und dann müssten wir nicht mehr den Gesetzgeber rufen und sagen, wir brauchen andere gesetzliche Unterstützungen, damit Frauen auf dem Weg zur Chancengleichheit vorankommen.*

Im Jahr 1996 gründet sie den Verein **TOTAL E-QUALITY Deutschland** e.V. für die Chancengleichheit in der Arbeitswelt[1]. Die Initiative TOTAL E-QUALITY Deutschland zeichnet Organisationen aus Wirtschaft, Wissenschaft und Verwaltung aus, die sich nachweislich und langfristig für Chancengleich-

---

1 Dem Kuratorium stehen eine Vielzahl von bedeutenden Mitgliedern vor: Dorothee Bär, Mitglied des Bundestages; Sonja Bischoff, Universität Hamburg, Fakultät Wirtschafts- und Sozialwissenschaften; Dr. Christine Bortenlänger, Vorstand Bayerische Börse AG; Dr. Wolfgang Brezina, Mitglied des Vorstands der Allianz Deutschland AG; Dr. Ulrich Brocker, Hauptgeschäftsführer Gesamtverband der Arbeitgeberverbände der Metall- und Elektroindustrie e. V.; Renan Demirkan, Schauspielerin und Autorin; Prof. Dr. Michel E. Domsch, Vorsitzender Management Development Center Helmut-Schmidt-Universität, Hamburg; Christiane Funken, Technische Universität Berlin; Prof. Dr. Gertrud Höhler, Beraterin von Wirtschaft und Politik; Gertraude Krell, Universitätsprofessorin für Personalpolitik a. D.; Dr. Ursula von der Leyen, Bundesministerin für Familie, Senioren, Frauen und Jugend; Prof. Dr. Friderike Maier, Fachhochschule für Wirtschaft, Berlin; Hartmut Mehdorn, ehemaliger Vorsitzender des Vorstands der Deutschen Bahn AG; Margret Mönig-Raane, Stellvertretende Vorsitzende der Vereinten Dienstleistungsgewerkschaft; Emilia Müller, Bayerische Staatsministerin für Bundes- und Europaangelegenheiten; Klaus-Peter Müller, Vorsitzender des Aufsichtsrates der Commerzbank AG; Petra Roth, Oberbürgermeisterin der Stadt Frankfurt am Main; Prof. Dr. Barbara Schaeffer-Hegel, Vorstandsvorsitzende der Europäischen Akademie für Frauen in Politik und Wirtschaft e. V.; Dr. Annette Schavan, Bundesministerin für Bildung und Forschung; Walter Scheurle, Vorstand Personal der Deutschen Post AG; Rita Süssmuth, Präsidentin des Deutschen Bundestages a. D.; Prof. Dr. Ernst-Ludwig Winnacker, Generalsekretär European Research Council (ERC). Weitere Informationen unter: www.total-e-quality.de

heit im Beruf einsetzen. Ziel ist die nachhaltige Etablierung von Chancengleichheit in allen gesellschaftlichen und wirtschaftlichen Bereichen. Das Ziel ist erreicht, wenn Begabung, Potential und Kompetenz der Geschlechter gleichermaßen (an-)erkannt, einbezogen und gefördert werden. Es geht um die selbstverständliche Einbeziehung von Qualifikationen und Fähigkeiten von Frauen, darum, eine gleichberechtigte Mitwirkung auf allen Ebenen zu lancieren. Dieses Engagement wird belohnt. Jährlich honoriert der Verein praktizierte Chancengleichheit mit dem TOTAL E-QUALITY Prädikat. Fast 300 Prädikate wurden seit 1997 verliehen, an Organisationen mit insgesamt mehr als zwei Millionen Mitarbeiterinnen und Mitarbeitern aus Wirtschaft, Wissenschaft und Verwaltung. Das Prädikat wird für drei Jahre verliehen. Eine erneute Auszeichnung erfolgt, wenn die wiederholte Bewerbung ein nachhaltiges Engagement bzw. weitere Erfolge auf dem Weg zur Chancengleichheit sichtbar macht. Die Unternehmen können dann mit dieser Auszeichnung, einem sichtbaren Zeichen innerhalb und außerhalb der Organisationen, werben. Eva Maria Roers Ziel, die Chancengleichheit in Unternehmen zu fördern, wird immer realistischer: *Ich war ganz beglückt. Ich hatte noch nie Kontakt zur Bundespolitik. Damals in Bonn: Die Tür war offen und ich konnte hingehen. Wir bekamen die erste Finanzierung. Wir sollten dieses Prädikat entwickeln. Und das machten wir dann auch. Es ging relativ zügig.*

Eva Maria Roer hat mit ihrer Idee des TOTAL E-QUALITY Prädikats viel Widerstand, aber auch viel Unterstützung erfahren: *Für die Prädikatsvergabe (am 29. Januar 1997) rief ich bei der Telekom, bei Frau Ihlefeld-Bolesch, an. Sie war damals im Vorstand von TOTAL E-QUALITY. Ich sagte ihr, wir machen eine internationale Videokonferenz. Von jedem Kontinent sollte eine vorbildliche Organisation mit ihrem CEO vorgestellt werden. Der jeweilige CEO sollte berichten, warum die Organisation so erfolgreich geworden ist. Und warum sie so viel für Frauen getan hätten.* Eine brillante und technisch für die damalige Zeit gleichzeitig aufwendige Idee, an der sich die Telekom mit 20.000 D-Mark freiwillig beteiligen wollte. Bei der Prädikatsvergabe sollten diese Videos live eingeblendet werden. Eva Maria Roer schrieb kurze Briefe: *Ich dachte, ich schreibe Briefe an alle Botschafter der Bundesrepublik Deutschland – wie man es so halt im Bilderbuch macht.* Natürlich gab es Rückmeldungen, aber nicht immer Erfreuliche: *Der Gag kam vom Botschafter aus Brasilien, der in einer göttlichen Arroganz zurückschrieb. Vom Tenor her: Es interessiert sowieso niemanden. Zudem wäre es ein kostenpflichtiger Vorgang.* Zusammenfassend muss sie feststellen, es gab niemanden, der sagen wollte, *ich bin erfolgreich mit einem Unternehmen, weil dort so viele Frauen tätig sind.* In den USA hätte sie sicherlich Unternehmen gefunden. Aber sich auf die USA beschränken, das wollte sie nicht, denn

Frauen gibt es überall auf der Welt: *Und überall wollten wir Chancengleichheit auf unterschiedliche Weise zeigen. Also, das war doch ein globales Thema.*

Eva Maria Roer weist darauf hin, dass die Benachteiligung von Frauen im Beruf in der amerikanischen Gesellschaft kein Problem mehr darstellt. Bereits in den 1970er Jahren gab es dazu die entsprechende Gesetzgebung, die Weichen wurden gestellt. Und auch in Frankreich zeichnet sich aufgrund der hervorragenden positiven Rahmenbedingungen für Frauen ein anderes Bild: *Wo sonst findet man 97 Prozent Kinderbetreuung für 3- bis 6-Jährige? Und diese hat schon eine lange Tradition: Meine Pariser Brieffreundin ist promovierte Pharmazeutin. Sie hat zwei Kinder, hat immer gearbeitet, auch als sie später mit über 40 noch promovierte.*

Der Fokus in Deutschland ist ein anderer. Die Vereinbarkeit von Beruf und Familie steht meist im Mittelpunkt, wie beispielsweise bei der Herti-Stiftung. Eva Maria Roer will diesen Fokus unbedingt erweitern – Frauen und Führung sollen das Thema sein, *das interessiert uns. Also, wenn wir die Gesellschaft transformieren wollen, dann brauchen wir Frauen an der Macht.*

Heute arbeitet Eva Maria Roer ehrenamtlich mit einem äußerst knappen Jahresetat von 30.000 bis 40.000,- Euro. Ideelle Unterstützung hat sie an unterschiedlichen Orten erhalten, ob in den Ministerien oder in der Wirtschaft. Vor allem in Firmen, in denen es fortschrittliche Personalvorstände, Planungsbeauftragte und CEO gibt, kann Eva Maria Roer positive und nachhaltige Entwicklungen zur Chancengleichheit feststellen: *Die Nachhaltigkeit ist dann wirklich ein Teil des Unternehmensleitbilds und der Unternehmenskultur. Die Unternehmenskultur ist nicht deklaratorisch zu erreichen, sondern sie muss gelebt werden. Und wenn ich Verhaltenstransformationen hinkriegen will, braucht es einen langen Atem. Und für besondere Nachhaltigkeit haben wir eine schöne neue Skulptur geschaffen, so Unternehmen das fünfte Mal ein Prädikat erhalten. Und das freut mich sehr. Das sind für mich die Leuchttürme. Und bei all den Unternehmen gibt es so ein paar „Verrückte", wie das Boschwerk in Ansbach. Eine absolute Männerdomäne. Und dort ist ein Mann, ein Veränderer, der wollte es einfach beweisen mit den Mädels.*

Im Jahr 2009 wurden erneut Prädikate für die Chancengleichheit vergeben, wobei bei der Auszeichnungsveranstaltung das Thema „Kreativität und Gender" im Mittelpunkt stand: *Über diesen Umweg kann man natürlich auch zu einer adäquaten Gender-Qualifizierung von Unternehmen kommen. Aber ich glaube, dass es sehr komplementär ist und dass die Unternehmen oder Organisationen, die mit den richtigen Mischungen an der Spitze sind, die Erfolgreichsten sind. Und ich wage noch folgende Hypothese: Diese Veränderungen sind stark abhängig vom Bildungsgrad und der Sozialisierung.*

Ein Blick in die Zukunft

Eva Maria Roer weist darauf hin, dass es lineare Entwicklungen von Gesellschaften nicht gibt. Es bräuchte immer wieder *diese Zugpferde, ob männlich oder weiblich, die Entwicklungen bis zu einem kritischen Punkt führen. Wie zum Beispiel: Ursula von der Leyen. Sie bringt alle diese Diskussionen in den Mainstream! Und die nächste Frau Ministerin wird es noch viel leichter haben.*

Die Geisteshaltung ist ein wichtiges Element im Leben von Eva Maria Roer:

Ich will mein Leben selbst bestimmen. Ob und wie ich ethisch eingebunden bin, ob ich an den lieben Gott glaube oder weniger? Eine ethische Verankerung ist jedenfalls sehr wichtig. Aber ich würde sie nicht mehr institutionell religiös sehen wollen, sondern da wäre ich großzügiger. Bin ich auch bei mir selbst. Aber ich glaube, die Mädels müssen eben wirklich den Punkt erreichen: Wenn die Familie sie nicht unterstützt, dann müssen sie es über eine eigene Ausbildung verantwortlich tragen. Oder über das Umfeld wie in der Universität oder über ein Unternehmen, bei dem die Frauen unterstützt werden, damit sie ihre Kompetenzen entfalten können. Aus der Knospe muss die Blüte werden, ganz einfach. Machtpolitik wird ewig bleiben. Aber ich glaube schon, dass still und leise eben unsere Gesellschaft sich transformiert.

Das Interview nähert sich seinem Ende. „Was brauchen wir für Frauen heute?", ist unsere letzte Frage. Die Antwort von Eva Maria Roer kommt schnell und pointiert: *Das ist klar. Wir brauchen junge, selbstbewusste, durchsetzungsstarke, intelligente Frauen, die ihr Leben selbst gestalten wollen und sich nicht dirigieren lassen von ihrem Partner, bezogen auf ihre Lebensziele. Chancengleichheit beginnt in der Partnerschaft und dies auf Augenhöhe.*

Elke Benning-Rohnke und Achim Rohnke

Mixed Leadership: Moderne Partnerschaft und Führungsverständnis

Ein Interview von Marlies W. Fröse und Astrid Szebel-Habig
Aufgezeichnet in Darmstadt im Mai 2009

Elke Benning-Rohnke und Achim Rohnke haben zwei Söhne, 19 und 22 Jahre alt. Elke Benning-Rohnke blieb bis heute ständig berufstätig, auch dank der Unterstützung Ihres Mannes. Das eigene Wollen aber gab wohl den Ausschlag, Beruf und Familie gemeinsam leben zu wollen und zu können. Erster beider Arbeitgeber: Procter & Gamble, Deutschland . Dort „funkte" es zwischen den beiden.

Ihre Karriere entwickelt sich: Geschäftsleitung und Vorstand, Kraft Jacobs Suchard, Wella AG Darmstadt dann als Gesellschafterin bei Grolmann Result GmbH. Unabhängigkeit lockt, einfach „was Eigenes" machen. 2008 gründet Elke Benning-Rohnke die Unternehmensberatung Benning & Company, heute Büros in Frankfurt, München und Hamburg.

Seine Karriere: Management-Positionen in der Konsumgüterindustrie, dann Geschäftsführer der WDR mediagroup GmbH Köln. Gründungs-Geschäftsführer ARD Werbung Sales & Services GmbH Frankfurt/Main. Jetzt(seit 2008) Geschäftsführer der BavariaFilmGruppe München.

Dieses Interview soll das Partnerschaftsverständnis des Ehepaares Benning-Rohnke erklären – dokumentiert mit Hilfe der sehr erfolgreichen Karriereschritte beider. Die wörtliche Rede des Ehepaares Benning-Rohnke *kursiv*.

Elkes Benning-Rohnke's „Motor": Finanzielle Unabhängigkeit
Elke Benning-Rohnke erinnert sich noch ganz genau an die beiden einschneidenden Erlebnisse, die sie als Zwanzigjährige hatte: *Bei Freunden in London war ich. Reiche Leute, und meine Eltern hätten sicher gerne gesehen, dass ich in diese Familie heiraten würde.* Die junge Deutsche in London bemerkt schnell die einengenden Konventionen und die wenigen Freiheiten jener Damen der oberen Gesellschaftsschichten. Ihr Entschluss:

Niemals „reich heiraten"! Zweites „Erweckungserlebnis": Mein Vater kauf-te mir einen Skianzug: Der letzte, den ich dir kaufe – sein leicht süffisanter Kom-mentar. Was immer ich machen werde in diesem Leben, dies wird der letzte Skianzug sein, den mir jemand kauft, ich will (und werde) immer finanziell unabhängig sein. Mein Ziel!

Nachhaltige Prägungen durch die Elternhäuser
Elke Benning-Rohnke und auch Achim Rohnke entstammen Unternehmer-familien. Elke Benning-Rohnke, einzige Tochter (drei jüngere Brüder) rebel-liert früh: *Meine jüngeren Brüder durften alles, ich nicht viel. Meine pragma-tische Reaktion: Haare ab, Hosen an – jetzt heiße ich Erich (und möchte auch alles dürfen)! Und das tat ich dann – nicht zur Freude meiner Eltern. Heute weiß ich: Frauen machen Karriere eben nicht per Anpassung. Frauen, die den Weg des beruflichen Erfolges in männlich dominierten Bereichen wählen, müs-sen klassische Rollenerwartungen infrage stellen, bewusst anders sein, Zweifel aushalten und Widerstände überwinden, ständig eindeutig eigene Positionen deutlich vertreten. Nicht zuletzt deshalb sind in den Unternehmen Frauen auch weniger die Angepassten, die so gut wie möglich alles dem Karrierestre-ben unterordnen, sondern hinterfragen. Sie sind nach meiner Erfahrung oft inhaltlicher orientiert.*

Achim Rohnke sagt: *Meine Eltern waren beide selbständig, meine Mutter war das ökonomische Gewissen des Betriebes: Einkauf, Buchhaltung, Personal, alles. Ich kenne meine Mutter nur als voll berufstätige Frau, als meine Mutter und Partnerin meines Vaters. Dieses zuhause gelebte Frauenbild habe ich wahr-scheinlich unbewusst gespeichert. Und so wollte ich mit Elke leben.*

Gleichberechtigte Partnerschaft
Elke Benning und Achim Rohnke heiraten. Sie ist überzeugt, mit Achim eine gleichberechtigte Partnerschaft leben zu können: *Ich wollte unbedingt jeman-den heiraten, mit dem ich von Anfang an auf Augenhöhe bin.* Beide überneh-men gleiche Verantwortung für das gemeinsame Leben und verfolgen gleich-zeitig intensiv ihre beruflichen Karrieren.

Achim Rohnke teilt seine Tage bewusst ein, um Zeit für die Kinder zu haben; ganz anders als Männer das meistens zu tun pflegen: *Stammtische oder „um die Häuser ziehen" bis zum Morgengrauen – dies sind nicht meine Eigen-schaften. Wir waren eine Familie. Und ich dachte nie daran, dass Elke nach unserer Heirat ihren Job aufgeben würde. Bei Freunden und Kollegen, wo das passierte, sah ich, wie man sich schnell auseinander lebte. Vielleicht gerade des-wegen?*

Berufs- und Ortswechsel werden gemeinsam beschlossen. Zweimal wechselt sie Achim's wegen den gemeinsamen Wohnsitz. Dann aber – Elke Benning-Rohnke erinnert sich ganz genau – gab es eine neue, interessante Position für sie in Darmstadt: *Wir müssen jetzt von Köln nach Darmstadt umziehen. Die Chance möchte ich wahrnehmen. Und dann habe ich auch dafür verantwortlich zu sein. Das Rollengefüge zwischen uns beiden verändert sich merklich.*

Achim's Antwort: *Zunächst war ich überhaupt nicht begeistert. Am Ende war es aber klar, dass Elke die Aufgabe annehmen musste. Und es war klar, die Familie sollte an einem Ort leben.* Seit die Söhne im Ausland studieren, lebt die Familie Benning-Rohnke in Darmstadt und in einer zweiten Wohnung in München.

Kinderbetreuung am Beispiel Kanada und Deutschland

Beide Ehepartner hatten zu Anfang ihrer beruflichen Karrieren die Möglichkeit, diese bei demselben Unternehmen in Toronto fortzusetzen. Ihr ältester Sohn war damals gerade mal drei Monate alt.

Elke Benning-Rohnke: *Ich war sehr motiviert, diese Chance im Ausland zu nutzen und gemeinsam mit meinem Mann in Kanada zu arbeiten. Wir entschieden, Max in ein „DayCareCenter" zu geben. Das zu tun, ist dort selbstverständlich. Aus deutscher Sicht aber war das natürlich sehr früh für unser Kind.* Offensichtlich war das Jahr für das Rollenverständnis des jungen Paares sehr wichtig und prägend: *Max morgens gemeinsam in's Center bringen, zu arbeiten und das Baby abends 18/19 Uhr wieder abzuholen.*

Alles ist so selbstverständlich – die „Rabenmutter" gibt es wohl nur in Deutschland. Elke Benning-Rohnke fragte ihre Vorgesetzte in Toronto, die auch Kinder hat, ob es denn den Kindern nicht schade, so früh unter anderen Kindern zu sein und auch von einer Nanny betreut zu werden.

Elke Benning-Rohnke: *Sie und auch andere Kolleginnen mit Kindern haben meine Frage gar nicht verstanden. Die „Rabenmutter" stammt bezeichnenderweise aus unserer NS-Zeit. Nirgendwo auf der Welt gibt es solch ein Wort. Dort, wo Frauen Karrieren machen können, kann jede Frau nach sechs Wochen ihre Arbeit unbelastet fortsetzen.*

Nach einem Jahr geht die junge Familie zurück nach Deutschland, mit ihnen die ihnen an's Herz gewachsene kanadische Nanny, die sich später dann auch um den zweiten Sohn kümmern wird.

Achim Rohnke erinnert sich heute: *Ich weiß gar nicht, welche Konflikte wir hier in Deutschland durchzustehen gehabt hätten. Meine Frau hat recht. Ich hätte wohl nicht gesagt: Ich bleibe zuhause und du machst deine Karriere. Es kam anders.* Beide Partner wechseln zu einem neuen Arbeitgeber.

Elke Benning-Rohnke wird erste Bereichsleiterin in ihrem neuen Unternehmen: *Oh(!!!) eine Frau – aber alle Beteiligten haben mich von Anfang an sehr kollegial unterstützt. Allerdings: Ich war auch sehr gut organisiert, mit Netz und doppeltem Boden. Undenkbar, einfach wegzubleiben, weil mein Kind oder unsere Nanny krank waren.*

Im eigenen Haus organisiert das Ehepaar Benning-Rohnke mit einer befreundeten Familie eine gemeinsame Kinder-Betreuung unter Obhut einer Kinderfrau. Ein drittes Kind hätte auf diese Art und Weise auch noch gut versorgt sein können. Es geht also, wenn man ernsthaft will.

Deutschland behandelt jene ambitionierten, berufstätigen Frauen mit Kindern, von denen die Gesellschaft später profitieren wird, nicht adäquat: Doppelbelastung, hohe Betreuungskosten, wenn privat organisiert, die nur geringfügig steuerlich geltend gemacht werden können. Staatlich gibt es wenig flexible öffentliche Betreuung von Kindern, vor allem in deren frühen Alter.

Die Meinung der Söhne

Die beiden Söhne sind heute 19 und 22 Jahre alt. Im Vorfeld zu diesem Interview wurden sie von den Eltern um ihre Meinung gebeten. Der jüngere Sohn schätzt besonders, dass *durch meine Berufstätigkeit viel internes Konfliktpotential wie etwa Hausaufgaben machen oder Klavierüben vermieden beziehungsweise mit der Nanny ausgetragen wurde. Dadurch war nach seiner Ansicht unser Familienverhältnis viel entspannter. Er kommt zu dem Schluss, dass unser beider Berufstätigkeit, für uns ausreichend aufregend und anstrengend und wir uns so nicht zu sehr in sein eigenes Leben eingemischt haben.*

Der älterer Sohn betont: *Frühe Unabhängigkeit und die Fähigkeit Verantwortung für mein eigenes Handeln zu übernehmen. Während viele meiner Freunde ihren Schulranzen noch von Mama gepackt bekamen, habe ich bereits Verantwortung für mich selbst übernommen und gelernt mein Leben zu einem großen Teil selbst zu organisieren. Diese Fähigkeit konnte ich in meiner Jugend weiter ausprägen und sie verhilft mir nun zu mehr Souveränität und Eigenständigkeit im Alltag. Dabei sind die elterliche Zuneigung und der erzieherische Einfluss jedoch nie auf der Strecke geblieben. Ich habe heute ein besseres Verhältnis zu meinen Eltern als viele meiner Freunde.*

Die Rollen von Frauen und Männern in der heutigen Gesellschaft

Elke Benning-Rohnke empfindet die heutige Arbeitswelt immer noch *männlich, wenig frauenorientiert; oft unnötig lange Meetings, (zu)viele Reisen, persönlich männliche Spielfelder und eindimensionale Prioritäten.* Ergo: Präsenzpflichten, die für Frauen (und Männer) mit FamilienVerantwortung wahrlich nicht ideal sind.

Elke Benning-Rohnke: *Ambitionierte Frauen wollen der Kinder wegen natürlich nicht weniger arbeiten. Wir möchten uns die Arbeit manchmal anders einteilen können. Es gibt Situationen, da muss man als Mutter ganz einfach da sein – auch am helllichten Nachmittag –, wie die anderen Mütter auch. Starre Normen erlauben solche Freiräume kaum. Eigentlich erwarten wir doch nur diese paar Kleinigkeiten. Die Gesellschaft bekommt dafür sehr viel: die nächste Generation, exzellent betreut und ausgebildet.*

Weit voraussehende Männer (als Vorgesetzte) empfinden diese eigentlich selbstverständlichen Wünsche ambitionierter, berufstätiger Frauen schon nicht mehr als einen Makel und sorgen dafür, dass diese wertvollen Frauen besondere Anerkennung statt Benachteiligungen erfahren, zum Nutzen der Gesellschaft. In anderen entwickelten Ländern übrigens gibt es diese Geschlechterdebatten sehr viel weniger.

Elke Benning-Rohnke sehr pointiert dazu: *Ich glaube, in Deutschland gibt es noch extreme Formen solcher Reaktionen. Ist es das sehr Soldatische, Autoritäre unserer Historie? Haben andere Länder die demokratischen Entwicklungen unserer Zeit besser verstanden? Die Folgen sind auch: Frauen, die ich in meiner Zeit aus Konzernen und beratenden Institutionen kenne, verzichten auf Kinder. In dem von mir gegründeten Kreis der „Great Women in Business", einem Kreis von beruflich erfolgreichen Frauen hatten unter 30 Frauen nur zwei Kinder. Oft bewusst aus Karrieregründen hatten viel andere auf Kinder verzichtet..*

Achim Rohnke dazu: *Ich erlebe oft, dass manche Männer ganz offensichtlich die heutigen ambitionierten Frauen nicht ernst genug nehmen und deren Karrieren zu wenig unterstützen. Das sind vertane Chancen für das Unternehmen. Assistententätigkeiten und die zweite Ebene, ja. Ich aber als verantwortlicher Unternehmensleiter schätze qualifizierte Frau auf allen Ebenen in gemischten Teams – Mixed Leadership. Es geht weniger eitel zu, sachlich und sehr kreativ orientiert: Der Pegel sozialer Intelligenz steigt signifikant, und am Fachlichen mangelt es Frauen sehr selten, ganz im Gegenteil. Es lohnt sich für alle Beteiligten, sich auf diesem guten Wege weiter intensiv zu engagieren.*

Künftige Unternehmenskulturen fördern Frauen und Familien
Achim Rohnke als Geschäftsführer eines MedienUnternehmens in Köln förderte in den vergangenen Jahren systematisch die Vereinbarkeit von Familie und Beruf der Frauen in seinem Unternehmen. Kinderbetreuung und Räumlichkeiten für erkrankte Kinder in der Nähe ihrer Mütter wurden installiert, Netzwerke gegenseitiger Unterstützung aufgebaut. Fünf Tochtergesellschaften

leiteten Geschäftsführerinnen. *Es lohnt sich für Unternehmen, ambitionierten Frauen Vorbilder zu zeigen in ihrer Führungsrolle.* Resümee: Frauen wollen ihre Karriere. Es funktioniert nicht nur bei Benning-Rohnke's, die fast immer dafür sorgen konnten, dass einer der beiden um 19 Uhr zuhause bei den Kindern war. *Väter müssen nicht unbedingt Meetings um 18 Uhr beginnen lassen.*

Elke Benning-Rohnke und Achim Rohnke: Empfehlungen
Elke Benning-Rohnke beobachtet: *In unserer Gesellschaft haben Frauen die größeren Freiheiten sich zu entfalten, indem sie Beruf UND Familie leben können. Das ist ein großer Vorteil. Akzeptiert werden heute viele Lebensformen: Apfelkuchen backen, Golf und Kosmetik oder volle Berufstätigkeit, alles ist akzeptiert. Ich möchte allen Mut machen, die sich für Familie und Beruf entscheiden. Und ich wünsche mir, dass die Entwicklung hinsichtlich flexibler Arbeitszeiten kontinuierlicher voran schreitet. In dem von meinem Mann schon erwähnten Mixed Leadership Thema sehe ich auch einen großen Gewinn für die Unternehmen: Wir Frauen müssen uns ein bisschen mehr gegenseitig unterstützen.* Viele erfolgreiche Frauen sind heute noch Einzelkämpferinnen. Es gilt, Solidaritäten aufzubauen, den anderen Frauen Erfolge nicht zu neiden, sondern zu verstärken.

Achim Rohnke, seit 2008 Geschäftsführer der Bavaria Film Unternehmensgruppe in München, hat jetzt noch ausschließlich Männer um sich, geerbt gewissermaßen. Er sagt: *Jeden freien Platz in der Führungsriege möchte ich einer qualifizierten Frau anzubieten.* Er empfiehlt allen Unternehmen und Organisationen, Sichtweisen und Meinungen von Frauen (heraus)zu fordern. *Kreativ und sozial intelligent werden Frauen reagieren, zum Wohle aller: Mixed Leadership.*

Dieses sehr angenehme und aufschlussreiche Interview endete mit dem ausdrücklichen Wunsch und der Perspektive unserer beiden Gesprächspartner: *In Deutschlands Managementetagen sollen künftig Frauen und Männer (paritätisch) miteinander arbeiten, so wie es schon in den meisten Bereichen unserer Gesellschaft ganz selbstverständlich geschieht, jeden Tag.*

Rene Mägli

Warum Frauen erfolgreich Führungspositionen besetzen. Erfahrungen und Erkenntnisse aus der Praxis

1 Einleitung

Bei der Übergabe eines Wirtschaftsawards wurde eine Journalistin auf die Tatsache aufmerksam, dass bei der Firma MSC Schweiz ausschließlich Frauen tätig sind. Ein erster Artikel wurde publiziert. In der Folge entstand ein Medienrummel über die Grenzen der Schweiz hinaus bis nach Russland. Der Besuch des russischen Fernsehens in Basel war natürlich auch für die Mitarbeiterinnen ein ganz besonderes Erlebnis. Offensichtlich ist die Tatsache, dass zurzeit nur Frauen in meinem Unternehmen tätig sind, ein Sonderfall, der weit über die Landesgrenzen hinaus auf Aufmerksamkeit stößt. Insbesondere die Gründe für eine ausschließlich weibliche Belegschaft interessierten die Medien und wurden zuweilen kritisch hinterfragt.

Vor 25 Jahren begann ich, mit einem Mitarbeiter mein Unternehmen aufzubauen. Heute ist MSC Agency die schweizerische Agentur der zweitgrößten Containerreederei der Welt, zuständig für die kommerziellen und operativen Geschäfte der Schweiz auf diesem Gebiet. Unser Ruf als professionelles dienstleistungsorientiertes Unternehmen hat dazu geführt, dass wir heute auch eine Vielzahl namhafter ausländischer Unternehmen zu unseren Kunden zählen können. Die MSC Agency Schweiz beschäftigt inzwischen 84 Frauen, rund 10 Prozent davon in Führungspositionen.

Bis vor ungefähr zehn Jahren waren wir ein „gemischtes" Unternehmen mit weiblichen und männlichen Mitarbeitern. Unsere Branche, die internationale Containerschifffahrt, ist ein extrem konkurrenzintensives Geschäft mit weitgehend identischen Produkten, d.h. unsere einzige Differenzierungsmöglichkeit ist die tägliche, hoch qualifizierte kundenspezifische Dienstleistung.

Bei einer Routineanalyse musste ich feststellen, dass fähige weibliche Mitarbeitende durch männliche Kollegen in ihrer Arbeit eher behindert denn gleichberechtigt behandelt oder gar unterstützt wurden. Eine der Hauptursache scheint ein oft als typisch männlich kategorisiertes Verhalten zu sein. Persönliches Machtstreben wurde dem Geschäftserfolg übergeordnet. Die Tatsache, dass diese Situation entstehen konnte, mag man meiner fehlerhaften Führung zuschreiben. Es kann auch ein Einzelfall gewesen sein, allein der nachweisbar negative Einfluss auf den Geschäftserfolg bewog mich, vermehrt Frauen eine Chance zu geben.

Was für mich in einem privaten Unternehmen eine Selbstverständlichkeit ist, die beste Dienstleistung zu erbringen und damit auch den finanziellen Erfolg zu sichern, scheint in mancher von Männern dominierten Arbeitswelt nicht prioritär zu sein.

In Bezug auf Führung möchte ich meine Erfahrung mit Frauen wie folgt zusammenfassen: Die Führung von Frauen durch Frauen ist primär menschlich und teamorientiert. Die Mitarbeiterinnen werden in die notwendigen Entscheidungsprozesse einbezogen, und Verantwortung wird übertragen. Frauen erkennen und akzeptieren, dass im Team nicht nur eine bessere Arbeitsleistung erbracht werden kann, sondern dass durch den gemeinsam erarbeiteten Erfolg auch gemeinsame, hochgradig motivierende Erfolgserlebnisse kreiert werden: Es entsteht eine Motivation auf höchster Ebene.

Alle in diesem Beitrag gemachten Aussagen entsprechen meiner eigenen Auffassung, basierend auf meiner persönlichen, langjährigen Berufserfahrung. Eine Pauschalisierung oder gar unreflektierte Übertragung auf andere berufliche Situationen wäre nicht gerechtfertigt. Ich habe bewusst darauf verzichtet, meine Erkenntnisse mit Ergebnissen aus der Forschung und publizierter Fachliteratur zu vergleichen. Des Weiteren muss berücksichtigt werden, dass ich nicht speziell Frauen für Führungspositionen eingestellt habe. Durch die Tatsache, dass im Unternehmen zurzeit nur Frauen arbeiten, hat es sich logischerweise ergeben, dass auch nur Frauen in Führungspositionen aufgestiegen sind. Es gab aber bis dahin auch keine Vorkommnisse, die mich veranlasst hätten, dies zu ändern.

2 Dienstleistung – Leisten im Dienste des Kunden

Vorab gebe ich eine aus meiner Sicht wichtige Information in Bezug auf das Geschäftsumfeld, in welchem mein Unternehmen operiert. Dies erscheint mir von grundlegender Bedeutung, da unterschiedliche Geschäftsbedürfnisse auch unterschiedliche Anforderungen an die spezifischen Eigenschaften und Fähigkeiten einer/s Mitarbeiterin/er stellen.

Als Agent einer global tätigen Reederei ist es unsere primäre Aufgabe, „Leistung" im „Dienste" des Kunden zu erbringen. Wir sind ein Dienstleistungsbetrieb. Was bedeutet dies? Es bedeutet für mich im positiven Sinn, zu dienen. Dies hat nichts mit Unterwürfigkeit zu tun, sondern vielmehr mit der Fähigkeit, die Bedürfnisse des Kunden als oberstes Gebot zu akzeptieren und die Zufriedenheit des Kunden als eigenständiges Ziel zu positionieren. Es bedeutet aber auch zu leisten, Dienste zu leisten. Dienste sind nicht greifbar. Der Erfolg dieser Leistung mag in Form von Jahresergebnissen messbar sein, allein im täglichen Geschäft ist das Ergebnis dieser Leistung nicht unmittelbar greifbar. Um in diesem spezifischen Geschäftsumfeld erfolgreich zu sein, sind der gezielte Aufbau und das motivierende Fordern von Leistung zwei wichtige Erfolgsfaktoren für mich.

3 Führungsprinzipien in der Praxis

Über die grundlegenden Führungsprinzipien sind viele Bücher geschrieben worden – ich muss gestehen, ich habe keines davon wirklich gelesen. Damit will ich den erarbeiteten Theorien weder Berechtigung noch Bedeutung absprechen. Ich hatte dafür schlicht und einfach keine Zeit. Erst in Zusammenhang mit der Anfrage, ob ich einige Zeilen „aus der Praxis" in Bezug auf Frauen in Führungspositionen schreiben wollte, habe ich in mehreren Fachbüchern gestöbert. Einige der genannten Prinzipien erscheinen mir in Zusammenhang mit meinen eigenen Erfahrungen, in Bezug auf Frauen in führenden Positionen, besonders wichtig: Teamfähigkeit, Zielerreichung als Priorität, Kommunikation und Motivation. Zu diesen Kompetenzen möchte ich in den folgenden Kapiteln ausführlicher Stellung nehmen.

Ich erlaube mir, bei einigen Themen auf eine kürzlich im Unternehmen durchgeführte Untersuchung im Rahmen einer Maturaarbeit Bezug zu nehmen. Ihr Ziel war die Untersuchung der Einschätzung frauenspezifischer

Qualitäten in unserem Unternehmen und ihr möglicher Einfluss auf den Geschäftserfolg (Bekcic 2008). Die befragten Frauen haben insbesondere Zuverlässigkeit, Teamfähigkeit und Zielstrebigkeit als typisch weibliche Stärken genannt. Charakteristisch erscheint mir jedoch, dass einige diese Stärken zwar ihren Kolleginnen zugestehen, sie jedoch nicht als eigene persönliche Stärke betrachten. Einen Grundsatz, den ich persönlich trotz täglichen Herausforderungen nicht aus den Augen zu verlieren versuche: Für mich steht immer der Mensch im Mittelpunkt. Auf dieses Thema werde ich in einem separaten Kapitel noch zu sprechen kommen.

3.1 Teamfähigkeit – Miteinander statt gegeneinander

Erfolgreich führen bedeutet für mich, mehr als teamfähig zu sein. Auch Männer arbeiten bestens in Teams zusammen. Führung bedeutet, diese Teams so aufzubauen und zu führen, dass miteinander und nicht (versteckt) gegeneinander gearbeitet wird. Ich vermute, dass Frauen bedeutend weniger machtorientiert sind und deshalb erfolgreicher in Teams arbeiten. Ganz bewusst habe ich meine Organisation nach den Geschäftsbedürfnissen ausgerichtet und entsprechende Teams gebildet. Charakteristisch ist eine flache Hierarchie mit klar abgegrenzten Verantwortlichkeiten. Ein ausgeprägtes Machtstreben ist eher bei Männern anzutreffen und fehlt vielen Frauen, so mein Eindruck. Wiederholt habe ich die Erfahrung gemacht, dass Frauen in Konfliktsituationen eine Position zwischen Härte und Vermittlung einnehmen, welche motivierende, sachorientierte Konfliktlösung im Team ermöglicht. Die kürzlich in unserem Unternehmen durchgeführte Diplomarbeit zum Thema frauenspezifische Qualitäten (Bekcic 2008) kam zu dem Ergebnis, dass Teamfähigkeit nach Zuverlässigkeit an zweiter Stelle als herausragende Stärke von Frauen betrachtet wird.

3.2 Sachorientiert – Zielerreichung hat Priorität

In einem Dienstleistungsunternehmen ist die unmittelbare Zielerreichung – die Zufriedenheit des Kunden – ein absolutes Muss: Zum Beispiel müssen die Beantwortung von Kundenanfragen und die nachfolgende Abwicklung des Geschäftes unmittelbar und korrekt erfolgen. Unser täglicher Geschäftsablauf kann wohl am ehesten mit dem einer Börse verglichen werden. Persönliche

Interessen und „politisches" Gehabe haben dort keinen Platz. Frauen dienen primär der Sache, wobei das Lösen der gegebenen Aufgaben und damit die Zielerreichung im Vordergrund stehen. Auch bin ich immer wieder begeistert, mit welcher Exaktheit gearbeitet wird, unabdingbar verschieben wir doch täglich Hunderte Tonnen von Waren jeglicher Art – Kaffee, Baumwolle, Zucker, Stahl, um nur einige zu nennen, die nicht verloren gehen dürfen und am Zielort unversehrt ankommen müssen. Eine echte Herausforderung ist die Hektik in unserem Geschäft. Innerhalb kürzester Zeit müssen durch unsere führenden Frauen Prioritäten gesetzt werden, ohne lange Diskussionen und Abklärungen. Frauen sind es gewohnt, Prioritäten zu setzen. Die meisten managen neben dem Job noch einen Haushalt (oder zumindest teilweise), organisieren die Kinderbetreuung und erledigen all die kleinen und großen Dinge des Alltags. Obwohl oft von ihren Männern und Partnern unterstützt, liegt die Hauptverantwortung doch noch primär auf ihren Schultern – ohne ein klares Priorisieren kaum zu bewältigen. Allen Frauen gemeinsam – nicht nur jenen in Führungspositionen – ist die Fähigkeit, kostenbewusst zu arbeiten. Ein Budget richtig einzusetzen, hat auch mit dem Setzen von Prioritäten zu tun. Immer wieder erlebe ich, wie finanzielle Ausgaben hinterfragt und Initiativen zur Kostenoptimierung lanciert werden. Über die Gründe für diese Fähigkeit kann ich nur mutmaßen – verwalten Frauen vielleicht auch häufig das Budget ihrer Familie? Die Sachorientiertheit wird der Personenorientiertheit übergeordnet, welches ein maßgeblicher Erfolgsfaktor in unserem Geschäft darstellt.

3.3 Kommunikation – eine tägliche Herausforderung für jede einzelne Mitarbeiterin

Die Wichtigkeit von Kommunikation zwischen Menschen, im geschäftlichen und auch im privaten Bereich, wird immer wieder in der Managementliteratur betont. Die heutigen technischen Möglichkeiten führen dazu, dass wir täglich mit Informationen überflutet werden, was aber nicht automatisch eine erfolgreiche Kommunikation darstellt. Information beinhaltet das Weitergeben von Wissen. Kommunikation kommt vom lateinischen communicare und ist u.a. definiert als „teilnehmen lassen, gemeinsam machen", also ein gegenseitiges Verhalten. Information ist somit eine grundlegende Voraussetzung für erfolgreiche Kommunikation. Erfolgreiche Kommunikation ist der konsequente weitere Schritt, bei dem aus der vorhandenen Information, dem gemeinsamen Wissen, die richtigen Schlussfolgerungen gezogen und notwendige Entscheidungen gefällt werden. Dies ist notwendig, um einerseits das Geschäft erfolgreich zu gestalten und andererseits den Mitarbeiter/innen das für die Arbeit notwendige Wissen zu vermitteln.

Viele Unternehmen haben spezifische, auf die internen und externen Bedürfnisse ausgerichtete Kommunikationsabteilungen eingerichtet. Eine solche fehlt in unserem Betrieb. Auch haben wir keine Position mit der spezifischen Aufgabe, Kommunikation innerhalb des Unternehmens sicherzustellen. Vielmehr ist offene Kommunikation ein Anspruch an alle Mitarbeiterinnen, ein integraler Bestandteil der täglichen Arbeit. Von Führungskräften werden herausragende Kommunikationsfähigkeiten erwartet. Da wir in dynamischen Teams organisiert sind, bedeutet dies für unsere Führungskräfte eine kontinuierliche Herausforderung, eine funktionierende Kommunikation zu gewährleisten, um die Teams als funktionierende Netzwerke zu formen. Frauen scheinen eher gewillt oder fähig zu sein, zuzuhören und gemeinsam zu entscheiden. Die Art unseres Geschäftes bedingt klare, schnelle Entscheidungen, die von allen Beteiligten nicht nur verstanden, sondern auch getragen und umgesetzt werden – ohne erfolgreiche und effiziente Kommunikation wohl kaum realisierbar.

3.4   Motivation – Begeisterung ist Kraft

Motivation scheint ein Schlagwort der heutigen Arbeitswelt zu sein – ohne Motivation keine Leistung, Motivation als täglicher Anspruch eines Mitarbeitenden, Motivation gegen innere Kündigung und so weiter. Doch was heißt Motivation? Welche Form hat Motivation? Ich möchte lieber den Begriff der Anerkennung verwenden und vorsichtig behaupten: Grundsätzlich braucht jeder Mensch Anerkennung, sei dies für seine Leistung, sein Tun und Lassen oder seine Person. Im Laufe der Jahre habe ich erkennen müssen, dass Frauen eine Tendenz haben, sich selbst und ihre Fähigkeiten nicht nur kontinuierlich zu hinterfragen, sondern oft auch als eher ungenügend oder zu gering einzuschätzen. Steckt hier ein mangelndes Selbstvertrauen dahinter? Das Fehlen des berühmten „I can"? Diese Erkenntnis war für mich persönlich von ausschlaggebender Bedeutung. Im Gegensatz zu Männern, welche ihre Motivation in der Regel eher aus materieller Anerkennung wie Lohn und Bonuszahlungen ziehen, scheint man Frauen immer wieder sagen zu müssen, dass sie fachlich gut sind. Es ist wichtig, sie auf diese Art zu motivieren. Auch hat die Bekcic-Studie ergeben, dass eine Mehrheit (65 Prozent) der Mitarbeiterinnen glaubt, für die gleiche Anerkennung als Frau mehr leisten zu müssen. Diese

Ergebnisse und Erkenntnisse haben mich dazu veranlasst, die Leistungen der ganzen Belegschaft durch jährliche frauenspezifische Überraschungen anzuerkennen, wie zum Beispiel der Besuch eines Robbie Williams- Konzertes oder die Möglichkeit, während der Arbeitszeit eine mehrstündige Stil- und Farbberatung zu besuchen (neben den individuellen materiellen Vergütungen). Ein schon fest institutionalisierter Event ist die jährliche stattfindende Sommernachtsparty. Diese gemeinsamen Unternehmungen unterstützen natürlich auch den Teamgeist und kreieren gemeinsame Erlebnisse.

Führung bedeutet aber nicht nur Anerkennung von erbrachter Leistung, sondern ebenfalls die Thematisierung von Problemen bei der Arbeitsleistung. Da Frauen, wie schon erwähnt, eher fähig oder gewillt sind, motivierend und sachorientiert Konflikte zu lösen, sind sie auch eher fähig, schwierige Gespräche im Konsens zu führen und Kritik in einer Art und Weise anzubringen, die anspornt, statt das Vertrauen in die eigenen Fähigkeiten zu zerstören. Ist die viel zitierte Kritikkompetenz im positiven Sinn eine eher frauenspezifische Fähigkeit? Wenn ja, würde sie diese Fähigkeit für Führungsaufgaben prädestinieren. Es ist eine wichtige Aufgabe der Frauen in Führungspositionen in unserem Unternehmen nach dem Grundsatz der aufbauenden Kritik und verbalen Anerkennung von Leistung zu führen – und dies kontinuierlich! Und was ist für die Mitarbeiterinnen die wichtigste Motivation zu guter Leistung? Angenehme Zusammenarbeit, gute Entlohnung und Anstellungsbedingungen sowie Erfolg der Firma wurden als Topmotivatoren identifiziert (Bekcic 2008).

3.5 Der Mensch im Mittelpunkt – Fehlanzeige „Zickenalarm"

Zitat einer Mitarbeiterin (22 Jahre): „Natürlich gibt es Unstimmigkeiten. Aber dann versuchen wir das, dem Anderen normal beizubringen und eben nicht mit Gekeife und Geschreie oder was auch immer. Das kennen wir hier nicht." Dieses letzte Kapitel soll sich weniger mit frauenspezifischen Fähigkeiten zur Führung auseinandersetzen als vielmehr mit frauenspezifischen Ansprüchen an ihre Arbeitsstelle. Diesen auch als Arbeitgeber gerecht zu werden, ist eine unabdingbare Voraussetzung, um hoch qualifizierte Frauen in Führungspositionen halten zu können.

Über das Prinzip „gleiche Leistung – gleicher Lohn" wurden schon viele Artikel geschrieben und Untersuchungen durchgeführt. Es ist mir nicht erspart geblieben, mit der Aussage „nur Frauen – klar, sind ja auch billigere

Arbeitskräfte" konfrontiert zu werden. Eine durch eine Gewerkschaftszeitung durchgeführte Umfrage bei den Mitarbeiterinnen (2008) ergab jedoch, dass die Mitarbeiterinnen das branchenübliche Salär erhalten.

Ein wichtiges Thema für die Frauen ist die Vereinbarkeit von Beruf und Familie. Ich habe wiederholt die Erfahrung gemacht, dass Frauen, welche beides vereinbaren können, auch gewillt und fähig sind, sich engagiert für die Arbeit einzusetzen. Auch in Kaderpositionen ist bei uns Teilzeitarbeit möglich. Da der Teamgedanke im Vordergrund steht, ergibt dies keine Führungsprobleme. Längere Abwesenheiten wegen Familiengründung sind an der Tagesordnung und führen auch nicht zu Missgunst und Neid. Jede betroffene Mitarbeiterin hat die Möglichkeit, in ihren Job zurückzukehren und Teilzeit zu arbeiten. Für das Unternehmen ist das ein wichtiger Erfolgsfaktor, da wir auf diese Weise Wissen und Geschäftserfahrung erhalten können. Seit einiger Zeit bilden wir auch jährlich zwei Lehrlinge aus. Mit wenigen Ausnahmen sind die meisten nach erfolgreichem Abschluss im Betrieb geblieben.

Ein wichtiger Hinweis, ob ich mein oberstes Prinzip, den Menschen in den Mittelpunkt zu stellen, auch realisieren kann, ist die Fluktuationsrate in meinem Unternehmen. Ein Drittel ist schon seit mehr als fünf Jahren angestellt, zehn Prozent schon seit über zehn Jahren. Zudem befürworten insbesondere langjährige und ältere Mitarbeiterinnen die reine Frauenbelegschaft (Bekcic 2008). Für ein Unternehmen in einer Branche, in welcher Fachkräfte gesucht sind, ist dies sicher ein Hinweis, den richtigen Weg gewählt zu haben.

4 Ausblick

Im Jahre 2007 wurde von Catalyst eine Studie mit dem Ziel durchgeführt, den möglichen Einfluss von Frauen in höheren Führungspositionen auf den Unternehmenserfolg zu erfassen. Das Ergebnis war verblüffend: Für die drei wichtigsten finanziellen Kennzahlen ergaben sich bedeutend höhere Kennzahlen für Unternehmen mit einem größeren Anteil an Frauen in den oberen Führungsetagen. Die Eigenkapitalrendite war 53 Prozent höher, die Verkaufsrendite 42 Prozent und der Profit sogar um 66 Prozent gesteigert und dies unabhängig vom untersuchten Industriezweig. Solche Ergebnisse sollten zumindest ein Denkanstoß für manches Unternehmen sein, welches sich schwer tut, Frauen den ihnen gebührenden Erfolg zuzugestehen und ihre Fähigkeiten anzuerkennen und zu fördern. Des Weiteren ergab die durchgeführte Untersuchung (Bekcic 2008), 78 Prozent der befragten Mitarbeiterinnen nehmen an, dass frauenspezifische Eigenschaften zum Geschäftserfolg maßgeblich beitragen. Als Hauptgründe wurden genannt: weniger Machtkämpfe und besseres Image durch bessere Dienstleistung im Interesse der Kunden.

Zudem muss ein Unternehmen, damit es erfolgreich bestehen und sich weiterentwickeln kann, auch eine Kultur des Lernens bezüglich Lernfähigkeit und Lernwille aufbauen. Eine wichtige Voraussetzung ist nach meinem Dafürhalten die zuvor erwähnte aufbauende Kritikfähigkeit von Führungskräften. Die eher sachorientierte Arbeitseinstellung ist möglicherweise der Grund dafür, dass Frauen Kritik nicht primär als Angriff auf ihre Person oder ihre Position empfinden, sondern im Sinne des Geschäftes als Verbesserungspotential aufnehmen. Dies ist eine Voraussetzung dafür, dass Kritik konstruktiv angebracht und akzeptiert werden kann.

Ich komme nicht umhin zu erwähnen, dass es kein Grundsatz meinerseits ist, nur Frauen einzustellen und auch nur Frauen mit Führungsaufgaben zu betrauen. Bei der Auswahl neuer Mitarbeiter/innen sind in erster Linie die Qualifikation und Eignung als Person und Mensch für das entsprechende Team maßgebend. Aus dieser Maxime hat es sich ergeben, dass heute nur Frauen bei uns arbeiten, was von 59 Prozent der Belegschaft (Bekcic 2008) begrüßt wird. Dies mag sich morgen ändern. Ich muss aber wohl eingestehen, dass es für einen Mann nicht einfach wäre, sich in der eingeschworenen „Frauenwirtschaft" zu behaupten.

Literaturverzeichnis:

Bekcic D. (2008). „Erfolg in einem wachsenden Unternehmen – nur Dank Frauen?" Eine Untersuchung der Einschätzung frauenspezifischer Qualitäten bei den Angestellten der Mediterranean Shipping Agency Basel. Maturitätsschule für Erwachsene, Reussbühl, LU, CH.

Catalyst Study 2007.

Monika Schulz-Strelow und Jutta von Falkenhausen

Mehr Frauen in die Aufsichtsräte!

1   Aktuelle Situation

1.1   Internationale und Europäische Dimensionen

„Es ist an der Zeit, dass wir unsere Bemühungen um eine *gleiche Beteiligung von Frauen und Männern an Führungspositionen* verstärken … Wir müssen die richtigen Strategien in die Praxis umsetzen und aus den Erfahrungen der anderen lernen." Dies erklärte im Juni 2008 Vladimir Spidla, EU-Kommissar für Beschäftigung, soziale Angelegenheiten und Chancengleichheit. Die Frage der Chancengleichheit bei der Besetzung von Führungspositionen in der Wirtschaft bleibt so dauerhaft auf der Agenda der Europäischen Union und nimmt angesichts der weltweiten Wirtschaftskrise an Bedeutung zu. Die zentralen Führungspositionen in Unternehmen sind die Geschäftsführung bzw. der Vorstand und der Aufsichtsrat (AR). Geschäftsführung (in Gesellschaften in der Rechtsform der GmbH) bzw. Vorstand (bei Aktiengesellschaften) sind für die Leitung der Unternehmen zuständig. Die Überwachung der Geschäftsleitung obliegt dem Aufsichtsrat. Diese Überwachung, d.h. die Unternehmenskontrolle, hat in den letzten Jahren in vielen Fällen nachweislich versagt. Ob dies an der fehlenden Qualifikation der Gremienmitglieder, an der Intransparenz der Arbeitsweise der Aufsichtsräte oder an ihrer unausgewogenen Besetzung liegt, gilt es zu klären. Jedenfalls erweist sich in der derzeitigen Diskussion, dass gemischte Gremien erforderlich sind, um eine Krise dieses Ausmaßes zu bewältigen.

In wissenschaftlichen Studien (Catalyst, McKinsey, Bertelsmann Stiftung) wurde ein klarer Zusammenhang zwischen der Profitabilität von Unternehmen und einem hohen Anteil von Frauen in deren Leitungs- und Aufsichtsgremien nachgewiesen. So besteht bei den „Fortune-500-Unternehmen" in den USA über alle Branchen hinweg eine positive Korrelation zwischen dem Gewinn pro Aktie und dem Anteil der Frauen im Board. Die Berufung von Frauen in Vorstände und Aufsichtsräte entspricht also dem wohlverstandenen Eigeninteresse der Unternehmen – auch in Europa und in Deutschland. Der Blick auf die Besetzung der Gremien zeigt in Europa ein differenziertes Bild:

- Europäischer Vergleich: Frauen in Verwaltungsräten
  (aus: "European PWN Board Women Monitor 2008")[1]

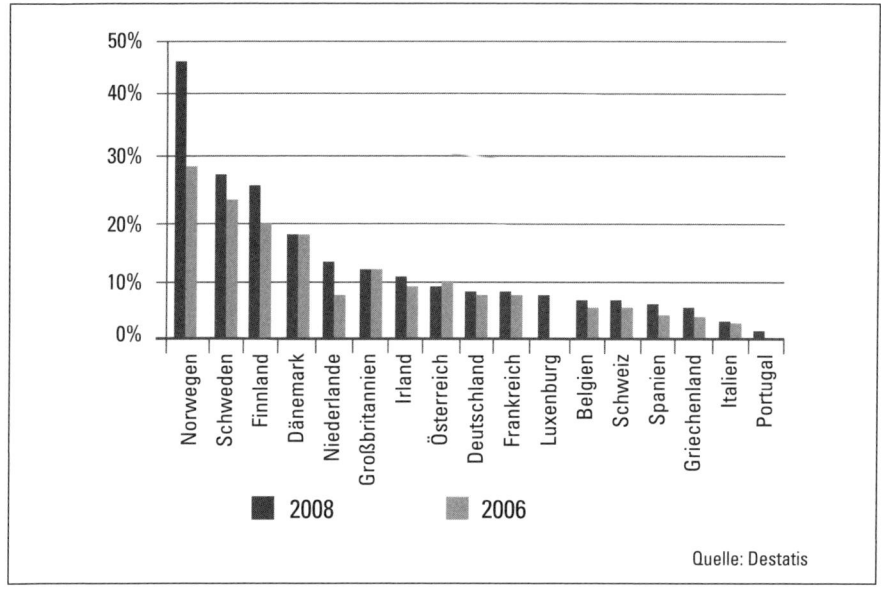

Die anteilige Besetzung mit Männern und Frauen divergiert stark. Von einer gleichen Beteiligung von Frauen und Männern in wirtschaftlichen Führungspositionen, insbesondere Aufsichtsräten, gemäß der o.a. EU-Forderung ist man – mit Ausnahme von Norwegen, wo im Jahr 2008 ein Frauenanteil von 44,2 Prozent erreicht wurde – meilenweit entfernt. Frauen sind EU-weit stark unterrepräsentiert; Deutschland liegt im Mittelfeld der niedrigen Werte. Hier gibt es im gesamten EU-Bereich noch viel zu tun.

---

1 Die Studie umfasst die Verwaltungsräte der 300 europäischen Top-Unternehmen, basierend auf dem FTSEurofirst 300 Index. Es ist zu beachten, dass hier die Unternehmensorgane Geschäftsführung und Aufsichtsrat zusammengefasst sind, um die Vergleichbarkeit zwischen den Ländern zu gewährleisten. Diesen Platz verdankt Deutschland allerdings nur der deutschen Besonderheit der Mitbestimmung der Arbeitnehmer in den Aufsichtsräten. Ca. 80 % der weiblichen Aufsichtsratsmitglieder in deutschen Aufsichtsräten sind Vertreter der Arbeitnehmer. Ohne diesen besonderen Effekt läge Deutschland mit einem Frauenanteil von ca. 4 %, bezogen auf die Anteilseignervertreter am Ende der Skala.

1.2 Rechtliche Grundlagen für den Aufsichtsrat in Deutschland

Die Aufgaben des Aufsichtsrats als dem zentralen Kontrollgremium für private und öffentliche Unternehmen sind primär im Aktienrecht geregelt. Als zentrale Aufgabe des Aufsichtsrats regelt § 111 Abs. 1 AktienG die Überwachung der Geschäftsführung. Dies beinhaltet die Bestellung und Abberufung des Vorstands des Unternehmens, die Prüfung des Jahresabschlusses, die Genehmigung wichtiger strategischer Entscheidungen und grundlegender unternehmerischer Planungen (z.B. der jährlichen Budget- und mehrjährigen Unternehmensplanung) sowie die laufende Kontrolle der Unternehmensleitung (insbesondere das Finanzcontrolling). Anforderungskriterien zur Übernahme einer Aufsichtsratstätigkeit in Deutschland sind gesetzlich nicht geregelt. Gemäß dem Deutschen Corporate Governance Kodex (DCGK)[2] sollen dem Aufsichtsrat nur solche Mitglieder angehören, die über die zur ordnungsgemäßen Wahrnehmung der Aufgaben erforderlichen Kenntnisse, Fähigkeiten und fachlichen Erfahrungen verfügen. Welches diese Fähigkeiten sind, legt der DCGK nur hinsichtlich des Vorsitzenden des Prüfungsausschusses (Audit Committee) fest: Dieser soll über besondere Kenntnisse und Erfahrungen in der Anwendung von Rechnungslegungsgrundsätzen und internen Kontrollverfahren verfügen. Grundsätzlich erscheint diese Zurückhaltung richtig, weil es vom Profil des individuellen Unternehmens abhängt (Geschäftsfeld, nationale bzw. internationale Ausrichtung, Tätigkeit in und Abhängigkeit von bestimmten Märkten, Größe etc.), welche Qualifikationen und Fähigkeiten im Aufsichtsrat vertreten sein müssen.

Weder das Aktiengesetz noch der DCGK treffen bisher eine Aussage über die Geschlechterverhältnisse im Aufsichtsrat.[3] Nur in § 4 Abs. 4 des Drittelbe-

---

2 Dabei handelt es sich um eine von einer Kommission unabhängiger Experten erstellte Zusammenfassung der wesentlichen gesetzlichen Grundlagen der Unternehmensverfassung in Deutschland sowie Empfehlungen hinsichtlich guter Unternehmensführung. Der DCGK hat für börsennotierte Unternehmen über § 161 AktG eine gesetzlich verankerte Verbindlichkeit, wird aber auch darüber hinaus als Formulierung von „Best Practice"-Regelungen anerkannt. Der Text des DCGK sowie weitere Informationen zum Thema finden sich unter www.corporate-governance-code.de.

3 Allerdings hat die Regierungskommission DCGK bei der Überarbeitung des Kodex, der im Juni 2009 verabschiedet wurde, folgende Formulierung gewählt: Bei den Vorschlägen zur Wahl von Aufsichtsratsmitgliedern soll auf Vielfalt (Diversity) geachtet werden. Diese Formulierung bleibt weit hinter den Erwartungen von FidAR zurück, da wir von einer klaren Aussage hinsichtlich der angemessenen Vertretung von Frauen in deutschen Aufsichtsratsgremien ausgegangen waren. In diese Richtung hatte sich der Vorsitzende der Regierungskommission mehrfach in verschiedenen Statements und Pressemitteilungen seit Anfang des Jahres geäußert.

teilungsgesetzes findet sich eine Regelung, dass unter den Aufsichtsratsmitgliedern der Arbeitnehmer/innen Frauen und Männer entsprechend ihrem zahlenmäßigen Verhältnis im Unternehmen vertreten sein sollen. Diese Bestimmung ist jedoch nicht zwingend und gilt nur für die unter das Gesetz fallenden mittelgroßen Unternehmen mit einer Mitarbeiterzahl zwischen 500 und 2000. Für die großen Unternehmen (über 2000 Mitarbeiter), für die das Mitbestimmungsgesetz die Parität zwischen Anteilseigner- und Arbeitnehmerseite im Aufsichtsrat festschreibt, fehlt eine solche Regelung.

1.3   Warum sind Frauen in deutschen Aufsichtsräten unterrepräsentiert?

Nach einer Studie des Deutschen Instituts für Wirtschaftsforschung Berlin (DIW)[4] betrug der Frauenanteil in den Aufsichtsräten der 100 bzw. 200 umsatzstärksten deutschen Unternehmen im Jahr 2008/2009 durchschnittlich lediglich 9,8 Prozent – das entspricht einem Männeranteil von mehr als 90 Prozent. Ein gleiches Ergebnis zeigt sich in Österreich: Dort stagniert in den TOP-200 Unternehmen der Frauenanteil in den Aufsichtsräten bei 8,7 Prozent.[5] Auch auf der Ebene der in Deutschland börsennotierten Unternehmen (Dax-, Tec-Dax-, M-Dax-Unternehmen) ist der Anteil der Frauen in den Aufsichtsräten insgesamt eher gering: Nur 10 Prozent der AR-Mitglieder sind Frauen; im Dax sind es immerhin 12,5 Prozent. Betrachtet man im Aufsichtsrat jedoch allein die Anteilseignerseite (ohne die Arbeitnehmervertreter), beträgt der Frauenanteil in den Dax-Unternehmen nur noch 5,9 Prozent und in allen Dax-, Tec-Dax- und M-Dax-Unternehmen zusammen lediglich 4,2 Prozent. Dass der Gesamtanteil von Frauen in deutschen Aufsichtsräten auf den ersten Blick nicht völlig unbedeutend ist, resultiert folglich aus der Mitbestimmung der Arbeitnehmer/innen, die in dieser Form allein in Deutschland existiert.

Bei der unausgewogenen Besetzung von Führungspositionen handelt es sich primär um ein Problem der mangelnden Gleichstellung von Frauen in der Wirtschaft. Es gibt unbestritten eine Vielzahl hoch qualifizierter Frauen in deutschen Unternehmen, die auch exzellente Aufsichtsrätinnen wären. Gleichwohl bleibt ihnen die Aufnahme in dieses Unternehmensorgan weitgehend

---

4   DIW-Wochenbericht 7/2007: „Spitzenpositionen in großen Unternehmen fest in der Hand von Männern", 89-93.
5   Arbeiterkammer Wien (2009): „Frauen in Geschäftsführung und Aufsichtsrat. Eine Untersuchung in den TOP-200 Unternehmen", 5 ff.

versagt. Dies bedeutet zugleich, dass die Unternehmen das hervorragende Potenzial dieser Frauen ungenutzt lassen, was ihre Wirtschaftskraft unnötig schwächt. Gerade in der aktuellen Finanz- und Wirtschaftskrise drängt sich die Frage auf, ob deren Folgen bei einer stärkeren Einbeziehung und Nutzung der Kompetenzen von Frauen in die Unternehmensführung weniger gravierend ausgefallen wären. Dies mag ein Grund dafür sein, dass in jüngster Zeit der Ruf nach mehr Frauen in wirtschaftliche Führungspositionen häufiger zu hören ist. Eine signifikante Veränderung der Situation ist aber noch nicht erkennbar. Liegt es allein daran, dass es in Deutschland – anders als in Norwegen – keine Quote für die Beteiligung von Frauen in Aufsichtsräten gibt?

1.4 Old-Boys-Networks funktionieren – können Frauen diese Muster durchbrechen?

Als Haupthindergrundsgrund für eine stärkere Teilhabe von Frauen in den Aufsichtsräten werden die gut funktionierenden Netzwerke der Männer angeführt. Viele Männer in Führungspositionen kennen einander seit langem, oft aus einem gemeinsamen Studium; man begegnet sich immer wieder in den Führungspositionen der Unternehmen als Vorstände und Aufsichtsräte, in den Wirtschaftsverbänden, Clubs und anderen Netzwerken. Bei der Entscheidung „Wen nehme ich für meinen Aufsichtsrat" verfahren sie häufig nach dem Ähnlichkeitsprinzip und entscheiden sich für Kandidaten, deren berufliches Profil, unternehmerisches Selbstverständnis und Weltanschauung dem eigenen möglichst nahe kommt. Dieser Auswahlprozess führt dazu, dass geeignete Frauen gar nicht in das Blickfeld der Männer geraten, die leitende Positionen zu besetzen haben. So berichten auch Personalberater, dass Frauen als Aufsichtsratskandidaten bisher kaum gesucht werden, auch wenn sie exzellente Qualifikationen mitbringen. Es ist zu vermuten, dass Frauen in den von männlichen Netzwerken geprägten Gremien als störend wahrgenommen werden und gewohnte Abläufe und Rituale in Frage stellen. Die Ähnlichkeit der Erfahrungshorizonte und Mentalitäten männlicher Aufsichtsratsmitglieder bedeutet, dass Fragen homogener diskutiert werden, als wenn dem Gremium eine oder mehrere Frauen angehören würden, die häufig Problemlagen anders hinterfragen und eine andere Perspektive auf die diskutierten Sachverhalte haben. Allerdings kann gelegentlich der Eindruck entstehen, dass Frauen, wenn sie lange genug Machtpositionen innehaben, „typisch männliche" Verhaltensmuster übernehmen; bislang fehlen hierzu entsprechende Untersuchungen und statistisch abgesicherte Nachweise.

2 Frauen in die Aufsichtsräte

2.1 FidAR e.V.

Ausgehend davon, dass eine signifikante Erhöhung des Frauenanteils in den Führungspositionen von Unternehmen aus Gründen der Chancengleichheit und zur notwendigen Verbesserung der Unternehmensführung erforderlich ist, stellt sich die Frage, wie dies erreicht werden kann. Hierzu hat sich 2005 eine Gruppe hochrangiger Frauen aus Wirtschaft, Politik und Wissenschaft zur Initiative „FidAR – Frauen in die Aufsichtsräte e.V." (nachfolgend: FidAR) zusammengeschlossen, die bundesweit, überparteilich und ehrenamtlich mit dem Ziel zusammenarbeiten, kompetente Frauen verstärkt in Aufsichtsratspositionen zu bringen. Zunehmend haben sich in den letzten Jahren auch andere Frauenverbände (z.B. DJB, EWMD, VdU, BPW)[6] und die Initiative Nürnberger Resolution mit dem Thema befasst und fordern gemeinsam mit FidAR eine stärkere Beteiligung von Frauen in den Aufsichtsräten deutscher Unternehmen.

FidAR fordert seit Jahren Verbesserungen der Unternehmenskontrolle und eine stärkere Diversität der Gremien. Ausgehend von der Erkenntnis, dass freiwillige Maßnahmen der Wirtschaft in absehbarer Zeit zu keinen nachhaltigen Veränderungen führen werden, hält FidAR eine verbindliche Vorgabe für einen Mindestanteil von Frauen in deutschen Aufsichtsräten für notwendig und fordert eine gesetzlich zu verankernde Frauenquote von zunächst mindestens 25 Prozent. Angesichts des Geschlechterverhältnisses in Unternehmen erscheint diese Größenordnung realistisch und in absehbarer Zeit umsetzbar.

2.1.1 Forderungen von FidAR

Im Oktober 2008 hat FidAR die wesentlichen Forderungen in einer Deklaration zusammengefasst (FidAR-Deklaration). Hier werden Maßnahmen auf drei Ebenen gefordert:

- die Aufnahme einer Empfehlung in den Deutschen Corporate Governance Kodex, bei der Nominierung von Aufsichtsratskandidaten der

---

6   Die Abkürzungen stehen für: Deutscher Juristinnenbund e.V., European Women Management Development International Network e.V., Verband deutscher Unternehmerinnen e.V., Business and Professional Women e.V.

Anteilseignerseite einen Frauenanteil von mindestens 25 Prozent sicherzustellen; bei Nichteinhaltung sind die Gründe zu veröffentlichen;
- die Verabschiedung einer gesetzlichen Mindestquote von 25 Prozent
  Frauen auf Anteilseignerseite für die Aufsichtsräte aller privaten und
  öffentlichen Aktiengesellschaften, Kommanditgesellschaften auf Ak-
  tien und Europäischen Gesellschaften (SE) mit mehr als 100 Mitarbeitern, wenn dieser Frauenanteil nicht schon aufgrund der Empfehlung
  im Kodex innerhalb von zwei Jahren bei allen Neubesetzungen erreicht wird;
- eine verbindliche gesetzliche Regelung, dass unter den Aufsichtsratsmitgliedern der Arbeitnehmerseite Männer und Frauen entsprechend
  ihrem Anteil an der Belegschaft vertreten sein müssen.

Diese Forderungen müssen aus Sicht von FidAR bis spätestens 2012 umgesetzt sein. Längerfristig ist das Ziel von FidAR, eine vollständige Parität von
Männern und Frauen bei der Besetzung von Aufsichtsräten zu erreichen.
In der Diskussion über die FidAR-Deklaration wurde auch die Möglichkeit
geprüft, ob eine Frauenquote von 40 Prozent entsprechend dem norwegi-
schen Modell in absehbarer Zukunft umsetzbar wäre. FidAR hält diese Forderung derzeit auf die deutsche Wirtschaft für nicht übertragbar. Insbesondere besteht in Norwegen eine sehr viel größere Akzeptanz von Frauen in
Führungspositionen in Politik und Wirtschaft. Die Gleichberechtigung von
Mann und Frau entspricht dort dem Selbstverständnis von Männern und
Frauen. Dies ist in Deutschland (noch) nicht der Fall, wie sich an der äußerst geringen Anzahl – und häufig auch geringen Akzeptanz – von Frauen
in den obersten Leitungsgremien der Wirtschaft ablesen lässt. Hier muss
auch die Größe der deutschen Volkswirtschaft berücksichtigt werden – immerhin gibt es hier ca. 14.000 Aktiengesellschaften mit jeweils zwischen
drei und zwanzig Aufsichtsratsmitgliedern. Eine 40%-Quote würde also
bedeuten, dass in sehr kurzer Zeit sehr viele qualifizierte Frauen für die
Aufsichtsräte gefunden und für die Übernahme dieser Positionen motiviert
werden müssten. Deutschland ist auch insoweit nicht mit Norwegen ver-
gleichbar, als dort in den meisten Unternehmen eine gemeinsame Leitungsebene besteht, die die Aufgaben von Aufsichtsrat und Vorstand wahrnimmt,
während in Deutschland die beiden Gremien selbständige Unternehmensorgane sind. Auch die Besonderheiten der Mitbestimmung der Arbeitneh-
mer/innen sind zu berücksichtigen.

2.1.2 Instrumentarium von FidAR

Die Aktivitäten von FidAR zur Erhöhung des Frauenanteils in den Aufsichtsräten und zur Verbesserung der Unternehmensführung in Deutschland umfassen u.a.:

- Öffentlichkeitsarbeit, um die Entscheidungsträger in Politik und Wirtschaft von der Notwendigkeit einer signifikanten Erhöhung des Frauenanteils in den Führungsebenen der deutschen Wirtschaft zu überzeugen;
- Zusammenarbeit mit Frauen- und Wirtschaftsnetzwerken mit derselben Zielsetzung auf nationaler und internationaler Ebene;
- Lobbyarbeit zur Umsetzung von Good Corporate Governance gemeinsam mit Politik, Wirtschaft und Wissenschaft;
- Identifizierung und Vernetzung von qualifizierten Frauen für Aufsichts-
  ratsmandate;
- Trainingsangebote, Mentoring für und Assessment von Aufsichtsratsmitgliedern in Kooperation mit kompetenten Dienstleistern;
- Diskussionsrunden und Workshops.

Darüber hinaus sieht FidAR den Aufbau eines breit gefächerten Instrumenta-
riums für die Umsetzung der in der FidAR-Deklaration formulierten Forderungen als sinnvoll an. Dazu zählen u.a.

- Verstärkte Qualifizierungsangebote wie das norwegische Programm
  „Female Future" auch für Deutschland;
- Einrichtung und Pflege einer zentralen und jederzeit aktuellen Daten-
  bank mit kompetenten Frauen für Aufsichtsratspositionen;
- Einführung von geeigneten Mentorenprogrammen;
- Verbindliche Maßnahmen zur Förderung von Frauen in Führungsposi-
  tionen und Evaluierung solcher Maßnahmen;
- Sanktionen bei Nichtbeachtung der Frauenquote in Aufsichtsräten;
- Transparente Kommunikation über Vakanzen in Aufsichtsräten.

2.2 Politische Positionen zur Frauenquote in Aufsichtsräten

In Europa versuchen in den letzten Jahren zahlreiche Staaten die Präsenz
von Frauen in Aufsichtsräten durch die Vorgabe von Quoten zu erhöhen.[7]

---

7   Vgl. Arbeiterkammer Wien (2009), 8 f., 19.

Vorbild ist Norwegen mit der Einführung einer gesetzlichen Quotenregelung zum 01.01.2006 von 40 Prozent mit gravierenden Sanktionen bei Nichteinhaltung[8]; inzwischen ist die Quote erfüllt. Spanien hat 2007 – mit achtjähriger Übergangsfrist – eine Quotierung gesetzlich beschlossen (mind. 40 Prozent und max. 60 Prozent Frauen); diese Regelung ist jedoch nicht verpflichtend und nicht mit Sanktionen belegt – daher hat sie bislang auch kaum Änderungen bewirkt. In Schweden liegt ein Gesetzentwurf über eine 33,3% Frauenquote „auf Eis". Finnland hat sich gesetzlich für eine 40%-Quote für Gesellschaften in öffentlichem Mehrheitsbesitz und für andere Gesellschaften für eine unverbindliche Regelung im dortigen Corporate Governance Kodex entschieden, während Dänemark für die öffentlichen Unternehmen gesetzlich eine „möglichst ausgewogene Verteilung der Mandate auf beide Geschlechter" anstrebt.

Auch in Deutschland haben die gesellschaftlichen Multiplikatoren das Problem erkannt. Von Bündnis 90/Die Grünen wurde erstmals 2007 ein Gesetzentwurf in den Bundestag eingebracht, der in Anlehnung an Norwegen eine Frauenquote von 40 Prozent in den Aufsichtsräten fordert.[9] Mit dieser Forderung sind die Bündnisgrünen jedoch im März 2009 im Rechtsausschuss des Deutschen Bundestages gescheitert. Die SPD hat sich im Frühjahr 2009 überraschend der Forderung nach einer Quote von 40 Prozent verschrieben[10] und hat beabsichtigt, diese in ihrem Wahlprogramm für die Bundestagswahl zu postulieren. Die anderen Parteien (CDU und FDP) sowie der Deutsche Gewerkschaftsbund (DGB) lehnten noch im Frühjahr 2009 eine Quote ab.

Repräsentanten großer Unternehmen und namhafter Wirtschaftsverbände setzen sich inzwischen für mehr Frauen in den Führungspositionen der deutschen Wirtschaft ein. Konkrete Maßnahmen und Erfolge sind aktuell jedoch nur vereinzelt zu verzeichnen. Generell geschieht derzeit noch zu wenig, um aus wohlklingenden Bekenntnissen ein breites Bündel von Maßnahmen für eine konkrete Änderung der Situation ableiten zu können. Außerdem vergeht von der Postulierung von Forderungen bis zu ihrer erfolgreichen Umsetzung eine erhebliche Zeit. Aber immerhin ist – auch dank FidAR – ein Anfang gemacht. Doch haben wir keine Zeit zu verlieren.

Denn zu viele hoch qualifizierte, hoch motivierte und außerordentlich einsatzbereite Frauen erleben in deutschen Unternehmen, dass ihre Karriere

---

8 Vgl. Hierzu und zu anderen Ansätzen in Skandinavien: Frost/Linnainmaa. Die Aktiengesellschaft 2007: 601, 603 ff.
9 BT-Drucksache 16/5279, aktualisiert im Frühjahr 2009 durch BT-Drucksache 16/12108.
10 Siehe WELT-Online vom 18. März 2009.

trotz gleicher und besserer Leistung gegenüber ihren männlichen Kollegen abflacht; dass sie bildlich gesprochen an die „Glasdecke" stoßen, die unsichtbare Grenze, die Frauen in der deutschen Wirtschaft nur in Ausnahmefällen und unter glücklichen Umständen durchstoßen können

3 Erfahrungsberichte zweier erfolgreicher Aufsichtsrätinnen

Die folgenden Beispiele verdeutlichen die Erfahrungen aus jeweils zehnjähriger weiblicher Aufsichtsratstätigkeit.

3.1 Anteilseignerseite

Dr. Birgit Roos, Mitglied des Vorstands der Sparkasse Düsseldorf
„Seit etwa 10 Jahren gehöre ich Kontrollgremien von Unternehmen unterschiedlichster Größe und mit unterschiedlichstem Geschäftszweck an und sammele seither umfangreiche Erfahrungen als Mandatsträgerin. Anknüpfungspunkt für die Übernahme der ersten Mandate war meine Berufung zur Geschäftsbereichsleiterin der Investitionsbank NRW. Die Übernahme der verantwortlichen, operativen Geschäftsführungsfunktion für die Bank war dann die wesentliche Voraussetzung auch für die Übernahme von Mandaten zur Vertretung der Anteilseignerseite. Wegen dieser unmittelbaren Verknüpfung von „Hauptberuf" und Mandat stellte sich nicht die Frage nach der Entsendung einer Vertreterin in diese Gremien. Dies ergab sich quasi automatisch.

Gleichwohl erinnere ich mich an Gewöhnungseffekte in den ersten Sitzungen mit weiblicher Beteiligung und an eine zunächst kritisch distanzierte Prüfung der „Neuen" im Aufsichtsrat. Diese war sowohl bei den übrigen männlichen Mandatsträgern, aber auch bei den zu beaufsichtigenden Organträgern nicht zu übersehen. Mein kritisches Hinterfragen – auch in Details – und z. T. intensives Nachhaken bei komplexen Themen fand dabei zu Anfang nicht immer Gefallen bei den zu Kontrollierenden. Entscheidend für eine in allen Gremien gute Zusammenarbeit war letztendlich die intensive Vorbereitung und Befassung mit den relevanten Themen und damit das deutlich erkennbare Interesse an der Weiterentwicklung des Unternehmens. Die Möglichkeit, meine eigenen Erfahrungen aus dem Finanzierungsumfeld, als Führungskraft mit umfangreicher Personalführungsverantwortung und im Umgang mit strategischen Themen, einbringen zu können, war dabei sicherlich hilfreich. Später, mit meiner Berufung in den Vorstand der Investitionsbank Berlin (IBB) habe ich den Aufsichtratsvorsitz eines IT-Unternehmens, dessen Anteilseigner je zur Hälfte die IBB und die Investitionsbank des Landes Brandenburg (ILB) waren, übernommen. Der stellvertretende Aufsichtsratsvorsitz war mit meiner Kollegin aus dem Vorstand der ILB ebenfalls weiblich und damit war das Gremium, ergänzt um zwei männliche Mandatsträger, paritätisch besetzt. Im Ergebnis hat dieses Gremium das Unternehmen einer erfolgreichen Zukunft zugeführt. Hinzu kamen meine Mandate bei den Berliner Wasserbetrieben, der Friedrichstadtpalast Betriebsgesellschaft mbH und den Berliner Verkehrsbetrieben. Auch bei meiner Entsendung in die Gremien dieser Gesellschaften, an denen das Land Berlin mindestens Mehrheitsbeteiligungen hält, ist der Anknüpfungspunkt zunächst wieder meine „hauptberufliche" Erfahrung in Finanzierungsfragen und aus der Leitung eines Unternehmens.

Meine Qualifikation war bei der Übernahme dieser Mandate jedoch nicht allein entscheidend. Das Land Berlin hat sich bekanntlich entschieden, die Frauenanteile in den Aufsichtsräten der Berliner Anstalten öffentlichen Rechts wie auch in den Beteiligungsunternehmen des Landes Berlin zu erhöhen. Meine Kontrolltätigkeit für diese Unternehmen, die ich mir im Übrigen mit anderen weiblichen Aufsichträten – auch auf der Anteilseignerseite – teile, war somit auch konkrete Umsetzung der Gleichstellungspolitik des Landes Berlin.

Alles in allem ist meine Erfahrung aus der jahrelangen Gremienarbeit folgende: Angemessene und wirksame Kontrolle funktioniert immer dann gut, wenn Mitglieder dieser Gremien sehr unterschiedliche für das Unternehmen Nutzen stiftende Qualifikationen einbringen. Dies können Kenntnisse in Finanzierungsfragen ebenso sein wie Fachkenntnisse über den relevanten Markt oder naturwissenschaftlich-technische Qualifikationen. Fundierte und gute Entscheidungen in Gremien sind auch Folge einer unterschiedlichen Herangehensweise, von unterschiedlichen Analysen und Schlussfolgerungen. Da Frauen erwiesenermaßen über exzellente Kenntnisse auf diesen Gebieten verfügen, liegt es nahe, sich dieser Expertise im Interesse der Unternehmen zu bedienen. Sehr hilfreich ist, als Mandatsträgerin eigene Erfahrung aus einer verantwortlichen Führungsposition einbringen zu können. Der eigene Umgang z.B. mit Jahresabschlussprüfern, Aufsichtsräten und Entscheidungen in unternehmerischer Verantwortung ist eine gute Voraussetzung für die wirksame Vertretung in Kontrollgremien. Ein wichtiger Schritt zu mehr Frauen in Aufsichträten ist daher, die Anzahl weiblicher Führungskräfte in den Unternehmen selbst zu erhöhen.

Alles in allem ist die Resonanz sowohl der Kontrollierten als auch derjenigen, in deren Auftrag kontrolliert wird, positiv. Ich kann daher nur ermutigen, qualifizierte Frauen mit entsprechendem Erfahrungshintergrund zu nominieren – zum Wohle des Unternehmens.“

3.2   Arbeitnehmerseite

Professorin Manuela Rousseau, Hamburg („Mut machen, Einfluss zu nehmen“ (www.manuelarousseau.de))
„Wenn es mir gelingt, mit meinem Erfahrungsbericht dazu beizutragen, Frauen zu ermutigen, sich für ein Mandat im Aufsichtsrat zu bewerben, hat es sich gelohnt, diesen Beitrag zu Papier zu bringen.

Als ich erstmals gefragt wurde, ob ich für den Beiersdorf-Aufsichtsrat als Arbeitnehmervertreterin kandidieren würde, hegte ich Bedenken, ob ich dafür über ausreichend Kenntnisse verfügte und so eine verantwortungsvolle komplexe Aufgabe ausfüllen könnte. Ohne spezielle Kenntnisse wollte ich nicht antreten. Ein Kollege empfahl mir, dem VAA Führungskräfte Chemie (www.vaa.de) beizutreten. Der Verband vermittelt Kontakte zu anderen Aufsichtsräten in der chemischen Industrie, organisiert Weiterbildungsseminare für Aufsichtsräte, berät in fachlichen sowie rechtlichen Fragen und verfügt über ein dichtes Netzwerk in Wirtschaft und Politik.

Der erste Wahlkampf 1994 endete mit einer knappen Niederlage, aber ich wurde um die Erfahrung reicher, wie Wahlkämpfe vorbereitet und durchgeführt werden. Die nächsten Jahre nutzte ich, um Fakten und Hintergründe für die Mitwirkung in einem Aufsichtsrat kennen zu lernen, Fähigkeiten zu erweitern und persönliche Netzwerke aufzubauen. 1999 stand ich vor der Frage, erneut zu kandidieren. Nach kurzem Zögern, die Entscheidung: Ja, und es wurde eine richtige Entscheidung. Ich zog erstmals in den Aufsichtsrat der Beiersdorf AG ein und wurde 2004 im Amt bestätigt.

Rückblickend auf zehn Jahre aktive Aufsichtsratsarbeit ziehe ich folgendes Resümee: Es war eine Zeit, in der ich zahlreiche Verhandlungen führte, um Kompromisse rang und eigene Standpunkte und Positionen zu vertreten lernte. Der letzte Punkt ist wichtig, um seine Rolle in dem Gremium deutlich zu machen. Respekt und Vertrauen im Gremium stellten sich ein, je besser es gelang, lösungs- und sachorientiert vorzugehen. Deutlich abweichende Meinungen und Auffassungen zu vertreten, bedeutet diplomatisch und einfühlsam aufzutreten und nicht aggressiv dagegen zu argumentieren oder gar zu polemisieren. Wir alle machen Fehler und niemand begeht sie absichtlich.

Fehler sind eine Lernquelle und keine Katastrophe. Selbstzweifel können sich da leicht bemerkbar machen. Gespräche mit meinem Ehemann oder mit Freunden und ein vernünftiges Maß an Selbstvertrauen und der Glaube an die eigenen Fähigkeiten helfen mir über schwierige Situationen hinweg, ohne dabei das richtige Maß der Selbsteinschätzung zu verlieren. Die Tatsache als einzige Frau mit elf männlichen Aufsichtsräten zusammenzuarbeiten, war manchmal eine Herausforderung, aber nie ein Problem. Für die Zukunft ist es sicher erstrebenswert, ein ausgewogeneres Verhältnis bei der Besetzung dieses Gremiums zu erreichen, dabei steht die fachliche Kompetenz vor der Geschlechterfrage. Entscheidend für eine konstruktive Mitwirkung im Aufsichtsrat ist es, dass der Wille gemeinsam für das Wohl aller Mitarbeiter und des Unternehmens einzustehen, stets im Vordergrund steht. Die Arbeitnehmer/innen werden ernst genommen, wenn sie in diesem Sinne geschlossen auftreten. Im Vorfeld der Aufsichtsratssitzungen sollten möglichst viele Details geklärt, unklare oder komplexe Sachverhalte hinterfragt und Vorgespräche mit den Vorständen und dem Aufsichtsratsvorsitzenden geführt werden. Keine Angst vor Fragen, nur wer fragt, bekommt Antworten oder wie mein Namensvetter Jean-Jacques Rousseau (1712 -1778) feststellte: „Man muss viel gelernt haben, um über das, was man nicht weiß, fragen zu können."

4 Ausblick: Es bleibt viel zu tun!

Ein wirksames Instrument, um die Effizienz der Führungsebenen der Wirtschaft zu steigern, ist die deutliche Erhöhung des Anteils von Frauen in den Aufsichtsräten. Am wirkungsvollsten ist dafür zweifellos eine gesetzliche Quote, die einen bestimmten Anteil von Frauen in den Aufsichtsräten verbindlich vorschreibt. Im Sinne eines Top-down-Ansatzes muss zunächst eine hinreichende Anzahl von Frauen in den Aufsichtsräten tätig sein, um auch die unteren Hierarchieebenen für Frauen durchlässiger zu machen. In einigen Unternehmen zeigen erste Ansätze in die richtige Richtung. So hat z.B. die Daimler AG das „20/20-Programm" aufgelegt. Es besagt, dass im Jahr 2020 Frauen mit einem Anteil von 20 Prozent in Führungspositionen sein sollen. Und die Bayer AG hat sich zum Ziel gesetzt, dass 25 Prozent der Frauen im Unternehmen Führungspositionen innehaben sollen.

Vereinzelte Berufungen von Frauen in Aufsichtsräte, wie derzeit vor allem in den öffentlichen Unternehmen, aber auch bei großen Konzernen feststellbar, können keine grundlegende Änderung der Situation herbeiführen. Bisher fehlt es an kritischer Masse, um nachhaltig strukturelle Veränderungen in der Wirtschaft zu bewirken. Mindestens drei weibliche Mitglieder sind gemäß der Studie von Kramer/Konrad/Erkut[11] notwendig, damit diese in einem Gremium Gehör finden, als gleichrangig betrachtet werden und sich durchsetzen können. Um diese kritische Masse zu erreichen, ist ein verbindlicher Mindestfrauenanteil erforderlich.

Der Weg zu einem höheren Frauenanteil in den Aufsichtsräten deutscher Gesellschaften führt neben Anpassungen des Gleichstellungsgesetzes über Änderungen des Deutschen Corporate Governance Kodex und des Aktiengesetzes. Entscheidend ist, dass hier ein bestimmter Mindestanteil von Frauen verbindlich festgelegt wird. Ob dieser Anteil mit 25 Prozent beziffert wird, wie dies FidAR als ersten Schritt fordert, oder mit 40 Prozent, wie dies derzeit von Bündnis 90/Die Grünen und der SPD propagiert wird, ist aus heutiger Sicht von zweitrangiger Bedeutung. Ob man sich für die eine oder andere Zahl entscheidet, hängt von der jeweiligen Einschätzung der Machtverhältnisse in der Gesellschaft und ihrer Veränderungsbereitschaft im Zeitablauf sowie der durchsetzbaren Strategie ab. Kurzfristig kommt es darauf an, dass sich der unbestritten inakzeptabl niedrige Frauenanteil in den Aufsichtsräten signifikant und nachhaltig erhöht. Auf lange Sicht muss dagegen das Ziel der Frauen die paritätische Teilhabe an den Führungspositionen der Wirtschaft – also ein Anteil von 50 Prozent – sein.

FidAR und die genannten Frauenverbände sind im Sinne des Nationalökonomen J.K. Galbraith als Gegengewicht zu den klassischen Netzwerken der männlichen Machteliten als „countervailing power"[12] zu verstehen. Sie bringen sich fachlich fundiert und öffentlichkeitswirksam in die Diskussion über gute Unternehmensführung und die Weiterentwicklung des DCGK ein. Ihre Vorschläge setzen sie über geeignete Multiplikatoren, politische Initiativen und Programme um. Für alle gilt dabei als selbstverständliche Grundlage, dass an die fachlichen und persönlichen Qualifikationen weiblicher Aufsichtsratsmitglieder dieselben hohen Anforderungen zu stellen sind wie an männliche.

Die derzeitige Wirtschaftskrise und die damit einhergehende tiefe Verunsicherung der Führungseliten bietet Frauen eine unerwartete Chance. In Krisensituationen sind ihre besonderen Fähigkeiten (hohe Belastbarkeit,

---

11 Kramer, V.W., Konrad, A.M., and Erkut, S.: Critical mass on corporate boards: Why three or more women enhance governance, 2006
12 Als „countervailing power" bezeichnete John Kenneth Galbraith, einer der einflussreichsten Ökonomen des 20. Jahrhunderts die Hypothese, nach der die auf einer Marktseite etablierte wirtschaftliche Macht neutralisiert wird, wenn auf der anderen Marktseite eine entsprechende Gegenmacht entsteht, wobei sich die Gegenmachtbildung von selbst vollzieht oder auch durch den Gesetzgeber geschaffen werden kann.

hohe Motivationsfähigkeit, hohes Risikobewusstsein) stärker gefragt als die klassischen Männerqualifikationen. Auch wird die traditionelle – und typisch männliche – Karriereleiter vom Berufsanfänger über die Hierarchiestufen eines Konzerns in dessen Vorstand und später in den Aufsichtsratsvorsitz zunehmend in Frage gestellt, da die hieraus hervorgegangenen Manager und Aufseher in der Krise vielfach versagt haben.

Allerdings ist nicht zu erwarten, dass die veränderten wirtschaftlichen Rahmenbedingungen automatisch zu einem langfristigen Umdenken bei den überwiegend männlichen Entscheidungsträgern in Politik und Wirtschaft führen. Hier bedarf es besonderer Anstrengungen von Frauen und Männern. Mit vereinter Kraft muss engagiert daran gearbeitet werden, die Strukturen nachhaltig aufzubrechen und Frauen gleichberechtigt in die wirtschaftlichen Entscheidungsprozesse einzubinden. Hierzu ist es erforderlich, alle gesellschaftlichen Gruppen – insbesondere auch Aktionäre, Manager und Wirtschaftsfunktionäre – von der Notwendigkeit einer verbindlichen Vorgabe für den Frauenanteil in den Aufsichtsräten zu überzeugen. Nur auf dieser Basis lässt sich die Situation im Sinne der Gleichberechtigung ebenso wie des wirtschaftlichen Erfolgs und der guten Unternehmensführung nachhaltig verbessern.

Thomas Barann und Petra Dick

Karriereförderung für Frauen im Gothaer Konzern

1 Eckdaten des Gothaer Konzerns

Die Gothaer gehört mit knapp vier Milliarden Beitragseinnahmen und über 3,5 Millionen Versicherten zu den großen deutschen Versicherungskonzernen und ist einer der größten Versicherungsvereine auf Gegenseitigkeit in Deutschland. Der Gothaer Konzern bietet Versicherungsleistungen in den Sparten „Schaden/Unfall", „Leben" und „Kranken" sowie Dienstleistungen im Bereich Vermögensberatung und persönliche Vorsorgestrategien. An der Konzernspitze steht die Gothaer Versicherungsbank VVaG. Die finanzielle Steuerung des Konzerns erfolgt über die Gothaer Finanzholding AG. Träger des operativen Geschäfts sind die Gothaer Allgemeine Versicherung AG, die Gothaer Lebensversicherung AG, die Gothaer Krankenversicherung AG, die ASSTEL Versicherungsgruppe sowie die Janitos Versicherung AG. 2008 waren im Durchschnitt 5.466 Mitarbeiterinnen und Mitarbeiter bei der Gothaer beschäftigt. Hauptstandort des Gothaer Konzerns ist Köln.

2 Zentrale personalstrategische Herausforderungen und Lösungsansätze in der Gothaer

Zu den größten strategischen Herausforderungen der Personalarbeit im Gothaer Konzern zählen die Gewinnung und Bindung qualifizierter Mitarbeiter/innen im Allgemeinen sowie die Sicherstellung der Managementnachfolge im

Besonderen. Dies gilt verstärkt im Kontext des durch Alterung und Schrumpfung der Bevölkerung und Belegschaften charakterisierten demografischen Wandels, der auch die Versicherungswirtschaft erreicht hat. So steigt seit den 1990er Jahren der Altersdurchschnitt der angestellten Versicherungsmitarbeiter/innen kontinuierlich an – in den letzten fünf Jahren sogar mit zunehmender Beschleunigung. 2007 lag das Durchschnittsalter einschließlich Auszubildender bei 41,0 Jahren. Bis zum Jahr 2010 wird ein Anstieg auf 42,0 Jahre prognostiziert. Der Anteil der über 50-Jährigen wird dann 40 Prozent betragen, der Anteil der über 60-Jährigen immerhin 17,2 Prozent.[1]

2.1 Herausforderung 1: Gewinnung und Bindung qualifizierter Mitarbeiter/innen

Für diese Herausforderung sind neben demografischen Veränderungen zwei Entwicklungen verantwortlich: Aufgrund komplexer werdender Aufgaben und verstärkt benötigter Fachspezialisierung steigen die Anforderungen an die Bewerber/innen. Gleichzeitig wird die Rekrutierung von Fach- und Führungskräften zunehmend schwieriger. Zentrale Ursachen hierfür sind:

- sinkende Wechselbereitschaft angesichts der im Zuge der Finanzkrise zunehmend instabilen Wirtschaftslage,
- abnehmendes Bewerberpotenzial für eine Versicherungsausbildung aufgrund sinkender Schulabgängerzahlen und steigender Studierendenquoten,
- unzureichende Qualität der Ausbildung durch Schulen und Hochschulen sowie
- eine vergleichsweise geringe Arbeitgeberattraktivität der Versicherungsbranche – insbesondere bei Hochschulabsolventen.

2.2 Herausforderung 2: Sicherstellung der Managementnachfolge

Das Durchschnittsalter der Gothaer Beschäftigten liegt etwas über dem Branchendurchschnitt. Aufgrund dessen wird die Anzahl von Altersaustritten – auch und besonders bei Führungskräften – mittelfristig stark ansteigen. Da in vielen Bereichen zu wenig Potentialträger/innen für weitergehende Aufgaben

---

1 Vgl. Gesamtverband der Versicherungswirtschaft e.V. (Hg.), (2008: 61 f.).

vorhanden sind und der interne Pool der Managementnachwuchskräfte nicht ausreicht, um den Neubesetzungsbedarf in den beiden oberen Führungsebenen in den nächsten Jahren zu decken, steigt das Risiko, Managementpositionen nicht schnell genug oder nur mit hohem Aufwand und hohen Kosten extern besetzen zu können.

2.3 Lösungsansätze

Aufgrund der skizzierten Sachlage hat die demografische Entwicklung für die Gothaer besondere Bedeutung. Es droht ein Mangel an qualifiziertem Nachwuchs sowie ein Verlust an Erfahrungswissen bei Pensionierung größerer Mitarbeitergruppen – Risiken, die bereits 2005 erkannt wurden und denen die Gothaer mit unterschiedlichen Ansätzen begegnet (siehe Abb. 1) – u. a. mit der systematischen Erschließung der Zielgruppe „Frauen" im Rahmen des Projektes „Frauen im Management".

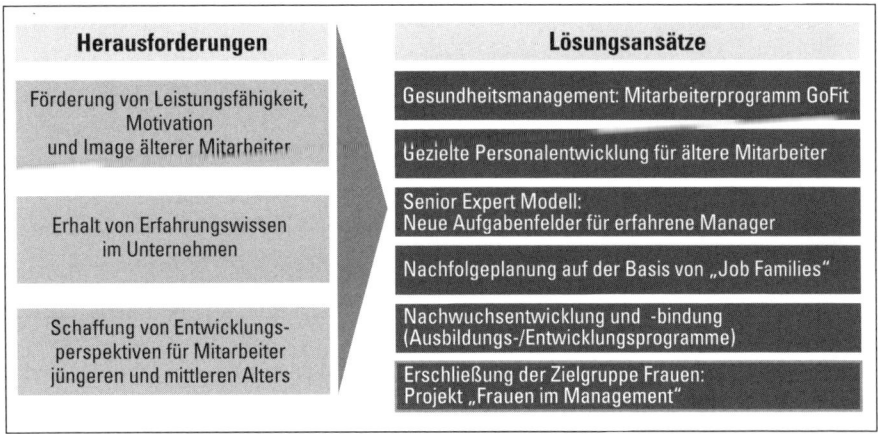

Abb. 1: Demografische Herausforderungen und Lösungsansätze

3 Das Projekt „Frauen im Management"

3.1 Historie

Obwohl die Gothaer über eine – auch im Branchenvergleich – hohe Anzahl qualifizierter Frauen verfügt, ist der Frauenanteil im Management – wie bei den meisten deutschen Unternehmen[2] – gering. Abb. 2 zeigt die Ausgangslage in den Jahren 2004/2005 im Vergleich zur Privatwirtschaft im Allgemeinen und zur Versicherungswirtschaft im Besonderen.

Frauenanteil bei ...	
• Führungskräften in der Privatwirtschaft – alle Branchen 2004:*	23,0%
• Führungskräften in der Versicherungswirtschaft 2005:**	17,7%
• Gothaer Führungskräften – Ebene 1 bis 3 2005:***	15,8%
• Gothaer Führungskräften – je Ebene 2005:***	
■ Ebene 1:	5,6%
■ Ebene 2:	5,9%
■ Ebene 3:	30,1%

*   Quelle: IAB Institut für Arbeitsmarkt- und Berufsforschung; zit. nach Bundesministerium für Familie, Senioren, Frauen und Jugend et al. (Hg.) (2006)
**   Quelle: agv, Flexible Personalstatistik 2005
*** Ebene 1 = Leiter Hauptabteilung, Niederlassung, Organisationsdirektion; Ebene 2 = Leitung Abteilung, Vertriebsdirektion, Maklerdirektion; Ebene 3 = Gruppenleitung; einbezogen sind die Gothaer Allgemeine Versicherung AG, Gothaer Lebensversicherung AG, Gothaer Krankenversicherung AG, Gothaer Finanzholding AG

Abb. 2: Situation 2004/2005

Vor dem Hintergrund der aktuellen Herausforderungen avanciert die gezielte Erschließung der Zielgruppe „Frauen" für Managementpositionen zunehmend zum kritischen Erfolgsfaktor. Aus diesem Grunde und dank der Initiative einiger engagierter weiblicher Führungskräfte wurde 2005 eine informelle Arbeitsgruppe – bestehend aus weiblichen Führungskräften der Ebenen 1 und 2 sowie zwei Mitarbeiterinnen der Personalabteilung – gebildet, die sich differenziert mit den Ursachen der Unterrepräsentanz der Frauen auf Managementpositionen auseinandergesetzt und Lösungsvorschläge entwickelt hat.

---

2   Vgl. www.hoppenstedt.de sowie den entsprechenden Beitrag in diesem Band.

Wichtige Informationen lieferte in diesem Zusammenhang eine 2006 im Rahmen einer Diplomarbeit[3] durchgeführte schriftliche Befragung zum Thema „Frauen in Führungspositionen" in der Gothaer Belegschaft, an der insgesamt 288 Personen – 149 Frauen (52 Prozent) und 139 Männer (48 Prozent) – teilnahmen. Zentrale Ergebnisse dieser Umfrage sind:

- **Weiblichen Führungskräften wurden ebenso hohe Führungskompetenzen zugeschrieben wie ihren männlichen Kollegen:** So sahen 60 Prozent der Befragten keine geschlechtstypischen Unterschiede in den Führungskompetenzen.
- **Die Zusammenarbeit mit weiblichen und männlichen Führungskräften wurde ähnlich bewertet:** Die Zusammenarbeit mit Führungskräften beiderlei Geschlechts wurde mehrheitlich als neutral bis positiv beurteilt. Von den Führungskräften unter den Befragungsteilnehmern bezeichneten sogar mehr die Zusammenarbeit mit einer weiblichen Führungskraft als positiv als die mit einer männlichen.
- **Gothaer Beschäftigte wünschten sich mehr Frauen im Management:** 63 Prozent der Befragten – 75 Prozent der Frauen, aber auch 51 Prozent der Männer – waren der Ansicht, dass ein höherer Frauenanteil im Management bei der Gothaer positive Auswirkungen hätte – insbesondere eine bessere Ausschöpfung vorhandener Potentiale, mehr Meinungsvielfalt, höhere Kreativität, ein besseres Arbeitsklima sowie ein freundlicherer Umgang.
- **Gothaer Mitarbeiterinnen haben Aufstiegsambitionen:** Immerhin bekundeten 42 Prozent der Befragungsteilnehmerinnen, einen (weiteren) Aufstieg anzustreben. Der Anteil der aufstiegswilligen Männer war zwar mit 50 Prozent noch etwas höher, jedoch war die Diskrepanz niedriger als vermutet. Von den befragten Führungskräften wollten sogar mehr Frauen als Männer auf jeden Fall weiter aufsteigen.
- **Befragte wünschten sich mehr Chancengleichheit:** Dies zeigte sich in mehreren Punkten:
  - ▷ 54 Prozent der befragten Frauen – gegenüber 12 Prozent der befragten Männer – haben sich schon einmal aufgrund ihres Geschlechts benachteiligt gefühlt.
  - ▷ Die Mehrheit der Befragten war der Ansicht, dass Frauen im Vergleich zu Männern weniger gute Aufstiegschancen haben, höheren Einsatz zeigen müssen, um beruflichen Erfolg zu erzielen und auf dem Weg

---

3   Vgl. Sindorf (2006).

in Führungspositionen Anpassungsdruck an männliche Verhaltensweisen erfahren.

▷ Als wichtigste Karrierehindernisse wurden neben dem Spannungsfeld „Beruf und Familie" ein männlich geprägtes Umfeld und eine männlich geprägte Führungskultur identifiziert. Die weiblichen Befragungsteilnehmer maßen diesen Aspekten sogar deutlich größere Bedeutung bei als der viel zitierten Vereinbarkeit von Beruf und Familie.

• **Förderung der Chancengleichheit wurde begrüßt:** 78 Prozent der Befragten – 83 Prozent der Frauen und 73 Prozent der Männer – befürworteten Projekte zum Thema „Chancengleichheit im Berufsleben".

Fazit: Die Umfrageergebnisse haben gezeigt, dass die Gothaer über Mitarbeiterinnen mit Aufstiegsambitionen verfügt, gute Erfahrungen mit Frauen in Führungspositionen gemacht hat und dass aus Sicht der Belegschaft ein höherer Frauenanteil im Management durchaus vorteilhaft wäre. Sie offenbaren aber auch, dass auf dem Weg zur Chancengleichheit noch einige Hürden zu nehmen sind. Der Abbau dieser Hemmnisse ist eine wesentliche Voraussetzung für eine spürbare Erhöhung des Frauenanteils in Führungspositionen. Um diese Herausforderung konsequent und systematisch anzugehen, hat die Arbeitsgruppe „Frauen im Management" schließlich dem Vorstand – unter Einbezug dieser Befunde sowie eigener Analyseergebnisse – ein Konzept zur „Karriereförderung für Frauen" vorgelegt, das Ende 2006 verabschiedet wurde und seit 2007 in Projektform unter der Federführung des Bereichs „Personal" bearbeitet wird.

3.2   Zielsetzung

Mit dem Projekt „Frauen im Management" sind zwei zentrale Zielsetzungen verknüpft:

1. **Spürbare Erhöhung des Frauenanteils im Management**
   Bis 2016 soll in allen Strukturebenen eine deutliche Steigerung des Frauenanteils gegenüber 2005 erreicht werden. Unter Berücksichtigung des zu erwartenden Besetzungsbedarfs aufgrund von Altersaustritten wurden folgende – als realistisch erachtete – Zielwerte definiert:
   • Ebene 1: von 5,6 Prozent auf 15 Prozent,
   • Ebene 2: von 5,9 Prozent auf 20 Prozent,
   • Ebene 3: von 30,1 Prozent auf 40 Prozent.

2. **Steigerung des Unternehmenswertes**

Verschiedene Studien verweisen auf den wirtschaftlichen Nutzen von Diversität im Allgemeinen sowie von hohen Frauenanteilen im Management im Besonderen.[4] So verspricht eine gezielte Karriereförderung für Frauen eine Steigerung von Produktivität, Rentabilität und Unternehmenswert. Maßgeblich hierfür sind folgende Effekte:

- eine bessere Nutzung des vorhandenen Humankapitals und Führungspotentials,
- Steigerung von Zufriedenheit und Engagement der Mitarbeiterinnen,
- Erhöhung von Flexibilität, Kreativität und Innovationskraft sowie effektivere Problemlösung durch Förderung von Vielfalt und Heterogenität („Diversity"),
- Gewinnung und Bindung qualifizierten Personals durch Verbesserung des Arbeitgeberimages sowie
- Verbesserung der Kundenzufriedenheit durch positive Beeinflussung des Unternehmensimages.

Vor diesem Hintergrund wird einmal mehr deutlich: Karriereförderung für Frauen ist weit mehr als „nice to have". Sie leistet einen Beitrag zur Zukunftsfähigkeit des Unternehmens und ist daher – heute stärker denn je – aus unternehmensstrategischer und betriebswirtschaftlicher Perspektive empfehlenswert.

3.3 Inhaltliche Schwerpunkte

Das Projekt „Frauen im Management" konzentriert sich schwerpunktmäßig auf drei Handlungsfelder, die jeweils in einem Teilprojekt bearbeitet werden:

- Rekrutierung und Entwicklung,
- Mentoring Programm,
- Vereinbarkeit von Beruf und Familie.

---

4   Vgl. z.B.: Catalyst (2004), Zink & Liebrich (2005), Adler (o.J.), Europäische Kommission (2003), Centre for Strategy and Evaluation Services (CSES) (2003).

3.1.1 Teilprojekt 1: Rekrutierung und Entwicklung

In Personalauswahl- und -beurteilungsprozesse fließen vielfach stereotype und pauschalisierende Vorstellungen über geschlechtsspezifische Eigenschaften, Verhaltensweisen und Kompetenzen und ihre Kompatibilität mit betrieblichen Anforderungen ein. Diese beeinflussen Entscheidungsprozesse mit weit reichenden Konsequenzen wie Einstellungen, Beförderungen oder Entwicklungsmaßnahmen.

Mit einer Überprüfung der gängigen Auswahl- und Beurteilungspraxis sowie einer Sensibilisierung von Führungskräften und weiteren an Auswahl- und Beurteilungsprozessen beteiligten Personen sollen die Voraussetzungen für eine Identifikation und Förderung von Führungspotential bei Mitarbeiterinnen und Bewerberinnen verbessert werden.

Um hierfür eine tragfähige Basis zu schaffen, bedarf es fundierter Kenntnisse über

a) reale Geschlechterdifferenzen in Disposition und Verhalten sowie

b) Geschlechterstereotype und ihre Wirkungsweise.

Eine umfassende Literatur- und Internetrecherche erbrachte interessante Aufschlüsse.

Forschungsergebnisse

So deuten Forschungsbefunde darauf hin, dass es tatsächlich gewisse Geschlechterdifferenzen in Disposition und Verhalten gibt. Diese lassen sich zu sechs Clustern zusammenfassen:

1. **Kognitive Fähigkeiten:** Frauen verfügen über bessere verbale Fähigkeiten, Männer über bessere räumlich-visuelle Fähigkeiten.[5]

2. **Denkstile und Problemlösungsstrategien:** Dies zeigt sich z. B. in der Art der Problemlösung: Frauen neigen zum Durchdenken des gesamten Problems, Männer zum Versuch-Irrtum-Verfahren.[6]

3. **Interessen/Neigungen:** Frauen haben eine Tendenz zu Personenorientierung, Männer zu Sachorientierung.[7]

---

5   Vgl. z.B. Hyde & Linn (1988), Kimura (1992), Halpern (1992).
6   Vgl. Schwank (1990), Bischof-Köhler (2006: 233 ff.).
7   Vgl. Bischof-Köhler (2006: 306 ff.); dies spiegelt sich u. a. in den jeweiligen Frauen- und Männeranteilen in personen- und sachorientierten Berufen (z.B. Pädagogik und Psychologie vs. Maschinenbau und Physik) wider.

4. **Selbstvertrauen:** Männer verfügen über größeres Selbstvertrauen als Frauen, neigen zur Selbstüberschätzung, attribuieren Erfolge internal, Misserfolge external und haben eine hohe Misserfolgstoleranz.[8]

5. **Aggressivität/Dominanz:** Männer verhalten sich vergleichsweise dominanter, haben mehr Spaß am Wettbewerb, neigen verstärkt zur Selbstdarstellung.[9]

6. **Kommunikation:** Unterschiede im Kommunikationsverhalten sind Ausdruck und Folge der bisher genannten Aspekte, insbesondere in den Bereichen Interessen/Neigungen, Selbstvertrauen, Aggressivität/Dominanz – z. B. unterbrechen Männer andere häufiger als Frauen, gehen weniger auf sie ein und sind stärker daran interessiert, sich in Gesprächen vorteilhaft zu präsentieren.[10]

Diese Unterschiede wurden in verschiedenen Studien bei unterschiedlichen Personengruppen in unterschiedlichen Kontexten festgestellt. Dabei ist zu beachten:

• Die Aussagen basieren auf statistischen Werten. Sie treffen nicht für jede Person in gleichem Maße zu, für manche auch gar nicht. So gibt es sowohl Frauen mit hohen männlichen als auch Männer mit hohen weiblichen Anteilen. Die Forschungsbefunde dürfen deshalb nicht unreflektiert übertragen werden, ansonsten droht Stereotypisierung.

• Wenngleich Titel populärwissenschaftlicher Bücher, wie z. B. „Männer sind vom Mars, Frauen von der Venus"[11], den Eindruck vermitteln, dass zwischen den Geschlechtern Welten liegen, ist das Ausmaß der Geschlechterdifferenzen in Wahrheit moderat.

Nichtsdestotrotz: Auch moderate Geschlechterdifferenzen können weitreichende Konsequenzen haben – zumindest wirken sie in vielen Situationen begünstigend oder erschwerend. Zu den erschwerenden Faktoren zählen geschlechtstypische Verhaltensmuster, die sich für Frauen in der patriarchalisch geprägten Arbeitswelt negativ auswirken, wie z.B. Bescheidenheit und Zurückhaltung. Beispielsweise zeigen sowohl Untersuchungen[12] als auch Alltagserfahrungen, dass Frauen – trotz gleicher oder sogar besserer Qualifikation – im Bewerbungsgespräch häufig sehr viel vorsichtiger agieren als

---

8   Vgl. Bischof-Köhler (2006: 246 ff.).
9   Vgl. Bischof-Köhler (2006: 275 und 277 ff.).
10 Vgl. Wawra (2004) und die dort angegebene Literatur.
11 Vgl. Evatt (2009).
12 Vgl. Wawra (2004).

ihre männlichen Kollegen, ihre Kompetenzen weniger plakativ herausstellen, dafür jedoch ihre Defizite stärker betonen. Dies hat nicht selten zur Folge, dass im Zweifelsfall der männliche Bewerber bevorzugt wird. Zudem geben solche Verhaltensweisen Geschlechterstereotypen – also verallgemeinernden Pauschalurteilen, die einer Person aufgrund ihrer Geschlechtszugehörigkeit ungeprüft zugeschrieben werden – in den Köpfen wichtiger Entscheidungsträger Nahrung.

Gängige Geschlechterstereotypen charakterisieren Frauen beispielsweise einseitig als passiv, unterordnungsbereit, ausgleichend, fürsorglich, intuitiv und einfühlsam, Männer dagegen ebenso einseitig und pauschal als aktiv, dominierend, konkurrierend, leistungsorientiert, rational und unsensibel. Wenngleich manche dieser Punkte einen wahren Kern beinhalten (z. B. eine stärkere Konkurrenzorientierung bei Männern oder eine Neigung zu Personenorientierung bei Frauen), so verfälschen sie in ihrer Absolutheit die Realität in hohem Maße. Geschlechterstereotypen führen beispielsweise dazu, dass ein und dasselbe Verhalten unterschiedlich beurteilt wird, je nachdem ob es von einer Frau oder einem Mann kommt. So zeigte eine jüngere Studie, dass Mitarbeiter prosoziales Verhalten bei männlichen Führungskräften mehr schätzen als bei weiblichen – vermutlich deshalb, weil ein solches Verhalten bei Frauen als normal angesehen und deshalb nicht weiter gewürdigt wird.[13]

Es gibt eine Reihe von Untersuchungen[14], die belegen, dass sich Geschlechterstereotypen im Berufsalltag zuungunsten von Frauen auswirken – z.B. auf Personalauswahl, Personaleinsatz, Leistungsbeurteilung oder Beförderungsentscheidungen. Dies hat u. a. mit den Vorstellungen zu tun, welche Eigenschaften und Verhaltensweisen eine Führungskraft oder ein Manager idealerweise mitbringen sollte. Wenngleich in Fach- und Managementpresse schon seit geraumer Zeit die Bedeutung von „soft skills" propagiert wird, die stereotyp weiblichen Kompetenzen recht nahe kommen, ist das „Managerbild" vielerorts immer noch stark männlich geprägt und kollidiert daher mit dem weiblichen Geschlechtsstereotyp.

Folgerungen
Mit der Vorstellung und ausführlichen Diskussion der hier nur kurz skizzierten Forschungsbefunde im erweiterten Projektteam – bestehend aus Projektmitarbeiterinnen und Führungskräften – wurde die einschlägige Bewusstseinsbildung eingeleitet. Ein Abgleich der der Personalauswahl,

---

13 Vgl. Mohr (2006).
14 Vgl. z.B. Goldmann et al. (1993), Höyng & Puchert (1998), Schreyögg (2008).

-beurteilung und -entwicklung zugrunde liegenden Gothaer Kompetenz-
kriterien mit Geschlechterdifferenzen und -stereotypen offenbarte eine gesunde Mischung aus weiblich und männlich konnotierten Kompetenzen!
Demnach ist das Managerbild der Gothaer – zumindest auf dem Papier –
nicht einseitig maskulin geprägt, sondern ausgewogen gestaltet.

In einem nächsten Schritt gilt es nun festzustellen, in welchem Maße „weib-
liche" und „männliche" Kompetenzen in Entscheidungsprozessen tatsächlich
Berücksichtigung finden. Gegebenenfalls wird in diesem Kontext auch eine
Überprüfung von Auswahl- und Beurteilungsinstrumenten erfolgen. Die weiteren Projektschritte stehen unter der Überschrift „Wissensvermittlung und
Sensibilisierung zum Thema „Geschlechterdifferenzen und -stereotypen" bei
Rekrutierern und Führungskräften". Um angemessene und faire Personalentscheidungen treffen zu können, müssen diese die sensible, emotional besetzte
Thematik kennen lernen und den Umgang damit einüben. Da in diesem Zusammenhang von den Beteiligten auch verlangt wird, eigene Überzeugungen
zu überprüfen und ggf. zu revidieren, ist zu erwarten, dass dies ein schwieriger
und langwieriger Prozess wird, der viel Nachhaltigkeit erfordert.

3.1.2 Teilprojekt 2: Mentoring Programm

Im Zentrum von Teilprojekt 2 steht die Entwicklung und Einführung eines
institutionalisierten Mentoring-Programms für weibliche Nachwuchskräfte
und Potentialträger. Der Begriff „Mentoring" bezeichnet die Unterstützung
junger Talente („Mentees") auf ihrem Karriereweg durch erfahrene Führungskräfte („Mentorinnen/Mentoren") jenseits der hierarchischen Beziehungen.
Mentoren helfen und beraten, wirken als Vorbilder und Lernmodelle, fördern
das Verständnis für unternehmensinterne „Spielregeln" und verschaffen Zugang zu karriereförderlichen Netzwerken. Mit einem Mentoring Programm
für Frauen werden drei zentrale Ziele verfolgt:

*   Förderung von Bewusstsein und Akzeptanz für das Thema „Frauen im
    Management" im Gothaer Konzern,
*   gezielte Karriereplanung, Förderung und Vernetzung im Management für
    Frauen mit Führungspotential,
*   Multiplikatorenbildung: Mentorinnen und Mentoren werden zu Multipli-
    katoren für das Thema „Frauen im Management".

Das Konzept für dieses Programm ist ausgearbeitet. In der zweiten Jahreshälf-
te 2009 ist der Start eines einjährigen Pilotprojektes geplant, an dem etwa acht

Mentees teilnehmen werden. Potenzielle Kandidatinnen werden von der Personalabteilung identifiziert und – unter Einbezug der jeweiligen Führungskraft – aktiv angesprochen.

Als Mentorinnen und Mentoren sind Führungskräfte der Ebenen 1 und 2 vorgesehen, die folgende Anforderungen erfüllen:
• Sie kennen das Unternehmen gut und sind auch mit ungeschriebenen Gesetzen und Spielregeln vertraut.
• Sie verfügen innerhalb des Unternehmens über ein gutes Netzwerk.
• Sie zeichnen sich durch professionelles Führungsverhalten aus und werden von Führungskollegen anerkannt.
• Sie verstehen sich selbst als Personalentwickler und bringen die Bereitschaft zur Förderung von Frauen mit Managementpotential mit.
• Sie haben eine ausgeprägte kommunikative Kompetenz, sind bereit und in der Lage, offen Feedback zu geben.
• Sie verfügen über ausgeprägtes Abstraktionsvermögen und strategisches Denken.
• Sie sind bereit, Zeit zu investieren (alle 4 bis 6 Wochen ca. 2 Stunden).

Um Interessenkonflikte zu vermeiden, sind Führungskräfte aus der Personalabteilung von der Mentoren-Rolle ausgenommen. Beim Matching von Mentor/innen und Mentees wird darauf geachtet, dass es bei den jeweiligen Tandems keine unmittelbaren oder mittelbaren Unterstellungsverhältnisse gibt, zwischen Mentor/in und Mentee mindestens eine Hierarchieebene liegt und – um die konzernweite Vernetzung zu fördern und Loyalitätskonflikte zu vermeiden – Mentor/in und Mentee nach Möglichkeit aus unterschiedlichen Unternehmensbereichen kommen. Ein Auftaktworkshop bereitet Mentees und Mentorinnen/Mentoren auf ihre Zusammenarbeit vor. Darüber hinaus gestalten sie ihre Beziehung weitgehend selbstständig und individuell. Meilensteine bei der Pilotierung des Mentoring Programms und nächste Schritte im Teilprojekt 2 sind:
1. Auswahl und Briefing von Mentorinnen/Mentoren und Mentees,
2. Matching der Mentorinnen/Mentoren und Mentees,
3. Auftaktworkshop: Startschuss für Mentoring-Tandems, Coaching in der Mentoring-Beziehung,
4. Zur Halbzeit: Austausch der Mentorinnen/Mentoren und Mentees zum Programmverlauf, Vernetzung in der Gesamtgruppe,
5. Workshop zum Programmende: Rückschau und Ausblick,
6. Evaluation der Pilotgruppe.

3.1.3 Teilprojekt 3: Vereinbarkeit von Beruf und Familie

Die Kompatibilität von beruflichen Anforderungen und familiären Verpflichtungen ist nach wie vor eine wesentliche Voraussetzung, um qualifizierten und engagierten Mitarbeiterinnen den Aufstieg zu ermöglichen. Deshalb wurde der dritte Schwerpunkt im Projekt „Frauen im Management" auf die Harmonisierung des klassischen Spannungsfeldes „Beruf und Familie" gelegt. Die Gothaer widmet sich schon seit geraumer Zeit dem Thema „Familienfreundlichkeit" und hat in der Vergangenheit bereits einschlägige Maßnahmen dazu entwickelt. So wurde bei Bedarf „betrieblicher Elternurlaub" gewährt, durch ein Gleitzeitmodell ohne Kernarbeitszeiten und individuelle Teilzeitlösungen hohe Arbeitszeitflexibilität sichergestellt und durch eine Kooperation mit dem „pme Familienservice" Hilfe bei der Suche nach einer geeigneten Kinderbetreuung angeboten.

Im Rahmen des Teilprojektes 3 wird das Maßnahmenspektrum ergänzt. Die Aktivitätsschwerpunkte liegen auf drei Themenfeldern:
1. Bekenntnis zur familienbewussten Personalpolitik,
2. Begleitung während der Familienpause und
3. Unterstützung bei der Kinderbetreuung.

Wenngleich diese Maßnahmen unter der Zielsetzung „Karriereförderung für Frauen" entwickelt wurden, stehen sie – wie alle familienorientierten Maßnahmen – auch Männern offen.

Bekenntnis zur familienbewussten Personalpolitik
Um das Engagement für Familien auch nach außen hin zu sichtbar zu machen, ist die Gothaer 2008 dem Unternehmensnetzwerk „Erfolgsfaktor Familie" – einer Initiative des Bundesfamilienministeriums und des Deutschen Industrie- und Handelskammertages, der bereits deutlich über 2.000 Unternehmen angehören – beigetreten. Gleichzeitig hat sie die „Gemeinsame Erklärung Erfolgsfaktor Familie" unterzeichnet – ein Impulspapier, mit dessen Unterzeichnung sich Betriebe u. a. verpflichten, familienbewusste Unternehmensführung als Teil der Unternehmenskultur zu verstehen und Eltern bei der Kinderbetreuung oder beim Wiedereinstieg in den Beruf zu helfen. Der Nutzen dieses öffentlichen Bekenntnisses liegt nicht nur in einer gewissen Imagewirkung nach innen und außen, sondern auch im erleichterten Zugang zu Informationen, Erfahrungen, Ansprechpartner/innen und Beratungs-/Unterstützungsangeboten.

Begleitung während der Familienpause

Hinter diesem Schlagwort verbergen sich zwei Ansätze, die darauf abzielen, den Kontakt zwischen Mitarbeiter/in und Unternehmen auch während Mutterschutz und Elternzeit lebendig zu erhalten:

- Hierzu zählt zunächst die „Initiative Elterntreff", die Anfang 2008 durch eine Gothaer Mitarbeiterin ins Leben gerufen wurde. Zielgruppe sind Eltern mit kleinen Kindern sowie werdende Eltern, die in regelmäßigen Abständen in der Gothaer Gelegenheit zur Kontaktpflege sowie zum Informations- und Erfahrungsaustausch erhalten. Ein erstes Treffen fand im März 2008 statt, die weiteren erfolgen seither in Eigenregie der Eltern im Acht-Wochen-Rhythmus. Für die Gothaer erweist sich die „Initiative Elterntreff" als guter Kommunikationskanal für alle Aspekte rund um das Thema „Familienförderung". Durch Einbeziehung „Betroffener" in die Entwicklung und Einführung entsprechender Maßnahmen kann die Akzeptanz deutlich erhöht werden.

- Der zweite Ansatz im Kontext „Begleitung während der Familienpause" ist das „Instrumentenset Mitarbeiterbindung", das als Konzept vorliegt und in Kürze umgesetzt werden soll. Dieses richtet sich an Mitarbeiterinnen und Mitarbeiter in Mutterschutz und Elternzeit und sieht für verschiedene Phasen der Familienpause Aktivitäten vor (vgl. Abb. 3).

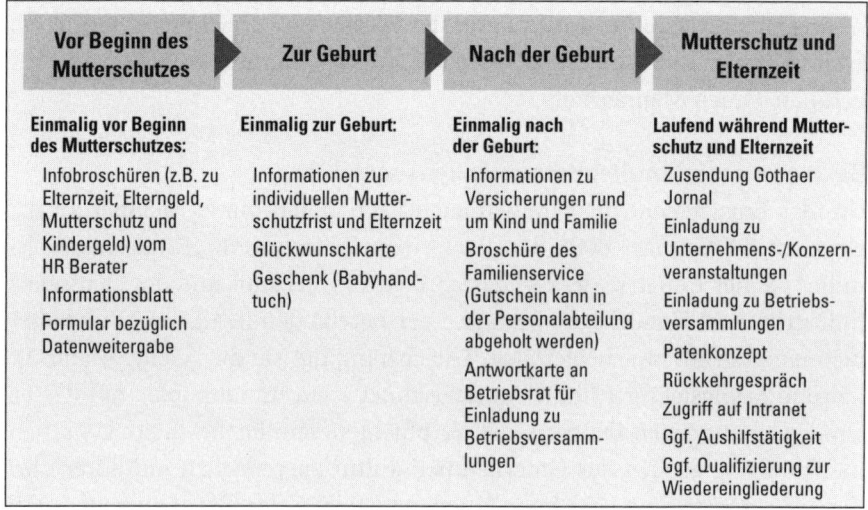

Vor Beginn des Mutterschutzes	Zur Geburt	Nach der Geburt	Mutterschutz und Elternzeit
Einmalig vor Beginn des Mutterschutzes:	**Einmalig zur Geburt:**	**Einmalig nach der Geburt:**	**Laufend während Mutterschutz und Elternzeit**
Infobroschüren (z.B. zu Elternzeit, Elterngeld, Mutterschutz und Kindergeld) vom HR Berater	Informationen zur individuellen Mutterschutzfrist und Elternzeit	Informationen zu Versicherungen rund um Kind und Familie	Zusendung Gothaer Jornal
Informationsblatt	Glückwunschkarte	Broschüre des Familienservice (Gutschein kann in der Personalabteilung abgeholt werden)	Einladung zu Unternehmens-/Konzernveranstaltungen
Formular bezüglich Datenweitergabe	Geschenk (Babyhandtuch)		Einladung zu Betriebsversammlungen
		Antwortkarte an Betriebsrat für Einladung zu Betriebsversammlungen	Patenkonzept
			Rückkehrgespräch
			Zugriff auf Intranet
			Ggf. Aushilfstätigkeit
			Ggf. Qualifizierung zur Wiedereingliederung

Abb. 3: Aktivitäten zur Mitarbeiterbindung während der Familienpause

Das Ziel dieser Bemühungen besteht darin, die Zufriedenheit der entsprechenden Mitarbeiter/innen zu steigern, ihre Bindung an die Gothaer zu erhöhen und ihnen – dank Unterstützung des Know-How-Erhalts – den Wiedereinstieg zu erleichtern. Zugleich setzt die Gothaer damit ein klares Signal, dass Mütter und Väter mit kleinen Kindern dieselbe Wertschätzung genießen wie alle anderen Mitarbeiter.

Unterstützung bei der Kinderbetreuung
Erfahrungsgemäß erweist sich gerade die Betreuung von Kindern unter drei Jahren aufgrund eines unzureichenden institutionellen Betreuungsangebotes als schwierig. Die Gothaer hat sich dieses Problems angenommen und im Sommer 2008 durch eine Spende an den Träger einer örtlichen Betreuungseinrichtung – die „FRÖBEL Köln gemeinnützige GmbH" – ihren Beschäftigten erleichterten Zugang zu den knappen Betreuungsplätzen für unter Dreijährige in der Nähe des Gothaer Hauptstandorts verschafft. Die begünstigte Kindertagesstätte ermöglicht zudem eine Gast- und Notfallbetreuung, die insbesondere in Fällen von Ferienschließzeiten anderer Einrichtungen, bei sehr kurzfristigem Zuzug zum Dienstort, bei Krankheit eines Elternteils oder in vergleichbaren familiären Notsituationen zum Tragen kommt. Erst kürzlich konnte damit einer Mutter schnell und unbürokratisch geholfen werden. Die Vorteile liegen auf der Hand:

• schnellerer und erleichterter Wiedereinstieg in den Beruf,
• Entlastung der Eltern bei der Koordination von Berufs- und Privatleben,
• Verbesserung des Arbeitgeberimages sowie
• Stärkung von Mitarbeiterzufriedenheit, Motivation und Bindung.

Die Zusammenarbeit soll daher auch zukünftig fortgesetzt werden.

3.4 Fazit und Ausblick

Nach zwei Jahren Projektarbeit ist es an der Zeit, eine erste Zwischenbilanz zu ziehen und die Frage zu stellen: Wo stehen wir? Ein Abgleich der Frauenanteile im Management zum Stichtag 31.12.2008 mit der Ausgangssituation 2005 lässt hoffen: Der Frauenanteil ist in allen drei Ebenen leicht gestiegen (vgl. Abb. 4). Die größte Steigerungsrate weist Strukturebene 2 mit 49 Prozent auf.

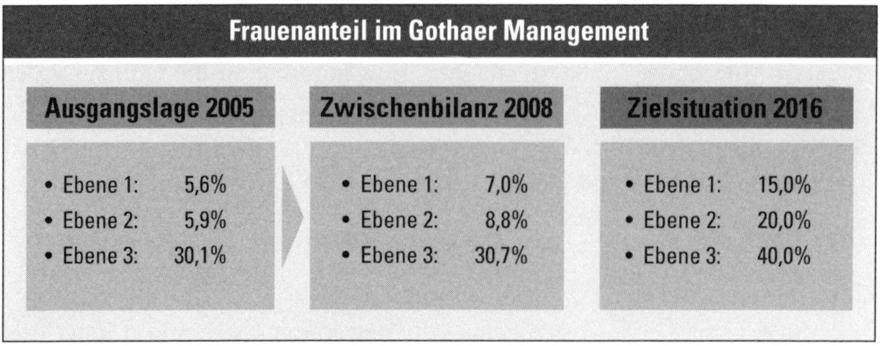

Frauenanteil im Gothaer Management

Ausgangslage 2005		Zwischenbilanz 2008		Zielsituation 2016	
• Ebene 1:	5,6%	• Ebene 1:	7,0%	• Ebene 1:	15,0%
• Ebene 2:	5,9%	• Ebene 2:	8,8%	• Ebene 2:	20,0%
• Ebene 3:	30,1%	• Ebene 3:	30,7%	• Ebene 3:	40,0%

Abb. 4: Frauenanteile in Führungspositionen im Zeitvergleich

Ein Blick auf die Zielwerte in 2016 zeigt aber auch, dass auf dem Weg zum Ziel noch ein gutes Stück zu beschreiten ist. Daher gilt es, die Bemühungen um die Karriereförderung für Frauen konsequent fortzusetzen und auszubauen – auch in wirtschaftlich schwierigen Zeiten, wenn Veränderungs- und Kostendruck das Thema leicht in den Hintergrund zu drängen drohen. Hierfür bedarf es Überzeugungskraft, Ausdauer und Nachhaltigkeit – getreu der Devise „Gothaer – wir machen das."

Literaturverzeichnis:

Adler, R.D. (o.J.): Woman in the Executive Suite Correlate to High Profits. Pepperdine University.

Bischof-Köhler, D. (2006): Von Natur aus anders. Die Psychologie der Geschlechtsunterschiede. 3. Auflage, Stuttgart.

Bundesministerium für Familie, Senioren, Frauen und Jugend et al. (Hg.), (2006): 2. Bilanz Chancengleichheit. Frauen in Führungspositionen.

Catalyst (2004): The Bottom Line. Connecting Corporate Performance and Gender Diversity. New York et al.

Centre for Strategy and Evaluation Services (CSES) (2003): Methoden und Indikatoren für die Messung der Wirtschaftlichkeit im Rahmen von Maßnahmen im Zusammenhang mit der personellen Vielfalt in Unternehmen. Abschließender Bericht. Oktober 2003.

Europäische Kommission (2003): Kosten und Nutzen personeller Vielfalt in Unternehmen. Brüssel.

Evatt, C. (2009): Männer sind vom Mars, Frauen von der Venus. Tausend und ein kleiner Unterschied zwischen den Geschlechtern. 7. Auflage, München.

Gesamtverband der Versicherungswirtschaft e.V. (Hg.) (2008): Jahrbuch 2008. Die deutsche Versicherungswirtschaft, Berlin.

Goldmann, M., Meschkutat, B., Teubensel, B. (1993): Präventive Frauenförderung bei technisch-organisatorischen Veränderungen. Opladen.

Halpern, D.F. (1992): Sex differences in cognitive abilities. Hillsdale.

Höyng, S., Puchert, R. (1998): Die Verhinderung der beruflichen Gleichstellung. Männliche Verhaltensweisen und männerbündische Kultur. Bielefeld.

Hyde, J.S., Linn, M.C. (1988): Gender differences in verbal ability: A meta-analysis. 53-69. In: Psychological Bulletin, 104.

Kimura,, D. (1992): Weibliches und männliches Gehirn. In: Spektrum der Wissenschaft, 104-113. In: Mohr, G. (2006): Kompetenzen weiblicher Führungskräfte weniger geschätzt. Pressemitteilung vom 12.12.2006. In: www.uni-leipzig.de/weitere Pressemeldungen.

Schreyögg, G. (2008): Praxisbeispiel Stadt München: Beurteilungsverfahren sind nicht geschlechtsneutral. 207-214. In: Krell, G. (Hg.): Chancengleichheit durch Personalpolitik. 5. Auflage, Wiesbaden.

Schwank, I. (1990): Untersuchungen algorithmetischer Denkprozesse von Mädchen. Abschlussbericht Band I. Osnabrück.

Sindorf, S. (2006): Frauen in Führungspositionen. Diplomarbeit angefertigt an der Fachhochschule Köln, Fakultät für Angewandte Sozialwissenschaften.

Wawra, D. (2004): Männer und Frauen im Job Interview. Eine evolutionspsychologische Studie zu ihrem Sprachgebrauch im Englischen. Münster.

Zink, K., Liebrich, A. (2005): Befragung Diversity Management. TU Kaiserslautern, September 2005.

Monika Rühl

Konjunkturabhängigkeit für Etablierung, Entwicklung oder Reduzierung von Chancengleichheit

1 Einleitung

Um es gleich vorwegzunehmen, in Zeiten konjunkturellen Abschwungs oder gar in Krisen, wie derjenigen zum Zeitpunkt des Verfassens dieses Beitrags, beweisen sich die personalpolitische Qualität und die Intention von Diversity Management und Chancengleichheit. Wenn Krisen dazu führen, in alte bekannte Verhaltensmuster zurückzufallen, zu denen – wie im weiteren Beitrag nachzuweisen versucht wird – der Verzicht auf Frauen in entscheidenden Gestaltungsfunktionen gehört, dann muss es eine gut nachvollziehbare Erklärung geben, will man dem jeweiligen Unternehmen oder der Organisation nicht unterstellen, die sogenannten „weichen" Themen nur in prosperierenden Zeiten anzugehen. Und „weich" sind diese Themen eigentlich schon lange nicht mehr. Denn es geht hierbei nicht nur um die Positionierung als attraktiver Arbeitgeber, die gewiss konjunkturabhängig ist. In Boom-Phasen findet bereits der Kampf um die Talente statt, er ist kein abstraktes Konstrukt für einen unbestimmten Zeitpunkt mehr. Aber in herausfordernden kritischen Zeiten zeigt sich die Glaubwürdigkeit. Zudem geht es nicht nur um zukünftiges Personal, sondern in weit größerem Ausmaß um das vorhandene. Und das ist bereits sehr vielfältig, beziehungsweise divers: Frauen und Männer teilen sich die Arbeitsplätze, wenngleich nicht in jedem Unternehmen zu 50 Prozent. Dies liegt jedoch an der erst allmählich steigenden Erwerbstätigkeit von Frauen. Sehr lange akzeptierte und finanzierte die Gesellschaft die Nichterwerbstätigkeit von Frauen – unabhängig von ihrer Qualifikation. Inwieweit die „Belohnung" der Nichterwerbstätigkeit von Frauen deren Gestaltungsmöglichkeiten bewusst eingeschränkt hat, muss im Rahmen dieser Ausführungen unbeleuchtet bleiben.

Am Arbeitsplatz finden sich nicht nur Frauen und Männer, sondern auch Menschen aller arbeitsfähigen Generationen, unterschiedlicher Kulturen und Nationen, Menschen mit Behinderung und verschiedenen sexuellen Identitäten. Unternehmen und Organisationen sind gut beraten, die Unterschiede wahrzunehmen und jedem Mitarbeitenden Wertschätzung entgegenzubringen, um teure Missverständnisse zu vermeiden, die sich kontraproduktiv auf die Wertschöpfung auswirken. Denn Anpassungsdruck auf eine Haupt- oder Leitkultur – ebenso wie mangelnder Respekt für das „Andere" – zusammen mit schlechter Führung – lassen Engagement und Motivation abnehmen. Die jährlichen Gallup-Untersuchungen zum Mitarbeiter-Engagement[1] belegen dies eindrucksvoll.

Wenn in Deutschland aktuell 87 Prozent aller Arbeitnehmer ohne Freude zum Arbeitsplatz kommen, liegt das bei vielen sicherlich an der Art der Arbeit (Gestaltungsspielräume, Abwechslung, Komplexität, Über- oder Unterforderung, soziale Absicherung, Vergütung und vieles mehr), aber eben auch an einer nicht gut funktionierenden Interaktion mit unmittelbar Vorgesetzten und der Führungskultur im Unternehmen sowie am Fehlen des Respekts gegenüber dem Individuum. Umgekehrt entfalten Mitarbeitende, die sich als Individuen respektiert fühlen, Kreativität, die sich positiv auf die Innovationsfähigkeit von Unternehmen auswirken kann.

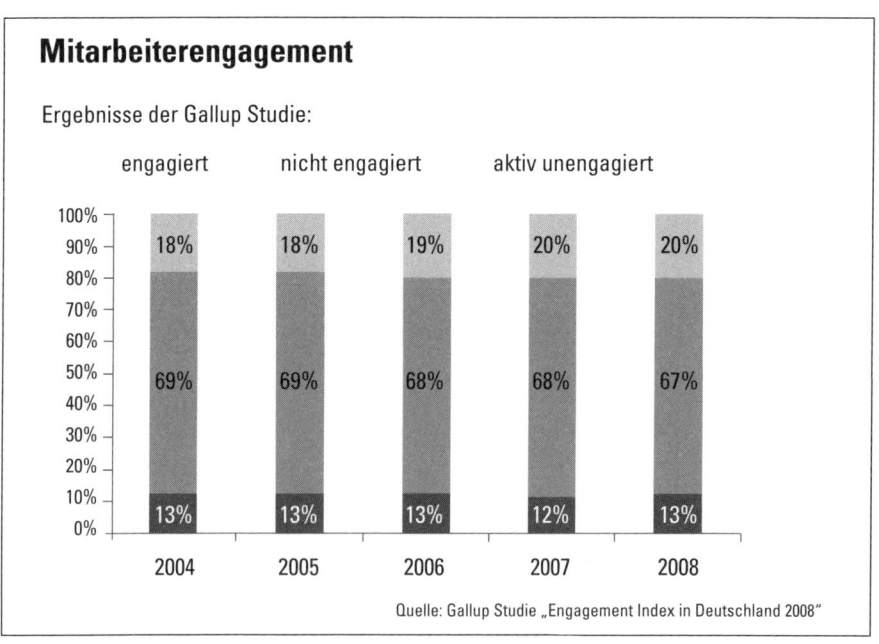

Mitarbeiterengagement

Ergebnisse der Gallup Studie:

engagiert   nicht engagiert   aktiv unengagiert

Quelle: Gallup Studie „Engagement Index in Deutschland 2008"

---

1 Siehe: www.gallup.de

Die Frage nach der Sinnhaftigkeit von Heterogenität und damit der Steuerung von mehr Heterogenität stellt sich im Grundsatz nur noch bei Start-ups. Alle anderen Unternehmen haben längst eine heterogene Mitarbeiter-Struktur, die es zu managen und deren Potenziale es zu heben gilt. Sinnvoll sind vielfältige Mitarbeiter-Strukturen auch aus der Perspektive des Geschäfts, weil Kunden ebenfalls sehr unterschiedlich sind und individuelle Wünsche haben. Bei der Lufthansa setzt sich die Mitarbeiter-Struktur wie folgt zusammen: Ca. 107.800 Mitarbeiter/innen, davon 43,4 Prozent Frauen; 12 Prozent Ausländer. Insgesamt sind 155 Nationen im Unternehmen vertreten, in Deutschland 125. Viele Mitarbeiter/innen mit Migrationshintergrund haben deutsche Pässe und werden daher nicht zu den „Ausländern" gezählt – unabhängig von ihrer kulturellen Zugehörigkeit. Das Durchschnittsalter liegt bei 40,4 Jahren. Die Schwerpunkte der Diversity-Arbeit liegen folglich beim Managen des demografischen Wandels, der noch besseren Nutzung der interkulturellen Kompetenzen jedes/r Mitarbeiters/in, der besseren Nutzung des weiblichen Potenzials und damit einhergehend der zeitgemäßen Anpassung von Betreuungsinfrastrukturen.

2 Krisen und Entwicklungen

Gibt es eine Interdependenz zwischen Konjunkturschwankungen und Veränderungen bei den Anteilen von Frauen in Führungspositionen? Bevor ein Vergleich von Zahlen angestellt wird, sei vorab auf einige definitorische Schwierigkeiten hingewiesen: Es gibt keinen klaren Begriff von Führung. In der einen Organisation ist es jeder Mensch, der Personalverantwortung hat, in einer anderen sind es nur die Leitenden Angestellten im Sinne des § 5 Abs. 3 des Betriebsverfassungsgesetzes, in wiederum anderen werden alle Außertariflichen dazu gezählt. Aber auch hierfür gibt es sehr unterschiedliche Auslösegrenzen. Eine weitere Unschärfe entsteht dadurch, dass Personalbewegungen meist erst mit einem Verzögerungseffekt einsetzen, sodass Vergleiche im identischen Betrachtungszeitraum kaum aussagekräftig sein dürften.

Da im Lufthansa-Konzern personalpolitische Ziele nicht quantitativ sind, also nicht mit Zielquoten gearbeitet wird, ist es in der Vergangenheit immer wieder vorgekommen, dass der Anteil von Frauen in Führungspositionen für ein oder zwei Jahre in Folge leicht zurückgegangen ist. Dahinter verbergen sich oft Re-Organisationen, eine etwas geringere Weiterentwicklung von Frauen

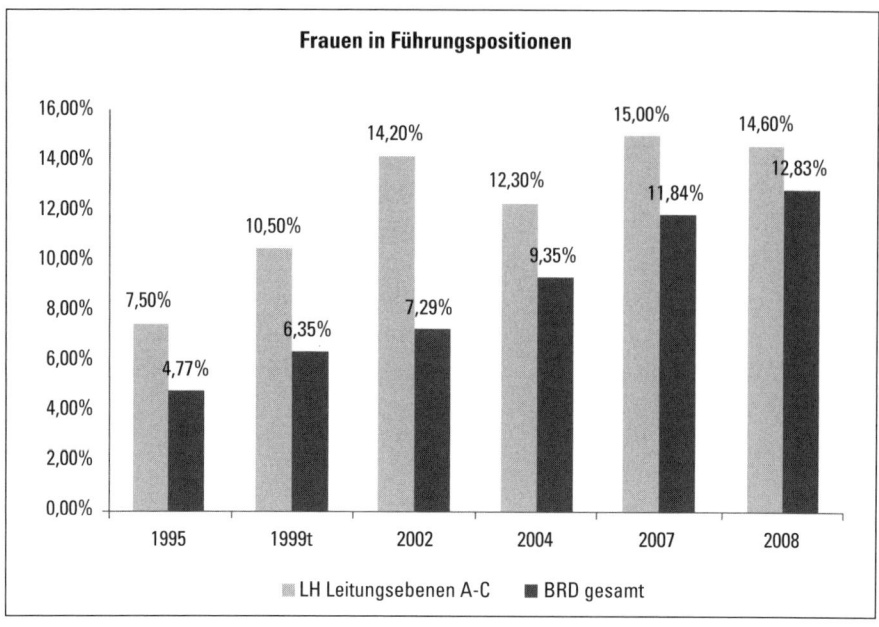

als von Männern (erfolgt ausschließlich nach dem Prinzip der Bestenaus-
wahl) und teilweise die Zurückhaltung von angesprochenen Potentialträge-
rinnen. Diese drei Faktoren wirken sich auf die Statistik aus, ohne dass es
einen Masterplan zur Reduzierung des Frauenanteils gäbe. Es ist vornehmliche Aufgabe der Diversity-Einheit, diese Entwicklungen zu beobachten und –
wenn erforderlich – den Trend aufzuhalten. Dies geschieht gegebenenfalls in
enger Kooperation mit dem Bereich der Führungskräfte-Politik. Der Tabelle
ist ferner zu entnehmen, dass Lufthansa zwar deutlich bessere Ergebnisse erzielt als der Durchschnitt aller Unternehmen in Deutschland, dass aber dennoch der Anteil von Frauen in Führungspositionen gering ist im Vergleich zu
deren Anteil im Unternehmen (43,4 Prozent) insgesamt. Woraus begründet
sich dieses Ergebnis? Positiv ist neben einer offenen Unternehmenskultur, die
auf Potenziale setzt, auch die Art der Industrie: In einem Dienstleistungsunternehmen gibt es zunächst eine breitere Basis an weiblichem Personal, das
mit entsprechender Qualifizierung für Entwicklung zur Verfügung steht als
beispielsweise in ingenieurgetriebenen Industrien. Nicht ganz so günstig lässt
sich die Frage nach der Relation zwischen dem Anteil von Frauen im Unternehmen und denen in Leitungsfunktionen beantworten. Hier gibt es eine
Verschiebung zugunsten von Männern, die sich einzig aus der historischen
Entwicklung erklären lässt. Jede Besetzung einer Führungsaufgabe mit einer
Frau, einem Migranten, einem Behinderten etc. setzt eine offene Stelle und
Bewerbende mit passendem Profil voraus. Statistisch merkbar ist eine Verän-

derung deshalb nicht über einen kurzen Zeitraum, sondern erst mittel- oder langfristig. Und wenn es ein Unternehmen mit einer chancengleichen Personalentwicklung ernst meint, dann kann es bei Veränderungen das männliche Geschlecht nicht ausnehmen, um den Frauenanteil zu erhöhen.

Aus gesellschaftspolitischer Perspektive und damit für alle Beteiligten an der Wirtschaft geltend ist der Stellenwert einer chancengleichen Personalentwicklung von Bedeutung. Die vehement geführte (und das war für die Veränderung notwendig) Diskussion um die Emanzipation von Frauen hat auch Vorbehalte entwickelt, die teilweise heute noch nachwirken. Zwar wird dies kaum jemand abseits von Stammtischen offen aussprechen, aber das Handeln beziehungsweise die Unterlassung orientieren sich bei einigen Entscheidern durchaus noch danach.

Im Rahmen des Diversity Managements werden folgende Instrumente bei der Lufthansa eingesetzt, um die Chancengleichheit herbeizuführen: Lufthansa hat 1998 das unternehmensübergreifende Cross-Mentoring gestartet, um dem hoch qualifizierten weiblichen Nachwuchs eine Plattform der Sichtbarkeit und damit Beförderungsfähigkeit zu bieten. Es gibt Netzwerke von Frauen, die sich spezifisch austauschen. Für junge Mädchen beteiligt sich Lufthansa am Girl's Day, um deren Berufswahlentscheidungen zugunsten der MINT-Fächer (Mathematik, Informatik, Naturwissenschaften und Technik) zu erweitern.

3 Deutschland im Vergleich zu anderen EU-Staaten

Unbestritten bekleidet Deutschland im EU-Vergleich im Hinblick auf die Anzahl weiblicher Führungskräfte einen Platz im Mittelfeld (13 Prozent, im EU-27-Vergleich 11 Prozent) hinteren Platz. Die Ursachen hierfür sind sicher nicht monokausal, sondern fußen auf einer Reihe von Umständen, die sich in die Kategorie „Kultur", „Ursachen bei Frauen" und „Verhinderungsmechanismen" unterteilen lassen.

3.1   Kulturelle Unterschiede zwischen den EU-Staaten als Begründung für den Stand der Chancengleichheit

Erklärungsmodelle für kulturelle Unterschiede gibt es eine ganze Reihe, z.B. von Lewis, Trompenaars, Deal/Kennedy, Hofstede[2]. Für die hier angestellte Betrachtung ist das Hofstede-Modell am besten geeignet, weil es neben den Dimensionen Individualismus versus Kollektivismus, Unsicherheitsvermeidung, Machtdistanz, Langzeit- und Kurzzeitorientierung auch die der Maskulinität versus Femininität anbietet. Maskuline Kulturen beinhalten einen hohen Stellenwert von materiellem Erfolg und von Karriere. Vorwiegender Sinn des Lebens ist die Arbeit, es gibt eine starke Sympathie mit den Starken, einen ausgeprägten Agonismus und eine hoch entwickelte Rationalität. Deutschland ist zwar nicht das „maskulinste Land", aber in dieser Dimension stark ausgeprägt. Aus der folgenden Gegenüberstellung mit Unsicherheitsvermeidung kann man dies ersehen.

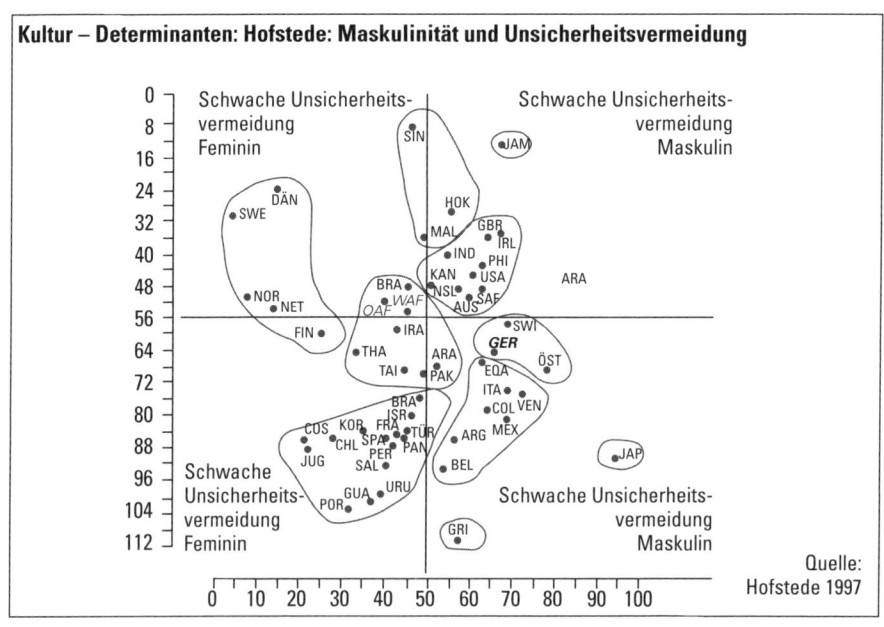

---

2   Lewis, Richard D. (1996): When Cultures Collide; Tromenaars, Fons (1993): Riding the Waves of Culture; Deal, Terrence, und Allan Kennedy (1982): Corporate Cultures; Hofstede, Geert (1993): Interkulturelle Zusammenarbeit, Kulturen, Organisation, Management.

Deutschland hat demnach ein starkes Maskulinitäts-Profil. Dies mag man als Frau nicht gut finden, es entspricht jedoch den Tatsachen. Dass dies so ist, hängt zum großen Teil mit einer jahrzehntelangen – von beiden Geschlechtern mehrheitlich mitgetragenen – Rollenteilung zusammen. Hofstede misst Ergebnisse, keine Wunschvorstellungen.

3.2 Ursachen bei Frauen oder „Frauen wollen ja gar nicht!"

Der Mythos, dass Frauen keine Führungsverantwortung übernehmen möchten, hält sich hartnäckig. Er wird von Männern immer dann gerne angeführt, wenn sie gerade eine Absage einer Frau für eine bestimmte Aufgabe erhalten haben und dann in unzulässiger Weise verallgemeinert. Männer sagen auch ab, aber das scheint individuell akzeptiert zu sein. Nicht so bei den Frauen.

Bierach/Thorborg[3] haben die Ursachen sehr umfassend untersucht. Zum einen gibt es noch immer zu wenig Akademiker, und damit auch Akademikerinnen, dann ist der aus den unsäglichen 1930er Jahren noch immer nachwirkende Mutterkult („Rabenmutter" gibt es in keiner anderen Sprache) ein wichtiger Faktor, weil er sowohl berufstätige wie auch nicht berufstätige Mütter unter Generalverdacht stellt. Die eher einzelnen Vorbilder (Kanzlerin, Fußball-Weltmeister der Frauen etc.) gelten noch immer als exotisch und nicht als Ausdruck einer sich verändernden Gesellschaft. Kinder zu bekommen, sei nach Ansicht der beiden Autoren auch keine hinreichende Erklärung, weil es in kaum einem anderen Land ein so hohes Kindergeld gebe. Die Hauptursache läge bei den Frauen selbst, die zögerten, wenn sie gefragt werden und die vor allem die mit größerer Verantwortung einhergehende Zeitinvestition, zunehmende Isolation und ein klares Commitment für die Berufstätigkeit nicht eingehen wollen.

Es gibt aber dennoch genügend Frauen, die bereit sind, entsprechende „Opfer" zu bringen, die qualifiziert sind und die dennoch bei Besetzungsüberlegungen nicht berücksichtigt werden. Liegen hierfür die Ursachen in psychologischen Motiven? Welche Art von Frauen duldet ein deutscher Manager in seiner Runde der „direct reports"? Die Selbstbewusste oder eher die scheinbar Angepasste, die keinen Widerspruch leistet? Ist es eine Frage von Souveränität beim jeweiligen Entscheider?

---

3   Bierach, Barbara, und Heiner Thorborg (2006): Oben ohne. Warum es keine Frauen in unseren Chefetagen gibt. Berlin: Econ Verlag.

3.3   Verhinderungsmechanismen

Es gibt eine Reihe von Anläufen, die Situation grundlegend zu ändern. In der Vergangenheit gehörte vor allem die bessere Qualifizierung von Frauen hierzu. Auch die vermeintlich Karriere fördernden Netzwerke übertrugen Frauen aus dem Privatleben, in dem sie es bereits beherrschten, schnell ins professionelle Umfeld. Aber auch das war nicht flächendeckend von Erfolg gekrönt. Die ab und an erfolgende Besetzung einer Vorstandsfunktion mit einer Frau blieb eher singulär und bekam somit oft den unberechtigten Beigeschmack von Exkulpationsversuchen. Ob der Ansatz des Deutschen Juristinnenbundes mit der Forderung der „Frauen in die Aufsichtsräte" (FidAR, siehe dazu Beitrag von Schulz-Strelow und von Falkhausen) erfolgreich sein wird, bleibt abzuwarten. Norwegen ist damit erfolgreich – allerdings auf der Basis einer sehr stringenten gesetzlichen Vorgabe.

Zusätzlich zu den Ursachen für die noch immer zu geringe Beteiligung von Frauen an den Gestaltungspositionen in Gesellschaft und Wirtschaft in Deutschland bekleidet das Land den viertletzten Platz in der EU im Hinblick auf Entgeltgleichheit zwischen den Geschlechtern. Bevor in das Horn der nach Gleichbehandlung Rufenden geblasen wird, sollten die Einflussfaktoren für eine individuelle Vergütung genau betrachtet werden. Nur bei gleichen Bedingungen können Vergütungen verglichen werden („Gleiche oder gleichwertige Arbeit ist gleich zu vergüten.": EU-Kommission). Über die Summe aller Vergütungen, getrennt nach Geschlechtern, kann man dann und nur dann von Entgelt-Ungleichheit sprechen, wenn die Bedingungen gleich sind. Das sind sie aber nicht – wie nachfolgend dargelegt –, womit die Differenz eine logische Konsequenz ist. Ob dies so bleiben muss, ist eine andere Frage. Hier sind als Akteure vor allem die Tarifpartner gefordert.

Es sind insgesamt sieben Faktoren, die beim Vergütungsvergleich zu berücksichtigen sind. Bei der Ausbildung dürfte es keine wesentlichen Unterschiede mehr geben, sodass dieser Faktor keine allzu große Rolle mehr spielt. Anders verhält es sich bei der Arbeitszeit. Wenn reduzierte Arbeitszeit, also z.B. Teilzeit, pro rata vergütet wird, dann trägt der hohe Anteil von Frauen an den Teilzeitlern zu einer geringeren Lohnsumme bei. Umgekehrt werden bezahlte Überstunden eher von Männern erbracht, weil deren Frauen derweil unbezahlter Familienarbeit nachgehen. Der nächste Faktor ist die Verweildauer im Unternehmen bzw. auf der jeweiligen Funktion. Lange Unterbrechungszeiten halten die Vergütungsentwicklung an und führen in der Summe zu einem geringeren Anteil. Kritischer ist die Frage nach den Wertigkeiten verschiedener Berufe. Eher von Frauen gewählte Berufsgruppen haben meist eine gleich lange Ausbildungszeit wie die von Männern, werden aber oft schlechter entlohnt, Beispiel: Arztassistenz versus Automechanik. Hier sind die Tarifpartner gefordert, eine Abkehr von Ernährerlöhnen zugunsten von wettbewerbsfähiger und qualifikationsabhängiger Entlohnung zu finden. Die individuelle Eingruppierung ist vornehmliche Aufgabe eines Betriebsrates (so vorhanden), kann aber in kleineren Betrieben durchaus zu Ungleichheiten führen. Diese wären aber eine Verletzung des AGG[4] und damit widerrechtlich. Bei Außertariflichen besteht ein größerer Gestaltungsspielraum. Erfolgreiche (eigene) Vergütungsverhandlungen gehören jedoch zur Führungskompetenz eines Managers, auch eines weiblichen.

Zehn Maßnahmen zur Bekämpfung der Entgelt-Ungleichheit[5] in Deutschland können das Gesamtergebnis verbessern: Berufswahlverhalten von Mädchen und jungen Frauen verändern helfen, Gleichbewertung von so genannten „Frauenberufen", Teilzeittätigkeiten über mehr und höherwertigere Berufe verteilen, betriebliche Maßnahmen zur Chancengleichheit verbessern, den Empfehlungen des Deutschen Corporate Governance Codex folgen, Controlling verbessern, Familienfreundlichkeit als Wirtschaftsfaktor verstehen, Elternzeit besser zwischen Vätern und Müttern aufteilen, längeres Elterngeld und Haushaltsdienstleistungen fördern. Alle diese Themen dienen insgesamt der besseren Teilhabe von Frauen im Arbeitsleben und der höheren Partizipation von Männern an der Familie. Lufthansa hat Maßnahmen an allen zehn „Baustellen" ergriffen. Aber zunächst ist bei Lufthansa in einigen Testgruppen (Tarif- und Führungspositionen) untersucht worden, ob es eine Entgelt-Ungleichheit gibt. Dies ist unter Berücksichtigung der oben ausgeführten Variablen nicht der Fall. Bei den Führungskräften gilt es für die Gesamtvergütung, also inklusive variabler Bestandteile. Eine völlige Entgeltgleichheit gibt es erst, wenn Männer 50 Prozent der schlechter dotierten „Frauenjobs" wahrnehmen und umgekehrt Frauen 50 Prozent der besser dotierten männlich dominierten Berufe, wie zum Beispiel Automechaniker. Dies schafft aber kein Girl's Day und kein noch so gutes Technikpraktikum für Mädchen. Die Ursachen für die Berufswahl sind zu stark in der Evolution verankert – und damit auch nur langsam veränderbar.

Ob und inwieweit es Verhinderungsmechanismen von Männern gegen die Entwicklung von Frauen gibt, lässt sich auf die Phänomene Knappheit von Beförderungspositionen und Beseitigung von uneinschätzbaren Mitbe-

---

4   Siehe dazu auch Rühl, Hoffmann (2008): Das AGG in der Unternehmenspraxis. Wiesbaden: Gabler Verlag.

5   Quelle: Beschluss der CDU/CSU-Bundestagsfraktion zur Bekämpfung der Entgelt-Ungleichheit zwischen Frauen und Männern.

werbern reduzieren. Zu unterschätzen ist aber auch nicht der Einfluss der Ehefrauen von Topmanagern auf deren Personalentscheidungen. Ehegattinnenfreundliche, Bestand erhaltende Entscheidungen können sich positiv auf die Resilience-Wirkung von gestressten Managern auswirken.

4 Wirkungen von gemischten Teams

Homogene Teams lassen sich leichter führen, es gibt weniger Reibungen und mehr Konsens. Homogene Teams zu bilden, ist jedoch nur dort sinnvoll, wo sie das Ziel der jeweiligen Aufgabe besser erreichen als heterogene Teams. In allen anderen Fällen sind heterogene Teams besser. Sie erfordern zwar einen größeren Führungsaufwand, weil jedes Team-Mitglied nicht nur eine profunde Kenntnis seiner eigenen Kultur besitzen, sondern auch die anderen Kulturen kennen und verstehen muss. Andererseits bieten sie die Chance, eine Fragestellung, eine Herausforderung aus unterschiedlicher Perspektive, mit verschiedenen Lösungsansätzen zu betrachten. Bei Gleichwertigkeit der individuellen Ansätze werden immer bessere, markttauglichere Ergebnisse produziert. Dies ist keine Frage von Sozialromantik, sondern wirtschaftliche Vernunft. Auch sind die meisten Organisationen längst so vielfältig in ihrer Mitarbeiter-Struktur, dass sich bereits die Frage stellt, ob Vielfalt als Chance oder als Störung gesehen wird.

Für die Vermeidung von kulturbedingten Missverständnissen sind neben individuellen Faktoren wie Werten, Erziehung, soziales Umfeld etc. vor allem drei der Diversity-Kerndimensionen entscheidend: Kultur, Alter und Geschlecht. Sie determinieren die Unterschiede im Hinblick auf Kommunikation und Interaktion. Deshalb ist es essenziell, besonders diese Unterscheidungen zu kennen, um ein möglichst missverständnisfreies Miteinander zu ermöglichen. Es gibt dabei kein Besser oder Schlechter, kein Richtig oder Falsch. Kontraproduktiv wirken hierbei auch gängige Attribuierungen, wenngleich sie als Erstorientierung nützlich sein können. Beispiele hierfür sind: Ältere haben mehr Schwierigkeiten bei Veränderungen, Jüngere sind kreativer, Frauen sind wegorientiert, Männer zielorientiert, Deutsche sind zuverlässig und humorlos, Romanen sind unzuverlässig. Letztlich ist immer das Verhalten des Individuums entscheidend.

Aus einer Vogelperspektive, also abseits von individuellen Betrachtungen lassen sich durchaus Geschlechterunterschiede feststellen, die nicht für jeden Vertreter eines Geschlechts gelten mögen, aber für die Majorität. So ist es also sehr wohl sinnvoll, Frauen nicht nur wegen Ressourcenengpässen oder aus Gründen von Fairness zu beschäftigen, sondern vor allem deshalb, weil sie einen anderen Blick auf Themen haben und damit einen Beitrag zu Lösungsfindungen leisten. Bei Lufthansa ist das Thema Chancengleichheit historisch als bottom up-Prozess entstanden. Die Arbeitnehmervertretung hat demnach auf die Einrichtung einer Stelle im Management hingewirkt. Bei der Diversity-Einheit handelte es sich um einen top down-Prozess. Hier war es der Vorstand, der die Einrichtung entschieden hat. Beide Ansätze haben Vorteile: Bei dem einen findet sich eine breite Unterstützung von Anfang an, aber nicht unbedingt das Engagement des Vorstandes, bei dem anderen Ansatz ist das Commitment des Vorstandes vorhanden, aber nicht notwendigerweise die Unterstützung der Mitarbeitervertretungen. Im konkreten Fall fürchteten sie, dass gewachsene Themen wie beispielsweise die Geschlechterchancengleichheit und Schwerbehindertenfragen im Diversity-Management an Kontur verlieren könnten. Dies hat sich nicht bewahrheitet, was die ursprüngliche Skepsis beseitigen konnte.

Historisch betrachtet ist die praktizierte Chancengleichheit zwischen den Geschlechtern älter. Sie geht zurück auf die Emanzipationsbewegungen, die in Wirtschaftskreisen, insbesondere bei der Mehrheit ihrer männlichen Vertreter nicht neutral betrachtet wurden. Diversity-Management bot daher die Chance, im Rahmen der Wertschätzung und Inklusion aller Individuen auch die Chancenfairness für Frauen neu und neutraler zu positionieren. Aber auch das Diversity-Management kennt nicht nur Anhänger. Importiert aus den USA, haben vor allem diejenigen Führungskräfte, die einen Teil ihres Arbeitslebens in den USA verbracht haben, eine oft ablehnende Haltung. Sie befürchten ähnliche juristische Exzesse wie in den USA. Die Herangehensweisen unterscheiden sich jedoch meist diametral: In den USA ist Diversity Management Compliance orientiert, das bedeutet, dass der Fokus auf Vermeidung von Fehlern und damit rechtlichen Auseinandersetzungen liegt. In Kontinentaleuropa ist die Herangehensweise eher ressourcenorientiert. Nicht die „political correctness" mit all ihren Fettnäpfchen steht im Mittelpunkt, sondern es sind die Chancen, die sich aus der Individualität ergeben.

290 ·· Mixed Leadership: Mit Frauen in die Führung!

5 Frauen: die Gewinner des demografischen Wandels?

Seit Jahrzehnten wird immer wieder angeführt, dass der demografische Wandel die Sternstunde der Frauen bedeute. Ausgehend von statischen Voraussetzungen, besonders im Hinblick auf Automatisierungen und Prozessoptimierungen, wäre eine stärkere Beteiligung von Frauen in Gestaltungsfunktionen sicher eingetreten. Die Einführung von Computern reduzierte Sacharbeit, Internet und Emails verringerten den Bedarf an Sekretärinnen. Selbst komplizierte Produktionsschritte (zum Beispiel Automobilindustrie) führten trotz erheblicher Steigerung der Stückzahlen nicht zur massenhaften Mobilisierung von Frauen für den Arbeitsmarkt. Aber diese beiden Faktoren haben erheblich zum Produktivitätszuwachs der deutschen Volkswirtschaft beigetragen, die unter anderem auch zur Folge hatte, dass Personal durch Maschinen kompensiert wurde, was die „Ersatzarmee" Frauen dann doch nicht mobilisierte. Jedenfalls nicht in dem Ausmaß, dass sie signifikanten Einfluss auf die Gestaltung von wesentlichen Entscheidungen nehmen konnten – trotz sinkender Bevölkerung.

Automatisierungen, Produktivitätssteigerungen und konjunkturelle Schwankungen bremsen immer wieder den Schwung der Integration von Frauen ins Berufsleben und damit auch in verantwortliche Gestaltungspositionen. Auch nach dem Ende der gegenwärtigen Krise, die möglicherweise so grundsätzlich ist, dass sie das „Wie" des Bisherigen in Frage stellt und die Bereitschaft zu einem „new deal" – auch zwischen den Geschlechtern – vergrößert, werden Frauen mit hoher Wahrscheinlichkeit nicht als Gewinnerinnen aus dem Ring steigen.

6 Fazit

Frauen tragen schon immer maßgeblich zur gesellschaftlichen Gesamtleistung bei. Früher eher im Bereich der Reproduktionsarbeit, also in der Familienarbeit, heute auch weiter zunehmend im öffentlichen Raum. Sie tragen auch durch Steuerzahlungen erheblich zur Ermöglichung von Verteilungen in der Gesellschaft bei. Aber sie sind bei den Grundsatzentscheidungen noch viel zu wenig beteiligt, zum Beispiel wohin Gelder fließen sollen. Das gilt in gleichem Maße für die Wirtschaft wie für die Gesellschaft allgemein. Und hierin liegt die größte „Baustelle" der Gegenwart: Frauen müssen ihre Vorstellungen

Konjunkturabhängigkeit 291

von einer lebenswerten Gesellschaft – in der Familie, in der Kommune wie im Arbeitsleben – genauso realisieren (können) wie Männer. Vielleicht bietet die aktuelle Situation die Chance, alles in Frage zu stellen und gemeinsam mit Männern eine tragfähigere Gesellschaft zu konstruieren. Und vielleicht spielen Geschlecht, Alter, Kultur, Behinderung und sexuelle Identität keine Rolle für unsachgemäße Unterscheidungen im Arbeitsleben mehr. Teilhaber der Gesellschaft sind deren Repräsentanten, sind wir alle.

Simone Siebeke

PVCM – Die praxisnahe Erfolgs-Formel für den beruflichen Aufstieg

Sagt Ihnen die PVCP-Erfolgsformel etwas? Mit dieser Formel möchte ich Frauen vertraut machen, die in das Top-Management aufsteigen wollen. Diese Formel steht für die Kriterien, die über Ihren Aufstieg entscheiden:

Das „P" steht für Performance.

Das „V" steht für Visibility.

Das „C" steht für Communication.

Das „M" steht für Mindset.

Einzelne dieser Kriterien sind in verschiedenen Studien genannt. Mit PVCM habe ich alle erheblichen Faktoren in einer neuen Formel zusammengeführt. Nur das Zusammenspiel aller Erfolgsfaktoren entfaltet Karriere-Wirkungen. Die Formel ist das Resultat jahrelanger Erfahrungen: Zum einen aus der Sicht der Arbeitnehmerinnen, die Karriere gemacht haben, zum anderen aus der Personalverantwortlichen- bzw. Arbeitgebersicht. Nur eine Abdeckung beider Perspektiven ist erfolgsversprechend!

1 Maßgebliche Karriere-Voraussetzung: Performance : „P"

Grundstein eines beruflichen Aufstiegs sind sehr gute Leistungen eines Mitarbeiters in ihrem/seinem täglichen Tagesgeschäft. Ohne einen entsprechenden Nachweis über einen längeren Zeitraum beginnt keine Karriere! Entscheidende Frage für Sie sollte daher sein: Wie können Sie Ihre eigene Performance positiv beeinflussen? Arbeiten Sie in einem Unternehmen das Ihrem Werte-Profil entspricht! Hierfür sollten Sie sich vergegenwärtigen, ob Sie und das Unternehmen zusammenpassen, insbesondere die Unternehmenswerte und Ihre persönlichen Werte übereinstimmen. Eine Deckungsgleichheit ist für eine authentische und damit überzeugende Performance und einem Verbleib in dem Unternehmen langfristig unabdingbar.

Eine Studie von McKinsey& und des Karrierenetzwerkes e-fellows.net in 2007/2008 (www.e-fellows.net) ergab, dass Frauen Unternehmen bevorzugen, die ihre gesellschaftliche Verantwortung wahrnehmen und die Identifikation mit den künftigen Kollegen, somit letztlich das Betriebsklima, als ein wichtiges Auswahlkriterium ansehen. Nach dieser Studie motiviert Männer dem gegenüber mehr die Begeisterung für das Produkt. Die Identifikation hat vor allem Relevanz für Managerinnen, die bereits in höheren Hierarchieleveln angesiedelt sind. Soweit derartige Mitarbeiterinnen das Unternehmen verlassen, basiert dieses häufiger darauf, dass die Unternehmens-Vision und die daraus abgeleiteten Unternehmenswerte nicht mit den persönlichen Werten übereinstimmten. Dieses gilt insbesondere, wenn eine Diskrepanz zwischen den offiziellen Unternehmenswerten und der tatsächlich gelebten Unternehmenswerte-Praxis besteht.

Ergreifen Sie eine Funktion im Unternehmen, die Ihren persönlichen Stärken entspricht.
Um wirklich gut zu sein, sollte ein Gleichklang zwischen Ihren persönlichen Stärken und Ihrer Funktion im Unternehmen bestehen. Überprüfen Sie, was Sie besonders gerne und gut machen. Oftmals sind dies bestimmte, wiederkehrende Fragestellungen, die Sie, weil Sie diese gerne ausüben, immer wieder übernehmen. Klären Sie für sich, welcher Bereich Ihrer Tätigkeit wirklich „Berufung" für Sie ist. Checken Sie gegen, ob Sie auch eine entsprechende gute Resonanz hierauf erfahren. Eine positive Resonanz und damit Wertschätzung ist für die Annahme einer guten Performance unabdinglich. Wählen Sie eine Funktion, die Sie intellektuell ausfüllt, Sie erfüllt und Ihnen Spaß macht. Bei Frauen ist oft feststellbar, dass sie mit ihrem Beruf eine Vision verbinden und sich umfassend mit ihrem Beruf identifizieren wollen. Hinzu kommen sollte, dass Ihr Profil den maßgeblichen Beurteilungskriterien eines erfolgreichen Managers in Ihrem Unternehmen entspricht. Dieses können Sie herausfinden, indem Sie die Ergebnisse Ihrer Beurteilung durch Ihren Vorgesetzten mit dem Profil erfolgreicher Manager in Ihrem Unternehmen abgleichen. Je mehr Deckungsgleichheit Sie feststellen, um so eine bessere Ausgangsposition besteht für Sie.

Ergreifen Sie eine Funktion im Unternehmen, die Erfolge messbar und damit leichter Ihnen zuordnungsbar macht.
Messbare Arbeitsergebnisse finden Sie insbesondere in Bereichen wie Einkauf

und Vertrieb. Es ist leichter, mit messbaren Fakten zu überzeugen, als sich auf Erfolge zu berufen, die kaum nachweisbar sind und Ihrer Tätigkeit schwer zugeordnet werden können. Messbare Erfolge sprechen für sich selbst. Dieses ist insbesondere hilfreich, wenn Sie das Instrumentarium einer angemessenen Selbst-PR (noch) nicht beherrschen.

Messbare Positionen insbesondere im Vertrieb bieten zudem eine herausragende Erfahrungsgrundlage für alle späteren beruflichen Stationen. So sind Top Management-Karrieren im Anfangsstadium oftmals im Vertrieb begründet. Kernkompetenzen im Vertrieb sind insbesondere Kommunikations- und Teamfähigkeiten sowie Empathie. Dieses sind Eigenschaften, die vielen Frauen zugeschrieben werden. Interessanterweise sind Positionen im Vertrieb hingegen relativ schwach durch Frauen besetzt. So üben Vertriebspositionen in Deutschland gerade mal 15 % Frauen aus, während Anfang 2000 in den USA bereits 21 % im Vertrieb tätig waren (Quelle: US Department of Labor-Bureau of Labor Statistics (2002), www.bls.gov/cps/wlf-tables11.pdf). Dieses mag auch zu einem Teil erklären, warum relativ wenige Frauen im Top-Management zu finden sind, da ihnen die wichtige Vertriebserfahrung fehlt.

2 Maßgebliche Karriere-Voraussetzung: Visibilität : „V"

Fallen Sie positiv auf.
Gewinnen Sie Visibilität.
Nutzen Sie die Chancen in wirtschaftlich schwierigeren Zeiten.

Karrieren werden nicht wegen der guten Wahrnehmung des täglichen Aufgabengebiets gemacht, sondern es muss eine entsprechende Visibilität Ihrer Person und Leistungen dazu kommen. Es ist nicht einfach, für die gute Bewältigung des täglichen Aufgabengebiets Visibilität im Top-Management zu erzielen. Deshalb empfehle ich, Sonderprojekte jenseits des Aufgabengebiets zu übernehmen. Karrieren bedürfen eines gewissen „Extras". Der damit einhergehende Aufmerksamkeitsgrad führt zu einer Visibilität des Sonderprojekt wahrnehmenden Mitarbeiters. Nur wer auffällt, ist auch im Fokus bei der Fragestellung, wem eine verantwortungsvolle, höhere Aufgabe übertragen wird. Soweit Ihnen keine Sonderprojekte angetragen werden, schlagen Sie selber eines vor. Projekte, die Schlüsselthemen wie einen höheren Umsatz, Rentabilität oder Prozess-Optimierung zum Gegenstand haben, werden grundsätzlich gerne aufgegriffen. Gerade die gegenwärtigen Zeiten bieten sich hierfür besonders an, zum einen, weil aufgrund der Geschäftslage ein Bedürfnis hierfür besteht, zum anderen, weil die Bereitschaft zur Veränderung und Aufnahme neuer Ansätze aus wirtschaftlichen Gegebenheiten höher ist.

Bei Frauen findet sich oftmals ein hoher Perfektionierungsanspruch. Dieser geht zuweilen mit einer Tendenz einher, nicht „Nein-Sagen" zu können. Diese Mischung führt dazu, dass sich dieser Personenkreis auf die erfolgreiche Ausübung seines originären Tätigkeitsgebiets maßgeblich konzentriert. Dieses führt sicherlich zu einer guten Performance im Job, lässt aber keinen zeitlichen Spielraum für die erforderliche Übernahme von Sonderprojekten und führt damit zu mangelnder Visibilität. Überprüfen Sie somit Ihren Perfektionsanspruch und laufen Sie nicht in die Fleißfalle!

Suchen Sie sich eine frauenfreundliche Branche und einen entsprechenden Arbeitgeber.

Für Frauen gilt insbesondere: Werden Sie tätig in einer Branche, in der Frauen anerkannt sind und Ihnen Kompetenz grundsätzlich zugesprochen wird. Die Chancen einer höheren Visibilität sind in frauenfreundlichen Branchen und Unternehmen ungleich größer. Sicherlich nehmen Sie eher eine Vorreiterrolle ein, wenn Sie in einer männlich-dominierten Branche tätig werden, um auch dort zu überzeugen, dass Frauen gute Manager sein können. Zur Erhöhung Ihrer Karriere-Erfolgswahrscheinlichkeit, insbesondere in einem angemessenen zeitlichen Rahmen, empfiehlt es sich jedoch, den etwas einfacheren Weg zu gehen und in einer „frauenfreundlichen" Branche tätig zu werden.

Ein Indiz für eine Aufgeschlossenheit für die Karrieren von Frauen zeigen Unternehmen, die über Diversity-Beauftragte verfügen. Von den 30 DAX-Unternehmen verfügen inzwischen 14 über einen Diversity-Beauftragten. Ganz entscheidend für eine höhere Karriere-Wahrscheinlichkeit von Frauen in einem Unternehmen ist es, wenn der Vorstandsvorsitzende selber den Diversity-Gedanken mit einer Förderung von sehr guten Frauen im Fokus hat. Dieses sollte eine ambitionierte Frau als ein entscheidungserhebliches Kriterium für die Auswahl ihres Arbeitgebers berücksichtigen!

Suchen Sie sich eine frauen-affine Funktion.

Auch hier gilt wiederum: Einfacher und erfolgsversprechender ist es, in einer Funktion aufzusteigen, in der Frauen bereits anerkannt sowie präsent sind und Ihnen Kompetenz zugesprochen wird. Dieses verleiht Ihnen auch eher Visibiltät. Hinzu kommt, dass Studien zeigen, dass für den Aufstieg, eine Wertschätzung und wirkliche Einflussnahme durch Frauen wichtig ist, dass mindestens drei Frauen im Top-Bereich zu finden sind. Eine Frau alleine kann kaum etwas bewegen (Quellen: Catalyst 2007, McKinsey & Company „Woman Matters" 2007, Lehman Brothers Centre for Women in Business 2008) .

Überproportional viele Frauen findet man im Controlling, Marketing und Human Resources. In diesen Bereichen kommt es auf Perfektion und Gespür an – sei es für den Markt oder den Menschen. Bei diesen Themen wird Frauen eine erhöhte Kompetenz zuerkannt. Auch der Vertrieb weist zunehmend Frauen auf, diese Tendenz lässt sich aus Nordamerika ableiten. Soweit Ihnen diese Funktionen liegen, sollten Sie bewusst in diesen tätig werden.

Finden Sie einen Mentor im Unternehmen.
Karrieren basieren oftmals auf dem Einsatz Einzelner, die Sie wertschätzen und deshalb fördern und Ihnen Visibilität verschaffen. Es muss hierfür kein offizielles Mentoren-Programm geben, entscheidend ist ein Fürsprecher, den Sie durch Ihre Arbeit überzeugt haben. Diese Person muss genug Einfluss im Unternehmen haben, somit möglichst mindestens auf der zweiten Ebene des Unternehmens angesiedelt sein. Wie gewinnen Sie eine derartige Person als Mentor? Eine gute Möglichkeit besteht durch die bereits erwähnte Übernahme von Sonderprojekten. Diese werden in der Regel vom Top-Management begleitet.

3 Maßgebliche Karriere-Voraussetzung: Communication : „C"

Zur Kommunikation gehört, wie Sie in Ihrem Berufsalltag gegenüber Ihrem gesamten beruflichem Umfeld einschließlich Kollegen und Vorgesetzen auftreten. Auch zählt dazu, wie Sie sich und Ihre Leistungen darstellen- somit Public Relations in eigener Sache erfolgreich betreiben und damit ein möglichst positives Image aufbauen. Last but not least gehört zum Bereich Kommunikation, wie gut Sie „netzwerken.".

Sprechen Sie die Sprache des Business.
Das Geschäftsleben hat seine eigenen Regeln auch bei der Kommunikation. Diese folgt betrieblichen Gegebenheiten und Notwendigkeiten. Im Business sind nach wie vor vorwiegend Männer tätig, insbesondere in Top-Positionen. Genauso wie Top-Verkäufer sich auf ihre Kunden oder Einkäufer einstellen müssen, sollten sich auch Frauen auf ihre vorwiegend männlichen Gesprächs-

partner einstellen. Kommunizieren Sie entsprechend deren Empfängerhorizont. Machen Sie sich bewusst: Entscheidend für Ihre Karriere ist die Sicht des Empfängers, nicht eine objektive oder gar Ihre eigene Sicht! Sie werden als Person stärker eingeschätzt, wenn Sie diesem Horizont entsprechen, da Sie dann die Erwartungen der Empfänger eher erfüllen. Dieses Kommunikationsmuster lässt sich gut nachvollziehen am Beispiel der Einstellung neuer Mitarbeiter. Hier kennt man den „Me too" -Effekt, das heißt, ein Vorgesetzter stellt oft Mitarbeiter ein, die ihm ähneln.

Verschiedene Studien (Quelle: Lehman Brothers Centre for Women in Business 2008) zeigen, dass die besten Ergebnisse in gemischten Teams erbracht werden. Hierzu kommt es, da u.a. sich ergänzende Kompetenzen zusammengeführt werden, aber auch der Arbeits-Spaß-Faktor nicht zu kurz kommt.

Seien Sie einschätzbar, berechenbar, verlässlich und loyal für Top-Entscheider. Erwerben Sie deren Vertrauen.
Jeder arbeitet gerne mit einschätzbaren Kollegen bzw. Mitarbeitern zusammen. Dieses gilt für Frauen wie für Männer. Frauen sind für Männer grundsätzlich schwerer einschätzbar. Erschwerte Einschätzbarkeit bedeutet, dass eine Vertrauensbasis erst wachsen muss. Vertrauen ist eine entscheidende Voraussetzung, um eine Top-Karriere zu machen. Trotz guter Performance können Karrieren scheitern, weil nicht erfolgreich kommuniziert und kein entsprechendes Vertrauen aufgebaut wird. Werden Sie zu einem „Buddy" desjenigen, der Ihre Karriere-Möglichkeiten entscheidend mitgestaltet. Hierzu gehört, einschätzbar, berechenbar, verlässlich und loyal für diesen zu sein. Gestalten Sie Ihre Kommunikation und ihr Verhalten gegenüber diesen Entscheidungsträgern entsprechend.

Nehmen Sie Kritik sachlich und nicht persönlich.
Reagieren Sie nicht emotional.
Einige Frauen neigen dazu, Kritik an ihrer Meinung als Kritik an ihrer Person anzusehen. Kritik an der Sache ist streng von der Kritik an der Person zu trennen. Durch eine schneller eintretende persönliche Betroffenheit ist die erforderliche sachliche Auseinandersetzung über ein Projekt schwieriger möglich. Dann besteht die Gefahr der Schlussfolgerung bei Männern, dass Frauen zuweilen zu emotional reagieren. Emotional handelnde Mitarbeiter sind unberechenbarer und werden folglich weniger in ihrer Karriere gefördert. Ein Unternehmen möchte und muss nach berechenbaren Prinzipien laufen- das gilt auch für die Mitarbeiter.

Es muss Spaß machen, mit Ihnen zu arbeiten.

Genauso wie Sie Freude und Spaß im Job haben möchten, möchten dieses auch Ihre Kollegen und Vorgesetzte. Insoweit brauchen Sie ihren natürlichen Charme nicht zu verstecken. Männer zeigen oftmals mehr Humor in beruflichen Situationen und können daher gerade in schwierigen Verhandlungen Entspannung erzeugen und darüber beispielsweise einen Vertragsschluss herbeiführen, ohne dass die Situation eskaliert. Manche Frauen neigen aufgrund ihres perfektionistischen Ansatzes dazu, an ihrer Position festzuhalten und wirken angespannt, statt das Spiel der Anspannung und Entspannung zu praktizieren. Dadurch gelten Sie schnell als verkrampft und überehrgeizig. Versuchen Sie, Spielgeist im Job zu entwickeln – viele Männer nehmen das Berufsleben auf spielerischere Weise und sehen es wie einen Wettkampf. Mal gewinnt der eine, mal der andere… Mit diesem etwas spielerischeren Ansatz gewinnen Sie auch an äußerer Souveränität- eine der entscheidenden Voraussetzungen, um Karriere zu machen!

Kommunizieren Sie in eigener Sache erfolgreich!

Wichtig ist, dass Sie über Ihre guten Resultate in angemessener Weise sprechen. Setzen Sie Ihre Projekte sowie wichtige Erkenntnisse auf die Agenda von Besprechungen. Leisten Sie Redebeiträge. Frauen neigen in Besprechungen dazu, sich zurückzuhalten, insbesondere, wenn sie meinen, nichts wesentlich Neues zur Diskussion beitragen zu können. Aufgrund eines oftmals hohen Selbstanspruchs gepaart mit hoher Selbstkritik wird die Messlatte an die erforderliche Bedeutung des eigenen Wortbeitrags hoch gesetzt. Viele Frauen berichten auch, dass sie sich in Meetings nicht mit ihren Vorschlägen durchsetzen können, oftmals aber ihre Ideen kurze Zeit später im gleichen Meeting von einem männlichen Kollegen vorgetragen, sehr positiv aufgegriffen werden. Dieses hängt maßgeblich von der Vorgehensweise ab, wie man seine Vorschläge vorträgt. Soweit man nicht der Ranghöchste in einer Besprechung ist, sollten Sie die Unterstützung des am Tisch Ranghöchsten erreichen. Dies geht am leichtesten, wenn man vor dem Meeting ihren/seinen Support einholt.

Das heißt allerdings noch lange nicht, dass Sie in das andere Extrem der Selbstvermarktung verfallen sollten. Zuviel Eigen-PR schreckt das Umfeld eher ab und fordert zum Widerspruch heraus. Langfristig am erfolgsreichsten sind in der Regel bodenständige Manager, die jedoch im richtigen Moment einflussreichen Dritten das Verständnis vermitteln, besonders förderungswürdig zu sein.

Machen Sie sich zur Marke. Brand youself!
Schaffen Sie sich einen Unique Selling Point.
Eignen Sie sich Spezialwissen an. Machen Sie sich unentbehrlich. Stehen Sie
für etwas Bestimmtes. Positionieren Sie sich. Kurzum: Machen Sie sich selber zur Marke. Veröffentlichen Sie zu Fachthemen, halten Sie Vorträge zu bestimmten Spezialgebieten. Auch wirkt sich dieses positiv auf Ihre Souveränität aus, eine wichtige Karriere-Voraussetzung.

Zeigen Sie, dass Sie erfolgreich sind.
Üben Sie die mit der jeweiligen beruflichen Position einhergehenden Statussymbole aus. Dieses beginnt mit einem adäquaten Firmenwagen, geht über
ein angemessenes Büro bis hin zu der ausreichenden Anzahl von Mitarbeitern. Dieses gilt aber nur innerhalb des adäquaten Rahmens. Auch wenn viele
Frauen sachorientiert sind und diese „Statussymbole" nicht für sich benötigen,
ggf. sogar ablehnen, sollten Sie die Wirkung auf Dritte nicht unterschätzen.
Dieses gilt insbesondere, wenn Sie mit unbekannten, neuen Geschäftspartnern zu tun haben. Die Statussymbole dienen Dritten zur schnellen Einord-
nung Ihrer Person und Position. Auch zeigen Sie mit der Innehabung gewisser
Statussymbole, dass Sie wohl erfolgreich sein müssen, da Sie diese Symbole
sonst ja gar nicht besitzen können. Auch zeigt sich vielmals, dass die, die als
erfolgreich gelten, eher wiederum befördert werden.

Netzwerken Sie aktiv.
Frauen werden grundsätzlich gute kommunikative Fähigkeiten zugesprochen.
Dazu sollte auch ein gutes Netzwerken zählen. Wirklich gutes Netzwerken be-
herrschen hingegen nicht viele. Wesentlich für ein nachhaltig erfolgreiches
Netzwerken ist, zunächst selber Nutzen für jemanden zu stiften, um dann später
von diesem einen Nutzen erwarten zu können. Diese Erwiderung ergibt sich in
der Regel von selbst, da die meisten sich in der Pflicht fühlen, wenn sie einen Rat
oder eine Hilfe angenommen haben. Netzwerken in diesem Sinne ist für viele
Männer selbstverständlich und nicht negativ besetzt. Dieses findet sich in der
Praxis oftmals in Alumni-Kreisen, die als Jobbörsen in der Praxis gut florieren.
    Über dieses Netzwerken ergeben sich oftmals auch Allianzen. Das sind
Personen im Unternehmen, mit denen Sie besonders eng verbunden sind.
Diese können Ihnen bei Ihrer Karrierebildung helfen, in dem diese Ihren
Namen im entscheidenden Moment der Auswahl für eine höhere Position
nennen. Zum Netzwerken gehört auch, inoffizielle Gesprächssituationen mit
Entscheidungsträgern zu nutzen, um nebenbei kurz Ihre beruflichen Wün-
sche prägnant zu platzieren.

Definieren Sie Ihre berufliche Zielposition.
Gestalten Sie Ihre Karriere aktiv, kommunizieren Sie entsprechend.

Setzen Sie sich ein Ziel, wo sie langfristig stehen wollen. Jeder kennt, dass es leichter ist, etwas zu erreichen, wenn man ein Ziel vor Augen hat. Dieses gilt nicht nur für das Privatleben, sondern auch für das Berufsleben. Analysieren Sie, welche weiteren beruflichen Schritte für diese Zielposition erforderlich sind. Hierfür hilft ein Check der beruflichen Lebensläufe von Managern in ihrem Unternehmen, deren gegenwärtige Position Sie langfristig anstreben. So ist beispielsweise eine Vertriebs-Erfahrung, wenn Sie langfristig General Manager werden möchten, in der Regel unabkömmlich. Um die Wahrscheinlichkeit der Zielerreichung zu erhöhen, ist es ratsam, sich konkrete, realisierbare Zwischenziele zu setzen.

Hilfreich ist dafür, die eigene Karriere wie ein berufliches Projekt zu sehen mit einer entsprechenden Herangehensweise. Hierzu gehört die Aufstellung eines Aktionsplans mit der Benennung von Verantwortlichkeiten und zeitlicher Vorgaben.

Neben der damit einhergehenden Professionalität und Ernsthaftigkeit Ihrer Karriereplanung erleichtert der berufliche Projektcharakter, sich mit sich selber zu beschäftigen. Einigen Frauen fällt die Eigenvermarktung mit dieser versachlichten Herangehensweise leichter.

Nach Ihrer internen Entscheidungsfindung und Planung mussen Sie Ihre beruflichen Ziele auch an die Entscheidungsträger kommunizieren. Guter Anlass hierfür sind beispielsweise die jährlichen Mitarbeitergespräche, die es in nahezu allen Unternehmen gibt. Klopfen Sie zuvor ab, ob Ihre Zielvorstellung für Dritte realistisch erscheint aufgrund Ihrer bisherigen Performance, aber auch Ihres angenommenen Potentials. Ihr Wunsch sollte nicht aus der Luft gegriffen sein. Sollte Ihre Performance eine derartige Zielposition als gerechtfertigt darstellen, sollten gerade Frauen ihren Wunsch offen artikulieren. Für das Unternehmen ist es wichtig zu wissen, wo der Mitarbeiter hin möchte, einschließlich seiner Mobilität. Einige Job-Opportunitäten gehen möglicherweise an Frauen vorbei, die versäumt haben, ihre beruflichen Zielpositionen zu kommunizieren. Frauen sind in Interviews hinsichtlich ihrer Zielposition oftmals unbestimmter. Häufiger erhält man die Antwort, dass der Job Spaß machen sollte. Trotz Nachfrage wird keine Zielposition konkretisiert. Abgesehen davon, dass die Gefahr besteht, dass Sie damit in einer Nachfolgeplanung mit entsprechenden Vorbereitungsschritten nicht aufgenommen werden, besteht auch das Risiko, dass man generell Zweifel an ihrer Zielorientierung und Duchsetzungsfähigkeit hegt. Dieses sind jedoch zwei Schlüsselfaktoren für ihre Karriere!

Fragen Sie, wenn Sie einen berechtigten Anlass haben, nach dem nächsten Beförderungsschritt. Ausgangspunkt sollten konkret nachweisbare Erfolge sein, die Sie im engen zeitlichen Zusammenhang kurz zuvor erzielt haben.

Nehmen Sie Herausforderungen an.
Trauen Sie sich etwas zu, dann traut man auch Ihnen etwas zu.
Ich rate Frauen, wenn ihnen eine herausfordernde neue Aufgabe angetragen wird, diese anzunehmen. Sie sollten sich allenfalls eine Bedenkzeit von ein bis maximal drei Tagen erbeten. Zweifel gegenüber dem Vorschlagenden, ob Sie die Herausforderung meistern werden, sind nicht angezeigt. Sie verunsichern den Vorschlagenden, in der Regel ihren Vorgesetzten lediglich, inwieweit seine Wahl wirklich die richtige ist, wenn Sie als die Gefragte schon an sich selber zweifeln. Ihr Vorgesetzter wird ihnen die Aufgabe zutrauen, sonst hätte er Sie ihnen nicht angetragen! In der Regel hat er sich zuvor mit seinem Vorgesetzten verständigt, dass er Sie anspricht. Durch Ihre Zweifel müsste er diese Abstimmung mit seinem Vorgesetzten ggf. revidieren. In diese Situation sollten Sie ihn nicht bringen bzw. wird er sich nicht ein zweites Mal durch Sie bringen lassen! Ein weiteres Argument, um Ihren „inneren Schweinehund" in den Griff zu bekommen: Sie sollten sich Ihre Verantwortung für andere Frauen, die gerne Karriere machen wollen, bewusst machen. Soweit Sie Ihren Vorgesetzen bestimmte Erfahrungswerte verschaffen, nämlich etwas auszuschlagen, besteht die Gefahr, dass er in Zukunft Frauen weniger berücksichtigt. Soweit sie eine Verantwortung für das Fortkommen von Frauen tragen wollen, nehmen Sie ihre „Vorbildrolle" entsprechend wahr.

Auch sollten Sie auf Ihren Ehrgeiz hören, der schlecht verkraften könnte, dass in Ihren Augen weniger geeignete Personen diese Herausforderung statt Ihrer annehmen und dann an Ihnen beruflich vorbeiziehen!

4 Maßgebliche Karriere-Voraussetzung: Mindset : „M"

Sie müssen eine Karriere wirklich wollen. Dieses bedarf einer entsprechenden Einstellung und Verzichts auf einige Dinge. Ein Karriere-Hunger ist unabdingbar! Neben dieser Einstellung muss ein Profil mit gewissen Eigenschaften hinzutreten.

Fragen Sie sich in aller Ehrlichkeit:
Will ich eine Top-Karriere, mit allem, was damit verbunden ist, wirklich?
Sie müssen die Top-Karriere nämlich wirklich wollen!
Prüfen Sie sich konkret, ob Sie wirklich eine Karriere mit allen damit einher-
gehenden Auswirkungen und Zugeständnissen dauerhaft anstreben.

Karriere heißt:
- viel Zeitaufwand- und damit wenig Zeitautonomie
- ständige Herausforderungen – und damit kaum Erholungsphasen
- Auseinandersetzungen mit Schwierigkeiten- nach oben zu Ihnen kommt in der Regel nur das, was eben auf unteren Ebenen nicht rund läuft
- Im Rampenlicht stehen und bei „Gegenwind" für getroffene Entschei-dungen einstehen zu müssen. Die Möglichkeit, sich bei unbequemen Situationen in die zweite Reihe fallen zu lassen, entfällt
- Mehr „Allein für sich Stehen" und weniger Austausch im Team
- sowie oftmals eine intensive Reisetätigkeit, die auf Dauer aufgrund der Zeitverschiebungen und des Aufholens liegen gebliebener Aufgaben, aber erst recht soweit Sie Kinder haben, herausfordernd ist.

Hinterfragen Sie kritisch,
- ob Ihre eigene Gesundheit einschließlich Ihrer mentalen Verfassung
- Ihr Partner
- Ihre Familie

Ihre Karriere dauerhaft mittragen. Sollte auch nur eine der vorgenannten Komponenten nicht ausreichend vorhanden sein, sollten Sie ernsthaft Ihren Karrierewunsch überprüfen. Es gibt nicht wenige Frauen, die auf Dauer den „Spagat" zwischen anspruchsvollem Beruf, Partner und Familie und sonstigen Verpflichtungen nicht praktizieren wollen oder können. Nicht zu unterschät-zen ist das Erfordernis einer hohen intrinsischen Motivation, die dazu führt, dass Sie trotz aller schwierigen Rahmenbedingungen den „Spagat" mit einem positiven Eu-Stress beantworten.

Einige Frauen werden davon angetrieben, dass andere sie und ihre Arbeit wertschätzen. Aufgrund dieses Wunsches versucht dieser Typ, vor allem Feh-ler zu vermeiden. Dieser Typ steigt in der Hierarchie jedoch am wenigsten auf. Hintergrund ist, dass nicht bekannt ist, für was dieser Typ Frau steht, da diese ihr Verhalten dem gewünschten Ergebnis, nämlich anerkannt zu werden, oft-mals anpassen.

Sie sollten sich fragen, welchen Typ Sie authentisch verkörpern. Eine Veränderung des eigenen Profils ist in der Regel ein schwieriges Unterfangen.
Allerdings sollte man nicht von seinen ersten beruflichen Jahren finale Rück-
schlüsse ziehen. Die Freude, Einfluss auszuüben und das Risiko einzugehen,
dafür weniger wertgeschätzt zu werden, sogenannter Power-Typ, kann sich
erst nach einigen Berufsjahren aufgrund Erfahrungen herauskristallisieren.
Einige Frauen geben zu früh auf, bevor sie für sich feststellen konnten, ob sie
sich zu einem „Power-Typ" entwickelt haben.

Schlüssel-Eigenschaften für den Aufstieg
Prüfen Sie kritisch in aller Ehrlichkeit:
Verfügen Sie über die für eine Karriere erforderlichen Fähigkeiten?
Eine Studie der Personalberatung Heidrick & Struggles aus 2007 (Quelle: www.
handelsblatt.com/business-wissen) zeigt, dass Einsatz und Ehrgeiz weiterhin
unabdingbar sind, um aufzusteigen. Weitere unverzichtbare Eigenschaften
sind Führungskompetenzen wie strategisches Verständnis, Weitsicht, Durchsetzungsvermögen, Entscheidungsfähigkeit und Risikobereitschaft. Verstärkt
hinzu getreten gegenüber früheren Umfragen sind Kommunikationsfähigkeit
und Teamführung sowie Public Relations in eigener Sache und Frustrations-
toleranz. Wichtig ist überdies die Bereitschaft zur Veränderung und zur Anpassung der Geschäftsmodelle.

Zusammengefasst zeichnen sich erfolgreiche Top-Manager in der Regel
wie folgt aus:
- Führungsfähigkeiten (Leadership Skills)
- Ergebnis-Orientierung sowie
- Ständige Lernbereitschaft (Change Management) .

Gleichen Sie ab, inwieweit Ihr Profil diese Schlüssel-Eigenschaften aufweist.
Dieser Abgleich sollte zu möglichst vielen Kongruenzen führen, da ein Erwerb dieser Eigenschaften über Trainings etc. nur bedingt möglich ist.

Selbsttest-Frage:
Prüfen Sie, wie Sie sich in Ihrem beruflichen, aber auch privatem Umfeld bewegen. Machst es Ihnen Spaß, Dinge zu bewegen, notfalls auch gegen Widerstände? Übernehmen Sie zunehmend Aufgaben in einem bestimmten Bereich,
in dem Sie sich eingebracht haben? Billigen Ihnen andere eine Leitungsfunk-
tion zu? Macht es Ihnen Spaß, das Wort vor vielen Menschen zu ergreifen und
Ihre Position öffentlich darzustellen und durchzusetzen?

Wenn Sie alle diese Fragen positiv beantworten konnten, denken Sie bitte an die PVCM Formel und überlegen sich zu jedem Buchstaben, was Sie in den nächsten drei Monaten an Zwischenzielen erreichen wollen. Ich wünsche Ihnen bei Ihrer strategischen Karriere-Planung viel Erfolg, vor allem aber auch Spaß!

Heiner Thorborg

Frauen in Deutschland: Wo bleibt die neue CEO-Generation?

Natürlich gibt es weibliche Topmanager aus Deutschland! Ines Kolmsee ist Vorstandsvorsitzende von SKW Stahl-Metallurgie, ein Spezialchemie-Anbieter, den sie 2006 an die Börse führte. Lucie Toscani leitet den Einkauf bei Continental und verantwortet einen Umsatz von 6,5 Milliarden Euro. Miriam Kraus steht bei SAP der Abteilung Governance, Risk and Compliance vor, Hauke Stars ist General Manager bei Hewlett-Packard in der Schweiz.

Dennoch sind Erfolgsgeschichten wie diese nach wie vor zu selten, noch immer sind deutsche Frauen in Vorständen und Aufsichtsräten deutlich unterrepräsentiert. In einer internationalen Rangliste nach Frauenanteil in Führungsetagen landet Deutschland auf dem 21. Platz und damit weit unter dem europäischen Durchschnitt. In einem weiteren Vergleich der internationalen Beschäftigungsraten von Frauen – mit und ohne Kinder – rangiert Deutschland auf Platz 20 und somit ebenfalls deutlich unter dem europäischen Durchschnitt. In einer dritten Aufzählung der Länder nach Lohnunterschieden zwischen den Geschlechtern belegt Deutschland Rang 24 und damit – Sie ahnen es bereits – auch weit unter dem EU-Durchschnitt.

Der ehemalige norwegische Wirtschaftsminister Ansgar Gabrielsen sagte daher bei einer Anhörung vor dem Deutschen Bundestag, dass er es als eine „Peinlichkeit" empfinde, dass die Führungsetagen der deutschen Wirtschaft immer noch eine Männerdomäne seien. In Norwegen müssen börsennotierte Unternehmen seit Jahresbeginn 2008 ihre Aufsichtsräte mit mindestens 40 Prozent Frauen besetzen.

Die Abwesenheit der Frauen auf den Leitungsebenen der deutschen Unternehmen ist nicht nur peinlich, sondern volkswirtschaftlich eine Katastrophe und betriebswirtschaftlich die Verschwendung einer wertvollen Ressource. Diese Feststellungen sind weniger die Folge ethischer Überlegungen zur moralischen Eleganz von gelebter Gleichheit, sondern schlicht die Konsequenz ökonomisch relevanter Erkenntnisse:

Wenn wir die demografische Entwicklung betrachten, steuern wir auf einen Führungskräftemangel hin. Die Generation der Babyboomer befindet sich inzwischen in ihrem mittlerweile fünften Lebensjahrzehnt und tendenziell wird der Nachwuchs immer knapper. Es ist keine Herausforderung zu berechnen, dass unsere Volkswirtschaft in Wachstumssorgen gerät, wenn wir bei den Führungsaufgaben weiterhin auf 50 Prozent des Potenzials verzichten. „Wenn es uns jetzt nicht gelingt, Frauen zu gewinnen, stehen wir in spätestens fünf Jahren vor massiven Problemen", sagt beispielsweise Achim Berg, Geschäftsführer von Microsoft Deutschland.

Wichtiger noch als der Fachkräftemangel sind die überraschenden Erkenntnisse mehrerer Studien. Deren übereinstimmendes Ergebnis lautet: Firmen, in denen Mitarbeiterinnen führende Positionen einnehmen, erwirtschaften mehr Gewinn. Die US-Frauenorganisation Catalyst untersuchte die 500 größten Aktiengesellschaften Amerikas und kam bei einer gleichen Ausgangsfrage zu vergleichbaren Schlüssen wie die Unternehmensberatung McKinsey: Gemischte Führungsgremien sind signifikant erfolgreicher. Die Firmen mit den meisten Frauen im Vorstand erzielten im Vergleich zu solchen ohne Frauen eine bis zu 53 Prozent höhere Eigenkapitalrendite. Bei Unternehmen, bei denen sich mindestens drei Frauen im Vorstand finden, steigen die Erträge nachweislich. Allerdings müssen es mindestens drei Frauen sein, um die dominierende Kultur in einer Gruppe zu beeinflussen.

Während Deutschland also in Sachen weibliche Topentscheider ein Entwicklungsland bleibt, sind im Ausland rein männlich geführte Konzerne inzwischen undenkbar. Amerikanische Unternehmen wie Xerox oder Pepsi werden inzwischen mit größter Selbstverständlichkeit von Frauen geleitet, und auch die Unternehmen in den europäischen Nachbarstaaten sind deutlich weiter, wie die Karrieren von Clara Furse bei der Londoner Börse, von Anne Lauvergeon beim französischen Energiekonzern Areva oder von Ana Botín bei der spanischen Bank Banesto belegen.

Initiative „Generation CEO"

Ich bin Personalberater und das schon ziemlich lange. So ist mir der Zusammenhang zwischen erstklassigen Führungskräften und Unternehmenserfolg seit Jahren aus engster Anschauung vertraut. Auch dass nicht der schlauste Mann im Raum gleichzeitig der beste Vorstandsvorsitzende ist, weiß ich schon seit geraumer Zeit. Dennoch verblüffen mich die deutschen Verhältnisse schon seit Jahren. Tatsächlich kommt es immer mal wieder vor, dass ich einem Klienten eine weibliche Kandidatin für eine höhere Position vorschlage und Zögern ernte. Gelegentlich höre ich dann: „Hier im Unternehmen ist das kaum vorstellbar." Wobei nie einer der Herren sagt: „Ich will das nicht." oder „Ich kann mir das nicht vorstellen.", sondern es wird immer auf das anonyme System, das Unternehmen, verwiesen. Es ist verblüffend: In Deutschland wird einerseits gerne über den mangelnden Führungsnachwuchs gejammert und andererseits vergessen die Entscheider in einer der wichtigsten Volkswirtschaften der Erde die weibliche Hälfte der vorhandenen Intelligenz!

Mit diesem Unbehagen stehe ich nicht alleine. Nancy McKinstry, Amerikanerin und Vorstandsvorsitzende von Wolters Kluwer, einem der wichtigsten holländischen Verlage, reagierte ungläubig, als ich ihr eines Tages erzählte, dass unter den Vorständen der 30 Unternehmen im Dax nur eine einzige Frau zu finden ist. Sie sagte: „Aber wie wollen diese Unternehmen denn langfristig konkurrenzfähig bleiben? Die Welt wird immer globaler und wenn ich über das Geschäft nachdenke, kann ich mir nicht vorstellen, dass es nur ein einziges Führungsmodell gibt, das funktioniert. Blicken wir beispielsweise nach China: Da sind jetzt schon jede Menge Frauen im Senior Management zu finden. Vor diesem Hintergrund bin ich sehr neugierig zu sehen, wie deutsche Unternehmen langfristig konkurrieren wollen, wenn sie von vornherein auf 50 Prozent des Talentpools verzichten." Nach einer kleinen Pause fuhr McKinstry fort: „Ich lese ständig in der „Harvard Business Review", wie wichtig Talentmanagement ist und dass die Chief Executive Officers in aller Welt nachts wach liegen und sich sorgen, wie sie die richtigen Leute auf die richtigen Positionen kriegen. Ich als alte Optimistin würde also mal erwarten, dass sich sogar in Deutschland demnächst etwas verändern wird im Hinblick auf weibliche Chefs. Die Unternehmen wollen schließlich wettbewerbsfähig bleiben!"

Bleibt die Frage, welche Faktoren deutsche Frauen auf dem Weg nach oben bremsen? Eine repräsentative Studie, die ich im Mai 2007 von Forsa durchführen ließ, befragte 501 Managerinnen mit Hochschuldiplom nach ihren Eindrücken. Die Ergebnisse sind frustrierend:

86 Prozent der weiblichen Manager in Deutschland haben demnach den Eindruck, dass es für sie schwieriger ist als für männliche Kollegen, eine Topposition zu erreichen, insbesondere in Großunternehmen. Als größtes Hindernis auf dem Weg nach oben empfinden 70 Prozent der weiblichen Führungskräfte dabei die Dominanz männlicher Netzwerke. Jede zweite weibliche Führungskraft beklagt sich dabei auch über die Ellenbogenmentalität der Männer. Durch die Doppelbelastung von Beruf und Familie fühlt sich nur jede zwölfte der Befragten gebremst – jedoch geben zwei Drittel der Befragten an, dass ihre Vorgesetzte ihnen wegen Kinderbetreuung mangelnde Flexibilität unterstellen und ihnen daher keine weiteren Karriereschritte mehr

zutrauen. Auf der Wunschliste der befragten Chefinnen steht daher eine ganze Menge:

- 16 Prozent wünschen sich eine Kinderbetreuung im Unternehmen und insgesamt eine bessere Vereinbarkeit von Familie und Beruf;
- 30 Prozent die Aufnahme in High Potential-Programme;
- 49 Prozent die gezielte Förderung von Frauen bei Neueinstellungen und Beförderungen;
- 54 Prozent ein Karrierecoaching und Mentoring und
- 69 Prozent generell mehr Akzeptanz von Frauen in Führungspositionen.

Vor diesem Hintergrund habe ich 2007 eine Initiative ins Leben gerufen, die erstens ein öffentliches Bewusstsein für diese Problematik schaffen will und zweitens eine Verbesserung der Situation erreichen soll, indem sie weibliche Führungskräfte mit rund zehn Jahren Berufserfahrung ideell und finanziell auf ihrem Weg ins Top-Management unterstützt. Diese Initiative unter dem Titel „Generation CEO" wird von den Unternehmen Bertelsmann, Haniel, Henkel, Mercedes Car Group, Otto, Siemens, Swisscom, Trumpf und Vodafone gefördert. Schirmherrin ist Bundesministerin Frau Dr. Ursula von der Leyen. Ziel der Initiative ist es, mittelfristig sowohl das Angebot an Top-Managerinnen wie auch die Nachfrage nach weiblichem Talent in den Unternehmen zu verbessern. Die fördernden Unternehmen wollen mit gutem Beispiel vorangehen und sich als offene, für weibliche Führungskräfte attraktive Unternehmen positionieren. Die Kandidatinnen, die sich bei der Initiative bewerben, werden meinerseits aus professioneller Sicht beurteilt und erhalten ein qualifiziertes Feedback. Die besten 40 Kandidatinnen (je 20 in 2007 und 20 in 2008) wurden mit einem Förder-Programm im Wert von je 25.000 Euro unterstützt und bilden inzwischen untereinander ein Netzwerk. Zusätzlich kommen sie in den Genuss eines Vier-Augen-Gesprächs mit einem der CEOs der fördernden Unternehmen. Ziele der Initiative waren und sind, einerseits Spitzen-Kandidatinnen zu identifizieren und andererseits den Nachweis zu erbringen, dass Deutschland hervorragende Management-Talente weiblichen Geschlechts besitzt.

Zwei Jahre später, nach der persönlichen Bekanntschaft mit Dutzenden von Bewerberinnen und inzwischen 40 Preisträgerinnen, steht fest: Die Ziele sind erreicht. Spätestens seit der Publikation der Namen und Funktionen der Damen in „Capital" und „Financial Times Deutschland" nahm die deutsche Gesellschaft zur Kenntnis, über wie viel weibliches Talent dieses Land tatsächlich verfügt. Ina Schlie leitet bei SAP die Konzernsteuerabteilung. Heike Niehues ist bei Bosch zuständig für drei große Automobilkonzerne im Bereich

Ersatzteile. Jutta Gabriele Langer ist Marketingchefin für die Marke Kérastase bei L'Oréal. Daniela Rändler ist Mitglied der Geschäftsführung bei Douglas. Jeannette von Ratibor ist Mitglied der erweiterten Geschäftsführung bei A.T. Kearney, um nur fünf der Preisträgerinnen zu nennen.

Deutschland – einig Macho-Land?

Unter den deutschen Akademikerinnen tut sich also einiges in ihrer Einstellung zu weiblicher Karrierelust, viele deutsche Männer allerdings haben in der Frage offenbar noch Nachholbedarf. „Die führt entweder das Protokoll oder hat das Tablett vergessen", beschreibt Katharina Kren, Ressortleiterin Verwaltung beim Einzelhändler Plus, was so mancher Kollege über Frauen am Konferenztisch denkt.

Wie sehen sich die weiblichen Manager in Deutschland jedoch selbst? Preisträgerin Kren meint: „Frauen haben weniger die Karriereleiter im Kopf, sie orientieren sich an der Sache." Tina Silvester, Financial Controller beim deutschen Ableger des US-Pharmakonzerns Lilly, beobachtet häufig geschlechtsspezifisches Verhalten bei wichtigen Karriere-Entscheidungen: „Dabei stellen sich Männer meist die Frage, ob sie so in der Hierarchie aufsteigen würden. Erst an zweiter Stelle fragen sie nach der inhaltlichen Aufgabe. Bei Frauen ist die Reihenfolge oft umgekehrt." Constanze Hufenbecher, kaufmännische Leiterin für den Bereich Chipkarten bei Infincon, sagt daher: „Frauen sollten aufpassen, dass sie, wenn sie ihre Aufgabe gut und verlässlich machen, nicht auf der Fleißige-Lieschen-Position sitzen bleiben." Miriam Kraus, Senior Vice President bei SAP glaubt: „Es ist nicht so, dass Frauen keine Lust auf Macht hätten, aber es geht ihnen in diesem Zusammenhang eher um Einflussmöglichkeiten auf den Erfolg eines Unternehmens als um Statussymbole."

In der Forsa-Umfrage gab dennoch jede fünfte befragte Managerin an, dass auch mangelnder Ehrgeiz die Karriere der Frauen hemme. Da mag etwas dran sein. So beobachtet beispielsweise Nicola Leibinger-Kammüller, die Chefin des Maschinenbau-Konzerns Trumpf und in der Funktion auch Förderpartnerin der Initiative „Generation CEO": „Wenn eine Stelle frei wird, sagen die Männer ´So, jetzt bin ich mal dran´. Sie finden aber kaum eine Frau, die sagen würde, dass sie die Stelle haben will." Auch die deutsche Vorzeige-Bankerin und Partnerin bei Goldman Sachs, Dorothee Blessing, erinnert sich an eigene Phasen überflüssiger Bescheidenheit: „Hätte man mich früher gefragt, ob ich mir so ein Leben vorstellen könnte, hätte ich diese Frage sicherlich verneint." Langfristige Planung war ebenfalls früher nicht ihr Stärke: „In den ersten Berufsjahren hatte ich immer nur sehr kurzfristige Ziele im Blick." Auch die Bedeutung von Networking habe sie als junge Frau unterschätzt. Das geht offenbar vielen so, daher rät Preisträgerin Ina Schlie, sich da frühzeitig einzuklinken: „Auch bei SAP, wo alle Mitarbeiter stark gefördert werden, spielen Netzwerke eine große Rolle, wenn man die letzten Hürden nehmen will."

Die Initiative „Generation CEO" soll genau an diesem Punkt angreifen und den Frauen eine Plattform zum Austausch und Kontakte schmieden bieten. Im Alltag sind deutsche Chefinnen nämlich oft ganz schön alleine: „Ich treffe bei meiner Arbeit ständig CEOs", sagt beispielsweise Preisträgerin Petra Helfferich, Principal bei der Unternehmensberatung A.T. Kearney, „aber darunter sind leider nur sehr wenig Frauen. Deswegen kann ich mich über Business-Themen in der Regel nur mit Männern austauschen." Im Rahmen der Initiative ist das anders, wie beispielsweise Preisträgerin Britta Bomhard, Geschäftsführerin für Skandinavien und Österreich bei Wilkinson Sword nach einem Treffen der beiden ersten Preisträgerjahrgänge feststellt: „Frauen in Führungspositionen sind normal, und sie sind nicht isoliert."

Aufstiegshilfen
Neben der Möglichkeit zur Stärkung von Netzwerken soll die Initiative die sorgfältig ausgewählten jungen Aufsteigerinnen mit einem Coaching auf ihrem weiteren Karriereweg unterstützen – eine Maßnahme, die sich laut der oben schon zitierten Forsa-Umfrage 54 Prozent der befragten weiblichen Führungskräfte wünschen. Schließlich sagen auch männliche Unternehmenskapitäne wie Gunter Thielen, langjähriger Chef der Bertelsmann AG: „Jeder Mensch kann einen Coach gebrauchen. Ich hatte Glück und oft Vorgesetzte, die sich Zeit nahmen und mich gut beraten haben. Insofern waren diese meine Coaches." Klaus Maier, Vertriebschef der Mercedes Car Group, findet: „Ein Coach kann wesentliche Impulse setzen und Sparringspartner sein." Beide unterstützen daher mit ihren Unternehmen die Initiative „Generation CEO".

Gerade für weibliche Nachwuchskräfte hält Trumpf-Chefin Nicola Leibinger-Kammüller kluge Ratgeber für nützlich: „Unbedingt zu empfehlen ist, dass erfahrene Mentoren jungen Managerinnen zur Seite stehen mit Hinweisen wie: `Schauen Sie, dass Sie dort weiterkommen´, `Lassen Sie das weg´ oder `Treten Sie anders auf´." Karriereorientierte Frauen finden das hilfreich. Claudia Süßmut-Dyckerhoff, die für McKinsey derzeit in China arbeitet, beispielsweise freut sich „auf den Austausch mit einem Coach, der außerhalb meines Umfelds arbeitet." Ihr geht es beispielsweise um die Frage, wie sie es künftig besser schaffen könnte, mit gutem Gefühl auch mal nein zu sagen.

In Coaching-Situationen gibt es typische Frauenthemen, beispielsweise das weite Feld der Statusgesten. Inwieweit sollen Frauen bei den Männer-Spielchen im Sinne von „mein Haus, mein Auto, mein Boot" mitmachen – und ab wann fängt eine Frau an, sich dabei zu sehr zu verbiegen? Ist es beispielsweise angesagt, mit dem eigenen VW-Golf zum Meeting vorzufahren, auch wenn man Anspruch auf einen Firmenwagen nebst Chauffeur hätte? Bertelsmann-Managerin Eun-Kyung Park, die in China die hauseigene Buchhandelskette führt, hat z.B. den Wert des Blicks von außen zu schätzen gelernt, als ihr ein Trainer vor einem wichtigen öffentlichen Auftritt zur Seite stand: „Er hat mir als Externer etwas gespiegelt, was ich sonst nicht mitbekommen hätte." Sein Feedback lautete: Spiele weder die Rolle der toughen Business-Frau noch die des kleinen Mädchens. Finde stattdessen eine authentische, zu dir passende Rolle. „So etwas kann einem nur ein unbeteiligter Sparringspartner sagen."

Die Frage nach dem typisch weiblichen Führungsstil ist jedoch kein Thema mehr. „Wir sehen uns nicht als Exoten", betont Preisträgerin Katharina Kren vom Handelskonzern Plus. Dass Frauen emotionaler führen und mehr aus dem Bauch heraus urteilen, empfindet auch die Projektleiterin Diversity & Inclusion bei BASF, Saori Dubourg, als Stammtischgerede: „Eine Führungskraft muss die komplette Klaviatur beherrschen."

Blick nach vorne

Was die Zukunft weiblicher Chefs in Deutschland angeht, sind zwei Drittel der von Forsa befragten 501 Managerinnen positiv gestimmt. Derzeit liegt der Frauenanteil an Führungspositionen in den 80.000 größten deutschen Unternehmen bei zehn Prozent. Jede Zweite der Befragten rechnet damit, dass diese Zahl in den kommenden Jahren auf 15 Prozent steigen wird, weitere 13 Prozent hoffen gar auf einen Frauenanteil bei den Topjobs von 20 Prozent. 28 Prozent der Befragten schätzen jedoch, dass die Geschlechterverteilung in deutschen Entscheider-Etagen auch künftig gleich bleiben wird, drei Prozent erwarten gar einen sinkenden Anteil an Chefinnen.

Die Demografie und der künftige Führungskräftemangel alleine werden es jedenfalls nicht richten, denn „es wird immer genug Männer geben, um die Toppositionen zu besetzen", äußert BASF-Managerin Saori Dubourg. Die Frauen müssen auch selbst „ran an den Speck" wollen und lernen, aktiv zu werden, wenn es an die Verteilung von Einfluss und Gehalt geht. Schlimmstenfalls muss eine junge Frau eben auch mal kündigen, wenn sie das Gefühl hat, bei ihrem Arbeitgeber aufgrund ihres Geschlechts partout nicht weiterzukommen. In der anstehenden Bewerbungsphase gilt es für sie anschließend besonders darauf zu achten, dass der neue Arbeitgeber Frauen gezielt fordert

und fördert. Inzwischen sind das jede Menge Organisationen, die Frauen gezielt fördern, denn intelligente Unternehmen haben längst begriffen, dass sie
schlecht beraten sind, wenn sie weibliches Potenzial ignorieren.

Erste Veränderungen zeichnen sich daher bereits ab. Das finden auch viele Preisträgerinnen und das sei auch gut so: „Das Spiel ist ein anderes, wenn es
mehr Frauen in Toppositionen gibt," beobachtet Tanja Lindermeier, Director
Advanced Technologies bei Johnson & Johnson Consumer and Personal Care.
„Ich habe in meinem Team Männer, deren Partnerinnen Karrieren verfolgen
und die deswegen nicht mehr uneingeschränkt mobil sind", meldet beispielsweise Veronika Flora Rost, Leiterin Marketing für Reckitt Benckiser in Groß-
britannien.

Veronika Rosts Beobachtung mag an ihrem Standort liegen, denn jenseits
des Rheins gehen die Uhren tatsächlich anders. Krippen, Ganztagesschulen
und arbeitende Mütter stellen die Regel dar, nicht die Ausnahme. Ein Aha-
Erlebnis hatte auch Eckhard Cordes, der als Vorstandsvorsitzender des Fami-
lienkonzerns Haniel die Initiative „Generation CEO" unterstützt: „Vor fünf
Jahren saß ich auf einer Veranstaltung der Autoindustrie neben der Ehefrau
des damaligen Renault-Chefs Louis Schweitzer. Sie hatte drei Kinder großgezogen und war weiterhin als Rechtsanwältin tätig – fulltime. Und: Sie arbei-
tete nicht des Geldes wegen. Ihre These lautete: In Frankreich muss man sich
als Frau rechtfertigen, wenn man mit qualifizierter Ausbildung nicht arbeitet,
hier ist es umgekehrt. Nicht umsonst gibt es den Begriff „Rabenmutter" nur
im Deutschen." Insofern unterstützt die vorherrschende Kultur in Frankreich
arbeitende Mütter, während das Klima in Deutschland sie eher bremst.

In Deutschland dominiert das Schlagwort von der „Rabenmutter" zumindest unterschwellig noch immer viele Diskussionen. „Als ich mit dem dritten Kind schwanger war, sagte eine Erzieherin aus dem Kindergarten zu mir:
ʿAber jetzt hören Sie auf zu arbeiten, jetzt ist wirklich Schlussʾ. Das machte
mir damals ein schlechtes Gewissen. Nun bin ich vierfache Mutter und habe
nie aufgehört zu arbeiten", erzählt beispielsweise Nicola Leibinger-Kammüller.
Die Frage nach der Vereinbarkeit von Kind und Karriere findet auch BASF-
Managerin Saori Duboug „typisch deutsch", ebenso wie die Fragen besorgter
Freunde, als sie das Angebot bekam, für das Unternehmen nach Singapur zu
wechseln. Diese fragten sorgenvoll, was das Ehepaar Dubourg denn mit der
Tochter machen wolle? „Natürlich mitnehmen" lautete die Antwort. Ähnli-
ches erlebt auch Catrin Hinkel, Executive Partnerin bei der Beratung Accen-
ture, obwohl sich ihr Mann verstärkt um die Kinder kümmert: „Wenn eines
der Kinder krank war, dann hieß es schon mal, da müsse doch die Mama zu
Hause bleiben."

Auslandsaufenthalte und interkulturelle Kompetenz sind heute eine selbstverständliche Voraussetzung für eine große Karriere. Dennoch mag es auch an der entspannten Einstellung zum Thema „Mummy im Management" im Ausland liegen, dass so viele der Preisträgerinnen nicht in Deutschland arbeiten. Von den 40 Geförderten aus zwei Jahrgängen waren zum Zeitpunkt der jeweiligen Preisverleihung 15 im europäischen oder asiatischen Raum tätig.

Über den typischen deutschen Unsinn, der unter die Rubrik „Rabenmutter" fällt, müssen sich Frauen am Ende einfach hinwegsetzen. Ebenso wie über die Rollen-Stereotypen im Job. Petra Helfferich, Principal bei A.T. Kearney, jedenfalls rät den jungen Frauen: „Melde dich nie freiwillig fürs Protokoll. Sag immer was in den ersten zehn Minuten. Und schenke nie als Erste den Kaffee ein."

Kaffee und Protokoll scheinen immer noch Themen zu sein. Dies zeigt, dass auf dem Weg zur Chancengleichheit ganz offensichtlich noch einiges geschehen muss. Den allermeisten Unternehmen ist es inzwischen ernst mit den Frauen. Nicht, weil sie plötzlich die Moral der Diversity entdeckt haben, sondern aus betriebswirtschaftlichen Gründen. Diese sind auf Dauer die viel nachhaltigere Basis für eine Entwicklung. Außerdem muss dringend der Blick über den nationalen Tellerrand erfolgen, der den Deutschen zeigt, dass Frauen außerhalb unserer Grenzen durchaus erfolgreich darin sind, Karriere und Familie zu verbinden. Die Initiative „Generation CEO" will dazu ihren Beitrag leisten, schon weil so die ersten weiblichen Gesichter in verantwortlichen Positionen sichtbar werden und als Rollenmodelle für andere, jüngere Mitarbeiter/innen dienen.

Eric Strutz und Barbara David

Chancengleichheit als Chance des Unternehmens begreifen

1   Frauen in Führungspositionen

Veränderungen prägen heute mehr denn je unseren Alltag. Das ist – bis auf den Grad der Geschwindigkeit – nicht neu. Schon Friedrich Engels formulierte treffend: „Das einzig Beständige ist der Wandel". Die Commerzbank spürt diesen Wandel, den sie als deutsche Traditionsbank seit mehr als einem Jahrhundert begleitet. Manchmal reaktiv, oft jedoch gestaltend. Es ist ein Wandel auf allen Ebenen. Die Arbeitswelt wird komplexer, schneller und globaler. Zugleich verändern sich die gesellschaftlichen Rahmenbedingungen: Rollenverständnisse und Werte werden neu definiert, die Lebensqualität gewinnt an Bedeutung, Bildungsniveau und Bevölkerungsstruktur modifizieren sich. All das betrifft Frauen und Männer gleichermaßen. Doch Gleichheit entsteht daraus mitnichten. Anschaulich wird das beispielsweise beim Komplex „Frauen in Führungspositionen". Bei Deutschlands zweitgrößter Bank arbeiten mit 50 Prozent der Angestellten ebenso viele Frauen wie Männer, doch je höher die Sprossen der Karriereleiter führen, desto geringer wird der Anteil weiblicher Beschäftigter. Im mittleren Management der Commerzbank sind derzeit gut zehn Prozent Frauen tätig, in der Führungsebene direkt unter dem Vorstand sind es fünf Prozent. Im Commerzbank-Vorstand arbeitet noch keine Frau.

2 Eine Frage mit Facetten

Dieser Frauenanteil ist nicht zufriedenstellend. Warum das so ist, hat unter anderem mit der Historie des Bankwesens zu tun, in dem die Spielregeln sehr lange ausschließlich von Männern gemacht wurden und vor allem auf Männer ausgerichtet waren. Auch heute geht es noch um Vorurteile bei Männern und Frauen, Chancennutzung, unterschiedliche Lebensphasen und viele andere Faktoren mehr. Kurzum: Die Frage, warum in Deutschland vergleichsweise wenige Frauen in den Führungsetagen der Banken sitzen, ist eine mit zahlreichen Facetten. Um diese Facetten zu beleuchten, ist eine grundsätzliche Erkenntnis von Bedeutung: Die Commerzbank war und ist ein Spiegel der Gesellschaft. Das zeigt sich bei der Kundenstruktur ebenso wie bei der Zusammensetzung der Belegschaft. Eine Bank ist ebenso von Meinungen, Wünschen oder Befürchtungen geprägt wie jede andere Institution und jeder Mensch. Sie reagiert auf gesellschaftliche Veränderungen, entwickelt sich fort – und kann im kleinen Rahmen gesellschaftliche Prozesse mit beeinflussen. Um zu verstehen, warum Frauen und Bank lange Zeit überschaubare Schnittmengen bildeten, lohnt ein Blick in die erste Hälfte des Zwanzigsten Jahrhunderts. Im Jahre 1913 lag der Frauenanteil bei den Beschäftigten des deutschen Bankgewerbes bei fünf Prozent. Wie hoch die Zahl von Kontoinhaberinnen war, lässt sich nur vermuten. Doch dürfte sie angesichts der beruflichen und privaten Konstellationen in der patriarchalisch geprägten Struktur des Kaiserreichs sehr gering gewesen sein.

3 Die Frau mit Prokura

Frauen in Führungspositionen ließen sich bei der Commerzbank an einer Hand abzählen. Im Wortsinne: Von den rund 7.000 Beschäftigten zwischen 1932 und 1943 führten drei Frauen den Titel „Bevollmächtigte", eine weitere war Prokuristin. Diese Frauen bewährten sich im Geschäftsstellenbetrieb. Im Bericht einer hessischen Filiale an die Personalabteilung kann man über zwei Mitarbeiterinnen nachlesen: „Die Damen haben sich recht gut eingearbeitet …". Dennoch wies die Bank die Ernährerrolle eindeutig und ausschließlich dem Mann zu. 1939 hieß es in den internen Richtlinien: „Bei einer weiblichen Angestellten, die sich verheiratet, ist das Dienstverhältnis im Allgemeinen zu lösen." Allerdings zeigte sich die Commerzbank bereits in den dreißiger Jahren als Vorreiter: Es gab den ersten Ansatz eines Frauennetzwerks. Mitarbeiterinnen der Bank trafen sich regelmäßig am damaligen Hauptsitz in Berlin, um sich auszutauschen. Es war zwar eine Veranstaltung mit eher lockerem Charakter, die jedoch eindeutig das Ziel verfolgte, frauenspezifisches Denken und Handeln in der Bank nach vorne zu bringen. In der Nachkriegszeit bestimmten neue Faktoren die Arbeitswelt, eine verstärkte Einstellung von Frauen kompensierte den Männermangel. Wobei nicht zuletzt deren oft geringe Ausbildung es verhinderte, dass sie Karriere machten. Frauen mit betriebs- oder volkswirtschaftlichen Studienabschlüssen waren rar. Eine Phalanx männlicher Führungskräfte sorgte parallel dafür, dass Frauen die Chance verwehrt wurde, innerhalb der Bank beruflich voranzukommen.

4 Lebensziel: Haushalt

Noch in den sechziger Jahren des vergangenen Jahrhunderts galt es vielerorts als Zeichen des Wohlstands, wenn eine Frau nach der Heirat nicht arbeiten „musste". Und wenn sie doch arbeiten wollte, hatte das nicht selten den Ruch des Verdächtigen. Ende der sechziger Jahre verbreitete das Standard-Lehrbuch für Bankkaufleute noch folgende Philosophie. „… in größerer Zahl, als das früher der Fall war, melden sich heute auch weibliche Bewerber für die Lehrlingsstellen. Erfahrungsgemäß heiratet ein großer Teil der Frauen in jungen Jahren und gibt bald den Beruf auf, um sich ganz ihrer Aufgabe in der Ehe und im Haushalt zu widmen. Die Banken sollten ihren Bewerberinnen aus diesem Grunde abraten, eine Lehrzeit durchzumachen, sondern eher als Büroanfängerin tätig zu werden …"

Büroanfängerin? Das war den Frauen Ende der sechziger Jahre viel zu wenig. Während gegen den „Muff von tausend Jahren" an den

Universitäten demonstriert und das gleiche Recht auf Bildung für alle proklamiert wurde, zeigte sich die konservativ aufgestellte Finanzbranche noch
resistent gegen die Bedürfnisse von Frauen. Mit der Kampagne „Moderne
Frauen, die mitreden können, arbeiten mit uns" warb die Commerzbank zwar
um weibliche Angestellte, die damit verbundenen Perspektiven waren jedoch
nach wie vor überschaubar. Doch weil sich der Arbeitsmarkt in der Bundesrepublik insgesamt veränderte, wandelte sich auch das. Hintergrund dieser
Entwicklung war eine Bildungspolitik, die immer mehr Frauen gute Ausbil-
dungen und Abschlüsse ermöglichte.

5   Der Wille ist da, aber …

Auch wenn 1970 nahezu 50 Prozent der Commerzbank-Angestellten Frauen
waren, blieb ihr Anteil bei den Führungskräften marginal: Gerade ein Prozent
bezog außertarifliche Leistungen. Erst in den siebziger und achtziger Jahren
wurde die Bank mit Frauen konfrontiert, die arbeiten wollten, weil es ihnen
Spaß machte, weil ein Beruf zu ihrer persönlichen Biografie passte und finanzielle Eigenständigkeit bedeutete. Die Frauen wollten ihrer Ausbildung entsprechend eingesetzt werden – und Führungsaufgaben wahrnehmen. So stieg
bis 1980 der Anteil außertariflich vergüteter Frauen auf 3,2 Prozent an. In der
Commerzbank bekam der damalige Vorstand diese veränderten Rahmenbedingungen nicht zuletzt in einer Mitarbeiterbefragung 1987 widergespiegelt.
Die weibliche Hälfte der Beschäftigten fühlte sich in puncto Entwicklungsmöglichkeiten nicht ausreichend berücksichtigt. Zugleich lieferten Prognosen über die Zukunft des Finanzgewerbes ein weiteres Argument, sich mehr
für die Qualifizierung und Karriere von Frauen zu interessieren: Ein Mangel
an Fach- und Führungskräften schien zu drohen. Angestoßen von der Mitarbeiterbefragung nahm ein Koordinierungsteam des Commerzbank-Perso-
nalbereichs seine Arbeit auf. Das Ziel: Die Chancengleichheit innerhalb der
Bank zu verbessern. Als Haupthindernis für Frauen wurde die meist schwierige Vereinbarkeit von Familie und Beruf gesehen. 1989 startete das Projekt
„Frauen im modernen Banking". Ideen zur Wiedereingliederung nach der Familienphase sowie zur Kinderbetreuung wurden umgesetzt, um gut und auf-
wendig ausgebildete Mitarbeiterinnen und Mitarbeiter an die Bank zu binden
und deren Know-how zu erhalten. 1990 wurde die erste Betriebsvereinbarung
zum Thema Wiedereingliederung von Eltern geschlossen. Zwei Jahre später
regelte die Commerzbank die betrieblich geförderte Kinderbetreuung, 1992

machte eine Verlängerung des „Elternurlaubs" eine Neufassung der Wieder-eingliederungs-Betriebsvereinbarung notwendig („Comeback-Programm"), die inzwischen erneut den gesetzlichen Rahmenbedingungen angepasst wur-de. Das Ziel all dieser Betriebsvereinbarungen war und ist identisch: Die Bank möchte ihren Mitarbeiterinnen und Mitarbeitern nach der Familienphase ein attraktives Wiedereinstiegs-Angebot unterbreiten.

6   Symposien schaffen Klarheit

Anfang und Mitte der neunziger Jahre veranstaltete die Commerzbank zwei interne Symposien. Unter dem Titel „Die Zukunft der Bank – nach Sche-ma F …" befassten sich Mitarbeiterinnen der Bank 1991 unter anderem mit den Themen „Frauen in Führungspositionen", „Frauen in Beruf und Familie" und „Frauen als Kundinnen der Bank". Den Mitarbeiterinnen fiel auf, dass die Commerzbank in ihrer Werbestrategie die Kundinnen primär als Gattin von männlichen Kontoinhabern sah. Vor allem wurde offensichtlich, dass die Vereinbarkeit von Familie und Beruf nur einer der Bereiche war, der beim Prozess hin zu mehr Chancengleichheit Bedeutung besitzt. Die Mitarbeiterin-nen machten deutlich, dass sie intensiver an der betrieblichen Weiterbildung beteiligt werden wollten. Ein Anliegen, das im Personalressort etwas später dazu führte, Qualifizierung speziell für Mitarbeiterinnen anzubieten. Dieses Projekt wurde zunächst innerhalb der Bank kontrovers diskutiert. Neben der Begeisterung vieler Frauen für dieses Angebot wurden auch Bedenken ge-äußert. Auf Frauen zugeschnittene Programme wurden sowohl von Männern wie auch von einigen Mitarbeiterinnen mit Argwohn betrachtet.

7   Potenziale nutzen

Die Bank unterstützte auf Frauen fokussierte Angebote schließlich aus zweier-lei Gründen. Zum einen boten sie die Option, die Potenziale der Frauen besser zu nutzen, zum anderen waren sie geeignet, Motivation und Leistungsbereit-schaft zu fördern. Eine anschließend durchgeführte Evaluation zeigte, dass diese Angebote die deutliche Zustimmung der Teilnehmerinnen fanden und von ihnen als wichtige Unterstützung mit Blick auf die Karriere bewertet wur-den. Eine erste Maßnahme war ein Seminarangebot für Mitarbeiterinnen mit

erster Projektverantwortung oder Führungserfahrung, die Potenzial für weiterführende Fach- oder Leitungspositionen besaßen. Mit einem weiteren Programm wurden weibliche Nachwuchskräfte angesprochen, die auf dem Weg
in eine Projektleitungs- oder Führungsfunktion waren. Die Mitarbeiterinnen
reflektierten Selbstbild und Verhalten, konkretisierten Berufs- und Lebensziele und entwickelten Strategien, wie diese zu erreichen sind. Bestandteile
des Seminarplans waren Themen wie Rollenverhalten und Rollenerwartungen, Stressbewältigung, Durchsetzungsstrategien, Selbst-PR und Selbstma-
nagement sowie weitere Aspekte der persönlichen Weiterentwicklung hin zu
Verantwortung und Führung.

8   Gleiche Chancen gefordert

Die Position der Frauen stärkte sich, vor allem aber wurden die Spielregeln
innerhalb der Bank schrittweise modifiziert. Auch wenn die eine oder andere Führungskraft der Bank die Konzentration auf die Entwicklungsmöglichkeiten von Frauen noch als überflüssig ansah, hatte ein bankweiter Prozess
für mehr Chancengleichheit längst eingesetzt. Die Führungskräfte, für die
das nur ein Lippenbekenntnis war, gehörten einer Minderheit an. Die Mehrheit des Managements war nach gründlicher Analyse der Vor- und Nachteile – ganz Banker – vom Nutzen überzeugt. Doch im Zuge einer explizit
auf Frauen ausgerichteten Fortbildungsstrategie war klar geworden, dass
sich immer mehr Männer für das Thema Chancengleichheit interessierten.
Sollte sie Wirklichkeit werden, musste der Prozess dorthin gleichermaßen
von Frauen und Männern vorangebracht werden. Nur so versprach er Erfolg
und die Aussicht, die Ebenen der Bank wirklich zu durchdringen. Aus dieser
Erkenntnis folgte 1995 das zweite Symposium mit dem Titel: „Zusammenarbeit von Frauen und Männern in der Commerzbank". Die Männer machten
deutlich, dass sie sich ebenso Wahlmöglichkeiten wünschten, beispielsweise
Unterstützung darin, Familienaufgaben und Beruf gleichermaßen wahrnehmen zu können. Als Folge dieses Denkmodells wurde auch der Projekttitel
„Frauen im modernen Banking" in Frage gestellt. Schließlich ging es doch
darum, die Fähigkeiten und Fertigkeiten des Individuums in den Fokus zu
rücken – unabhängig von dessen Geschlecht. Das Projekt „Consens" war geboren. Um Chancengleichheit zu erreichen, brauchte es die Kooperation von
Frauen und Männern, Müttern und Vätern, Beschäftigten und Bank. Dass
dabei die Bedürfnisse der Mitarbeiterinnen weiterhin intensiv berücksichtigt

wurden, zeigen zwei Beispiele aus dem Jahr 1998. Gemeinsam mit Lufthansa, Deutsche Bank und Telekom startete die Commerzbank das erste deutsche Cross-Mentoring-Programm für Frauen. Die Idee: Vier Unternehmen ebnen in Kooperation weiblichen Kräften den Weg ins Top-Management. Zunächst wurden jeweils drei Mentees von erfahrenen Managerinnen und Managern eines anderen Unternehmens beraten und gecoacht. Ziel war es, die „gläserne Decke" nach oben aufzubrechen. Überdurchschnittlich qualifizierte und motivierte Frauen knüpften mit Hilfe ihrer Mentoren Netzwerke und sammelten Erfahrungen, um Karriere zu machen. 1999 war das Pilotprojekt abgeschlossen, seitdem wird Cross-Mentoring mit heute neun beteiligten Unternehmen sehr erfolgreich fortgeführt.

9 Ein Netzwerk für Frauen

Ende der Neunziger wurde das Commerzbank-Frauennetzwerk „Courage" in Frankfurt am Main gegründet – eines der ersten in der deutschen Finanzwelt. Der damalige Commerzbank-Personalvorstand und Arbeitsdirektor Klaus Müller-Gebel förderte diesen Zusammenschluss offensiv. Er übernahm die erste Schirmherrschaft, die seitdem im Wechsel von Vorstandsmitgliedern mit unterschiedlichen Aufgabenbereichen ausgefüllt wird. Ausdruck eines Selbstverständnisses, das Chancengleichheit als entscheidenden Faktor für den Erfolg und die Zukunftsfähigkeit der Bank begreift und akzeptiert. „Courage" ist heute ein wichtiger interner Motor und hat darüber hinaus das Arbeitgeber-Image der Bank positiv beeinflusst. Dabei geht es um mehr als das Thema Karriere. Das Frauennetzwerk hat eine wichtige Vorbildfunktion. Engagement und Motivation der Courage-Frauen zeigen unseren Mitarbeiterinnen und Mitarbeitern, dass sich in der Commerzbank etwas bewegen lässt. Die Schirmherren verstehen sich nicht als „Begrüßungsredner", sondern im positiven Sinne als kritische Begleiter des Frauennetzwerks, das die Mitarbeiterinnen und ihre Interessen sichtbarer macht. Sie sensibilisieren Führungskräfte für die Interessen der Mitarbeiterinnen, vermitteln und öffnen Türen. Heute gehören Courage rund 250 Commerzbank-Frauen an. Sie haben in Frankfurt am Main, Leipzig, Kiel, Hamburg, Nürnberg, Chemnitz/Dresden, Berlin, Mannheim und Essen Gruppen gegründet. Die Strategie der Lobbyarbeit für Frauen in anspruchsvollen Positionen hat sich seit 1998 nicht verändert: den Erfahrungsaustausch unter Frauen fördern, ein Informationsforum bieten, die Unternehmenskultur aktiv mitentwickeln und mit Coaching, Mentoring sowie Weiterbildung Kolleginnen unterstützen. Das Commerzbank-Netzwerk ist eng mit anderen Frauen-Netzwerken verbunden und beispielsweise Mitgründer von „FIF – Frauen im Fokus". Hier kooperieren Mitarbeiterinnen von Commerzbank, Deutsche Bank, Citigroup und Kreditanstalt für Wiederaufbau.

10 Familie und Beruf vereinbaren

Die Unterstützung eines Frauen-Netzwerks ist nur eine Facette unternehmerischen Denkens, das Chancengleichheit als Chance für das Unternehmen sieht. Eine weitere wichtige Voraussetzung dafür ist, dass Familie und Beruf vereinbart werden können. Dabei steht die Commerzbank als Arbeitgeber in der Verantwortung – aus menschlichen Erwägungen, aber auch, weil wir davon überzeugt sind, dass es unserem Haus Vorteile bringt. Erst jüngst belegte eine wissenschaftliche Evaluation unserer betriebsnahen Kindertagesstätte „Kids & Co.", dass geringere Fehlzeiten, schnellere Rückkehr an den Arbeitsplatz mit höheren Stundenkontingenten und mehr Motivation am Arbeitsplatz der Bank unterm Strich einen Gewinn bringen, der die tatsächlichen Kosten der Betreuung übersteigt. Eine gesicherte Kinderbetreuung ist wichtig, wenn Eltern Karriereoptionen und Familienplanung vereinbaren möchten. Die Commerzbank hat dafür in den vergangenen Jahren viele Voraussetzungen geschaffen. Wir zahlen Zuschüsse zu den Kinderbetreuungskosten bei geringeren Familieneinkommen und bieten über den Familienservice bundesweit Beratung und Vermittlung von ortsnaher Kinderbetreuung an. Die Commerzbank war das erste deutsche Unternehmen, das 1999 mit „Kids & Co." eine Kinder-Ausnahmebetreuung auf betrieblicher Ebene initiierte. Das Pilotprojekt – in Kooperation mit dem Familienservice – bot für Eltern kostenfreie Unterstützung, wenn zum Beispiel eine erkrankte Tagesmutter kurzfristig ersetzt werden musste oder der Kindergarten geschlossen blieb. Das Projekt kam sehr gut an, zahlreiche Eltern nutzten den Service, der heute bundesweit an mehreren Standorten zum selbstverständlichen Angebot unserer Bank gehört.

11 Betreuungsplätze aufgestockt

Da die meisten unserer Mitarbeiterinnen und Mitarbeiter am Finanzplatz Frankfurt arbeiten, bot sich an, hier die erste Regelbetreuung zu etablieren. 2005 eröffnete in Nähe zur Zentrale die Kindertagesstätte „Kids & Co.". Die Kapazität wurde erst kürzlich um weitere 50 Vollzeitplätze aufgestockt: Im Jahr 2009 werden hier 170 Plätze für etwa 220 Kinder im Platzsharing-Verfahren angeboten – die meisten davon für Krippenkinder. Orientiert am Modell der Frankfurter Kindertagesstätte können jetzt Eltern in Düsseldorf Krippen- und Kindergartenplätze nutzen. „Kids & Co." stellt von 7 Uhr bis 19 Uhr eine qualitativ sehr hochwertige Betreuung sicher und ist lediglich an Sonn- und Feiertagen geschlossen. Diese umfassenden Öffnungszeiten bedeuten für Eltern weniger Stress und höhere Arbeitszufriedenheit. Die Kindertagesstätte ermöglicht Frauen, in Führungspositionen zu bleiben oder mit Nachwuchs schneller Leitungsfunktionen zu übernehmen. Kinderbetreuung ist jedoch nicht das einzige Thema, das Menschen bewegt: für immer mehr Mitarbeiterinnen und Mitarbeiter ist die Pflege von nahen Angehörigen Teil des Familienlebens. Die bundesweit mehr als eine Million Pflegebedürftigen werden überwiegend von Frauen betreut. Auch an dieser Stelle können Mitarbeiterinnen und Mitarbeiter der Commerzbank auf umfangreiche Unterstützung zurückgreifen, die deutlich über den gesetzlichen Anspruch hinaus geht.

Alle diese Maßnahmen führen dorthin, wo ein moderner, international aufgestellter Dienstleister wie die Commerzbank stehen muss: Frauen und Männer als Individuen zu begreifen – unabhängig von Geschlecht, Alter, Herkunft oder sexueller Orientierung. Die Commerzbank ist als Unternehmen so vielfältig wie ihre Kunden. In einer Welt, die zusammenwächst, brauchen wir Menschen mit unterschiedlichen Hintergründen, Erfahrungen, Sichtweisen und Fähigkeiten. Unsere Mitarbeiter und Mitarbeiterinnen sind dann produktiv, wenn wir sie so respektieren und fördern, wie sie sind. Auch hier profitiert das Unternehmen Commerzbank unmittelbar. Die Bank gewinnt, wenn sie die Vorteile gemischter Teams für sich nutzt, wenn sie Vielfalt bewusst einsetzt und fördert, wenn sie respektvoll und wertschätzend auf alle ihre Stakeholder zugeht.

12 Vielfalt als Schlüssel zum Erfolg

Das alles gehört zum Diversity Management. Als die Commerzbank es 2002 in die Unternehmensstrategie verankerte, gab es zunächst Vorbehalte, ob die Interessen der Frauen nicht hintangestellt würden. Das Gegenteil ist der

Fall: Die Vielfalt der Mitarbeiterinnen und Mitarbeiter ist die Voraussetzung dafür, dass Frauen unterstützt werden – weil alle unterstützt werden. Es hebt Polarisierung auf und stellt einen größeren, produktivitätsorientierten Zusammenhang her. Diversity beschäftigt sich mit all den Themen, mit denen sich eine Bank beschäftigt: Wettbewerb, Kosten, Veränderung, Produktivität, demografische und gesellschaftliche Prozesse. Diversity steigert Kreativität und Innovationskraft. Die konsequente Ausrichtung auf die Vielfalt der Mitarbeiterinnen und Mitarbeiter hat dazu geführt, dass „Courage" nicht das einzige

Netzwerk der Commerzbank geblieben ist. Mit „arco" gibt es ein bankweites Schwulen- und Lesbennetzwerk, in „Fokus Väter" haben sich Männer zusammengeschlossen, die Beruf und Familie intensiver vereinbaren und vor allem an dieser Stelle noch festgefahrene Rollenbilder verändern wollen. Eine Unternehmenspolitik, die anerkannt wird, das belegen zahlreiche Auszeichnungen wie das Total E-Quality Prädikat oder das Zertifikat des Audits Beruf und Familie. Die Commerzbank wird im GenderDAX gelistet und hat die Charta der Vielfalt unterzeichnet.

13 Keine Patentlösung

Die Schnittmengen Bank und Frauen sind erkennbar größer geworden. Weibliche Lebensentwürfe und das, was die Commerzbank als Arbeitgeber bietet, sind heute kompatibler. Aber all das täuscht nicht darüber hinweg, dass es noch viel zu tun gibt. Wenn Frauen heute unabhängig, zielstrebig, selbstbewusst und darüber hinaus hervorragend qualifiziert sind, warum haben sie nicht längst die Führungsebenen der Commerzbank durchdrungen? Die Antwort auf diese Frage gleicht einem Puzzle. Allerdings einem, bei dem noch Teile fehlen. Sicherlich hat die Commerzbank in den vergangenen Jahren einige Faktoren identifiziert, die die Karrierewege von Frauen gehemmt haben. Es gibt „hausgemachte" Elemente ebenso wie externe Einflüsse – und es gibt keine Patentlösung, keinen Schalter, der Frauen in Führungspositionen katapultiert. Die Aufgabe der Bank ist es, die Defizite zu sehen und an ihnen zu arbeiten, um Talente zu fördern. Einem Arbeitgeber, der fördert und fordert, ist daran gelegen, Leistungsträger zu beschäftigen. Der demografische Wandel und der verschärfte Wettbewerb der Arbeitgeber um die besten Nachwuchskräfte, „War for Talents" genannt, werden zunehmend zu zentralen Faktoren der Rekrutierung. Längst muss sich die Bank darauf einstellen, dass die Vergütung lediglich ein Mosaikstein des Entscheidungsprozesses ist, einen Arbeitgeber zu wählen. Bei Frauen und Männern zählen verstärkt die „weichen" Faktoren. Wie steht es um Kinderbetreuung? Welche Qualifizierungsmöglichkeiten gibt es? Kann Arbeitszeit flexibilisiert werden? Wird mein persönlicher Background als störend oder als Bereicherung gesehen? Nur eine Auswahl von Fragen, die heute von den „High Potentials" an einen modernen Arbeitgeber gestellt werden.

328 .... Mixed Leadership: Mit Frauen in die Führung!

14   Eine Chance für alle

Um darauf Antworten zu geben, müssen sich alle Beteiligten bewegen. Die
Bank muss Lebensphasen von Menschen akzeptieren und passende Angebote liefern. Sie muss eine Kultur etablieren und leben, die Chancengleichheit
als Chance für den Einzelnen und das Unternehmen begreift. Eine Kultur,
die Frauen Mut macht, nach Höherem zu streben. Nur wer das Ziel hat, den
Durchschnitt zu heben, wird auch Überdurchschnittliches leisten. Mehr als
50 Prozent der Commerzbank-Trainees sind inzwischen Frauen. Wenn es um
die internen Qualifizierungswege geht, starten zunächst ebenfalls zahlreiche
Frauen durch. In der mehrstufigen Vorbereitung auf Führungsaufgaben wird
jedoch deutlich, dass der Frauenanteil auf den Stufen, die ins mittlere beziehungsweise ins Top-Management führen, noch zu gering ist. Viele Frauen bevorzugen Spezialistenaufgaben oder Projektleitungen, weil sie in solchen Be-
rufsbildern eher eine Möglichkeit sehen, Lebensentwurf und Karriereplanung
unter einen Hut zu bringen. Hier müssen wir noch intensiver an Modellen
arbeiten, die die Vereinbarkeit von Familie und Führungsaufgaben – auch auf
hohen Management-Ebenen – ermöglichen. Einige Mitarbeiterinnen neigen
dazu, ihr Können kritischer zu hinterfragen als ihre männlichen Kollegen. An
dieser Stelle sind Führungskräfte gefordert, klug und erfahren Talent zu erkennen, mit klarem Blick das jeweilige Potenzial der einzelnen Mitarbeiterinnen und Mitarbeiter zu entwickeln und sich nicht – um ein Beispiel zu
nennen – von zu zögerlichem oder auch zu extrovertiertem Verhalten beirren
zu lassen. Können, Leistung und Engagement haben viele Gesichter.

15   Ernsthaft prüfen

Verschwiegen werden darf nicht, dass die Ziele bei einem international aufge-
stellten Dienstleister wie einer Großbank ambitioniert sind – ambitioniert sein
müssen. Wer Führungsverantwortung übernehmen will, darf nicht in starren
„Nine-to-five"-Arbeitszeiten denken. Umgekehrt darf der Arbeitgeber nicht
glauben, überkommene Arbeitszeitmodelle und eine unsinnige „Präsenzkultur" machten ihn zur attraktiven Adresse für talentierte Berufseinsteiger. Es
ist die Aufgabe aller, ernsthaft zu prüfen, was möglich ist, um die Interessen
von Arbeitgeber und Arbeitnehmer optimal zusammenzubringen. Das wird
nicht immer gelingen, doch eine Unternehmenskultur, die den Einzelnen und
seine Wünsche ebenso ernst nimmt wie den Shareholder-Value kann nur ge-

winnen. Der Anteil der Frauen, die mit klaren Vorstellungen von Berufs- und Privatleben sowie Durchsetzungsvermögen durch die Ebenen geht, steigt. Sie sind sehr gut ausgebildet, die Zahl der Abiturientinnen ist längst höher als die der Abiturienten. Die Zeit des „entweder Karriere oder Familie" ist vorbei. Es zählt beides. Die Angebote der Commerzbank haben dazu geführt, dass Karriere heute viel einfacher mit Elternschaft vereinbar ist – dafür gibt es viele gute Beispiele in der Bank. Die Bank bietet zahlreiche, höchst individuelle Teilzeitmodelle an. Es gibt Vertrauensarbeitszeit, Home-Office-Lösungen und auch reduzierte Arbeitszeitmodelle im Führungsbereich. Unser Skill-Management sorgt dafür, dass Mitarbeiterinnen und Mitarbeiter ihre persönlichen Qualifikationen, Erfahrungen, Kompetenzen und Interessen sichtbar machen und mit den Anforderungen anderer Positionen abgleichen können. Das bringt Klarheit über Entwicklungs- und Einsatzchancen. Projektleiter- und Spezialistenpositionen werden bei den Anforderungen und ihrer Vergütung an Führungskarrieren angeglichen. Das sind jedoch nur Schritte auf dem Weg zur Chancengleichheit. Wo die Commerzbank tatsächlich steht, zeigt der Blick auf den Frauenanteil bei den außertariflich bezahlten Kräften. Er liegt bei gut 28 Prozent und steigt seit Jahren kontinuierlich. Dieser Wert ist gut. Mit Blick auf einen Frauenanteil von über 50 Prozent bei den Trainees stellt er uns jedoch noch nicht zufrieden.

16 Gleichheit als Kulturbegriff

Die Bank braucht, um zukunftsfähig aufgestellt zu sein, eine Unternehmenskultur der Gleichheit bei Anforderung und Chancen. Immer wieder gilt es, gemeinsam Wege zu finden und zu gehen, die beiden Seiten Erfolge bringen – persönlich und unternehmerisch. Diesen Prozess werden wir in der Commerzbank weiterhin intensiv unterstützen. Fest steht: Ein Patentrezept für mehr Frauen in Führungspositionen gibt es nicht. Doch klar ist, ohne unterstützende Rahmenbedingungen, die es Frauen beispielsweise ermöglichen, Familie und Beruf auch mit einer Tätigkeit im Management zu vereinbaren, ohne Führungskräfte, die vorurteilsfrei Talente identifizieren und sie differenziert fördern und ohne Mitarbeiterinnen, die mit einer geeigneten Ausbildung ins Berufsleben einsteigen, konkrete Ziele für ihre Karriere definieren und sich durchsetzungsstark auf diesen Weg begeben, wird der Frauenanteil im Top-Management überschaubar bleiben. Künftig wird es noch viel mehr darauf ankommen, dass Frauen und Männer die Spielregeln gemeinsam bestimmen. Dazu gehört, dass sich Männer und Frauen kritisch mit ihren Vorurteilen auseinandersetzen, dass sie versuchen, Rollenklischees nachhaltig aufzubrechen und die Arbeit in heterogen zusammengesetzten Teams voranbringen.

Wichtig ist ein kooperatives Miteinander, das es unterschiedlichen Menschen – losgelöst vom Geschlecht – ermöglicht, Talent, Leistung und Engagement optimal zu entwickeln. Ein hoher Anspruch, aber auch Beweis einer Unternehmenskultur, die Chancengleichheit nicht nur zulässt, sondern fördert. Und Ausdruck eines Selbstverständnisses der Unternehmensführung, die Arbeitskraft mit Menschsein verbinden will.

Florian Schleicher

Frauen in Führungspositionen aus Sicht der Firma Hoppenstedt

1 Einleitung

Seit 1995 wertet Hoppenstedt im Rahmen der Presse- und Öffentlichkeitsarbeit in regelmäßigen Abständen den Anteil von Frauen in Führungspositionen in der Wirtschaft aus. Basis dieser Auswertungen ist die größte deutsche Firmendatenbank, die momentan die circa 280.000 größten deutschen Unternehmen mit etwa 800.000 Ansprechpartnern verzeichnet. Wurden in den ersten Jahren nur einige wenige grundlegende Werte erfasst, so umfasst die Auswertung inzwischen eine Reihe unterschiedlicher Punkte, wie beispielsweise Aufteilungen nach Branchen, nach Alter der Unternehmen oder nach Bundesländern. Hoppenstedt versteht sich primär als Informationslieferant und hat dabei auf weitergehende Interpretationen der Daten verzichtet. Im Rahmen dieses Aufsatzes stellen wir daher vor allem die Datenbasis vor und weisen auf mögliche Ursachen oder Auswirkungen hin.

2 Methodik

Die Auswertung „Frauen im Management" von Hoppenstedt unterscheidet sich hinsichtlich ihrer Methodik und des Datenraums erheblich von klassischen wissenschaftlichen Untersuchungen. Daher erläutern wir zunächst, um welche Daten es sich handelt und wie sie zustande kommen.

2.1   Datenraum und -aktualität

Basis der Auswertung ist die Hoppenstedt Firmendatenbank mit circa 280.000 großen deutschen Unternehmen und 800.000 Führungskräften. Um in der Datenbank erfasst zu werden, sollte ein Unternehmen mindestens einen Umsatz von einer Million Euro aufweisen oder zehn Beschäftigte haben. Dennoch werden unter Umständen auch kleinere Firmen erfasst, wenn sie beispielsweise eine bedeutende Stellung im Markt haben oder eine Holding-Funktion für einen Konzern ausüben. Insgesamt gibt es in Deutschland (je nach Zählweise) zwischen vier und 5,5 Millionen Unternehmen beziehungsweise Firmen, von denen jedoch viele Kleinstbetriebe sind. Eine Auswertung von Hoppenstedt hat gezeigt, dass die 280.000 größten deutschen Betriebe mehr als 85 Prozent der Wirtschaftsleistung aller deutschen Unternehmen auf sich vereinen. Die Auswertung bildet also den bedeutendsten Teil der deutschen Wirtschaft ab. Hoppenstedt erfasst zu den Unternehmen nicht nur wirtschaftliche Kennzahlen, sondern auch Ansprechpartner der ersten und zweiten Führungsebene, Stabsfunktionen und Aufsichtsgremien. Die Daten jedes Unternehmens werden mindestens einmal im Jahr voll aktualisiert, große Unternehmen auch mehrfach, bis hin zu täglichen Aktualisierungen bei börsennotierten Großunternehmen. Daher ist die Datenbasis maximal 12 Monate alt. Gleichzeitig wird der Datenbestand kontinuierlich ausgebaut. Dies ist bei der Betrachtung der Zeitreihen wichtig: Die prozentualen Werte von 1995 repräsentieren wesentlich weniger Unternehmen und Führungskräfte als die Werte von 2009.

2.2   Datenquellen

Die meisten Daten werden beim Unternehmen direkt erhoben, per Fragebogen und/oder telefonischem Interview. Hinzu kommen externe, teils öffentlich zugängliche Quellen wie Handelsregistereintragungen oder Presseveröffentlichungen.

2.3   Begriffsbezeichnungen

Hoppenstedt hat über die Jahre Klassifikationen und Terminologien eingeführt, die nicht immer mit dem Verständnis dieser Begriffe in der übrigen Wirtschaft übereinstimmen. Da diese Begriffe in der Auswertung verwendet werden, folgt eine Zuordnung:

Unternehmensgrößen/-typen:
- Großunternehmen sind Unternehmen mit mehr als 20 Millionen Euro Umsatz oder mehr als 200 Beschäftigen.
- Mittelständische Unternehmen sind Unternehmen mit einem Umsatz von 2 bis 20 Millionen Euro und einer Beschäftigtenzahl von 20 bis 200 Mitarbeiter/innen.
- Kleinunternehmen haben einen Umsatz bis 2 Millionen Euro und weniger als 20 Beschäftigte.
- Behörden und Verbände werden von Hoppenstedt separat erfasst. Dies sind auch beispielsweise Industrie- und Lobbyorganisationen oder karitative Einrichtungen.

Seit Mai 2009 unterscheiden wir in der Auswertung zusätzlich zwei weitere

Unternehmensgrößen:
- Großkonzerne mit einem Umsatz von mehr als 1 Milliarde Euro.
- DAX-Unternehmen, also Aktiengesellschaften, die in einem der DAX-Indices gelistet sind (DAX30, MDAX, SDAX, TecDAX).

Managementebenen:
- Zum Topmanagement zählen Geschäftsführer oder Vorstandsmitglieder oder Mitarbeiter/innen in vergleichbaren Positionen, die sogenannte erste Führungsebene.
- Im mittleren Management sind Entscheidungsträger tätig, die unterhalb des Vorstandes oder der Geschäftsführung agieren, also beispielsweise Einkaufsleiter oder Vertriebsleiter sowie Stabsfunktionen wie sie beispielsweise Justiziare innehaben: die sogenannte zweite Führungsebene.
- Management insgesamt ist die Kombination aus erster und zweiter Führungsebene.
- Aufsichtsgremien sind Aufsichtsräte oder vergleichbare Gremien. Sie werden von uns separat ausgewertet, aber nicht zum Management gezählt.

Noch zwei Hinweise:
- Da Hoppenstedt grundsätzlich nur die erste und zweite Führungsebene erfasst, deckt unsere Datenbank bei kleineren Unternehmen fast das gesamte Management ab. Bei Großkonzernen erfassen wir hingegen mit der ersten und zweiten Führungsebene nur die absoluten Spitzen des Managements der jeweiligen Unternehmen und Tochterfirmen.

- In Deutschland sind Aufsichtsrat und Vorstand klar getrennt; die tatsächliche Entscheidungsbefugnis im Tagesgeschäft hat der Vorstand. In anderen europäischen Ländern ist diese Trennung nicht so eindeutig, weswegen einige vergleichende europäische Studien den Aufsichtsrat beziehungsweise das Board of Directors als höchstes Gremium ansehen.

2.4   Art der Auswertung

Es handelt sich um eine quantitative Auswertung aller Datensätze der Hoppenstedt-Datenbank zu einem festen Stichtag. Es ist also keine Stichprobe, die hochgerechnet wird, sondern absolute Fallzahlen werden angeführt. Dementsprechend ist diese Auswertung nur bedingt für die gesamte Wirtschaft repräsentativ (siehe auch 2.3), aber für den beobachteten Teil der Wirtschaft lässt sie sehr genau Schlüsse für das obere Management und vor allem das Topmanagement zu.

3   Auswertung Frauen
im Management 2009

Für diesen Beitrag haben wir eine Auswertung mit den Daten vom Mai 2009 durchgeführt. Zunächst ein Blick auf die Zeitreihe bis zurück nach 1995 (siehe Grafik 1). Die Grafik zeigt, dass sich über alle Firmengrößen und Managementpositionen der Frauenanteil kontinuierlich gesteigert hat, jedoch in unterschiedlichen Ausmaßen. Zu berücksichtigen ist hierbei, dass sich in diesem Zeitraum auch die Datenbasis vergrößert hat (siehe 2.1). Seit 2008 wurden die Werte häufiger im Rahmen von Presseanfragen ermittelt, was einen recht guten Einblick in die aktuelle Entwicklung liefert.

	1995	1999	2002	2004	2007	Feb 08	Dez 08	Jan 09	Feb 09	Mai 09
Frauenanteil insgesamt	8,17%	9,20%	9,98%	12,77%	15,40%	17,48%	18,05%	18,07%	18,20%	18,96%
davon Großunternehmen	4,77%	6,35%	7,29%	9,35%	11,84%	12,83%	13,25%	13,29%	13,48%	14,04%
Topmanagement	3,20%	5,03%	5,97%	6,82%	7,46%	5,45%	5,68%	5,70%	5,77%	5,73%
Middle-management	5,80%	7,98%	9,01%	12,58%	15,95%	16,81%	17,14%	17,20%	17,40%	18,09%
davon Mittel-ständische Unternehmen	11,04%	10,85%	11,37%	13,69%	17,16%	19,61%	20,00%	19,96%	20,04%	20,82%
Topmanagement	8,08%	8,04%	8,39%	9,10%	9,36%	10,32%	10,56%	10,58%	10,64%	10,73%
Middle-management	16,28%	15,77%	16,69%	21,63%	26,79%	30,71%	30,98%	31,01%	31,01%	31,59%
davon Klein-Unternehmen				13,98%	16,59%	17,96%	18,47%	18,51%	18,62%	19,58%
Topmanagement				11,20%	11,89%	12,37%	12,62%	12,68%	12,73%	12,85%
Middle-management				28,12%	33,12%	38,22%	38,42%	38,26%	38,24%	38,13%
davon Verbände, Behörden	9,76%	12,56%	13,36%	17,98%	15,43%	17,05%	17,74%	17,76%	17,80%	18,16%
Topmanagement	9,31%	10,63%	11,99%	16,40%	13,54%	14,99%	15,58%	15,60%	15,63%	15,85%
Middle-management	11,80%	17,60%	17,11%	20,25%	21,73%	23,37%	24,24%	24,26%	24,07%	25,05%
davon Großkonzerne >1 Mrd. € Umsatz										8,19%
Topmanagement										3,41%
Middle-management										10,40%
davon DAX-Unternehmen										9,44%
Topmanagement										2,81%
Middle-management										12,37%

Grafik 1: Zeitreihe 1995 bis 2009

3.1 Entwicklung des Anteils weiblicher Führungskräfte in Großunternehmen

Insgesamt hat sich der Frauenanteil von 1995 bis 2009 von 8,17 Prozent auf 18,96 Prozent erhöht, eine Zunahme um den Faktor 2,3. Auffällig dabei ist, dass der Anteil im Topmanagement im Verhältnis weniger zugenommen hat und insbesondere bei Großunternehmen und Konzernen auf extrem niedrigen Niveau verharrt. Erstaunlicherweise gab es bereits 2007 einen Frauenanteil von 7,46 Prozent im Topmanagement von Großunternehmen, der inzwischen wieder auf aktuell 5,7 Prozent zurückgegangen ist. Sicherlich können hier auch die veränderte Datenbasis und statistische Schwankungen eine Rolle spielen, aber es scheint zumindest eine Stagnation zu geben. Allerdings hat sich der Anteil von Frauen in der zweiten Führungsebene von Großunternehmen seit 1995 mehr als verdreifacht – Frauen schaffen es also immer häufiger bis knapp unter die Spitze, aber immer noch nicht ganz hinauf.

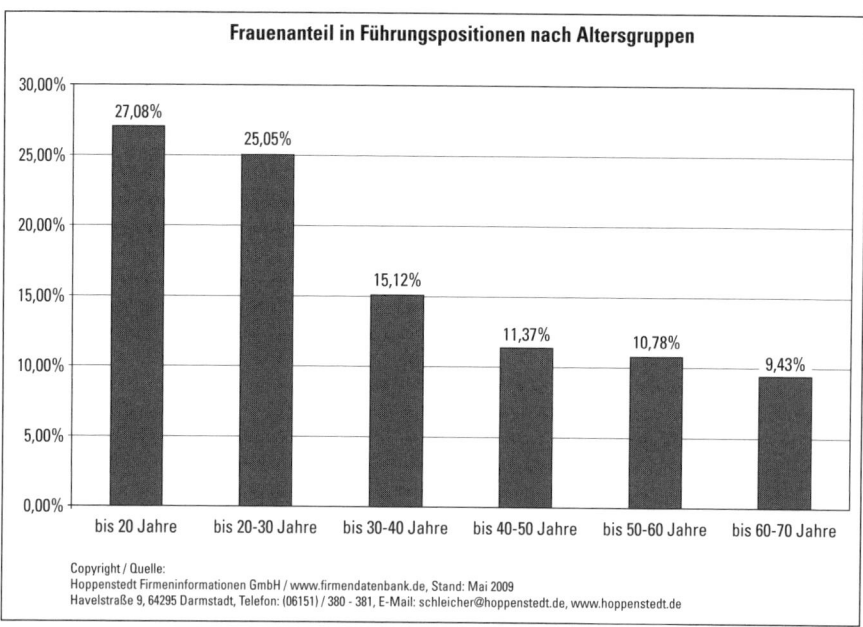

Grafik 2: Frauenanteil in Führungspositionen nach Altersgruppen

Es ist schwierig, exakte Gründe dafür zu finden. Häufig diskutiert wird die sogenannte „gläserne Decke" unterhalb der obersten Führungsebene, die Frauen und Minderheiten den Zugang verwehrt. Zweifelsfrei ist das Topmanagement von Unternehmen nicht selten eine „Peer Group", die am liebsten nur

Gleichgesinnte zulässt – ob bewusst oder unbewusst. Da solche Positionen meist sehr diskret besetzt werden und hier die „normalen" Spielregeln des Recruitments nicht greifen, ist es auch schwer, im Einzelfall nachzuweisen, ob und warum eine Kandidatin abgelehnt wurde.

Ein Indiz liefert vielleicht der Blick auf die Altersstatistik (siehe Grafik 2): In der Altersgruppe „30 bis 40 Jahre" geht der Frauenanteil um fast 10 Prozent zurück. Ein Grund dafür sind vermutlich familienbedingte Auszeiten. In diesem Altersabschnitt durchläuft man allerdings in vielen großen Unternehmen berufliche Positionen, die für den Weg an die Spitze vorbereiten sollen. Frauen, die hier einige Jahre aussteigen, können zwar im Unternehmen nach ihrer Rückkehr weiterhin Karriere machen, sind aber aus dem Rennen an die oberste Spitze eventuell schon ausgeschieden. Einen weiteren Hinweis dafür,

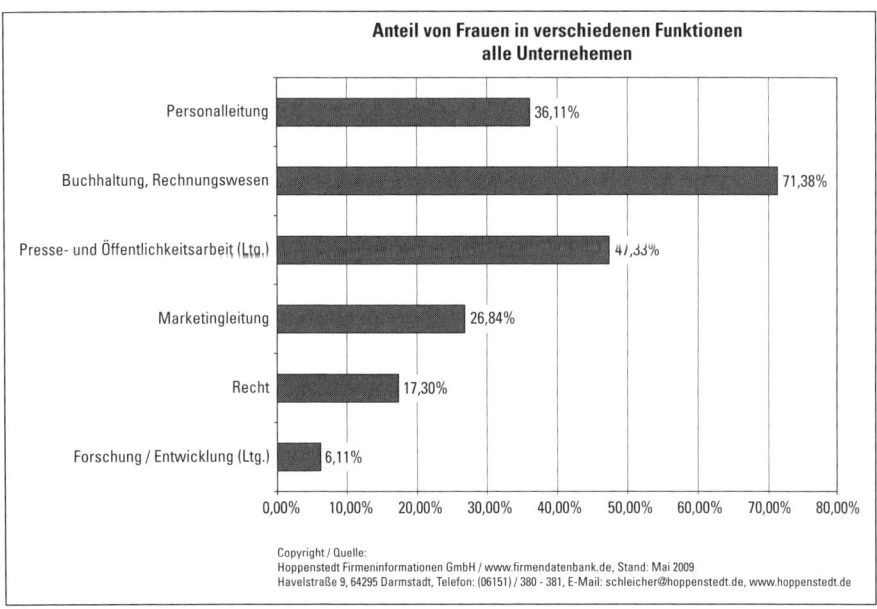

Grafik 3: Anteil von Frauen nach Funktionen im Unternehmen

dass Frauen nicht so häufig in den Toppositionen vertreten sind, stellen die beruflichen Schwerpunkte von Frauen (siehe Grafik 3) dar. Sie sind sehr stark in den Bereichen Personal, Presse- und Öffentlichkeitsarbeit (PR) und Finanzen vertreten, aber eher selten in den technischen Bereichen wie der Entwicklung oder auch dem Vertrieb. Gerade PR und Personal sind „typische" weibliche Berufsfelder, die aber sehr starke Stabstellencharakteristik haben und abseits der klassischen Karrierepfade im Unternehmen liegen. Last but not least spielt auch das Alter der Unternehmen eine Rolle: Je älter das Unternehmen ist, desto geringer ist die Frauenquote (siehe Grafik 4). Und fast alle großen deutschen Unternehmen haben eine Historie von 50 Jahren oder mehr.

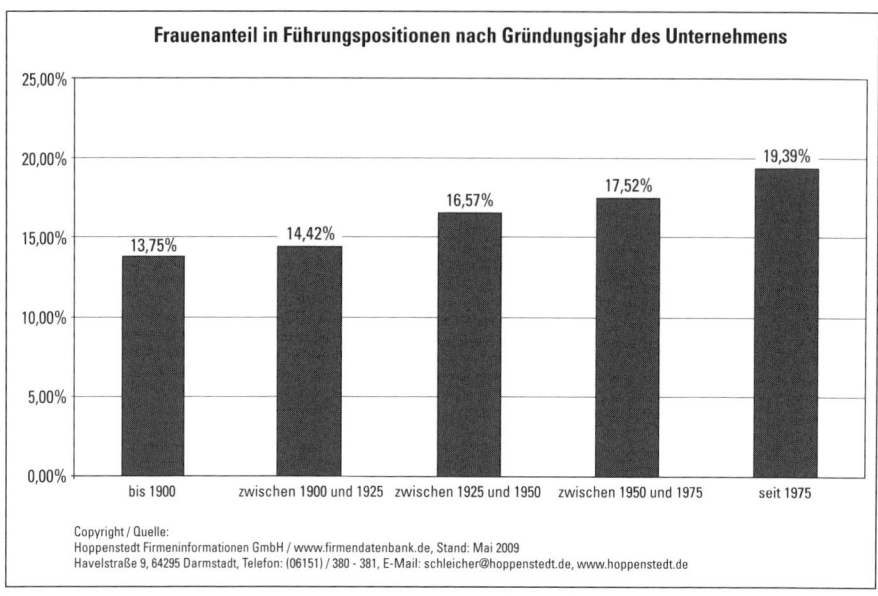

Grafik 4: Frauenanteil nach Gründungsjahr des Unternehmens

3.2 Kleine und mittlere Unternehmen

Bei kleinen und mittleren Unternehmen ist der Frauenanteil deutlich größer als bei Großunternehmen, insbesondere in der zweiten Führungsebene. Einer der Gründe ist die flachere Hierarchie – hier bilden erste und zweite Führungsebene oft das gesamte Management. Diese Positionen lassen sich auch in kürzerer Zeit als bei Großunternehmen erreichen, was Frauen ebenfalls mehr Möglichkeiten verschafft. Aber auch Erhebungseffekte spielen eine Rolle: So liegt bei Kleinunternehmen der Anteil von weiblichen Führungskräften in der Buchhaltung bei 82,95 Prozent (siehe Grafik 5). Dieser extrem hohe Wert lässt sich damit erklären, dass in vielen Familienbetrieben die Ehefrau „nebenbei" die Buchhaltung erledigt und bei unserer Recherche dann als für die Finanzen zuständige Person angegeben wird. Außerdem ist Buchhaltung auch eine ideale Beschäftigung für eine Teilzeitarbeit. Kleine und mittlere Unternehmen sind aber auch im Schnitt jünger, was Frauen größere Chancen lässt (vergleiche vorherigen Punkt).

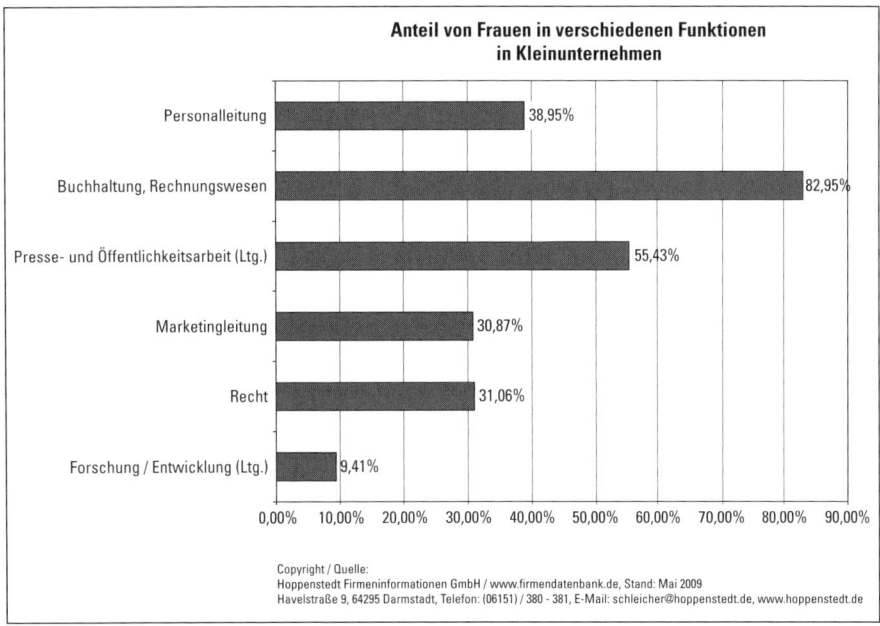

Grafik 5: Anteil von Frauen nach Funktionen im Unternehmen bei Kleinunternehmen

3.3 Verbände und Behörden

Den höchsten Anteil von Frauen im Topmanagement verzeichnen Behörden
und Verbände: 16 Prozent aller Topmanager sind Frauen. Bei diesen ist der
Frauenanteil auch in den anderen Bereichen recht hoch. Es lassen sich mehrere mögliche Gründe anführen: Zum einen haben öffentliche Institutionen
sehr viel früher als die Privatwirtschaft die Gleichstellung von Männern und
Frauen gefördert. Und da es ja einige Zeit dauert, bis die oberste Stufe der
Karriereleiter erreicht ist, ist der heutige Anteil von 16 Prozent Frauen in Führungspositionen das Ergebnis von Einstellungskriterien, die bereits vor 20
Jahren oder mehr entwickelt wurden. Immerhin hat sich der Wert seit 1995
fast verdoppelt. Zum anderen gelten Behörden und Verbände als Arbeitgeber, die deutlich weniger Leistungsdruck auf ihre Mitarbeiter ausüben und
die Vereinbarkeit von Beruf und Familie verstärkt fördern. Auch dies macht
sie für Frauen attraktiver, nicht zuletzt weil sie nach einer beruflichen Auszeit
wieder voll in den Beruf einsteigen können.

3.4 Regionale Unterschiede

Auch regional gibt es deutliche Unterschiede beim Anteil weiblicher Führungskräfte (siehe Grafik 6). In den neuen Bundesländern ist der Anteil deutlich
größer als in den alten; in einigen nördlichen Bundesländern ist er geringer als
im Süden. Dies lässt sich nicht nur einfach mit dem Satz: „In der DDR waren
mehr Frauen berufstätig" erklären (obwohl dies sicher mit ein Faktor ist). Vor
allem statistische Effekte spielen eine Rolle, wie im Folgenden erläutert wird:

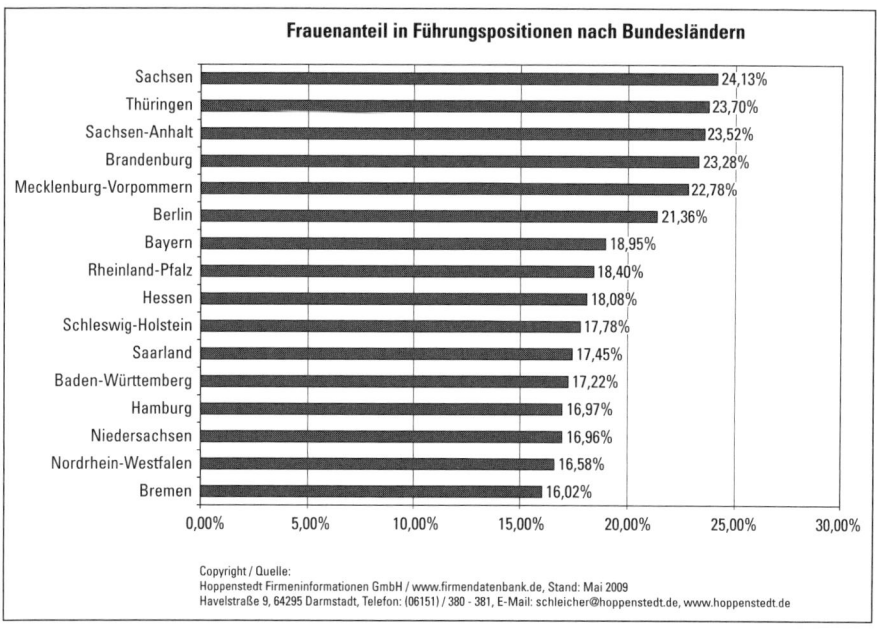

Grafik 6: Frauenanteil in Führungspositionen nach Bundesländern

In den neuen Bundesländern gibt es im Verhältnis deutlich mehr Unternehmen aus den Branchen Erziehung/Unterricht, Gesundheit/Sozialwesen und
Gastgewerbe als beispielsweise verarbeitendes Gewerbe oder Unternehmen
aus der Finanzbranche. In den zuerst genannten Branchen ist der Frauenanteil deutlich höher. Hinzu kommt, dass die meisten Unternehmen relativ
jung und relativ klein sind. Die Strukturschwäche der neuen Bundesländer
(wenig Industrie, wenig große Unternehmen, viele Bereiche, die von sozialen
Transfers abhängen) hebt also den Frauenanteil. Es sei an dieser Stelle eine
Seitenbemerkung erlaubt: Die momentane Wirtschaftskrise trifft vor allem
das produzierende und exportierende Gewerbe – und damit vor allem den
Westen Deutschlands und Berufsfelder, die von Männern dominiert werden.

3.5   Akademische Ausbildung

In begrenztem Rahmen lässt die Hoppenstedt-Datenbank auch die Auswertung der akademischen Ausbildung von Führungskräften zu. Allerdings
werden nur die Ausbildungsrichtungen „Wirtschaftswissenschaftler", „Natur-
wissenschaftler", „Techniker" (also Ingenieure) und „Rechtswissenschaftler"
erfasst – und dies auch nur, wenn der oder die Betreffende Angaben hierzu
macht. Anzumerken ist, dass nur der akademische Abschluss abgefragt wird,
nicht das Tätigkeitsfeld. Es liegt hier eine wesentlich geringere Fallzahl vor,
die nicht so repräsentativ wie die restlichen Auswertungen ist. Dennoch ergeben sich ein paar interessante Aspekte (siehe Grafik 7): So sind immerhin
12,32 Prozent aller Führungskräfte mit naturwissenschaftlichem Abschluss
Frauen, aber nur 3,49 Prozent der Ingenieure („Techniker"). Und nur 9 Prozent der Wirtschaftswissenschaftler sind Frauen, obwohl der Anteil der Frau-
en in diesen Studiengängen deutlich höher liegt.

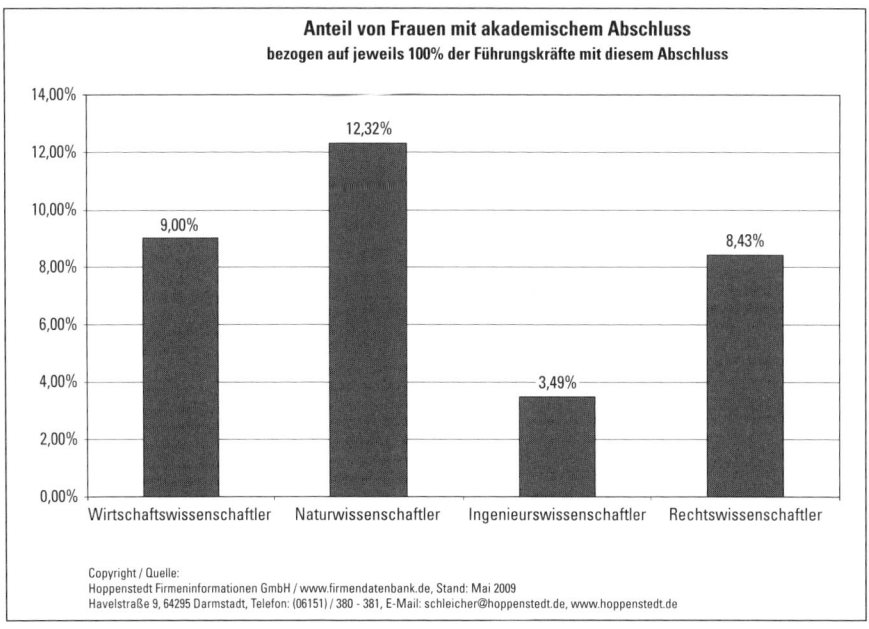

Grafik 7: Akademischer Abschluss

3.6   Branchen

Wie bereits unter Punkt 3.4 angesprochen, sind Frauen in verschiedenen
Branchen unterschiedlich stark in Führungspositionen vertreten (siehe Grafik 8). Der extrem hohe Anteil im Gastgewerbe hängt damit zusammen, dass
diese Branche von sehr vielen kleinen Familienbetrieben dominiert wird und
nicht selten (Ehe-)Frauen als Teilhaberin oder Geschäftsführerin eingetragen
werden. Gesundheits- und Sozialwesen sowie Erziehung und Unterricht sind
Branchen, in denen die Firmen überwiegend dem Staat, Ländern oder Kommunen gehören oder in kirchlicher Trägerschaft sind. Hier wurde das Thema
Gleichstellung sehr viel früher aufgegriffen als in der freien Wirtschaft (Vergleich dazu auch 3.3). Somit sind auch in diesen Branchen mehr Frauen in
Führungspositionen zu finden.

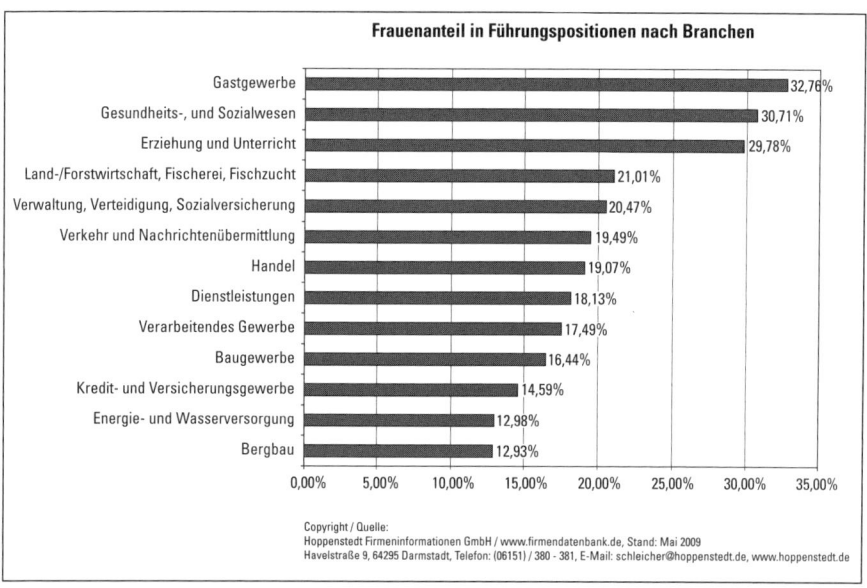

Grafik 8: Frauenanteil in Führungspositionen nach Branchen

Am anderen Ende der Skala befinden sich Branchen, die auch in der allgemeinen Wahrnehmung als klassische Männerdomänen und als eher konservativ
wahrgenommen werden. Hierzu gehören das verarbeitende Gewerbe (zu dem
unter anderem der Maschinenbau zählt), die Energie- und Wasserversorgung
und der Bergbau. In diesen Branchen dominieren auch in den Führungsetagen Ingenieurswissenschaftler. Dies sind Studiengänge, die eher selten von
Frauen gewählt werden. Interessant ist auch ein genauerer Blick auf den Frau-

enanteil in Toppositionen der Finanzbranche (Kredit- und Versicherungsgewerbe): Der Frauenanteil von 14,59 Prozent umfasst auch Leiterinnen von Fi-
lialen und Niederlassungen. Würde man ausschließlich Führungspositionen
in den (Konzern-)Zentralen der Banken auswerten, wäre der Frauenanteil
noch deutlich geringer. Womit die Aussage sicher zulässig ist, dass die Finanzkrise überwiegend von Männern verursacht wurde, da nur wenige Frauen in
den Führungsebenen von Finanzunternehmen anzutreffen sind.

4   Fazit

Die Hoppenstedt-Auswertung zeigt, dass sich der Frauenanteil in den letzten 14 Jahren in den Führungsetagen der deutschen Unternehmen signifikant
erhöht hat. Jedoch gibt es immer noch Bereiche, in denen Frauen deutlich
unterrepräsentiert sind, wie beispielsweise in großen und sehr großen Unternehmen. Besonders der stagnierende Anteil im Topmanagement bei mittleren, großen und sehr großen Unternehmen könnte ein Hinweis dafür sein,
dass die vielfältigen Gleichberechtigungsbemühungen und Anreizprogram-
me nur begrenzt wirksam sind. Sie verbessern zwar den Zugang von Frauen
zu Managementpositionen und haben die Frauenquote deutlich erhöht, helfen aber möglicherweise nicht auf dem Weg nach ganz oben.

Gertraude Krell

Zum Schluss: gleichstellungspolitische Impressionen und Impulse

1 Impressionen

1.1 Führung und Geschlecht

Mit Blick auf die Geschlechterverhältnisse in Führungspositionen vermitteln bereits die in diesem Band zusammengestellten Beiträge ein facettenreiches Bild. Betrachtet man die Forschungslandschaft insgesamt, wobei ich mich auf Deutschland konzentriere, dann wird sichtbar, dass wir es mit widersprüchlichen Entwicklungen zu tun haben.

In ihrem Beitrag zu den zentralen Erkenntnissen der Projekte des DFG-Forschungsschwerpunktes „Professionalisierung, Organisation, Geschlecht" konstatiert Angelika Wetterer (2007: 189), die Ausgangsfrage „Erosion oder Reproduktion geschlechtlicher Differenzierungen" sei „ganz offensichtlich falsch gestellt [gewesen]. Die Projektergebnisse weisen insbesondere in der Zusammenschau sehr deutlich darauf hin, dass wir es heute mit beidem zugleich zu tun haben: [...] der Erosion und der Reproduktion geschlechtlicher Differenzierungen und Hierarchien". Das gilt sowohl für die Entwicklung der Frauenanteile in Führungspositionen als auch für die Situation der Frauen, die Führungspositionen innehaben.

Betrachten wir zunächst beispielhaft Befunde zur *Entwicklung der Frauenanteile in Führungspositionen* in der deutschen Privatwirtschaft[1]:

---

1   Die Unterschiede sind z.T. auch durch Definitionen, Datengrundlagen und Erhebungsmethoden bedingt; dazu ausführlicher Kay (2007: 15 ff.).

- Sonja Bischoff (2005: 36) kommt auf Basis der Firmendatenbanken von Hoppenstedt zu dem Ergebnis, dass zwischen 1999 und 2002 der Frauenanteil im Mittelmanagement von knapp 16 Prozent auf knapp 13 Prozent gesunken, im Top-Management dagegen konstant bei etwa sieben Prozent geblieben ist.
- Corinna Kleinert u.a. (2007: 62) ermitteln auf Basis des Mikrozensus eine Steigerung des Frauenanteils an den abhängig beschäftigten Führungskräften von 21 Prozent im Jahr 2000 auf 23 Prozent im Jahr 2004.
- Der Europäischen Kommission (2008) zufolge ist in Deutschland der Frauenanteil in allen Managementpositionen von 27,0 Prozent im Jahr 2001 auf 27,4 Prozent im Jahr 2006 gestiegen.
- Der Dritten Bilanz Chancengleichheit ist u.a. zu entnehmen, dass der Frauenanteil im Top-Management größerer deutscher Unternehmen von 7,5 Prozent Anfang 2007 auf 5,5 Prozent Anfang 2008 gesunken ist. (Die Bundesregierung 2008: 28 mit Bezug auf eine Hoppenstedt-Studie).

Frauen, die Führungspositionen innehaben, sind nach wie vor konfrontiert mit Phänomenen wie:
- der *„gläsernen Decke“*: Dieses Bild steht dafür, dass Frauen der Aufstieg nach „ganz oben“ trotz vorhandener Qualifikation nach wie vor versperrt ist (vgl. z.B. Franck/Jungwirth 1998; Osterloh/Littmann-Wernli 2002);
- Entgeltungleichheit: Zahlreiche Quellen belegen erhebliche Einkommensunterschiede zwischen männlichen und weiblichen Führungskräften, die zumindest z.T. diskriminierungsbedingt sind (Bischoff 2005; Strunk u.a. 2005; Holst/Schrooten 2006);
- dem Status als *„Token“*, d.h. als einzige Frau unter vielen Männern, der eine stereotype Wahrnehmung ihrer Person und ihres Verhaltens bewirkt. Weitere Effekte sind: Sie steht als einzige Frau im „Rampenlicht“, wird zum „Testfall“ gemacht und soll bei allen möglichen Gelegenheiten „die Frauen“ repräsentieren, was einen hohen Leistungsdruck bewirkt (Kanter 1977: 210 f.; Kanter/Stein 1980);
- männerbündischen Strukturen und Praktiken, die keinen Raum bzw. keine Zeit für außerberufliche Interessen und Belange lassen und Frauen (sowie „unpassende“ Männer) abwerten und ausgrenzen, wobei es sich auch um interne Ausschlüsse handeln kann (Höyng/Puchert 1998; Doppler 2005; Rastetter 2005);
- widersprüchlichen Verhaltenserwartungen und Identitätsangeboten: Zum einen werden die Vorteile eines angeblich „typisch weiblichen“

Führungsverhaltens beschworen. Zum anderen werden Frauen mit Blick auf die Eignung für Führung qua Geschlechtszugehörigkeit Defizite attestiert; das bedeutet, dass sie – falls überhaupt – nur erfolgreich sein können, wenn sie lernen, „männliche Verhaltensmuster" zu übernehmen (Krell 2008e).

Noch immer handelt es sich also mit Blick auf Frauen in Führungspositionen um eine „ausschließende Einschließung" bzw. „marginalisierende Integration" (Wetterer 1999). Mehr noch: Expert/innen zufolge wird „der Schulterschluss der Männer" gegenüber weiblichen Führungs(nachwuchs)kräften sogar wieder noch fester.[2]

1.2 Gleichstellungspolitische Aktivitäten

Zur Realisierung von Chancengleichheit (nicht nur) beim Zugang zu und in Führungspositionen gibt es heute zwei prominente Konzepte: Diversity Management (DiM) und Gender Mainstreaming (GM).[3] Zwar finden wir im deutschsprachigen Raum derzeit GM vor allem in öffentlichen Verwaltungen und DiM hauptsächlich in privatwirtschaftlichen Unternehmen, bei denen für Gender-Konzepte die Bezeichnungen zunächst „Frauenförderung" und später „Chancengleichheit" gebräuchlich waren bzw. sind. Aber grundsätzlich sind beide Konzepte für alle Arten von Organisationen geeignet. Und: Für beide Konzepte werden sowohl moralisch-rechtliche als auch ökonomische Begründungen vorgebracht. Darauf komme ich später zurück.

Ein Vergleich beider Konzepte fördert eine Reihe weiterer *Gemeinsamkeiten* zutage, die zugleich Unterschiede zu den historisch älteren Frauenförderprogrammen markieren: *Erstens* werden als potenziell Diskriminierte nicht nur Frauen berücksichtigt, sondern auch Männer und neben Geschlecht

---

2 Das Zitat stammt von Martina Rost, der Vorstandsbeauftragten für Chancengleichheit der Fraport AG (Diskussionsbeitrag bei der HBS-Tagung „Gute Arbeit aus der Gleichstellungs- und Geschlechterperspektive" am 25./26. September 2008 in Berlin). Bestätigt wurde ihre Diagnose in Expertinnengesprächen, die ich Anfang 2009 für das von mir verfasste Kapitel zum Thema Führungspositionen im Rahmen des HBS-Buch-Projektes „Geschlechterungleichheiten im Betrieb" (Arbeitstitel) geführt habe. Das Buch wird im Herbst 2009 bei Edition Sigma (Berlin) erscheinen.

3 Dem Thema des Sammelbandes geschuldet, beschränke ich mich im Folgenden auf die Personalpolitik, möchte aber festhalten, dass beide Konzepte darüber hinausgehen. Sie grundlegend vorzustellen, würde den Rahmen dieses Beitrags sprengen. Deshalb kann ich hier nur verweisen: zu DiM auf Krell (2008d) und zu GM auf Krell u.a. (2008) und die dort jeweils angegebenen Quellen.

werden weitere diskriminierungsrelevante Kategorien (wie z.B. nationale Herkunft, ethnische Zugehörigkeit, Alter, sexuelle Orientierung) in den Blick genommen. *Zweitens* wird Entwicklungsbedarf nicht in erster Linie mit Blick auf die weiblichen Beschäftigten (bzw. bei DiM auch mit Blick auf andere sogenannte dominierte Gruppen) gesehen. Vielmehr sollen die Organisationen insgesamt bzw. deren Kultur entwickelt werden, speziell die Personalpolitik, die Führungskräfte sowie auch andere Mitglieder der sogenannten dominanten Gruppe. *Drittens* sind beide Konzepte integrativ, weil Chancengleichheit – nicht nur – der Geschlechter zum Teil-Ziel und zur Querschnittsaufgabe erklärt wird, und präventiv, weil bei einer konsequenten Anwendung diskriminierende Regelungen und Praktiken und der damit verbundene „Nachbesserungsbedarf" gar nicht erst entstehen.

Der entscheidende *Unterschied* zwischen GM und DiM besteht in der gleichstellungspolitischen Schwerpunktsetzung und der entsprechenden Benennung.[4] Angesichts der provokanten Frage „Gender und Diversity: Albtraum oder Traumpaar" (Andresen u.a. 2009) plädiere ich für eine „Vernunftehe" in dem Sinn, Gender und Diversity bzw. GM und DiM nicht dogmatisch-konfrontativ gegeneinander auszuspielen, sondern pragmatisch-integrativ jeweils die Variante oder Kombinationsmöglichkeit zu wählen, die für die eigene Organisation und deren Situation am besten passt (Krell 2009; dazu mehr unter 2.1).

Generell gilt, dass es sich bei gleichstellungspolitischen Strategien nicht um etwas handelt, das fix und fertig vorhanden ist und seitens der Praxis „nur noch" ausgewählt und angewendet wird. Vielmehr gehen Auswahl und Anwendung solcher Konzepte immer einher mit ihrer „Verfertigung"[5], d.h. ihrer – interessengeleiteten – Wahrnehmung, Interpretation und Anpassung durch die jeweils Beteiligten und Betroffenen.

Mit Blick auf GM konstatiert z.B. Alison E. Woodward (2004): „Es gibt genau so viele Definitionen von Gender Mainstreaming, wie es ‚Mainstreamer' gibt" (ebd.: 89) und: „Es gibt kein Idealrezept zur Umsetzung von Gender Mainstreaming" (ebd.: 93). Im Extremfall kann GM von denen, die es anwenden, in einer Weise (um-)gedeutet und ausgestaltet werden, die einem „Missbrauch" gleichkommt: nämlich, wenn es benutzt wird, um Maßnahmen zur Gleichstellung der Geschlechter zu schwächen oder gar abzuschaffen (ebd.: 87; Stiegler 2003: 17).

---

4   Neben den gängigen Etiketten „Gender Mainstreaming" und „Diversity Management" gibt es auch „Gender Management" und „Diversity Mainstreaming".

5   Diesen Begriff habe ich von Kieser (1998) übernommen.

Mit Blick auf DiM kommt Sabine Lederle (2007)[6] zu dem Ergebnis, es handele sich nicht um ein Konzept, das „in der Umwelt der Organisation existiert und über einen ‚Handstreich' in die Organisation hineingeholt wird. Diversity Management wird vielmehr in iterativen und rekursiven Prozessen diskursiv erzeugt." (ebd.: 37). Dabei spielten Professionsnetzwerke eine wichtige Rolle. Durch Vorträge von Expert/innen aus Wissenschaft und Praxis werde dort Wissen über DiM vermittelt: „von konkreten Maßnahmen bis hin zu ‚wirksamen' inhaltlichen Deutungsmustern" (ebd.: 35).

Aus einer neo-institutionalistischen Perspektive[7] stellen sowohl Lederle (2007) als auch Stephan Süß und Markus Kleiner (2006) folgende Mechanismen als bedeutsam für die Einführung von DiM in deutschen Unternehmen heraus:

- Zwang: zum einen durch Gesetze oder, wie im Falle des Allgemeinen Gleichbehandlungsgesetzes (AGG), auch schon durch deren Antizipation,[8] zum anderen, weil die amerikanische Muttergesellschaft der deutschen Tochter die Implementierung von DiM vorschreibt;
- Nachahmung anderer, insbesondere als besonders erfolgreich geltender Unternehmen (Stichworte: Benchmarking, Best Practice, Management-Moden sensu Kieser 1996) und (damit eng zusammenhängend)
- Orientierung an den, bereits erwähnten, als professionell geltenden Standards.

Aus einer neo-institutionalistischen Perspektive werden Management-Konzepte wie DiM – und das lässt sich auch auf GM oder Chancengleichheitsprogramme übertragen – realisiert, um den Erwartungen der Umwelt zu entsprechen, d.h. aus Gründen der Legitimität. Insofern kann es sich um bloße „Legitimationsfassaden" handeln (Süß/Kleiner 2006: 75). Angesichts dessen wollten Süß und Kleiner (2006) feststellen, wann eine Organisation überhaupt von sich behaupten darf, DiM anzuwenden. Dazu befragten sie 17 Expert/innen aus Wissenschaft und Praxis, die insgesamt 13 „zentrale Maßnahmen" nannten (ebd.: 60):

---

6 Lederles (2007) Erkenntnisse basieren auf der diskursanalytisch orientierten Auswertung von Interviews mit 16 Expertinnen aus deutschen Großunternehmen.

7 Grundlegend auf den Neo-Institutionalismus einzugehen, würde den Rahmen dieses Beitrags sprengen. Vgl. dazu Krell (2001), Süß/Kleiner (2006), Lederle (2007) und die dort angegebenen Quellen.

8 Die Interviews von Lederle (2007: 31) zeigen, dass vorhandene oder zu erwartende gesetzliche Regelungen auch dadurch wirksam werden, dass sie von gleichstellungspolitisch Engagierten innerhalb der Organisation als Argumentationshilfe genutzt werden. Das gilt auch für die anderen beiden Mechanismen.

- strukturelle Institutionalisierung des DiM (Schaffung einer Stelle oder Abteilung),
- Beratungsangebote für „Minderheiten"-Gruppen,
- Mentoringprogramme,
- Diversity-Trainings,
- Evaluation der Maßnahmen des DiM,
- diversity-orientierte Betriebsvereinbarungen,
- diversity-orientierte Gestaltung der Aufgabenfelder der Personalpolitik,
- diversity-orientierte Einrichtungen (z.B. Kindergärten, Gebetsräume),
- Verankerung von Diversity in der Unternehmenskultur,
- Ermittlung und Überprüfung des DiM-Bedarfs,
- Kommunikation der Diversity-Aktivitäten,
- flexible Arbeitszeiten,
- gemischte Teams.

Nachdem dieser Maßnahmenkatalog ermittelt worden war, wurde in einer Unternehmensbefragung[9] zur konkreten Ausgestaltung von DiM eruiert, ob und ggf. mit welcher Intensität diese Maßnahmen auch tatsächlich angewendet werden (mittels einer Skala von 0 = Maßnahme nicht ergriffen bis 5 = Maßnahme mit hoher Intensität ergriffen). Im Ergebnis zeigte sich eine große Bandbreite: Die drei höchsten Werte (alle über 3,5) erzielten flexible Arbeitszeiten, gefolgt von gemischten Teams und Verankerung von DiM in der Unternehmenskultur, die drei niedrigsten Werte (alle unter 2,5) Diversity-Trainings, gefolgt von Beratungsangeboten für „Minderheiten"-Gruppen und (gleich platziert) diversity-orientierte Einrichtungen und diversity-orientierte Gestaltung personalpolitischer Aufgabenfelder. Insbesondere die vergleichsweise niedrigen Werte bei Trainings und der Umgestaltung der Personalpolitik können so interpretiert werden, dass keine konsequente Anwendung des Konzepts erfolgt. Und das betrifft die 26 Unternehmen (= 38,5 Prozent), die überhaupt angeben, sie realisierten DiM!

Nun wäre ja auch der Fall denkbar, dass es zwar kein gleichstellungspolitisches Konzept oder Programm gibt, aber dennoch Maßnahmen ergriffen werden. Unter anderem dieser Frage sind wir in einer Studie im Rahmen der Evaluierung der Vereinbarung zur Förderung der Chancengleichheit zwischen

---

9   Angeschrieben wurden von Süß und Kleiner (2006) insgesamt 210 Unternehmen (160 börsennotierte deutsche und die 50 größten amerikanischen – dem Herkunftsland von DiM – mit Sitz in Deutschland); die Rücklaufquote betrug ca. 19 Prozent

der Bundesregierung und den Spitzenverbänden der deutschen Wirtschaft nachgegangen (Krell/Ortlieb 2004).[10] Dazu hier nur so viel: In nur 7 Unternehmen (das entspricht 1,5 Prozent) gab es überhaupt Statistiken zur Verteilung von Frauen und Männern auf hierarchische Positionen (ebd.: 12) als Informationsgrundlage. Nur 40 (bzw. 8,1 Prozent) der Unternehmen gaben an, Maßnahmen zur Erhöhung des Frauenanteils im Management würden „durchgeführt" und 31 (bzw. 6,3 Prozent), solche Maßnahmen seien „geplant". Mehr als vier Fünftel der Unternehmen (423 bzw. 85,6 Prozent) antworteten mit „weder durchgeführt noch geplant" (ebd.: 16).

Und: Der statistische Zusammenhang zwischen „Maßnahmen zur Erhöhung des Frauenanteils im Management" und der tatsächlichen Erhöhung des Frauenanteils im Management[11] erwies sich als sehr schwach (ebd.: 23).[12] Andere Studien dazu ergaben sogar gar keinen „signifikanten" (Kay 2007: 30) oder „messbaren" (Kleinert u.a. 2007: 47) Zusammenhang. Kleinert u.a. geben aber zu bedenken, dass „solche Instrumente ihre Wirkungen erst mit zeitlicher Verzögerung entfalten" (ebd.: 48).

Den von gleichstellungspolitisch Engagierten erhofften Wirkungen entsprechender Ziele, Konzepte und Maßnahmen stehen offenbar mehrere Faktoren entgegen:

- der bereits erwähnte Zeitfaktor (Veränderungen der Kultur einer Organisation brauchen Zeit und erfordern deshalb einen „langen Atem"),
- die ebenfalls bereits angesprochene Realisierung der Konzepte als „Legitimationsfassade",[13]
- sowie „die patriarchalischen Strukturen der Organisationen, die dieses Konzept umsetzen sollen", wie Barbara Stiegler (2005: 20) betont – zwar nur für GM; aber das gilt auch für DiM bzw. ganz generell.

---

10 Bei der Studie von Krell/Ortlieb (2004) handelte es sich um eine – repräsentative – telefonische Befragung des Managements von 500 Unternehmen im Herbst 2003.

11 Die Mehrheit der Befragten (261 bzw. 70,4 Prozent) gab an, in den letzten drei Jahren sei in ihrem Unternehmen der Frauenanteil im Management etwa gleich geblieben. 84 Unternehmen gaben an, (22,6 Prozent), er habe sich eher vergrößert, und 26 Unternehmen (7,0 Prozent), er habe sich eher verkleinert (Krell/Ortlieb 2004: 23).

12 Allerdings hatte sich der Frauenanteil im Management am häufigsten bei den Unternehmen vergrößert, die überhaupt eine oder mehrere Maßnahme(n) zur Förderung der Chancengleichheit ergriffen hatten (Krell/Ortlieb 2004: 23).

13 Das zeigt auch sehr eindrücklich das von Edding (2000) geschilderte Fallbeispiel.

2   Impulse

Die Impressionen zu den gleichstellungspolitischen Aktivitäten und deren Effekten verdeutlichen dreierlei: Erstens handelt es sich bei den Auseinandersetzungen um GM oder DiM um eine „Konkurrenz in der Marginalität".[14] Zweitens geht es nicht um die Entscheidung zwischen wohldefinierten Konzepten, sondern deren Auswahl und Anwendung ist immer zugleich ihre Verfertigung durch die Organisationsmitglieder. Drittens kann es kein „Patenrezept" geben, sondern die Situation der Organisation sollte bei der Wahl und Gestaltung eine entscheidende Rolle spielen. Angesichts dessen werde ich im Folgenden zunächst noch einmal inhaltlich auf die Konzeptwahl bzw. -gestaltung eingehen und dann prozessbezogen auf Interessenkonstellationen und Widerstände sowie deren Überwindung.

2.1   Konzeptwahl bzw. -gestaltung

Im Folgenden skizziere ich drei Kombinationsmöglichkeiten von GM und DiM und gehe zugleich auf mögliche Vor- und Nachteile aus der Sicht von Beteiligten und Betroffenen ein. Alle drei Varianten entsprechen den Anforderungen des Allgemeinen Gleichbehandlungsgesetzes (AGG), das laut § 1 darauf zielt, „Benachteiligungen aus Gründen der Rasse oder wegen der ethnischen Herkunft, des Geschlechts, der Religion oder Weltanschauung, einer Behinderung, des Alters oder der sexuellen Identität zu verhindern oder zu beseitigen".

Diversity unter dem Dach GM
Diese Kombination kann dort vorteilhaft sein, wo GM bereits erfolgreich implementiert worden ist. Hier könnte ein „Konzeptwechsel" hin zu DiM schon allein deshalb Widerstände hervorrufen, weil „schon wieder was Neues" (oder auch „Neumodisches") eingeführt werden soll. Eine konzeptionelle Ausdifferenzierung oder Weiterentwicklung von GM durch die Einbeziehung weiterer Diversity-Dimensionen würde dagegen Kontinuität signalisieren. Nachteilig ist dies aus der Sicht derer, die Probleme mit der Privilegierung von Gender haben – z.B. weil sie andere diskriminierungsrelevante Merkmale repräsen-

---

14   So der Titel eines Beitrags von Edit Kirsch-Auwärter zur Tagung „Gender und Diversity: Albtraum oder Traumpaar" an der Freien Universität Berlin im Januar 2006, der sich nicht in der Tagungsdokumentation von Andresen u.a. (2009) findet.

tieren und/oder als bedeutsamer erachten. Damit zusammen hängt ein weiterer Nachteil: Das Etikett GM lässt nicht erkennen, dass nun neben Gender auch andere Diversity-Dimensionen berücksichtigt werden.

Gender & Diversity

Mit dieser Etikettierung kann signalisiert werden, dass zunächst GM realisiert worden ist und dann weitere Diversity-Dimensionen einbezogen worden sind. In diesem Sinne findet sich in der deutschen Privatwirtschaft auch die Bezeichnung „Chancengleichheit und Diversity" (Krell 2008c). Diese Kombination ist vorteilhaft aus der Sicht derer, die Gender privilegieren wollen und deshalb einer Ablösung von GM (bzw. Chancengleichheit) durch DiM kritisch bis ablehnend gegenüberstehen. Des Weiteren kann mit dieser Bezeichnung signalisiert werden, dass die anderen Diversity-Dimensionen nicht nur neben Gender stehen, sondern – ganz im Sinne des GM – auch aus der Gender-Perspektive betrachtet und behandelt werden.

Für diejenigen, die keine Privilegierung von Gender wollen, ist wiederum genau das (im Vergleich zu Kombination 1 zwar abgeschwächt, aber immer noch) ein Nachteil. Das gilt verstärkt, wenn sie den Eindruck haben, faktisch gehe es weiterhin fast ausschließlich um Gender – und insofern handele es sich um einen „Etikettenschwindel".

Gender unter dem Dach DIM

Bei DiM „steht zwar nicht Gender drauf, ist aber Gender drin", denn Gender ist eine der Kerndimensionen von Diversity (Management). Aus der Sicht derer, die gegen eine konzeptionelle Privilegierung von Gender sind, besteht der Vorteil dieses Konzepts in seiner Offenheit. Insofern kann davon ausgegangen werden, dass es auf eine breitere Akzeptanz trifft (Krell/Riegger 2005). Der damit verbundene Nachteil ist eine erhöhte Komplexität[15], da nun viele Diversity-Dimensionen berücksichtigt werden müssen – und zwar nicht nur bezogen auf die o.g. Merkmale von Gruppen, sondern auch auf individuelle Vielfalt. Faktisch ist dennoch davon auszugehen, dass bei einer Bedarfsermittlung durch Diversity Audits Handlungsbedarf in Sachen Gender sichtbar wird, was wiederum diejenigen beruhigen könnte, die befürchten, Gender werde unter dem Dach DiM marginalisiert. Nachteilig aus der Sicht nicht weniger gleichstellungspolitisch Engagierter erscheint auch, dass DiM zu „betriebswirtschaftlich" oder „neoli-

---

15 Relativierend hinzufügen möchte ich: Erstens erhöht sich die Komplexität auch schon bei den Varianten 1 und 2. Zweitens handelt es sich bei dieser Erhöhung nicht nur um einen Nachteil; Bruchagen/Koall (2008: 935) betonen, dass gerade in der Komplexitätserhöhung auch die „mögliche Gestaltungskraft" von DiM liegt.

beral" ist. Hier möchte ich zunächst noch einmal daran erinnern: Erstens wird nicht nur GM, sondern auch DiM auch aus rechtlichen Gründen propagiert und praktiziert; DiM hat seine Wurzeln und Protagonist/innen auch in der amerikanischen Human-Rights-Bewegung (Bendl 2004; Vedder 2006). Zweitens werden ökonomische oder managementorientierte Argumente nicht nur für DiM, sondern auch für GM angeführt. Wenn das als „Sündenfall" betrachtet und angeprangert wird, dann betrifft das deshalb nicht nur DiM, sondern auch Gender bzw. GM (Wetterer 2002; Meuser 2009). Hinzu kommt: Für alle drei Varianten können hinsichtlich des Stellenwerts ökonomischer Argumente „zwei diskursive Umgangsweisen" unterschieden werden, wie Sandra Smykalla (2008: 275; mit Blick auf GM) herausstellt: Zum einen können ökonomische Ziele gleichberechtigt neben das Ziel der Gleichstellung gestellt werden (hinzufügen möchte ich: sogar darüber, d.h. Glcichstellungspolitik gilt nur als Mittel zum Zweck). Zum anderen können – und das ist auch meine Diskursposition – ökonomische Argumente „ein (rhetorisches) Mittel zur Zielerreichung von Gleichstellung [sein], d.h. ökonomische Nutzen-Argumente dienen als Türöffner für Gleichstellungsforderungen" (ebd.). Insofern ist es sicherlich kein Zufall, dass in zwei neueren Handbucharticeln zu GM und DiM beide Male die Metapher des trojanischen Pferdes verwendet wird (Stiegler 2008: 928; Bruchhagen/ Koall 2008: 934 und die dort angegebenen Quellen). Aus einer diskursanalytischen Perspektive[16] ist noch zu ergänzen, dass weniger die Intentionen der am Diskurs Teilnehmenden zählen als die Effekte. Und gleichstellungspolitische Effekte sind *bei beiden diskursiven Umgangsweisen* weder ausgeschlossen noch garantiert.

2.2 Interessenkonstellationen und Widerstände

Es sollte deutlich geworden sein, dass die Frage nach Vor- und Nachteilen gleichstellungspolitischer Konzepte von der Ausgangssituation in einer Organisation abhängt, insbesondere von den Interessen, Überzeugungen und Befürchtungen der Organisationsmitglieder. Insofern handelt es sich bei der Realisierung gleichstellungspolitischer Konzepte um eine Gratwanderung: Einerseits geht es ja gerade darum, die herrschenden Verhältnisse zu verändern. Andererseits sind es ausgerechnet die – von den herrschenden Verhältnissen überwiegend profitierenden – Mitglieder der dominanten Gruppe, die den Wandel „Top down" initiieren und steuern sollen. Auch um die übrigen

---

16 Grundlegend zu „Diskurs und Ökonomie" vgl. Diaz-Bone/Krell (in Vorbereitung).

Organisationsmitglieder „ins Boot zu bekommen", muss dem bzw. deren Ist-Zustand Rechnung getragen werden.[17] Deshalb wird empfohlen, zunächst eine strategische Analyse der bestehenden Interessenkonstellationen vorzunehmen (Jüngling/Rastetter 2008). So können zum einen potenzielle interne Bündnispartner/innen ermittelt werden[18], zum anderen, von wem – und eventuell auch warum – mit Widerständen zu rechnen ist.

In ihrem Buch „Agentin des Wandels: Der Kampf um Veränderung im Unternehmen" präsentiert Cornelia Edding (2000: 187 ff.) die folgenden Strategien für den persönlichen Umgang mit Widerständ(ig)en:

- „Mitspielen", z.B. bei Verzögerungstaktiken (als Form des passiven Widerstands) geduldig und beharrlich neue Anläufe machen und um neue Termine bitten bzw. versuchen festzulegen, wann es denn passt, wenn jetzt gerade nicht;
- „Zuspitzen", d.h. – in Einzelfällen – Widerständige konfrontieren bzw. provozieren. Ein Beispiel dazu findet sich bei Elke Wiechmann (2006: 113): So hatte in der Stadt Dortmund das Frauenbüro immer wieder den Gebrauch einer geschlechtergerechten Sprache angemahnt – ohne Erfolg. Nachdem eine Rechtsdezernentin in einer ihrer ersten Dienstbesprechungen die Führungskräfte gefragt hatte, ob mit ihren Ausführungen keine Frauen gemeint seien, waren plötzlich alle in der Lage, die männliche und die weibliche Form zu benutzen;
- „Aushandeln", d.h. Kompromisse schließen, mit denen alle leben können – als Strategie für sichtbaren und aktiven Widerstand;
- „Entlarven", d.h. Aufdecken von geheimen bzw. passiven Widerstand und Widerständigen. Wie auch bei „Konfrontieren" stellt sich dabei aber das Problem eines möglichen Gesichtsverlustes des Gegenübers;
- „Mehr-Banden-Spiel", d.h. Abhängigkeiten erkennen und nutzen, z.B. BündnispartnerInnen aktivieren, um Widerständige „auf Kurs zu bringen";
- „Beim Wort nehmen", d.h. rhetorische Beteuerungen, Floskeln o.Ä. aufgreifen, eventuell auch öffentlich machen, sich für die Unterstützung bedanken – und damit arbeiten;
- „Vor vollendete Tatsachen stellen", d.h. Fakten schaffen, wenn die Macht und die Möglichkeit dazu vorhanden sind.

---

17 Eine wichtige Rolle spielen hier die in den Köpfen vorhandenen „Alltagstheorien" oder „subjektiven Theorien", wie Kieser (1998: 52 f.) generell betont – in dem hier interessierenden Zusammenhang zu Geschlecht; dazu ausführlicher Krell (2008b).

18 Wie schon in Zusammenhang mit den Professionsnetzwerken angesprochen wurde, sind auch externe Bündnispartner/innen bedeutsam.

Auch beim Umgang mit Widerständen handelt es sich um eine Gratwanderung bzw. einen Balance-Akt: Einerseits geht es darum, wirksame Gegenstrategien einzusetzen, andererseits darum, Widerständige mit ihren Überzeugungen, Interessen und Motiven ernst zu nehmen (und das nicht nur aus strategischen Gründen).

Nicht nur durch solche individuellen Strategien, sondern auch durch die Personalpolitik kann versucht werden, Widerständen entgegenzuwirken oder, um es positiv zu formulieren, die Gleichstellungskompetenz und -motivation, insbesondere der Führungskräfte, zu erhöhen. Dazu hier nur soviel (ausführlicher: Krell 2008b): Gleichstellungsmotivation und -kompetenz kann zu einem Selektionskriterium bei der Besetzung von Führungspositionen gemacht werden. Und durch Gender und/oder Diversity Trainings, kann versucht werden, Einstellungen und/oder Verhalten zu verändern. Wenn Gender und/oder Diversity zu einem Kriterium der Beurteilung – und evtl. auch der daran gekoppelten leistungsabhängigen Vergütung – von Führungskräften gemacht wird, dann signalisiert die Organisationsleitung, dass gleichstellungspolitische Ziele oder Konzepte nicht nur Lippenbekenntnisse oder Legitimationsfassaden sind. Und einmal mehr handelt es sich um Balance-Akte: zwischen Verständigung, Vereinbarungen und Vorgaben, zwischen Überzeugen und Überreden, zwischen Aushandlung und Anordnung. Und auch das muss in jeder Organisation und immer wieder aufs Neue ausbalanciert und „verfertigt" werden.

Literaturverzeichnis:

Andresen, Sünne/Koreuber, Mechthild/Lüdke, Dorothea (Hg.) (2009): Gender und Diversity: Albtraum oder Traumpaar. Wiesbaden: VS Verlag für Sozialwissenschaften.

Becker, Ruth/Kortendiek, Beate (Hg.) (2008): Handbuch Frauen- und Geschlechterforschung. 2. Aufl., Wiesbaden: VS Verlag für Sozialwissenschaften.

Bendl, Regine (2004): Gendermanagement und Gender- und Diversitätsmanagement – ein Vergleich der verschiedenen Ansätze. 43-72. In: Bendl, Regine/Hanappi-Egger, Edeltraud/Hofmann, Roswitha (Hg.): Interdisziplinäres Gender- und Diversitätsmanagement. Einführung in Theorie und Praxis. Wien: Linde.

Bischoff, Sonja (2005): Wer führt in (die) Zukunft? Männer und Frauen in Führungspositionen der Wirtschaft in Deutschland – die 4. Studie. Hg. von der Deutschen Gesellschaft für Personalführung e.V. (Schriftenreihe der DGFP Band 77). Bielefeld: W. Bertelsmann.

Bruchhagen, Verena/Koall, Iris (2008): Managing Diversity: Ein (kritisches) Konzept zur produktiven Nutzung sozialer Differenzen. 931-938. In Becker/Kortendiek (2008).

Diaz-Bone, Rainer/Krell, Gertraude (Hg.) (in Vorbereitung): Diskurs und Ökonomie, Wiesbaden: VS Verlag für Sozialwissenschaften (erscheint im Herbst 2009).

Die Bundesregierung (2008): 3. Bilanz Chancengleichheit: Europa im Blick. Rostock: ohne Verlag.

Doppler, Doris (2005): Männerbund Management. München/Mering: Rainer Hampp.

Edding, Cornelia (2000): Agentin des Wandels. München: Gerling Akademie Verlag.

Franck, Egon/Jungwirth, Carola (1998): Vorurteile als Karrierebremse? Ein Versuch zur Erklärung des Glass Ceiling-Phänomens. 1083-1097. In: Zeitschrift für betriebswirtschaftliche Forschung, 50. Jg., Heft 12.

Holst, Elke/Schrooten, Mechthild (2006): Führungspositionen: Frauen geringer entlohnt und nach wie vor seltener vertreten. 365-371. In: DIW Wochenbericht, 73. Jg., Heft 25.

Höyng, Stephan/Puchert, Ralf (1998): Die Verhinderung beruflicher Gleichstellung: Männliche Verhaltensweisen und männerbündische Kultur. Bielefeld: Kleine.

Jüngling, Christiane/Rastetter, Daniela (2008): Die Implementierung von Gleichstellungsmaßnahmen: Optionen Widerstände und Erfolgsstrategien. 127-140. In: Krell (2008a).

Kanter, Rosabeth Moss (1977): Men and Women of the Corporation. New York: BasicBooks.

Kanter, Rosabeth Moss/Stein, Barry A. (1980): A Tale of „O". On Being Different in an Organization. New York: Harper & Row.

Kay, Rosemarie (2007): Auf dem Weg in die Chefetage. Betriebliche Entscheidungsprozesse bei der Besetzung von Führungspositionen. Untersuchung im Auftrag des Ministeriums für Generationen, Familie, Frauen und Integration des Landes Nordrhein-Westfalen, IfM-Materialien Nr. 170, Bonn: ohne Verlag.

Kieser, Alfred (1996): Moden & Mythen des Organisierens. 21-39. In: Die Betriebswirtschaft, 56. Jg., Heft 1.

Kieser, Alfred (1998): Über die allmähliche Verfertigung der Organisation beim Reden. Organisieren als Kommunizieren. 45-75. In: Industrielle Beziehungen, 5. Jg., Heft 1.

Kleinert, Corinna/Kohaut, Susanne/Brader, Doris/Lewerenz, Julia (2007): Frauen an der Spitze: Arbeitsbedingungen und Lebenslagen weiblicher Führungskräfte. Hg. vom Institut für Arbeitsmarkt und Berufsforschung (IAB), Frankfurt a.M./New York: Campus.

Kommission der Europäischen Gemeinschaften (2008): Bericht der Kommission […] zur Gleichstellung von Frauen und Männern – 2008. Brüssel: ohne Verlag.

Krell, Gertraude (2001): Gleichstellung aus den Perspektiven der Managementlehre und der Organisationstheorien. 520-524. In: WSI Mitteilungen. 54. Jg., Heft 8.

Krell, Gertraude (Hg.) (2008a): Chancengleichheit durch Personalpolitik. 5. Aufl., Wiesbaden: Gabler.

Krell, Gertraude (2008b): Einleitung: Chancengleichheit durch Personalpolitik – Ecksteine, Gleichstellungscontrolling und Geschlechterverständnis als Rahmen. 3-22. In: Krell (2008a).

Krell, Gertraude (2008c): Programme und Maßnahmen zur Realisierung von Chancengleichheit in deutschen Großunternehmen von Mitte der 1990er Jahre bis 2006. 57-62. In: Krell (2008a).

Krell, Gertraude (2008d): Diversity Management: Chancengleichheit für alle und auch als Wettbewerbsfaktor. 63-80. In: Krell (2008a).

Krell, Gertraude (2008e): „Vorteile eines neuen, weiblichen Führungsstils": Ideologiekritik und Diskursanalyse. 319-330. In: Krell (2008a).

Krell, Gertraude (2009): Gender und Diversity: Eine ‚Vernunftehe' – Plädoyer für vielfältige Verbindungen. 133-153. In: Andresen u.a. (2009).

Krell, Gertraude/Ortlieb, Renate (2004): Chancengleichheit von Frauen und Männern in der Privatwirtschaft. Eine Befragung des Managements von 500 Unternehmen zur Umsetzung der Vereinbarung zur Förderung der Chancengleichheit. Im Auftrag des Deutschen Gewerkschaftsbundes und der Hans-Böckler-Stiftung (Positionen + Hintergründe N° 2 Februar 2004, hg. vom DGB, Abteilung Gleichstellungs- und Frauenpolitik), Berlin.

Krell, Gertraude/Riegger, Kristina (2005): Gender Mainstreaming oder Managing Diversity? Präferenzen von Studierenden der Wirtschaftswissenschaft als (potenzielle) MitarbeiterInnen und Führungskräfte. 22-35. In: Zeitschrift für Frauenforschung & Geschlechterstudien, 23. Jg., Heft 3.

Krell, Gertraude/Wächter, Hartmut (Hg.) (2006): Diversity Management: Impulse aus der Personalforschung. München/Mering: Rainer Hampp.

Krell, Gertraude/Mückenberger, Ulrich/Tondorf, Karin (2008): Gender Mainstreaming: Chancengleichheit (nicht nur) für Politik und Verwaltung. 97-114. In: Krell (2008a).

Lederle, Sabine (2007): Die Einführung von Diversity Management in deutschen Organisationen: eine neoinstitutionalistische Perspektive. 22-41. In: Zeitschrift für Personalforschung. 21. Jg., Heft 1.

Meuser, Michael (2009): Humankapital Gender. Geschlechterpolitik zwischen Ungleichheitssemantik und ökonomischer Logik. 95-109. In: Andresen u.a. (2009).

Osterloh, Margit/Littmann-Wernli, Sabrina (2002): Die „gläserne Decke" – Realität und Widersprüche. 259-275. In: Peters, Sibylle/Bensel, Norbert (Hg.): Frauen und Männer im Management. 2. Aufl., Wiesbaden: Gabler.

Rastetter, Daniela (2005): Gleichstellung contra Vergemeinschaftung. Das Management als Männerbund. 247-266. In: Krell, Gertraude (Hg.): Betriebswirtschaftslehre und Gender Studies. Wiesbaden: Gabler.

Smykalla, Sanda (2008): Die Bildung der Differenz: Wissensformationen in gender-orientierter Weiterbildung und Beratung im Kontext von Gender Mainstreaming. Dissertation an der Sozialwissenschaftlichen Fakultät der Georg-August-Universität Göttingen (Buchveröffentlichung in Vorbereitung).

Stiegler, Barbara (2003): Gender Mainstreaming. Postmoderner Schmusekurs oder geschlechterpolitische Chance?. Hg. von der Friedrich Ebert Stiftung. Bonn: ohne Verlag.

Stiegler, Barbara (2005): Gender Mainstreaming, Frauenförderung, Diversity oder Antidiskriminierungspolitik – was führt wie zur Chancengleichheit? 9-21. In: Zeitschrift für Frauenforschung & Geschlechterstudien. 23. Jg., Heft 3.

Stiegler, Barbara (2008): Gender Mainstreaming: Fortschritt oder Rückschritt in der Geschlechterpolitik? 925-930. In: Becker/Kortendiek (2008).

Strunk, Guido/Hermann, Annett/Praschak, Susanne (2005): Eine Frau muss ein Mann sein, um Karriere zu machen. 211-242. In: Mayrhofer, Wolfgang/Meyer, Michael/Steyrer, Johannes (Hg.): MACHT? ERFOLG? REICH? GLÜCKLICH? Einflussfaktoren auf Karrieren. Wien: Linde.

Süß, Stefan/Kleiner, Markus (2006): Diversity Management. Verbreitung in der deutschen Unternehmenspraxis und Erklärungen aus Neo-Institutionalistischer Perspektive. 57-79. In: Krell/Wächter (2006).

Vedder, Günther (2006): Die historische Entwicklung von Managing Diversity in den USA und in Deutschland. 1-23. In: Krell/Wächter (2006).

Wetterer, Angelika (1999): Ausschließende Einschließung – marginalisierende Integration: Geschlechterkonstruktionen in Professionalisierungsprozessen. 15-34. In: Neusel, Aylâ/Wetterer, Angelika (Hg.): Vielfältige Verschiedenheiten, Frankfurt/New York: Campus.

Wetterer, Angelika (2002): Strategien rhetorischer Modernisierung. Gender Mainstreaming. Managing Diversity und die Professionalisierung der Gender-Expertinnen. 129-148. In: Zeitschrift für Frauenforschung & Geschlechterstudien. 20. Jg., Heft 3.

Wetterer, Angelika (2007): Erosion oder Reproduktion geschlechtlicher Differenzierungen? Zentrale Ergebnisse des Forschungsschwerpunkts „Professionalisierung, Organisation, Geschlecht" im Überblick. 189-214. In: Gildemeister, Regine/Wetterer, Angelika (Hg.): Erosion oder Reproduktion geschlechtlicher Differenzierungen? Widersprüchliche Entwicklungen in professionalisierten Berufsfeldern und Organisationen. Münster: Westfälisches Dampfboot.

Wiechmann, Elke (2006): Gleichstellungspolitik als Machtspiel, Freiburg: fupf – Fördergemeinschaft wissenschaftlicher Publikationen von Frauen e.V.

Woodward, Alison E. (2004): Gender Mainstreaming als Instrument zur Innovation von Institutionen. 86-102. In: Meuser, Michael/Neusüß, Claudia (Hg.): Gender Mainstreaming, Bonn: Bundeszentrale für politische Bildung.

Verzeichnis der Autorinnen und Autoren

BARANN, THOMAS: Rechtsanwalt, Ass. jur., Industriekaufmann, Leiter Personal Gothaer Versicherungen, Köln. Arbeitsschwerpunkte: Personalmanagement, Change-Management.
Mail: Thomas_Barann@Gothaer.de

BAUER, ANNEMARIE: Dr. phil., Prof. an der Evangelischen Fachhochschule Darmstadt für Psychoanalyse und Soziale Arbeit; Gruppenanalytikerin (DAGG) und Supervisorin (DGSv). Arbeitsschwerpunkte u.a.: Familienbeziehungen unter der Mehrgenerationenperspektive, Familie und psychische Krankheiten, strukturelle Störungen, psychoanalytische Pädagogik, Unbewusstes in Organisationen, psychoanalytische und systemische Theorieansätze in ihrer Anwendung auf Fallarbeit im Vergleich.
Mail: ambauer@gmx.de

BENNING-ROHNKE ELKE UND ACHIM ROHNKE: Beide Ehepartner sind seit den Geburten von zwei Söhnen (Jahrgang 1987 und 1990) ohne Unterbrechung berufstätig und unterstützen sich gegenseitig in ihrer Karriere. Gemeinsamer erster Arbeitgeber: Procter & Gamble (Schwalbach und Toronto), ab 1989 Jacobs Suchard Bremen. 1991 wechselt Achim Rohnke als Geschäftsführer zur WDR mediagroup GmbH, Köln und wird zusätzlich 1998 Gründungsgeschäftsführer der ARD-Werbung Sales & Services GmbH, Frankfurt/Main. Elke Benning-Rohnke übernimmt in der Geschäftsleitung von Kraft Jacobs Suchard das Marketing Ressort. 1996 wird sie in den Vorstand der Wella AG berufen, 2000 Wechsel zu Grolman Result GmbH in Frankfurt/M. als geschäftsführende Gesellschafterin. 2008: Gründung der Unternehmensberatung Benning & Company GmbH mit Büros in Frankfurt/M., München und Hamburg. Achim Rohnke wird Geschäftsführer der Bavaria Film Gruppe in München.
Mail: ebr@benningcompany.com;
Webseite: www.benningcompany.com

 BISCHOFF, SONJA: Univ.-Prof. Dr. rer. pol., Dipl.-Kaufmann, lehrt Betriebswirtschaftslehre an der Universität Hamburg. Direktorin des Masterstudiengangs Entrepreneurship. Arbeitsschwerpunkte in der Lehre und Forschung: Strategische Unternehmensführung, Entrepreneurship, Männer und Frauen in Führungspositionen in der Wirtschaft, Freie Berufe.
Mail: Sonja.Bischoff@wiso.uni-hamburg.de

 DASER, BETTINA: Dr. phil., Dipl. oec., Coach, wissenschaftliche Assistentin im Schwerpunkt psychoanalytische Sozialpsychologie im Fachbereich Gesellschaftswissenschaften der Universität Frankfurt sowie des Sigmund-Freud-Instituts Frankfurt. Arbeitsschwerpunkte: Familienunternehmen, Wirkungsfaktoren im Coaching-Prozess, Management von Übergangs- und Krisenzeiten, psychosoziale Arbeitsbedingungen in Organisationen.
Mail: daser@soz.uni-frankfurt.de

 DAVID, BARBARA: Germanistik M.A., Bankkauffrau, Personalfachkauffrau ist tätig bei der Commerzbank AG, Zentraler Stab Human Resources, Leitung Diversity Management, Frankfurt am Main. Arbeitsschwerpunkte: Diversity Management & Inclusion: Handlungsfelder u.a. Work & Life, Frauen in gehobenen Fach- und Führungspositionen, sexuelle Orientierung, Zusammenarbeit der Generationen, kulturelle Vielfalt.
Mail: Barbara.David@commerzbank.com

 DICK, PETRA: Dr. rer. pol., Dipl. oec., Bankkauffrau, Referentin im strategischen Personalmanagement der Gothaer Versicherungen, Köln. Arbeitsschwerpunkte: Demografie, Frauen im Management, Funktionsbewertung, Vergütung.
Mail: petra_dick@gothaer.de

 DOMSCH, MICHEL E.: Prof. Dr. Dipl.-Volkswirt, Leitung „Management Development Center", Helmut-Schmidt-Universität Wirtschaftsfakultät. Arbeitsschwerpunkte: Lehre, Forschung, Beratung im Bereich Human Ressource Management und International Management.
Mail: michel.domsch@hsu-hh.de

EDDING, CORNELIA: Dr. phil., Diplom-Psychologin; Trainerin für Gruppendynamik (DAGG), Beraterin für Organisationsentwicklung, Supervisorin (DGSv), selbständig in Berlin und im deutschsprachigen Raum. Arbeitsschwerpunkte: Coaching und Supervision von Fach- und Führungskräften, insbesondere Frauen, Projektberatung, Vortragstätigkeit.
Mail: c.edding@tops-ev.de

FALKENHAUSEN, JUTTA VON: Rechtsanwältin im Berliner Büro der internationalen Sozietät Wilmer Cutler Pickering Hale and Dorr LLP. Arbeitsschwerpunkte: Beratung deutscher und internationaler Mandanten in Fragen des Wirtschafts- und Gesellschaftsrechts, internationale Vertragsgestaltung, Gemeinnützigkeits- und Stiftungsrecht, ehrenamtliches Engagement als Vize-Präsidentin von FidAR e.V. und Mitglied des Vorstands der Deutschen Gesellschaft für Auswärtige Politik e.V. (DGAP).
Mail: jutta.vonfalkenhausen@fidar.de

FLATH, SUSANNE: Master of Arts „Management in Social Organisations", Diplom Sozialpädagogin (FH), Kinderkrankenschwester. Bereichsleitung bei Mobile Praxis gem. GmbH in Darmstadt. Arbeitsschwerpunkte: ambulante und teilstationäre Jugendhilfe.
Mail: s.flath@web.de

FRÖSE, MARLIES W.: Prof. Dr. phil., lehrt an der Evangelischen Fachhochschule Darmstadt, Leiterin des Masterstudienganges „Management in Social Organisations" für Fach- und Führungskräfte (Darmstädter Management Modell). Mitstudiengangsleitung des Kooperations-Masterstudienganges „Führung in Kirche und Diakonie" (Universität Heidelberg). Dipl. Sozialarbeiterin, Dipl. Pädagogin, Beraterin für Organisations- und Unternehmensentwicklung, Supervisorin (DGSv). Arbeitsschwerpunkte: Organisationsentwicklung, Coaching, Organisations- und Managementtheorien, Diversity, Gender, Human Ressource Management, zukunftsfähiges Management und Leadership, Dritter Sektor, Konfliktmanagement und Dialogfähigkeit, Transformation.
Mail: froese@efh-darmstadt.de

GRÖNING, KATHARINA: Prof. Dr. Hochschullehrerin. Arbeitsschwerpunkte: Pädagogische Beratung, Geschlechterverhältnisse, Pflege in der späten Familie.
Mail: Katharina.groening@t-online.de

HAUBL, ROLF: Prof. Dr. phil. in Germanistik, Dr. rer. pol. habil. in Psychologie Gruppenlehranalytiker, Gruppenanalytischer Supervisor und Organisationsberater (DAGG), Leiter des Forschungsschwerpunkts Psychoanalyse und Gesellschaft am SFI. Seit 2003 Professor für Soziologie und psychoanalytische Sozialpsychologie am Fachbereich Gesellschaftswissenschaften der Johann Wolfgang Goethe-Universität und geschäftsführender Direktor des Sigmund-Freud-Instituts. Arbeitsschwerpunkte: Sozialwissenschaftliche Emotionsforschung, Krankheit und Gesellschaft, Beratungsforschung, insbesondere Entwicklung, praktische Erprobung und Evaluation von psychoanalytischen Konzepten für Supervision, Coaching und Organisationsanalyse und -beratung, Methodologie und Methodik psychoanalytischer Sozialforschung, insbesondere Beziehungsdynamik in qualitativen Interviews, biografische Analysen sowie Fallrekonstruktion.
Mail: haubl@sigmund-freud-institut.de

JÜNGLING, CHRISTIANE: Dr. rer. nat., Diplom- Psychologin, Psychologische Psychotherapeutin, Supervisorin (SG), Psychotherapie, Systemisches Coaching, Supervision und Training, Hamburg. Arbeitsschwerpunkte: Mikropolitik, Gender, Organisationsforschung, Entscheidungen und Verhandlungen in Gruppen
Mail: Christiane.juengling@web.de

KRELL, GERTRAUDE: Prof. Dr. rer pol., Diplom-Kauffrau, Diplom Volkswirtin, war Professorin für Betriebswirtschaftslehre mit dem Schwerpunkt Personalpolitik an der Freien Universität Berlin, seit 2007 pensioniert. Arbeitsschwerpunkte: Chancengleichheit durch Personalpolitik, insbes. Frauen und Männer in Führungspositionen, Entgelt(un)gleichheit, Gender & Diversity sowie deren Verhältnis, Emotionen – insbes. Leidenschaften – in Organisationen, Diskurs und Ökonomie.
Mail: gertraude.krell@fu-berlin.de

LADWIG, DÉSIRÉE: Prof. Dr., Dipl.-Kffr./Dipl.-Volkswirtin, WMA/Promotion zum Dr. rer. pol., von 2002 – 2004 Professorin für Personalwirtschaft und Internationales Management an der SRH-Hochschule Berlin, von 2006 – 2008 Professorin für ABWL, Personalmanagement und Organisation an der UMC Potsdam, seit 2008 Professorin für Personalmanagement und ABWL an der Fachhochschule Lübeck, Fachbereich Maschinenbau und Wirtschaft und seit 2004 Geschäftsführerin des MDC e.V., Management Development Center an der HSU, Helmut-Schmidt-Universität Hamburg. Arbeitsschwerpunkte: Interim Management, Diversity Management, Innovative Arbeitszeitmodelle, seit mehr als 15 Jahren Leitung von Beratungsprojekten in Wirtschaft, Verwaltung und Verbänden.
Mail: desiree.ladwig@hsu-hh.de

MÄGLI, RENÉ: Eidg. Dipl. Kaufmann, Delegierter des Verwaltungsrates der MSC Agency AG., Basel. Arbeitsschwerpunkte: Führung der Firma, Entwicklung von Strategien, Kundenpflege.
Mail: rmaegli@mscbsl.mscgva.ch

RASTETTER, DANIELA: Prof. Dr. rer. pol., Dipl. Psych., lehrt an der Universität Hamburg, Fakultät Wirtschafts- und Sozialwissenschaften, Fachbereich Sozialökonomie. Arbeitsschwerpunkte: Organisation und Gender, Emotionen in Organisationen, Personalauswahl, Managing Diversity, Mikropolitik.
Mail: Daniela.Rastetter@wiso.uni-hamburg.de

ROER, EVA MARIA: Dipl. rer. pol., Geschäftsführende Gesellschafterin DT&SHOP, Bad Bocklet. Arbeitsschwerpunkte: Vorstandsvorsitzende TOTAL E-QUALITY Deutschland e. V.
Mail: roer@dt-shop.com

RÜHL, MONIKA: ist seit 1991 im Lufthansa Konzern. Seit Januar 2001 Leiterin „Change Management und Diversity" der Deutschen Lufthansa AG in Frankfurt am Main. Zu ihrem Verantwortungsbereich gehören das Diversity-, Demografie- und Gesundheits-Management, die Wahrnehmung der Konzern-Schwerbehinderten-Beauftragten, Themen der sozialen Nachhaltigkeit und Unternehmensethik. Lehrbeauftragte der Universität Magdeburg und Beiratsmitglied der FH Kaiserslautern.
Mail: monika.ruehl@dlh.de

SCHLEICHER, FLORIAN: Kommunikationswirt der bayerischen Akademie für Werbung und Marketing (BAW). Florian Schleicher leitet die Presse- und Öffentlichkeitsarbeit von Bisnode Deutschland in Darmstadt. Bisnode ist ein europaweit tätiger Anbieter von Wirtschaftsinformationen; in Deutschland vertreten durch Hoppenstedt, D&B, ABC der deutschen Wirtschaft und Wer liefert was? Florian Schleicher betreut unter anderem die Auswertung „Frauen im Management", die Hoppenstedt seit 1995 regelmäßig durchführt.
Mail: schleicher@bisnode.de

SCHULZ-STRELOW, MONIKA: Diplom Politologin/ Politische Wissenschaften in Bonn und Berlin, arbeitet als selbständige Unternehmensberaterin in Berlin, nach langjähriger Geschäftsführung in der BAO BERLIN-International GmbH, Tochtergesellschaft für Außenwirtschaft der IHK Berlin. Arbeitsschwerpunkte: Begleitung deutscher und internationaler Investoren bei der Ansiedlung in Deutschland und im Ausland, Beratungen von Unternehmen und Organisationen bei der Nutzung von EU-Förderungen und EU-Finanzierungen, Gutachtertätigkeit bei der EU-Kommission. Ehrenamtliches Engagement: Präsidentin von FidAR e.V. – Frauen in die Aufsichtsräte; Beirat im lsfb –Landesverband Schulischer Fördervereine Berlin/Brandenburg. Mail: monika.schulz-strelow@fidar.de

SIEBEKE, SIMONE: Dr. jur. (Volljuristin). Ist Corporate Vice President Human Resources für den Unternehmensbereich Kosmetik bei der Henkel AG & Co. KGaA Düsseldorf (3 Mrd. Umsatz, 9.000 Mitarbeiter, Präsenz in über 100 Ländern). Schwerpunkte: Strategisches und operatives HR-Management weltweit, insbesondere High Performance Organization, Talent Management, Nachfolge-Management, individuelle Karriere-Beratung.
Mail: Simone.siebeke@henkel.com

STRUTZ, ERIC: Dr. oec. Hochschule St. Gallen, MBA University of Chicago, Mitglied des Vorstands der Commerzbank AG, Frankfurt am Main.
Mail: Barbara.David@commerzbank.com

SZEBEL-HABIG, ASTRID: Prof. Dr. rer. pol., lehrt und forscht an der bundesweit top gerankten Hochschule Aschaffenburg BWL, Unternehmensethik sowie Personal- und Unternehmensführung. Ihre Berufserfahrungen sammelte sie in einem amerikanischen Computerkonzern im Personalbereich und im Vertrieb als auch als kaufmännische Direktorin in einem pharmazeutischen deutschen Unternehmen. Arbeitsschwerpunkte: Mitarbeiterbindung, Gender und Unternehmensethik.
Mail: Astrid.szebel-habig@fh-aschaffenburg.de

THORBORG, HEINER: Diplom Kaufmann, studierte an der Universität Hamburg (1969). Von 1973 bis 1979 als Managing Director der BOMAG South Africa (O'PTY) Ltd. in Johannesburg tätig. 1979 absolvierte er das International Senior Managers Program der Harvard Business School. Von 1979 bis 1989 Partner der Egon Zehnder International. 1989 machte er sich als Personalberater mit Sitz in Frankfurt selbständig. Seitdem berät er Konzerne und Familiengesellschaften bei der Besetzung oberster Führungspositionen. Er ist heute Ehrenpräsident der Harvard Business School Association of Germany.
Mail: ef@thorborg.com

UEBERSCHÄR, ELLEN: Dr., Pfarrerin der Ev. Kirche Berlin-Brandenburg Schlesische Oberlausitz. Berufsausbildung in der Datenverarbeitung, Generalsekretärin des Deutschen Evangelischen Kirchentages, Studium der Theologie in Berlin und Heidelberg, Wissenschaftliche Mitarbeiterin an der Universität Marburg, 2002: Dissertation in der kirchlichen Zeitgeschichte, 2004-2006: Studienleiterin für Theologie, Ethik und Recht in der Ev. Akademie Loccum, Mitglied der Mitgliederversammlung der Heinrich-Böll-Stiftung.
Mail: ueberschaer@kirchentag.de.

ZAPP, HANNA KRISTINA: Geb. 1954, lebt in Darmstadt. Studium der Theologie, Philosophie und Germanistik. Promotion zur Dr. phil. mit dem Thema *Wenn Kindheiten zu Wort kommen* (Biographieforschung). Zehn Jahre Tätigkeit als Gemeindepfarrerin und Fortbildnerin. Weiterbildungen im Bereich Personalentwicklung, Coaching, systemische Beratung. Seit 1990 mit leitender Funktion in der Evangelischen Kirche. Seit 2009 freiberuflich tätig. Schwerpunkte: Strategieentwicklung, Unternehmenskultur, Coaching.
Mail: hanna.zapp@t-online.de